FLUID MECHANICS *for* FIRE SAFETY

소방유체역학의 이해

권오붕 지음

홍릉과학출판사

머리말

소방유체역학과 관련된 좋은 교재가 많이 출간되어 있는데도 불구하고, 새로운 교재를 집필하기까지 많은 생각을 하였다. 소방유체역학과 관련된 유체역학과 열역학의 공식을 외워 문제 풀이에 치중하기보다는 소방유체역학에 관한 원리를 설명하면서도 그 응용 부분에 대해서도 충분히 설명하도록 노력하였다. 수년간 유체역학과 열역학을 강의하면서 느낀 생각과 경험을 바탕으로, 학생들이 원리를 쉽게 이해할 수 있도록 노력하였다.

본 교재의 특징

소방유체역학과 관련된 유체역학과 열역학의 기본, 열전달의 기본에 관하여 광범위하게 다루었다. 본문에서는 소방유체역학에서 꼭 필요한 내용만을 다루었으며, 보다 자세한 내용에 관한 것은 보충설명을 통하여 설명하였으니, 적절히 이 부분을 참고하면 많은 도움이 될 것이고, 강사의 판단에 따라 이 부분은 생략해도 무방하다고 판단된다. 혼동하기 쉬운 내용에 대해 명확하게 이해할 수 있게 본문의 여백에 Tip을 삽입하였다.

본문 및 연습문제 등에서 모두 250여개의 그림을 사용하여 학생들이 이해하기 쉽도록 하였으며, 76개의 예제와 331개의 연습문제 등 모두 400개가 넘는 문제를 다루어 소방유체역학의 전 분야를 빠짐없이 완전하게 다루어, 소방유체역학뿐 아니라 유체역학, 열역학과 관련된 기사 등의 국가고사에도 대비할 수 있도록 하였다. 예제에서도 보충설명을 통하여 문제를 보다 명확하게 이해할 수 있도록 하였으며, 연습문제는 객관식 문제와 주관식 문제를 적절히 나누어 깊이 있게 문제를 해결할 능력을 키우고자하였다. 연습문제에 대한 정답 뿐 아니라 간편 해설을 뒤에 첨부하여 학생들이 독자적으로 공부하는데 어려움이 없도록 하였다.

강의 자료

강의를 담당하는 교수나 강사를 위하여 다음을 제공한다.

- 본문의 모든 그림을 포한한 강의 자료(PPT)
- 연습문제에 대한 완전하고 상세한 강의용 해답파일 및 강의용 연습문제 및 해답 PPT 파일

감사의 말씀

좋은 교재가 많은데도 불구하고 또 하나의 책을 저술하게 된 데에 대해 부끄러운 마음과 함께, 조금이라도 학생들에게 도움이 되었으면 하는 바람으로 이 책을 저술하였다. 끝으로 이 책을 출판하는데 지원을 아끼지 않은 홍릉과학출판사 여러분께 감사드리고, 또한 항상 힘이 되어준 저의 가족에게도 감사한 마음을 전한다. 이 책이 소방유체역학을 배우는 학생들에게 조금이라고 도움이 되기를 진심으로 기원하는 바이다.

2016. 3.

권오붕

차례

차례

Chapter 3 유체운동학의 기초

Chapter 4 운동량방정식

Chapter 5 내부유동

차례

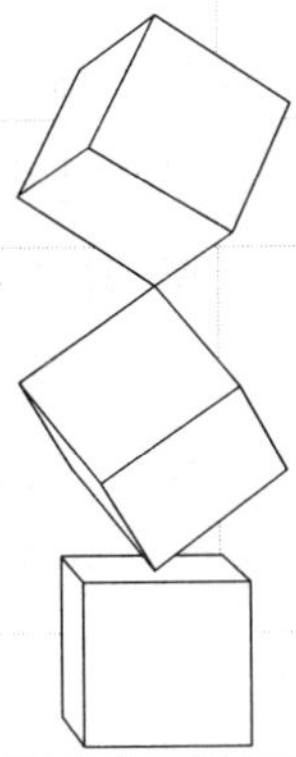

Chapter 1

기본개념 및 유체의 특성

Basic Concepts & Fluid Properties

이 장에서는 유체역학 등 모든 공학을 하는데 있어 가장 기본이 되는 단위와 차원에 대하여 설명한다. 여러 가지 단위계가 있을 수 있으나, 이 책에서는 SI단위를 기본으로 하고, 이를 중심으로 단위와 차원을 다룬다. 그리고 또한 이 장에서 유체를 정의하고 유체의 기본 특성에 대하여 설명한다.

1.1 유체의 정의

물질은 일반적으로 고체(solid)와 유체(fluid)로 구분된다. 그 중 유체는 다시 액체(liquid)와 기체(gas)로 구분된다. 물질에 전단응력이 가해질 때 나타나는 현상의 차이로 고체와 유체를 구분한다. **어떤 크기의 전단응력이라도 작용하면, 연속적으로 변형하는 물질을 유체라고 정의**한다. 그림 1.1에서 보듯이 고체에 전단응력이 작용할 때, 대부분의 경우(전단응력이 아주 크지 않은 경우) 약간의 변형만 일어날 뿐, 바로 이 변형된 상태를 유지한다. 그러나 유체는 아주 작은 크기의 전단응력이라도 작용하면, 변형이 일어나고, 지속적으로 변형이 일어나게 된다(즉, 유체가 흐르게 된다).

Tip
- 고체(solid)
- 유체(fluid) - 액체
  기체

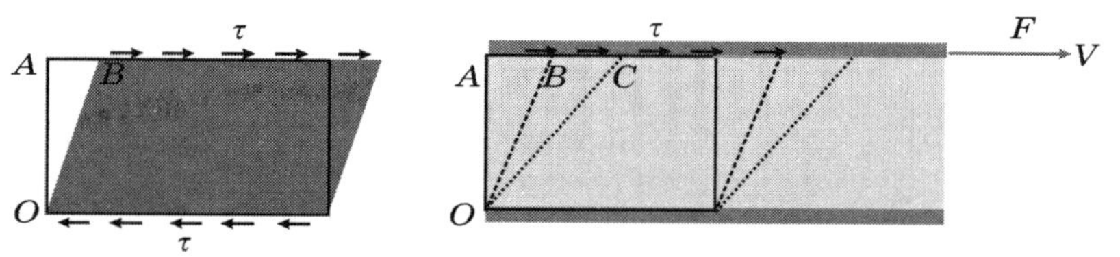

(a) 고체 (b) 유체

그림 1.1 고체와 유체

보충설명 » 전단응력

응력(stress)은 단위 면적당의 힘을 의미한다. 그림 1.2처럼 면에 수직하게 작용하는 힘을 면적으로 나눈 것이 수직응력(normal stress)이고 그림 1.3처럼 면에 접하여 작용하는 전단력(shear force)을 면적으로 나눈 것이 전단응력(shear stress)이다.

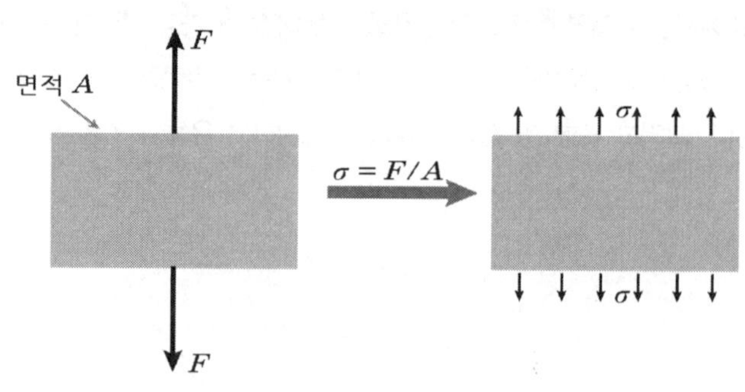

(a) 수직력 (b) 수직응력

그림 1.2 수직응력

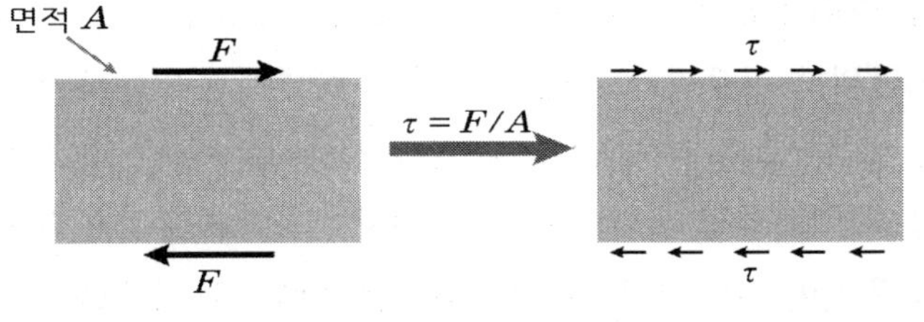

(a) 전단력 (b) 전단응력

그림 1.3 전단응력

유체를 액체와 기체로 구분할 수 있는데, 그림 1.4처럼, **액체는 일정한 부피를 가져 큰 용기에 담았을 때 자유표면을 가진다**. 그러나 **기체는 자유표면을 가지지 않고 주어진 공간을 전부 채운다**.

유체역학을 다루는데 있어, 미시적인 관점에서 각각 떨어져 있는 유체 분자들의 거동을 다루지 않고, 유체는 연속체(continuum)로 이루어져 있다고 보는 거시적인 관점에서 유체역학을 취급한다. 즉, 유체의 여러 현상을 설명할 때, 유체는 연속적으로 이어져 있다고 가정하는 것이다.

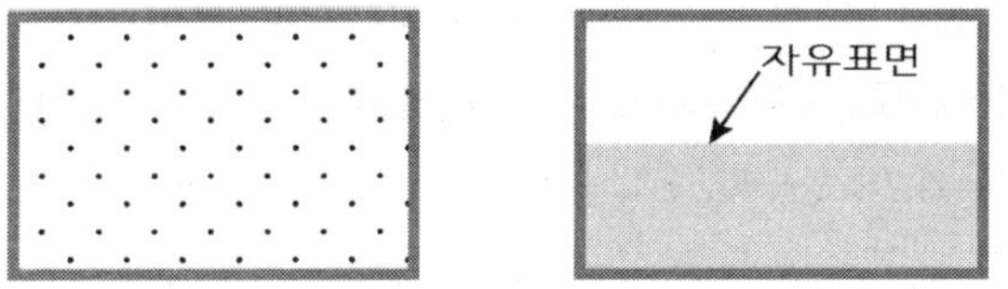

그림 1.4 액체와 기체

1.2 단위와 차원

질량 10 kg, 길이 10 m, 시간 10 s, 면적 10 m^2, 속도 10 m/s, 힘 10 N 등, 물리량을 나타날 때 단위를 사용한다는 것을 우리는 이미 알고 있을 뿐 아니라, 10 kg, 10 m, 10 m/s 등은 숫자는 같지만 그것이 서로 다르다는 것을(서로 차원이 다르다는 것을) 또한 알고 있다.

물리량을 나타낼 때 나라에 따라 서로 다른 단위를 사용하기도 한다. 예를 들어 미국에서는 길이를 나타낼 때 mile, ft 등의 단위를 사용하기 때문에 혼란스럽다. 따라서 혼란을 방지하기 위해 국제적으로 표준화된 단위가 필요하게 되어 국제회의에서 정한 단위계(unit system)가 **SI단위계**(Système International d'Unités, 또는 영어로 International System of Units)이다. 지금은 주로 미국에서 사용하는 단위계를 BG단위계(British Gravitational Units System)라고 한다. 그리고 우리나라에서는 SI단위가 사용되기 전에 사용한 중력단위계 또는 공학단위계를 아직 사용하기도 한다. 그러나 지금은 SI단위를 사용하는 것이 세계적인 추세일 뿐 아니라 사용하기도 훨씬 편리하여 이 책에서는 SI단위를 기본적으로 사용할 뿐 아니라, SI단위계에 근거하여 다음의 물리량, 단위 및 차원을 설명한다.

앞에서 나타낸 질량 10 kg, 길이 10 m, 시간 10 s, 면적 10 m^2, 속도 10 m/s, 힘 10 N 등의 물리량을 나타낼 때 사용된 단위 중, kg, m, s 등은 학자들이 기본적으로 정의한(그렇게 정한) 단위이다. 예를 들어, 빛이 진공 중에서 1/299792458 초 동안에 통과한 거리를 1 m로 정한다. 면적은 "길이×길이"로 이루어져 있어, 이미 정한 길이의 단위를 사용하여 m^2으로 나타내면 되지, 새롭게 면적의 단위를 정의하지는 않는다(예를 들면, 지구 표면적의 몇 분의 1을 1 "면적단위"라고 정의할 필요가 없다).

Tip
- 물리량의 기호는 기울임체(italic)를 사용
  m, F, a
- 차원과 단위의 기호는 정체를 사용
  M, L, T, m/s, N

길이, 질량, 시간과 같이 기본적으로 정의할 필요가 있는 물리량을 기본물리량(base quantity)이라 하고, 면적, 속도처럼 기본물리량을 이용하여 나타낼 수 있는 물리량을 유도물리량(derived quantity)이라 한다. 기본물리량을 나타낼 때 사용하는 단위를 **기본단위**(base unit, primary unit)라고 하고, 유도물리량 나타낼 때 사용하는 단위를 **유도단위**(derived unit, secondary unit)라고 한다. 물리량을 나타날 때 단위 외에 차원(dimension)이라는 개념을 사용하기도 한다. 기본물리량은 **기본차원**(base dimension, primary dimension)을 나타낸다. 즉, 길이(length)라는 물리량은 length라는 차원을 가지고 이를 기호를 사용하여 표현하면, 길이는 L의 차원을 가진다고 한다.

SI에서 7개의 기본단위 및 차원을 정하였지만 유체역학 등의 역학에서 주로 필요한 기본차원은 질량, 길이, 시간 등의 3개 차원이다. 표 1.1에서 보듯이 질량, 길이, 시간의 차원을 각각 M, L, T라고 표시한다. 대부분의 물리량은 이 세 개의 차원으로 나타낼 수 있다. 앞에서 설명하였듯이 면적을 나타낼 때 새로운 차원이 필요한 것이 아니라 면적의 차원은 L^2이 되고 속도의 경우 L/T, 또는 LT^{-1}의 차원을 가지게 된다.

- **SI단위계** : M, L, T가 기본차원
- **BG단위계, 중력단위계** : F, L, T가 기본차원. F : 힘

1.2.1 기본단위 및 기본차원

앞 절에서 설명하였듯이 **SI단위계에서는** M, L, T를 **기본차원**으로 하고 있으며 나머지 물리량은 이 기본차원을 사용하여 나타낼 수가 있다. 이제 기본단위에 대해 알아보고자 한다.

길이(length)

길이의 SI단위는 metre(또는 meter)이고 기호로 나타낸 것이 m이다. 길이의 차원은 L로 표시한다. 빛이 진공 중에서 1/299792458초 동안에 통과한 거리를 1 m로 정하였다. 학생들은 SI단위가 무엇인지 알면 되지, 굳이 1 m의 정확한 정의를 기억하려고 할 필요는 없다. 질량 및 시간에 대해서도 마찬가지이다.

표 1.1 기본단위 및 기본차원(참고 SI brochure)

물리량(quantity) 및 차원(dimension)	단위 (unit)	단위의 기호 (symbol of unit)	차원의 기호 (symbol of unit)
길이(length)	metre	m	M
질량(mass)	kilogram	kg	L
시간(time)	second	s	T
전류(electric current)	ampere	A	I
온도(temperature)	kelvin	K	Θ
물질량(amount of substance)	mole	mol	N
광도(luminous intensity)	candela	cd	J

질량(mass)

질량(mass)의 SI단위는 kilogram이고 기호로 나타낸 것이 kg이다. 질량의 차원은 M으로 표시한다.

시간(time)

시간의 SI단위는 second이고 기호로 나타낸 것이 s이다. 차원은 T로 표시한다. 시간의 SI단위는 sec가 아니고 second 또는 s로 나타낸다는 것에 주의하라.

온도(temperature)

유체역학에서는 기본차원으로 잘 사용되지는 않지만 열전달 등에서 많이 사용되는 기본차원으로 온도가 있다.

Tip
• K, kelvin : 온도의 단위
• k, °K, Kelvin : 단위 아님

■ 온도의 차원은 Θ로 표시한다.

■ **온도의 기준은 물의 삼중점(triple point)에서의 온도를 273.16 K로 정의한다.** 따라서 **온도의 기준점이 하나**이다.

■ 온도의 SI단위는 kelvin이고 기호로 나타낸 것이 K이다.

■ 주의해야 할 것은 Kelvin이라는 학자의 이름에서 따온 것이지만 SI단위는 kelvin 또는 K이지, Kelvin은 아니다. 또한 °K로 표시하면 안 된다.

■ K는 **절대온도(absolute temperature)**를 나타낸다.

■ SI단위는 아니지만 일상생활에서 많이 사용하는 온도의 단위로 섭씨(Celsius) 온도를 나타내는 ℃와 화씨(Fahrenheit) 온도를 나타내는 °F가 있다. 이전에는 표준대기압에서 물의 어는점과 끓는점을 각각 0℃ 및 100℃로 정의하고, 또는 32°F 및 212°F 로 정의하였다. 섭씨온도와 화씨온도는 2개의 온도 기준점을 가졌다. 그러나 지금은 앞에서 설명한대로 온도의 기준점이 하나임을 명심하여야 한다.

■ 섭씨온도와 화씨온도 사이에는 다음의 관계가 성립한다.

$$°F = \frac{5}{9}℃ + 32, \qquad ℃ = \frac{5}{9}(°F - 32) \tag{1.1}$$

■ 절대온도와 섭씨온도사이에는 다음의 관계가 성립한다.

$$K = ℃ + 273.15 \tag{1.2}$$

■ 섭씨온도와 절대온도의 관계는 위와 같지만 온도차를 나타낼 때는 동일하다. 즉, 온도차 1 K는 온도차 1℃와 같다. 이와 같은 이유로, ℃는 SI단위는 아니지만 온도차를 나타낼 때 K대신에 사용되기도 한다.

1.2.2 유도단위 및 유도차원

앞에서도 설명하였듯이 유체역학 등의 역학에서 사용되는 SI단위계에서의 기본 차원은 M, L, T이고 나머지 물리량들의 차원은 이들의 조합으로 나타낼 수 있다. 따라서 나머지 단위는 **유도단위** 또는 **2차단위(secondary unit)**이고 **유도차원** 또는 **2차차원**을 가진다. 역학에서 주로 사용되는 유도 물리량들을 표 1.2에 나타내고 있으며, 다음에서 이들의 단위와 차원이 어떻게 정의되는지에 대해 설명한다.

표 1.2 SI에서 사용하는 유도물리량, 유도단위 및 차원(참고 SI brochure)

유도 물리량(derived quantity)	단위의 기호 (symbol of unit)	차원의 기호 (symbol of unit)
면적(area)	m^2	M^2
부피(volime)	m^3	L^3
속도(velocity)	m/s	L/T
가속도(acceleration)	m/s^2	L/T^2
힘(force)	N	ML/T^2
모멘트(moment), 토크(torque)	Nm	ML^2/T^2
압력(pressure), 응력(stress)	Pa	M/LT^2
에너지, 일, 열량 (energy, work, amount of heat)	J	ML^2/T^2
동력(power)	W	ML^2/T^3
밀도(density)	kg/m^3	M/L^3
비체적(specific volume)	m^3/kg	L^3/M
점성계수(viscosity)	$N \cdot s/m^2$ 또는 $Pa \cdot s$	M/LT
동점성계수(kinematic viscosity)	m^2/s	L^2/T
표면장력(surface tension)	N	M/T^2

속력(speed), 속도(velocity)

속도의 단위와 차원은 다음의 속도를 나타내는 식으로부터 구할 수 있으며, 속도의 SI단위는 m/s이고 차원은 L/T 또는 LT^{-1}이다. 속력은 크기만을 나타내는 스칼라이고 속도는 크기와 방향을 나타내는 벡터이다.

Tip
- 속도 : 벡터
- 속력 : 스칼라

$$v = \frac{ds}{dt} \Rightarrow \mathrm{m/s} \Rightarrow \mathsf{L/T} \tag{1.3}$$

가속도(acceleration)

가속도의 단위와 차원은 다음 식으로부터 구할 수 있으며, 가속도의 SI단위는 m/s^2이고 차원은 L/T^2 또는 LT^{-2}이다.

$$a = \frac{dv}{dt} \Rightarrow \frac{\mathrm{m}}{\mathrm{s}^2} \Rightarrow \mathsf{L/T^2} \tag{1.4}$$

가속도 중에서 특별한 가속도로 중력가속도가 있다. 지구에서의 중력가속도를 g로 표시하며 다음과 같다.

$$g = 9.807\,\frac{\mathrm{m}}{\mathrm{s}^2} = 32.174\,\frac{\mathrm{ft}}{\mathrm{s}^2} \tag{1.5}$$

대부분 편의상

$$g = 9.8\,\frac{\mathrm{m}}{\mathrm{s}^2} = 32.2\,\frac{\mathrm{ft}}{\mathrm{s}^2} \tag{1.6}$$

으로 계산한다.

힘(force), 무게(weight)

힘의 단위와 차원은 다음 식으로부터 구할 수 있으며, 힘의 SI단위는 kg · m/s² 이고 차원은 ML/T^2 또는 MLT^{-2}이다.

$$F = ma \Rightarrow \frac{\mathrm{kg \cdot m}}{\mathrm{s}^2} \Rightarrow ML/T^2 \tag{1.7}$$

그러나 힘의 단위를 계속 kg · m/s²이라고 쓰면 너무 불편하므로, 다음과 같이 정의한다.

$$\frac{\mathrm{kg \cdot m}}{\mathrm{s}^2} \equiv \mathrm{newton} \equiv \mathrm{N} \tag{1.8}$$

> **Tip**
> • N, newton : 힘의 단위
> • n, Newton : 힘의 단위 아님

> **Tip**
> Newton : 뉴튼
> 한글로 나타낼 때, 표준국어대사전에는 뉴턴이라고 표기하지만, 원래 발음이 뉴튼에 가까워 뉴튼으로 표기하기를 권장한다.

따라서 **힘의 SI단위는 newton 또는 N이다.** Newton의 이름에서 따온 newton과 N이지만 표기법은 다르다. 기호로 표시할 때는 대문자 N으로 나타내어야 하고, 소문자 n은 힘의 단위가 아니다. 그러나 Newton으로 표기하면 사람 이름을 나타내는 것이므로 힘의 단위를 표기할 때는 newton으로 소문자로 나타내어야 한다. SI단위계에서 힘은 기본차원이 아니고 질량으로부터 유도되는 차원이다.
위의 SI단위와 비슷하지만, cgs(cm, gram, second)단위계에서는 dyne이라는 힘의 단위를 사용하기도 하며, 다음과 같다.

$$\mathrm{dyne} \equiv \frac{\mathrm{g \cdot cm}}{\mathrm{s}^2} = 10^{-5}\,\mathrm{N}$$

공학단위계에서는 $\mathrm{kg_f}$(또는 kgf)를 힘의 단위로 사용한다. MLT시스템의 관점에서 보아, 편의상 1 kg_f를 1 kg(kg_m 또는 kgm)의 질량이 지구상에서 중력가속도를 받을 때의 힘(무게)으로 정하면,

$$F = ma \Rightarrow 1\,\mathrm{kg_f} = 1\,\mathrm{kg} \times 9.8\frac{\mathrm{m}}{\mathrm{s}^2} = 9.8\frac{\mathrm{kg \cdot m}}{\mathrm{s}^2} = 9.8\,\mathrm{N}$$

이어서, 위의 식으로부터 단순하게

$$1\,\mathrm{kg_f} = 9.8\,\mathrm{N} \tag{1.9}$$

이라는 식을 이용하기만 하면 된다. 그러나 N과 kg_f의 차이는 이런 단순한 것이 아니라, '무엇을 기본차원으로 하는가' 하는 근본적인 차이가 있다. 다음의 보충 설명을 통하여 이에 대한 근본적인 차이점을 설명하고자 한다.

> **Tip**
> $1\,\mathrm{kg_f} = 9.81\,\mathrm{N}$
> 또는 편의상
> $1\,\mathrm{kg_f} = 9.8\,\mathrm{N}$을 많이 사용한다.

보충설명 >> 공학단위계에서의 힘

공학단위계에서는 힘을 기본차원으로 생각하고, 질량을 2차 차원으로 생각한다. 앞에서도 언급하였듯이 **중력단위계에서는 질량 대신 힘을 나타내는 F를 기본차원으로 생각하여 F, L, T를 기본차원으로 한다.** 즉, 공학단위계에서는 우리가 많이 사용하는 무게(힘)의 단위인 kg_f를 기본단위로 생각하여, 지구에서 어떤 물체를 저울에 달아본 무게가 1 kg_f(또는 kgf)일 때, 이 물체의 질량을 1 kg_m(또는 kgm, SI단위에서의 kg)라고 정하는 것이다. 이것을 다음과 같이 나타낼 수 있다.

$$1\,\mathrm{kg_m} = \frac{1\,\mathrm{kg_f}}{g} = \frac{1\,\mathrm{kg_f}}{9.8\frac{\mathrm{kg \cdot m}}{\mathrm{s}^2}}$$

따라서 공학단위에서는 질량이 기본 단위가 아니고 힘에서 유도되는 단위이다.

> **Tip**
> • 공학단위에서 힘을 나타낼 때 kgf, kg_f 또는 Kg으로 나타내기도 한다.
> • 공학단위에서 질량을 나타낼 때는 kgm 또는 kg_m으로 나타내기도 한다.
> • SI단위계에서 질량은 kg으로 나타내고 힘은 N으로 나타낸다.

달에서의 무게는 지구에서의 무게와 다르다. 무게는 힘을 나타내고, 이렇게 위치에 따라 바뀌는 물리량인 힘을 기본차원으로 사용하는 것은 좋은 습관이 아니다. 따라서 항상 일정한 기준을 가질 수 있는 질량을 기본차원으로 사용하는 SI단위를 사용하는 것이 보다 합리적이다. 그리고 SI단위 사용에 따른 편리한 점이 많으며, 이것에 대해서는 뒤에서 설명하기로 한다.

압력(pressure)

압력의 단위와 차원은 다음 식으로부터 구할 수 있으며, **압력의 SI단위는 pascal 또는 Pa이다.** 차원은 M/LT^2 또는 $ML^{-1}T^{-2}$이다. Pa은 Pascal이라는 학자의 이름에서 따온 것이다.

$$p = \frac{F}{A} \Rightarrow \frac{\mathrm{N}}{\mathrm{m}^2} \Rightarrow \mathsf{M/LT^2} \tag{1.10}$$

그리고

$$\frac{\mathrm{N}}{\mathrm{m}^2} \equiv \mathrm{Pa}$$

이라 정의한다. 압력의 SI단위는 Pa이지만, 아직도 관례상 다른 단위를 많이 사용한다. Pa 이외의 압력의 단위로는 다음의 여러 가지 단위가 있다.

Tip
• Aq : aqua, 물을 의미한다.

$$\mathrm{atm},\ \mathrm{bar},\ \frac{\mathrm{kg_f}}{\mathrm{cm}^2},\ \mathrm{mmHg},\ \mathrm{mH_2O\,(mAq)},\ \mathrm{psi}$$

여기서 atm은 표준 대기압을 의미하고, $\frac{\mathrm{kg_f}}{\mathrm{cm}^2}$은 공학단위를 나타내고, mmHg와 mH_2O(mAq와 같은 의미)는 각각 수은과 물의 높이로 압력을 나타낼 때 사용하는 단위이다. 그리고 psi는 lb/in^2을 나타낸다. 각각의 단위 사이에는 다음과 같은 관계가 성립한다.

$$1\,\mathrm{atm} = 1013\,\mathrm{hPa} = 101.3\,\mathrm{kPa} = 1.013 \times 10^5\,\mathrm{Pa} = 1.013\,\mathrm{bar}$$

$$1\,\mathrm{atm} = 1.033\frac{\mathrm{kg_f}}{\mathrm{cm}^2} = 1.033\,\mathrm{mAq} = 760\,\mathrm{mmHg} = 14.7\,\mathrm{psi}$$

$$1\,\mathrm{bar} = 10^5\,\mathrm{Pa}$$

에너지(energy), 일(work), 열량(amount of heat)

에너지, 일 또는 열량의 단위와 차원은 다음 식으로부터 구할 수 있으며, **에너지의 SI단위는 joule 또는 J이다.** 차원은 $\mathsf{ML^2/T^2}$ 또는 $\mathsf{ML^2T^{-2}}$이다.

$$W = FS \Rightarrow \mathrm{N \cdot m} \Rightarrow \mathsf{ML^2/T^2} \tag{1.11}$$

그리고

$$\mathrm{N \cdot m} \equiv \mathrm{J}$$

이라 정의한다. J는 Joule의 이름에서 따온 것이다. 공학단위계에서는 $kg_f m$을 사용하고

$$1\,\text{kg}_\text{f}\cdot\text{m} \equiv 9.81\,\text{J}(\text{또는 } 9.8\,\text{J})$$

이다. 또한 열량을 나타날 때 많이 사용하는 cal는 다음과 같다,

$$1\,\text{cal} = 4.2\,\text{J}$$

동력(power)

동력(power, 또는 일률)의 단위와 차원은 다음 식으로부터 구할 수 있으며, **동력의 SI단위는 watt 또는 W이다.** 차원은 ML^2/T^3 또는 ML^2T^{-3}이다.

$$\dot{W} \Rightarrow \frac{\text{J}}{\text{s}} \Rightarrow ML^2/T^3 \tag{1.12}$$

Tip
- 동력 : P, L 또는 $\dot{W}$를 주로 사용한다.
- 압력 : 소문자 p를 사용한다.

그리고

$$\frac{\text{J}}{\text{s}} \equiv \text{W}$$

이라 정의한다. W는 Watt의 이름에서 따온 것이다. 공학단위계에서는 $\text{kg}_\text{f}\text{m/s}$를 사용하고 SI단위와의 관계는 다음과 같다.

$$1\,\text{kg}_\text{f}\cdot\text{m/s} \equiv 9.81\,\text{W}(\text{또는 } 9.8\,\text{W})$$

보충설명 » 동력의 다른 단위

동력의 또 다른 단위로, 마력이라는 단위가 있는데 그냥 우리말로 마력이라고 표시할 때는 두 개의 서로 다른 마력이 존재하기 때문에 주의가 필요하다. 마력은 HP와 PS가 있는데 각각 영어 horse power와 독일어 pferde stärke를 의미하며, 다음과 같이 약간 다르게 정의되고 있으므로 주의가 필요하다.

$$1\,\text{HP} = 76\,\text{kg}_\text{f}\cdot\text{m/s} = 746\,\text{W} \Leftarrow 76\times 9.81 = 746$$

$$1\,\text{PS} = 75\,\text{kg}_\text{f}\cdot\text{m/s} = 736\,\text{W} \Leftarrow 75\times 9.81 = 736$$

1.2.3 단위 환산

단위를 사용할 때 한 단위를 다른 단위로 바꾸어 나타내어야 할 때가 있다. 많은 독자들이 단위 환산을 잘 이해하지 못하고 모든 것을 표에 의존하려는 경향이 있어, 이에 대해 자세히 설명하고자 한다.

먼저 아주 간단한 문제를 생각해보자. 60 km/hr의 속도를 m/s의 단위로 바꾸면 얼마가 될까? 이러한 문제는 다음과 같이 나타내어 해결한다.

$$60\,\frac{\text{km}}{\text{hr}} \Rightarrow \square\,\frac{\text{m}}{\text{s}}$$

분자에 있는 km를 m로 바꾸어야 하며, 다음처럼 $\frac{1000\text{ m}}{1\text{ km}}$ 를 곱하면 된다. 그리고 분모의 hr를 s로 바꾸어야 하며, 다음처럼 $\frac{1\text{ hr}}{3600\text{ s}}$ 를 곱하면 된다. 그런 후 수식에서 중복되는 단위를 지우고 숫자를 계산하면 원하는 결과를 얻을 수 있다.

$$60\,\frac{\text{km}}{\text{hr}} = 60\,\frac{\cancel{\text{km}}}{\cancel{\text{hr}}} \times \frac{1000\,\text{m}}{1\,\cancel{\text{km}}} \times \frac{1\,\cancel{\text{hr}}}{3600\,\text{s}} = \frac{(60)(1000)}{3600}\,\frac{\text{m}}{\text{s}} = 16.67\,\frac{\text{m}}{\text{s}}$$

위와 같은 단위 환산법은 아주 간단하면서도 원리를 확실하게 이해해 두면 복잡한 경우라도 쉽게 단위를 환산할 수 있을 것이다.

예제 1.1

(1) 400 g의 질량이 50 cm/s^{2}의 가속도를 받을 때의 받는 힘은 (1) 몇 kg$_f$인가? (2) 몇 N인가?

풀이

(1) 이 문제는 (2)부터 먼저 구하는 것이 쉬우나, 교육상 (1)부터 먼저 구해보자. SI단위를 사용하기 전, 즉 힘의 단위로 N이라는 단위를 정의하지 않았을 때, 공학단위를 사용한다고 생각해 보자.

Newton의 법칙 $F = ma$를 사용하면 쉽게 구할 수 있어야 한다.

그러나 단순히

$F = 400 \times 50 = 20000$

으로 계산하면 안 된다. 모든 공학 문제에서 무차원수가 아닌 이상 단위를 적어야 한다. 위의 단위가 무엇인지 잘 알 수 없다. 이런 문제에 조금 더 익숙한 사람은 다음과 같이 계산할 것이다. 400 g은 0.4 kg이고, 50 cm/s^{2}은 0.5 m/s^{2}이므로

$F = 0.4 \times 0.5 = 0.2$

로 계산하고, 단위를 적어야 하므로 답을 0.2 kg$_f$라고 한다면 틀린다.

앞에서 설명하였듯이 공학단위에서 무게와 질량사이의 관계는 지구상에서(즉, 중력 가속도가 9.8 m/s^{2}인 상태에서) 정의하였다. 즉, 다음과 같은 관계가 있다.

$1\,\text{kg} \times 9.8\,\frac{\text{m}}{\text{s}^2} \Rightarrow 1\,\text{kg}_f$

따라서 제대로 구하려면, 단위를 생략하지 않고 다음처럼 구한다.

$$F = 0.4\,\mathrm{kg} \times 0.5\,\mathrm{m/s^2} = 0.2\,\mathrm{kg \cdot m/s^2}$$

$$= 0.2\ \mathrm{kg} \cdot \frac{\mathrm{m}}{\mathrm{s^2}} \times \frac{1\mathrm{kgf}}{9.8\,\mathrm{kg \cdot m/s^2}} = \frac{0.2}{9.8}\,\mathrm{kg_f} = 0.0204\,\mathrm{kg_f}$$

따라서 0.0204 $\mathrm{kg_f}$가 정확한 답이 된다. 옛날에는 윗식에 사용된 단위환산인자

$$g_c = 9.8 \frac{\mathrm{kg \cdot m/s^2}}{\mathrm{kg_f}}$$ 를 아예 식에 포함시켜

$$F = \frac{ma}{g_c}$$

라고 표현하기도 하였다. 그러면 앞의 문제를 처음부터

$$F = \frac{0.4 \times 0.5}{9.8} = 0.0204\,\mathrm{kg_f}$$

로 계산하여 답을 계산한다는 것이다. 즉, $F = ma$ 대신에 $F = \frac{ma}{g_c}$ 라는 식을 사용하기도 하였으나 이것은 옳은 방법이 아니다.

(2) 이 문제를 SI단위로 풀면 간단하다.

$$F = 0.4\,\mathrm{kg} \times 0.5\,\mathrm{m/s^2} = 0.2\,\mathrm{N}$$

으로 쉽게 구할 수 있다. 앞의 문제에서 각각의 항을 SI단위로 하면(즉, 0.4 kg, 0.5 m/s^2), 답도 SI단위가 된다는 것을 알 수 있다. 따라서 SI단위를 사용하면, 중간에 일일이 단위를 적지 않고,

$$F = 0.4 \times 0.5 = 0.2$$

로 계산한 다음 힘의 SI단위는 N이므로 답은 0.2 N이 된다. 이렇게 SI단위를 사용하면 문제를 쉽게 해결할 수 있다.

이제 (2)를 구한 후 (1)을 쉽게 구할 수 있다. 1 $\mathrm{kg_f}$가 9.8 N이라는 것은 쉽게 알 수 있으므로, 단순한 단위 환산문제가 되어,

$$0.2\ \mathrm{N} = 0.2\ \mathrm{N} \times \frac{1\,\mathrm{kg_f}}{9.8\ \mathrm{N}} = \frac{0.2}{9.8}\,\mathrm{kg_f} = 0.0204\ \mathrm{kg_f}$$

로 공학단위로 답을 구할 수 있다. 따라서 (1)의 문제라도 SI단위로 고쳐 답을 구한 다음 그 답을 단위 환산하여 구하는 것이 편리하고 실수할 확률이 줄어들게 된다.

보충설명

BG단위계에서 환산인자는

$$g_c = 32.2 \frac{\mathrm{lbm \cdot ft/s^2}}{\mathrm{lbf}}$$

이다.

1.2.4 차원 동일성 원리

앞에서 모든 물리량은 기본차원으로 나타낼 수 있다는 것에 대해 설명하였다. Fourier의 **차원 동일성 원리**(principle of dimensional homogeneity)는 모든 물리량으로 이루어진 이론식 또는 실험식에서의 각 항의 차원은 같아야 한다는 것이다. 아주 간단한 예를 들면, 2 m + 3 m = 5 m로 계산할 수 있지만, 2 m + 3 kg은 각 항의 차원이 달라 계산할 수 없다. 다음과 같은 간단한 Newton의 운동 제 2법칙을 나타내는 식,

$$F = ma$$

에서 양변의 차원은 MLT^{-2}으로 동일하다. 그리고 다음과 같은 Bernoulli 방정식

$$p_1 + \frac{\rho V_1^2}{2} + \rho g z_1 = p_2 + \frac{\rho V_2^2}{2} + \rho g z_2$$

에서, 각 항의 차원은 $ML^{-1}T^{-2}$으로 동일하다는 것을 알 수 있다.
만약 이론적으로 유도한 식 또는 실험식의 각 항의 차원이 동일하지 않다면 유도 과정이 잘못되었거나 실험식을 잘못 나타낸 것이다.

1.2.5 SI 접두어, 단위 요약

SI단위계에서는 접두어를 사용하여 편리하게 나타낼 수가 있다. 표 1.3에 SI에서 사용하는 접두어를 나타내고 있다. 접두어를 이용하여 1기압을 나타내면 다음과 같이 여러가지로 나타낼 수 있다.

$$1\,\text{atm} = 1.013 \times 10^5\,\text{Pa} = 101.3\,\text{kPa} = 0.1013\,\text{MPa}$$

표 1.3 SI에서 사용하는 접두어(prefixes)

곱(factor)	이름	기호	곱(factor)	이름	기호
10^1	deca	da	10^{-1}	deci	d
10^2	hecto	h	10^{-2}	centi	c
10^3	kilo	k	10^{-3}	milli	k
10^6	mega	M	10^{-6}	micro	μ
10^9	giga	G	10^{-9}	nano	n
10^{12}	tera	T	10^{-12}	pico	p

지금까지 단위에 대해 설명하였으며, 다음에 단위와 관련하여 중요한 사항을 요약하여 정리하였다.

- SI단위에서는 M, L, T를 기본차원으로 한다.
- 단위와 차원은 보통체를 사용하고, 물리량의 기호는 기울임체를 사용한다.
- 물리적인 식에서 각각의 항을 SI 기본단위로 하여 계산하면, 그 결과 값에도 해당 SI단위를 붙이면 된다.
- 사람의 이름에서 따온 유도단위를 나타낼 때는 newtons, joules 등과 같이 소문자로 표시한다. 그러나 이를 기호로 나타낼 때는 N, J 등처럼 대문자로 나타낸다.

1.3 밀도, 비중 및 비중량

밀도

유체의 성질을 나타내는 가장 중요한 개념이 밀도와 비중이다. **밀도(density)는 단위부피당 질량을 나타낸다.** 밀도를 보통 ρ로 표시하며 다음과 같다.

$$\rho = \frac{m}{V} \tag{1.13}$$

밀도가 균일하지 않은 경우는 다음처럼 나타내기도 한다.

$$\rho = \lim_{\Delta V \to 0} \frac{\Delta m}{\Delta V} \tag{1.14}$$

여기서 m은 질량, V는 부피를 나타낸다. 식 (1.13)은 밀도가 균일할 때이고 식 (1.14)는 밀도가 균일하지 않을 때 한 점에서의 밀도를 나타내는 식이다.

위의 식으로부터 밀도의 **SI단위는** kg/m^{3}임을 알 수 있다. 일반적으로 밀도는 온도와 압력에 따라 변한다(**즉, 온도와 압력의 함수이다**). 그러나 액체의 경우 압력에 따라 크게 변하지 않고, 기체의 경우에는 압력의 변화에 따라 상당히 많이 변하며, 뒤에서 설명하겠지만 대부분의 기체는 이상기체 취급하여 이상기체 상태방정식에서 구할 수 있다.

비중

물질의 **비중**(specific gravity)은 보통 S로 표시하며, 물질의 밀도와 4℃ 물의 밀도의 비로 정의한다. 이를 식으로 나타내면 다음과 같다.

$$S = \frac{\rho}{\rho_{\text{water}, 4℃}} \tag{1.15}$$

비중은 두 밀도의 비이기 때문에 **무차원수이고 단위계와는 무관한 값을 가진다.** 예를 들어 4℃물의 비중은 1이고, 수은의 비중은 13.6이다.

TIP

물의 비중은 1이고

밀도는 $1\frac{\text{g}}{\text{cm}^3} = 1000\frac{\text{kg}}{\text{m}^3}$ 이다.

보충설명 ›› 물의 비중과 밀도

4℃ 물의 비중은 1이라는 사실을 모두들 잘 알고 있다. 다음과 같이 학생들에게 질문을 한다고 하자.
"4℃ 물의 밀도는 얼마인가요?"
그러면 학생들은 대답한다.
"1입니다."
이는 옳은 대답이 아니다. 물의 밀도를 그냥 1로 알고 있는 경우가 많은데 틀린 것이다. 밀도는 단위가 있어야 한다. 그래서 다시 다음과 같이 질문한다.
"단위가 무엇인가요?"
그러면 SI단위에 대해 이미 배웠기 때문에 다음과 같이 대답하는 학생이 있다.
"kg/m³입니다."
재차 질문한다.
"물의 밀도가 1 kg/m³인가요?"
자신 없다는 태도로 답한다.
" …… 예"
그러면 다시 다음과 같이 설명한다.
"여기 가로 세로 높이가 각각 1 m인 정육면체에 물이 가득 차 있다. 만약 물의 밀도가 1 kg/m³이면 이것 전체가 1 kg이니 손으로 가볍게 들 수 있겠네요?"
그러면 이제 무엇인가 잘못되었다는 것을 알아차린다. 물의 밀도는 1 g/cm³이고 단위환산을 하면,

$$1\,\frac{\text{g}}{\text{cm}^3} \times \frac{1\,\text{kg}}{1000\,\text{g}} \times \frac{100^3\,\text{cm}^3}{1\,\text{m}^3} = 1000\,\frac{\text{kg}}{\text{m}^3}$$

이 되어 SI단위로 하면 물의 밀도는 1000 kg/m³이고, 앞의 정육면체에 들어 있는 물의 무게는 1000 kg이 되어 도저히 들 수 없다는 것을 알 수 있다.
물리량은 단순히 숫자만 나타내어서는 안 된다. 반드시 적절한 단위를 붙여주어야 한다.

앞의 보충설명에서 보는 것과 같이 4℃ **물의 비중은 1이고, 밀도는 1000 kg/m³ 이다.** 물의 밀도는 4℃에서 최대이고, 20℃에서는 999 kg/m³이며, 온도가 올라갈수록 밀도는 조금씩 줄어든다. 별도로 정확한 물의 밀도가 주어지지 않았을 경우 물의 밀도를 1000 kg/m³이라 생각하고 문제를 풀어도 오차는 아주 작다.

- **물의 비중 1, 물의 밀도 1000 kg/m³**

비중량

BG단위계 또는 공학단위계를 주로 사용할 때, **비중량**(specific weight)을 보통 γ로 나타내고 **단위부피당 무게로 정의한다.**

$$\gamma = \frac{W}{V} \tag{1.16}$$

여기서 W는 무게를 나타낸다. $W = mg$이므로,

$$\gamma = \rho g \tag{1.17}$$

임을 쉽게 알 수 있다.

밀도, 비중, 비중량은 서로 연관되어 있어, 하나의 값을 알면 식을 이용하면 다른 값들을 쉽게 구할 수 있다.

보충설명 »

열역학에서 밀도 대신에 **비체적**(specific volume)을 주로 사용한다. 비체적은 소문자 v로 나타내고 다음과 같이 단위질량당 부피로 정의된다.

$$v = \frac{V}{m} \tag{1.18}$$

따라서 비체적과 밀도는 다음관계가 성립한다.

$$v = \frac{1}{\rho} \tag{1.19}$$

Tip

밀도와 비체적은 서로 역수관계이며, 유체역학에서는 주로 밀도를 사용하고 열역학에서는 주로 비체적을 사용한다.

1.4 점성

유체가 얼마나 끈적끈적한지를 나타내는 것이 점성이다. 유체의 점성은 유체역학에서 상당히 중요한 역할을 한다. 유체가 균일하지 않은 속도로 흐를 때, 유체의 점성으로 인하여 이웃한 유체입자는 서로에게 마찰력, 즉 전단력을 가하게 된다. 단위면적당의 전단력을 **전단응력**(shear stress)이라 하며, 유체의 **속도기울기**와 관련이 있다.

Tip
책에 따라 속도기울기라는 용어 대신 속도구배라는 용어를 사용하기도 한다.

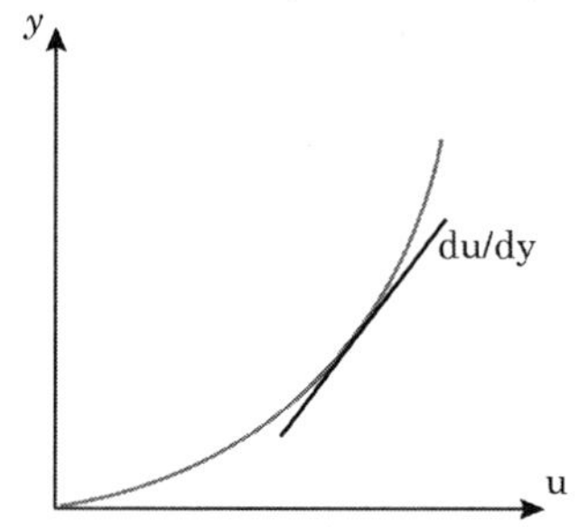

그림 1.5 속도분포 및 속도기울기

물과 공기를 포함한 대부분의 유체에서 y방향으로 속도 변화가 있는 경우, 다음과 같은 **Newton의 점성법칙**(Newton's law of viscosity)이 성립한다.

$$\tau = \mu \frac{du}{dy} \tag{1.20}$$

점성과 관련된 중요한 사항들은 다음과 같다.

- τ는 전단응력이다. 전단응력의 단위는 단위면적당의 힘이므로 Pa(또는 N/m^2)이다.
- du/dy는 속도기울기이며 전단변형률(rate of shearing strain)을 의미한다(다음의 보충설명 참조).
- μ는 **점성계수**(viscosity)이다. **점성계수를 절대점성계수**(absolute viscosity) **또는 역학적 점성계수**(dynamic viscosity)라고도 한다.
- 점성계수의 단위는 **SI단위로** N · s/m^2 또는 Pa · s이다. 단위는 위의 식으로부터 다음처럼 구할 수 있다.

$$\mu = \frac{\tau dy}{du} \Rightarrow \frac{\text{Pa} \cdot \text{m}}{\text{m/s}} = \text{Pa} \cdot \text{s}$$

■ 점성계수의 차원은 M/LT이다.

■ **Newton유체**(Newtonian fluid) : 전단응력이 전단변형률(속도기울기)에 선형적으로 비례하는 유체를 Newton 유체라고 한다. 그림 1.6에서 실선으로 나타나는 유체이다.

물, 기름, 공기 등 대부분의 유체는 Newton유체이다.

■ **비Newton유체**(non–Newtonian fluid) : 전단응력이 전단변형률에 선형적으로 비례하지 않는 유체를 의미한다. 그림 1.6에서 점선으로 나타나는 유체이다.

혈액, 샴푸, 치약 등이 비Newton유체이다.

■ 점성계수는 온도의 영향을 많이 받는다. 액체의 점성계수는 온도가 증가함에 따라 감소하고 기체의 점성계수는 온도가 증가함에 따라 증가한다(그림 1.7).

■ **동점성계수**(kinematic viscosity), ν : 점성계수를 밀도로 나눈 것이다.

$$\nu = \frac{\mu}{\rho} \tag{1.21}$$

■ 동점성계수의 단위는 m^2/s이다. 단위는 위의 식으로부터 정의된다.

$$\nu = \frac{\mu}{\rho} \Rightarrow \frac{N \cdot s/m^2}{kg/m^3} = \frac{kg\frac{m}{s^2}s/m^2}{kg/m^3} = \frac{m^2}{s}$$

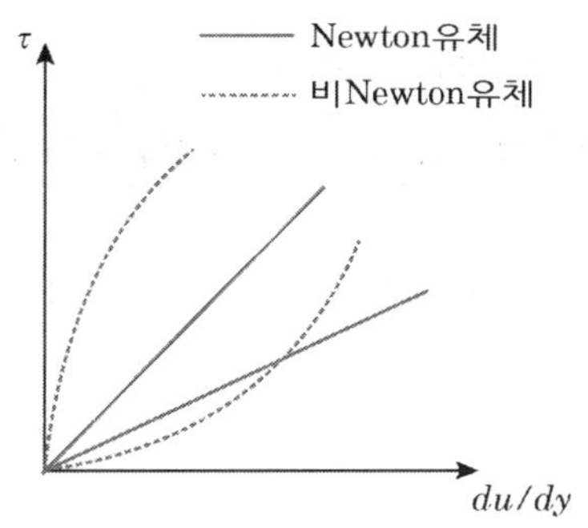

그림 1.6 Newton유체와 비Newton유체

- 동점성계수의 차원은 L^2/T이다.
- 점성계수의 cgs(cm, g, s) 단위는 poise 또는 P로 표시한다.

  1 poise = 0.1 Pa · s(보충설명 참조)
- 동점성계수의 cgs(cm, g, s) 단위는 stokes 또는 St로 표시한다.

  1 stoke = $10^{-4}m^2/s$(보충설명 참조)

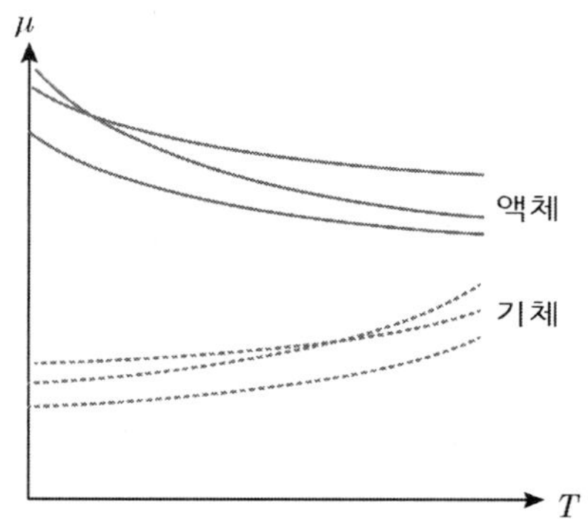

그림 1.7 온도에 따른 액체와 기체의 점성계수

물과 공기를 포함하는 대표적인 기체의 점성계수와 동점성계수를 표 1.4와 표 1.5에 나타내고 있다.

표 1.4 물의 점성계수, 동점성계수(1기압, 15℃)

점성계수($N \cdot s/m^2$)	동점성계수(m^2/s)
1.14×10^{-3}	1.14×10^{-6}

표 1.5 기체의 점성계수, 동점성계수(1기압, 20℃)

기체	점성계수($N \cdot s/m^2$)	동점성계수(m^2/s)
공기	1.81×10^{-5}	1.51×10^{-5}
수소	8.84×10^{-6}	1.05×10^{-4}
헬륨	1.94×10^{-5}	1.15×10^{-4}
산소	2.04×10^{-5}	1.53×10^{-5}
질소	1.76×10^{-5}	1.52×10^{-5}
이산화탄소	1.47×10^{-5}	8.03×10^{-6}

보충설명 ›› 전단변형률

앞에서도 설명하였지만 속도기울기는 전단변형률을 나타낸다. 그림 1.8에서 두 평행평판 사이에 놓여있는 유체를 생각해보자. 위 평판은 Δu의 속도로 움직이고 아래평판은 정지해 있는 경우의 유체의 속도분포는, 실험에 의하면 선형적이라는 것을 알 수 있다. 아주 짧은 시간 Δt동안 위 평판 및 유체가 이동한 거리를 점선으로 나타내었다. 그림에서 보듯이 Δt동안의 전단변형 $\Delta\gamma$는 다음과 같다.

$$\Delta\gamma \simeq \tan\Delta\gamma = \frac{\Delta l}{\Delta y} = \frac{\Delta u \Delta t}{\Delta y}$$

따라서 전단변형률 $\dot{\gamma}$은 다음과 같이 나타낼 수 있다.

$$\dot{\gamma} \equiv \lim_{\Delta t\to 0}\frac{\Delta\gamma}{\Delta t} = \lim_{\Delta t\to 0}\frac{\Delta u}{\Delta y} = \frac{du}{dy} \tag{1.22}$$

따라서 속도기울기는 전단변형률을 나타낸다는 것을 알 수 있다.

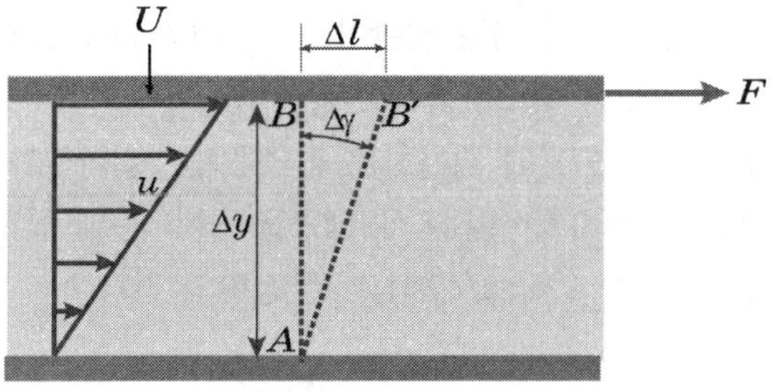

그림 1.8 전단변형률

보충설명 ›› poise와 stoke

점성계수와 동점성계수의 단위는 N · s/m^2, m^2/s이지만 관례상 다음과 같은 cgs(cm, g, s) 단위를 사용해 왔다. 점성계수의 단위로 사용하는 P와 동점성계수의 단위로 사용하는 St는 다음과 같이 정의된다.

$$\frac{\mathrm{dyne\cdot s}}{\mathrm{cm^2}} \equiv \mathrm{P: poise}$$

$$\frac{\mathrm{cm^2}}{\mathrm{s}} \equiv \mathrm{St: stoke}$$

여기서 1 dyne은 cgs 단위로 계산한 것으로, 1 g의 질량이 1 cm/s^{2}의 가속도를 받을 때의 힘이므로

$$1\,\mathrm{dyne} = 1\,\mathrm{g}\,\frac{\mathrm{cm}}{\mathrm{s^2}}$$

이고 단위 환산을 하면 1 dyne $= 10^{-5}$ N이다. 따라서 이것을 대입하면, 1 P = 0.1 N · s/m^{2}이고, 1 St = 0.0001 m^2/s이다.

예제 1.2

어떤 유체의 점성계수가 0.5 Pa · s이고 비중이 0.8이다. 이 유체의 동점성계수를 SI단위 및 stokes단위로 구하라.

풀이

동점성계수는 다음과 같다.

$$\nu = \frac{\mu}{\rho} = \frac{0.5}{(0.8)(1000)} = 0.000625\,\mathrm{m^2/s}$$

동점성계수를 계산할 때 사용한 점성계수 및 밀도를 SI단위로 사용하여 계산하였으므로, 구한 답 0.000625에 동점성계수의 SI단위인 $\mathrm{m^2/s}$를 쓰면 된다. 단위를 일일이 대입하여 확인해 볼 수도 있다.

단위환산을 하면 stokes 단위로도 구할 수 있다.

$$\nu = 0.000625\,\mathrm{m^2/s} = 6.25\,\mathrm{cm^2/s} = 6.25\,\mathrm{stokes}$$

예제 1.3

아래쪽 평판은 고정되어 있고 위쪽 평판이 $V = 3$ m/s의 속도로 움직이고 있을 때, 그 사이에 있는 유체의 속도분포가 선형일 때,

(1) 위쪽 평판 및 아래쪽 평판에 작용하는 전단응력은 얼마인가?

(2) 위쪽 평판의 면적이 400 $\mathrm{cm^2}$일 때 위 평판을 움직이는데 필요한 힘을 구하라. 이 유체의 점성계수 0.4 N · s/$\mathrm{m^2}$이고 두 평판의 간격 $h = 20$ cm이다.

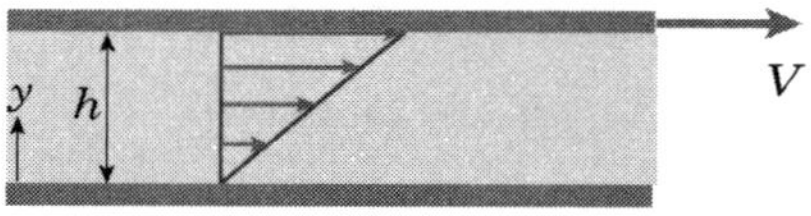

그림 E1.3

풀이

(1) 물의 속도분포는 다음과 같다.

$$u = \frac{V}{h}y$$

전단응력은 다음과 같다.

$$\tau = \mu\frac{du}{dy} = \frac{\mu V}{h}$$

계산한 전단응력에 y가 포함되지 않으므로 모든 위치에서 전단응력은 같은 크기를 가진다(일정하다). 따라서 위쪽 평판 및 아래쪽 평판에서의 전단응력의 크기는 같고 다음처럼 계산된다.

$$\tau = \frac{\mu V}{h} = \frac{(0.4)(3)}{0.2} = 6\,\frac{\mathrm{N}}{\mathrm{m^2}}$$

(2) 평판에 작용하는 힘은 응력에 면적을 곱한 것이고, $400\,\mathrm{cm^2} = 0.04\,\mathrm{m^2}$이므로, $F = \tau A = (6)(0.04) = 0.24\,\mathrm{N}$이다.

1.5 이상기체

이상기체에 대하여 주로 열역학 부분에서 다루겠지만, 여기서도 간단하게 이상기체를 설명하겠다.

- **이상기체**(ideal gas) : 분자가 차지하는 부피를 무시할 수 있고, 분자 사이에 작용하는 힘을 무시할 수 있는 가상적인 기체를 이상기체라 한다.
- 온도가 높을수록, 압력이 낮을수록 이상기체에 가깝다.
- 대기압, 상온에서 공기를 포함한 대부분의 기체는 이상기체 취급할 수 있다.
- 이상기체의 **상태방정식**은 다음과 같다.

$$pV = n\overline{R}\,T \tag{1.23}$$

여기서 V는 부피, n은 기체의 몰량, T는 절대온도를 나타내고 SI단위에서는 각각 m^3, kmol, K를 사용한다.

- $\overline{R}$: **일반기체상수**(universal gas constant)이며 기체의 종류와 무관하게 다음과 같이 일정한 값을 가진다.

$$\overline{R} = 8314\,\frac{\text{J}}{\text{kmol}\cdot\text{K}} = 8.314\,\frac{\text{kJ}}{\text{kmol}\cdot\text{K}} \tag{1.24}$$

M을 분자량이라고 하면,

$$n = \frac{m}{M}$$

이므로

$$pV = \frac{m}{M}\overline{R}\,T = m\frac{\overline{R}}{M}T$$

이다.

기체상수(gas constant) R을 다음처럼 정의한다.

$$R = \frac{\overline{R}}{M} \tag{1.25}$$

Tip
이상기체에 대해서는 뒤의 열역학 부분에서 상세하게 설명한다.

Tip
SI단위에서 질량의 기본단위가 g이 아니고 kg인 것과 마찬가지로 몰량의 기본단위는 mol이 아닌 kmol이 SI 기본단위이다.

따라서 이상기체의 **상태방정식**은 다음과 같이 나타낼 수도 있다.

$$pV = mRT \tag{1.26}$$

- 일반기체상수는 기체의 종류와 무관하게 일정하지만 기체상수는 기체의 종류에 따라 다른 값을 가진다.
- 식 (1.26)의 양변을 m으로 나누어 상태방정식을 다음처럼 나타낼 수 있다.

$$pv = RT \tag{1.27}$$

여기서 v는 비체적을 나타낸다.

- 유체역학에서는 비체적 대신 밀도를 주로 사용하기 때문에 위의 식에 $v = 1/\rho$을 대입하면 상태방정식을 다음처럼 나타낼 수도 있다.

$$p = \rho RT \tag{1.28}$$

표 1.6에 공기를 포함한 대표적인 기체의 분자량과 기체상수를 나타내고 있다. 각각의 기체에 대한 **기체상수는 식 (1.25)에 따라 일반기체상수를 분자량으로 나눈** 것임에 주의하라. 따라서 **분자량이 가장 작은 수소의 기체상수가 가장 크다**는 것을 알 수 있다. **기체상수의 단위는** J/kg · K로 나타낼 수 있다.

표 1.6 기체의 분자량 및 기체상수

기체	분자량	기체상수(J/kg · K)
공기	28.97	286.9
수소	2.016	4124
헬륨	4.003	2077
질소	28.013	296.8
산소	31.999	259.8
이산화탄소	44.01	188.9

1.6 압축성

기체에 작용하는 압력이 높으면 기체는 쉽게 압축되고 압력이 낮아지면 기체는 팽창한다. 액체의 경우 압축 및 팽창하는 정도가 기체에 비해 작지만 역시 압축되고 팽창한다. 이렇게 유체에 큰 압력이 가해질 때 압축되는 정도를 나타내는 것을 **압축률(compressibility)**이라고 하며, 다음과 같이 나타낼 수 있다.

$$\beta = -\frac{1}{\mathrm{V}}\frac{d\mathrm{V}}{dp} \tag{1.29}$$

유체의 압력이 증가하면 부피가 감소하여 $\frac{d\mathrm{V}}{dp}$는 음이고, 압축률을 양으로 나타내기 위해 식에서 음의 부호가 필요한 것이다. 압축률은 압력이 가해졌을 때 부피 감소율을 나타낸다. 따라서 **압축률이 작을수록 압축이 잘 되지 않는다.**
일반적으로 재료역학 등에서 압축률 대신 압축률의 역수인 **체적탄성계수(bulk modulus of elasticity)**를 많이 사용한다.

$$E \equiv \frac{1}{\beta} = -\mathrm{V}\frac{dp}{d\mathrm{V}} = -\mathrm{v}\frac{dp}{d\mathrm{v}} \tag{1.30}$$

여기서 대문자 V는 부피(체적)를 소문자 v는 비체적을 나타낸다. 유체역학에서는 비체적 대신에 밀도를 주로 사용하고, $\mathrm{v} = 1/\rho$이므로, 체적탄성계수는 다음처럼 나타낼 수도 있다.

$$E = \rho\frac{dp}{d\rho} \tag{1.31}$$

체적탄성계수의 단위는 압력의 단위와 같고 SI단위로는 Pa이다. 체적탄성계수는 근사적으로 다음과 같이 구할 수도 있다.

$$E \cong \mathrm{V}\frac{\Delta p}{\Delta \mathrm{V}} \tag{1.32}$$

고체 및 액체에서는 체적탄성계수를 이용하는 경우가 많다. 액체는 쉽게 압축이 되지 않아 **비압축성(incompressible)** 유체이다. 기체는 일반적으로 압축이 쉽게 되어 **압축성(compressible)** 유체이다. 그러나 온도의 변화가 그리 크지 않은

Tip
마하수 Ma=속도/음속으로 정의된다.

기체의 유동에서는, **속도가 그렇게 크지 않을 경우**(Ma < 0.3인 경우), **기체를 비압축성 유체 취급**하여 해석한다.

기체의 경우 상태가 바뀔 때, 밀도는 압력에 상당히 영향을 받는다. 열역학에서 상세히 다루겠지만, 등온 과정과 등엔트로피 과정에서 압력과 밀도의 관계는 다음과 같다.

■ 등온 과정(isothermal process):

$$p\mathrm{v} = \mathrm{constant} \ : \ \frac{p}{\rho} = \mathrm{constant} \tag{1.33}$$

■ 등엔트로피 과정(isentropic process):

$$p\mathrm{v}^k = \mathrm{constant} \ : \ \frac{p}{\rho^k} = \mathrm{constant} \tag{1.34}$$

여기서 k는 비열비이고 정압비열 c_p와 정적비열 c_v의 비이다. 즉,

$$k = \frac{c_\mathrm{p}}{c_\mathrm{v}} \tag{1.35}$$

이다. 표 1.7에 1기압 20℃에서의 공기를 포함한 여러 기체의 비열비를 나타내고 있다.

표 1.7 기체의 비열비(1기압, 20℃)

기체	비열비(k)
공기	1.40
수소	1.41
헬륨	1.66
산소	1.40
질소	1.40
이산화탄소	1.30

등온과정과 등엔트로피 과정에서의 이상기체의 체적탄성계수는 다음과 같이 나타낼 수 있다.

■ 등온과정(isothermal process): $E = p$ (1.36)

■ 등엔트로피 과정(isentropic process): $E = kp$ (1.37)

보충설명 >> 등온과정, 등엔트로피과정

등온과정에서는, $\frac{p}{\rho}= C$이다(즉, $p= C\rho$). 따라서

$$E=\rho\frac{dp}{d\rho}=\rho C=\rho\frac{p}{\rho}=p$$

이다.

등엔트로피 과정에서는, $\frac{p}{\rho^k}= C$(즉, $p= C\rho^k$)이다. 따라서

$$E=\rho\frac{dp}{d\rho}=\rho Ck\rho^{k-1}=\rho\left(\frac{p}{\rho^k}\right)k\rho^{k-1}=kp$$

이다.

예제 1.4

부피가 5 m^{3}인 액체에 40 MPa의 압력을 가하였더니 부피가 4.9 m^{3}으로 압축되었다. 이 액체의 체적탄성계수와 압축률을 구하라.

풀이

체적탄성계수는 다음과 같다.

$$E\cong \mathrm{V}\frac{\Delta p}{\Delta \mathrm{V}}=\frac{\mathrm{V}}{\Delta \mathrm{V}}\Delta p=\left(\frac{5}{0.1}\right)(40\,\mathrm{MPa})=2000\ \mathrm{MPa}$$

압축률은 체적탄성계수의 역수이므로,

$$\beta=\frac{1}{E}=\frac{1}{2000\times 10^6\,\mathrm{Pa}}=5\times 10^{-10}\ \mathrm{Pa}^{-1}$$

이다.

보충설명

위의 액체의 경우 부피를 2%(0.1m^3/5m^3) 압축하는데, 40 MPa의 큰 압력이 필요하다. 즉, 압축이 잘되지 않고 비압축성 유체이다. 체적탄성계수의 단위는 식에서 보듯이 $\frac{\mathrm{V}}{\Delta \mathrm{V}}$는 무차원이므로, 압력의 단위와 같다. 따라서 식을 계산할 때 압력을 MPa 그대로 사용하였고, 계산 결과에 MPa 단위를 사용하면 된다.

1.7 음속

유체에서의 미소한 압력변화는 주위로 전파되어 간다. 스피커에서의 진동에 의한 압력변화는 일정한 속도로 전파된다. 이 전파속도를 **음속**(acoustic velocity 또는 speed of sound)이라하고 a로 표시한다.

■ **음속의 일반적인 정의**는 다음과 같다.

$$a = \sqrt{\left.\frac{dp}{d\rho}\right|_s} \tag{1.38}$$

여기서 s는 엔트로피를 나타내며, 아래에 s를 나타낸 것은 등엔트로피 과정을 의미한다.

■ **고체나 액체에서의 음속**은 체적탄성계수를 이용하여 나타낼 수 있다. 식 (1.38)에 식 (1.31)을 대입하면 다음과 같다.

$$a = \sqrt{\frac{E}{\rho}} \tag{1.39}$$

기체에서의 음속은 등엔트피 과정에서의 압력과 밀도의 관계식을 이용하여 구할 수 있다. 식 (1.37)에서 $E = kp$이므로

$$a = \sqrt{\frac{kp}{\rho}}$$

이고, 대부분의 기체는 이상기체 취급할 수 있다. 이상기체의 상태방정식 $p = \rho RT$를 이용하면 기체의 경우에 대한 음속을 유도할 수 있다.

■ **기체의 경우** 음속은 다음 식으로 나타낼 수 있다.

$$a = \sqrt{kRT} \tag{1.40}$$

■ 위의 식에서의 온도는 절대온도를 사용하여야 한다.

■ 기체의 온도가 높을수록 기체에서의 음속은 증가한다는 것을 알 수 있다.

■ 공기 중에서보다 액체 중에서의 음속이 훨씬 더 크다.

예제 1.5

$20\,℃$ 인 공기 중에서 음속이 a_1 m/s라면 온도가 $40\,℃$ 인 공기 중에서 음속은 얼마인가?

풀이

공기는 이상기체 취급하여 음속을 구할 수 있다.

$a = \sqrt{kRT}$ 이고 온도는 절대온도를 사용하여야 한다.

$$\frac{a_2}{a_1} = \frac{\sqrt{kRT_2}}{\sqrt{kRT_1}} = \sqrt{\frac{T_2}{T_1}} = \sqrt{\frac{273.15+40}{273.15+20}} = 1.034$$

따라서 $a_2 = 1.034\,a_1$

보충설명

음속을 구할 때, 절대온도를 사용하여야 한다.

절대온도를 사용하지 않고, $\frac{a_2}{a_1} = \sqrt{\frac{T_2}{T_1}} = \sqrt{\frac{40}{20}} = 1.414$로 하면 틀린 결과를 얻게 된다.

1.8 표면장력

공기 중에서 물방울은 구의 모양을 가지고 있다. 그리고 물방울이 연잎 위에 놓여 있을 때 물방울은 연잎을 적시지 않고 동그란 모양을 유지한다. 그러나 물방울이 유리나 나무로 된 표면에 놓여 있을 때는 물방울은 동그란 모양을 유지하지 못하고 표면을 적신다. 그리고 빨대를 이용해 음료수가 든 잔에 넣어 두었을 때, 음료수가 빨대 속으로 약간 빨려 올라가 있는 것을 보았을 것이다. 이와 같은 현상은 액체의 표면에 작용하는 **표면장력**(surface tension)의 효과로 나타나는 것이다. 표면장력은 액체분자 사이의 응집력의 결과로 나타난다. 비누막이나 물방울의 모양을 유지하기 위하여 힘이 작용하며 **표면에 작용하는 단위길이당 힘**을 표면장력 σ라 한다.

$$\sigma = \frac{F}{l} \tag{1.41}$$

표면장력의 단위는 N/m이고, 또한 표면장력은 어떤 힘이 표면에 작용하여 **표면적을 늘릴 때 단위 표면적을 늘리는데 필요한 에너지**로 정의하기도 한다.

표면장력의 효과로 나타나는 현상으로는 **물방울, 비누방울, 모세관현상** 등이 있다.

물방울과 비누방울

표면장력 때문에 물방울 및 비누방울의 모양은 구(shpere) 모양이 된다. 이때, 표면장력 때문에 비누방울 및 물방울 **내부의 압력이 외부의 압력보다 높다**. 비누방울 및 물방울 내부와 외부의 압력차는 표면장력에 의한 힘과 평형을 이룬다. 비누방울과 물방울에 압력차에 대한 식은 약간 다르다.

- **비눗방울**인 경우는, 비누 막의 두께가 있어 비누 막의 안 표면과 바깥 표면의 양쪽에 표면장력이 작용하여, 그림 1.9(a)와 같이 비누방울의 반으로 이루어진 자유물체도의 단면에 대한 힘의 평형은 다음과 같다.

$$(p_{\rm i} - p_{\rm o})\pi R^2 = 2(2\pi R\sigma)$$

여기서 R은 비누방울의 반지름이고, 따라서 압력차와 표면장력과는 다음과 같은 관계가 성립한다.

$$(p_{\rm i} - p_{\rm o}) = \frac{4\sigma}{R} \tag{1.42}$$

- **물방울**인 경우, 물방울의 반으로 이루어진 자유물체도를 생각해보자. 자유물체도에 작용하는 힘은 그림 1.9(b)에 나타내고 있으며, 비누방울과는 달리 물방울의 표면은 공기와 접하는 외부 한쪽에만 작용한다. 힘의 평형은 다음과 같다.

$$(p_{\rm i} - p_{\rm o})\pi R^2 = 2\pi R\sigma$$

따라서 압력차와 표면장력과는 다음과 같은 관계가 성립한다.

$$(p_{\rm i} - p_{\rm o}) = \frac{2\sigma}{R} \tag{1.43}$$

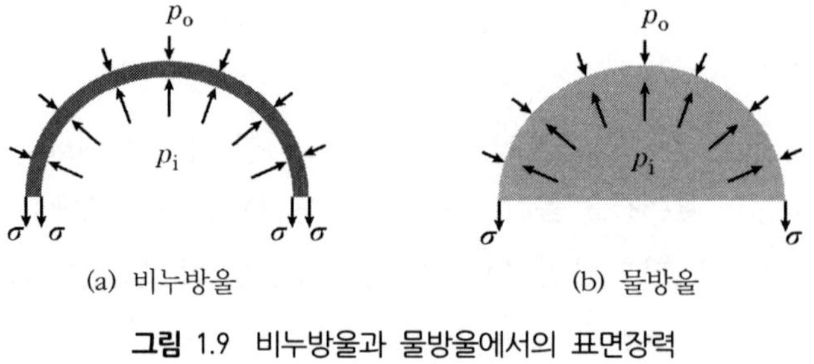

(a) 비누방울 (b) 물방울

그림 1.9 비누방울과 물방울에서의 표면장력

모세관현상

물방울이 연잎 위에 놓여 있을 때는 동그란 모양을 하고 있고, 유리 위에 놓여 있을 때는 동그란 모양을 유지하지 못하고 평평해진다. 이러한 차이는 액체와 고체면 사이에 작용하는 힘의 차이로 나타난다. **접촉각(angle of contact)**은 액체면의 접선이 고체면과 이루는 각으로 정의된다. 그림 1.10(a)는 접촉각 θ가 90° 보다 작을 때이고, 액체분자들 사이에 작용하는 응집력이 액체와 고체면 사이에 작용하는 부착력보다 작을 때 물방울은 동그란 모양을 유지하지 못하고 평평해지고, 이때 액체가 고체 표면을 "적신다(wet)"라고 표현한다. 그림 1.10(b)는 접촉각 θ가 90°보다 클 때이고, 액체 분자들 사이에 작용하는 응집력이 액체와 고체면 사이에 작용하는 부착력보다 클 때 물방울은 동그란 모양을 유지하고, 이때 액체가 고체 표면을 "적시지 않는다(non-wet)"라고 표현한다.

(a) $\theta<90°$ (b) $\theta>90°$

그림 1.10 접촉각

그림 1.11에서 보듯이 아주 작은 유리관이 액체 속에 수직으로 놓여 있는 경우를 생각해 보자. 접촉각이 90°보다 작을 때, 액체는 유리관 속에 어느 정도 높이로 올라가 있는 것을 확인할 수 있다. 이와 같은 현상을 **모세관현상(毛細管現象; capillarity)**이라 한다. 액체가 올라간 높이 h는 그림 1.11의 오른쪽에 나타낸 올라간 액체에 대한 자유물체도를 고려하여, 다음과 같이 힘의 평형으로부터 구할 수 있다. 올라간 물의 무게 $W=\rho g\pi R^2h$ 가 표면장력에 의한 힘의 수직방향 성분 $2\pi R\sigma\cos\theta$와 평형을 이루게 된다.

$$\rho g\pi R^2h = 2\pi R\sigma\cos\theta$$

여기서 $R=D/2$이고 관의 반지름이다. 따라서 윗식으로부터 다음의 결과를 얻을 수 있다.

$$h=\frac{2\sigma\cos\theta}{\rho gR} \qquad (1.44)$$

- 관의 반지름이 작을수록 반비례하여 액체는 높이 올라간다.
- 올라가는 높이는 표면장력에 비례한다는 것도 알 수 있다.
- 식에서 접촉각이 90°보다 크면 $\cos\theta < 0$이 되어 $h < 0$이 되고, 액체는 관 속을 올라가는 것이 아니라 그림 1.12처럼 관속에서의 액체표면은 내려간다. 수은이 이와 같은 경우이다.

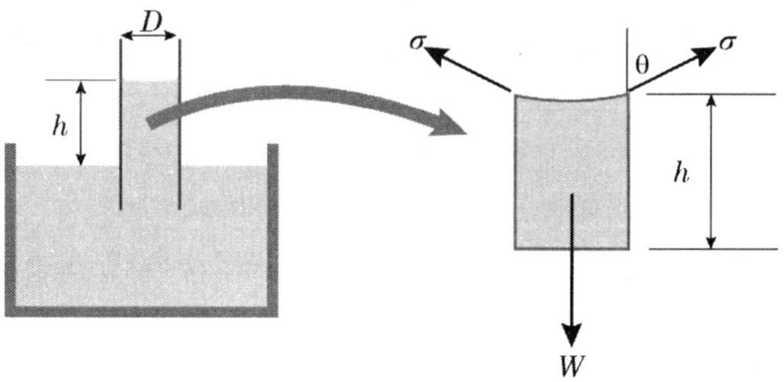

그림 1.11 모세관 현상

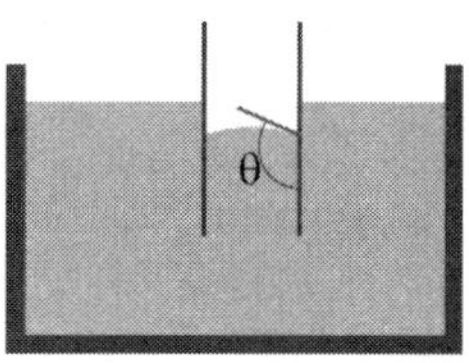

$\theta > 90^\circ$

그림 1.12 접촉각이 90°보다 큰 경우의 모세관 현상

예제 1.6

가는 원형관이 물속에 수직으로 잠겨 있을 때 물이 올라가는 높이가 1 cm가 되려면 관의 지름은 얼마가 되어야 하는가? 표면장력은 0.08 N/m이고, 접촉각은 10°이다.

풀이

$h = \dfrac{2\sigma\cos\theta}{\rho g R}$ 이므로

$$R = \frac{2\sigma\cos\theta}{\rho g h} = \frac{2(0.08)(\cos 10^\circ)}{(1000)(9.81)(0.01)} = 1.606 \times 10^{-3}\,\mathrm{m}$$

이다. 따라서 관의 지름은 3.2 mm이다.

보충설명

올라가는 높이는 관의 지름에 반비례하므로, 1 cm 올라가기 위해서는 관의 지름은 3.2 mm이라야 한다. 계산할 때 모든 항들이 SI단위로 되어 있으므로 계산결과 (1.606×10^{-3})에 길이(반지름은 길이 차원)의 SI단위인 m을 붙이면 된다.

Note

연습문제

객관식

1.1

"어떤 작은 전단응력이라도 작용하면, 연속적으로 변형하는 물질"은 무엇을 정의하는 것인가?

① 유체 ② 액체
③ 고체 ④ 기체

1.2

다음 중 압력의 차원은?

① M/LT^2 ② ML/T^2
③ M/T^2 ④ M/L^2T

1.3

다음 중 물리량과 차원이 서로 옳지 않은 것은?

① 힘 : ML/T^2 ② 밀도 : M/L^3
③ 점성계수 : ML/T ④ 표면장력 : M/T^2

1.4

다음 중 무차원이 아닌 것은?

① $\dfrac{\mu}{\rho VL}$ ② $\dfrac{p}{\rho V^2}$
③ $\dfrac{V^2}{gL}$ ④ $\dfrac{mV}{F}$

1.5

무게 40 N이고 부피 2 m^3인 물체의 밀도는 얼마인가?

① $2.04\dfrac{kg}{m^3}$ ② $4.08\dfrac{kg}{m^3}$
③ $20\dfrac{kg}{m^3}$ ④ $80\dfrac{kg}{m^3}$

Note

1.6

비중이 4이고 부피가 3 m^3인 고체의 무게는 얼마인가?

① 12 N ② 117.6 N
③ 12 kN ④ 117.6 kN

1.7

다음 중 옳지 않은 것은?

① 체적탄성계수의 단위는 압력의 단위와 같다.
② 체적탄성계수가 큰 물질은 압축하는데 큰 압력이 필요하다.
③ 고체에서의 음속은 체적탄성계수의 제곱근에 비례한다.
④ 일반적으로 고체보다 액체의 체적탄성계수가 크다.

1.8

부피가 0.2 m^3이고, 체적탄성계수가 900 MPa인 고체의 부피가 0.198 m^3이 되게 하려면 필요한 압력은 약 얼마인가?

① 9 MPa ② 18 MPa
③ 90 MPa ④ 180 MPa

1.9

비열비가 1.4인 어떤 기체를 압력이 200 kPa 상태에서 등온 과정으로 압축할 때 체적탄성계수는 얼마인가?

① 143 kPa ② 200 kPa
③ 280 kPa ④ 400 kPa

1.10

다음 중 가장 압력이 높은 것은?

① 1 atm ② 100 kPa
③ $1\ \dfrac{kg_f}{cm^2}$ ④ 1 mmHg

Note

1.11

다음 중 음속과 관련된 식이 아닌 것은? (a : 음속, E : 체적탄성계수, k : 비열비, s : 엔트로피)

① $a=\sqrt{\left.\frac{dp}{d\rho}\right|_s}$　　② $a=\sqrt{\frac{E}{\rho}}$

③ $a=\sqrt{kRT}$　　④ $a=\rho\frac{dp}{d\rho}$

1.12

다음 중 이상기체에서의 음속과 관련하여, 옳지 않은 것은?

① 절대온도의 제곱근에 비례한다.
② 기체상수의 제곱근에 비례한다.
③ 비열비의 제곱근에 비례한다.
④ 정적비열의 제곱근에 비례한다.

1.13

온도 100℃인 공기에서의 음속은 얼마인가? (기체상수는 287 J/kg · K, 비열비는 1.4이다)

① 240 m/s　　② 340 m/s
③ 387 m/s　　④ 456 m/s

1.14

온도 -10℃인 공기에서 마하 0.6으로 날아가는 비행기의 속도는 얼마인가? (기체상수는 287 J/kg · K, 비열비는 1.4이다)

① 195 m/s　　② 204 m/s
③ 310 m/s　　④ 340 m/s

1.15

20℃일 때 어떤 기체에서의 음속이 a라면 80℃일 때 음속은 얼마인가? (단, 비열비는 동일하다)

① 0.5a　　② 0.91a
③ 1.1a　　④ 2a

Note

1.16

다음 중 고체에서의 음속과 관련하여 옳은 것은?

① 체적탄성계수의 제곱근에 비례하고 밀도의 제곱근에 비례한다.

② 체적탄성계수의 제곱근에 비례하고 밀도의 제곱근에 반비례한다.

③ 체적탄성계수의 제곱근에 반비례하고 밀도의 제곱근에 비례한다.

④ 체적탄성계수의 제곱근에 반비례하고 밀도의 제곱근에 반비례한다.

1.17

지름이 아주 작은 원형관을 액체에 수직으로 넣었을 때, 액체가 상승 또는 하강하는 길이와 관련하여 옳지 않은 것은?

① 관의 지름이 작을수록 길이는 커진다.

② 표면장력이 작을수록 길이는 커진다.

③ 접촉각이 작을수록 길이는 커진다.

④ 밀도가 작을수록 길이는 커진다.

1.18

비중이 0.9이고 점성계수가 0.02 Pa · s이다. 동점성계수는 얼마인가?

① $1.8 \times 10^{-2}\ m^2/s$　② $2.22 \times 10^{-2}\ m^2/s$

③ $1.8 \times 10^{-5}\ m^2/s$　④ $2.22 \times 10^{-5}\ m^2/s$

1.19

아래쪽 평판은 고정되어 있고 위쪽 평판은 2 m/s의 속도로 움직이는 두 평행 평판 사이에 점성계수가 0.04 Pa · s인 Newton 유체가 있다. 평판 사이의 간격은 5 mm이다. 위쪽 평판에 작용하는 전단응력은 얼마인가?

① 8 Pa　② 16 Pa

③ 24 Pa　④ 32 Pa

Note

1.20

그림처럼 반지름이 10 mm인 축이 길이가 40 cm인 원형 관 속에 장치되어 있다. 축과 원형 관 사이의 틈은 0.2 mm이고 점성계수가 0.8 Pa · s인 윤활유로 채워져 있다. 축을 축방향으로 5 m/s의 일정한 속도로 잡아당길 때, 축을 잡아당기는 힘 F는 약 얼마인가?

① 150 N ② 250 N

③ 300 N ④ 500 N

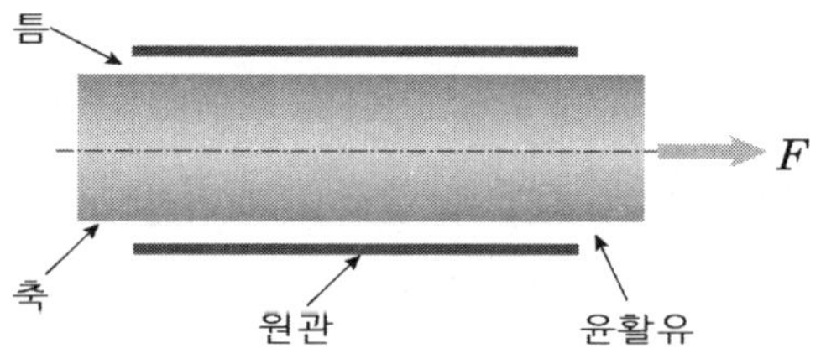

그림 P1.20

1.21

평판 위에 흐르는 물의 속도가 $u = A\left(2y - \frac{y^2}{h}\right)$일 때, $0 \le y \le h$ 구간에서 전단응력의 크기에 대한 설명 중 옳은 것은? (단, y는 평판으로부터 수직 거리이다)

① 전단응력의 크기는 일정하다.

② 전단응력의 크기는 y=0에서 최소이다.

③ 전단응력의 크기는 y=h에서 0이다.

④ 전단응력의 크기는 평판에서 멀어질수록 커진다.

Note

주관식

1.22

비열비가 1.4인 어떤 기체를 압력이 200 kPa 상태에서 등엔트로피 과정으로 압축할 때 체적탄성계수를 구하라.

1.23

체적탄성계수가 4×10^8 Pa이고 비중이 0.9인 액체에서의 음속을 구하라.

1.24

비열비 k, 분자량 M인 이상기체 A에서의 음속 a_{A}와 비열비 $2k$, 분자량 $8M$인 이상기체 B의 음속 a_{B}의 비 $a_{\mathrm{A}}/a_{\mathrm{B}}$는 얼마인가?

1.25

비중량이 1200 N/m^{3}이고 동점성계수가 0.005 m^2/s이다. 점성계수는 얼마인가?

1.26

반지름이 5 cm이고 표면장력이 0.07 N/m인 물방울의 내부와 외부의 압력차를 구하라.

1.27

반지름이 5 cm이고 표면장력이 0.07 N/m인 비누방울의 내부와 외부의 압력차를 구하라.

1.28

그림처럼 두 평행 평판 사이에 물이 흐르고 있으며, 물의 속도분포가 $u = U[1-(2y/H)^2]$이다. H는 평판 사이의 간격이고 y는 두 평판의 중앙으로부터의 거리를 나타낸다. $y = 0.2H$인 곳에서의 전단응력의 크기를 구하라.

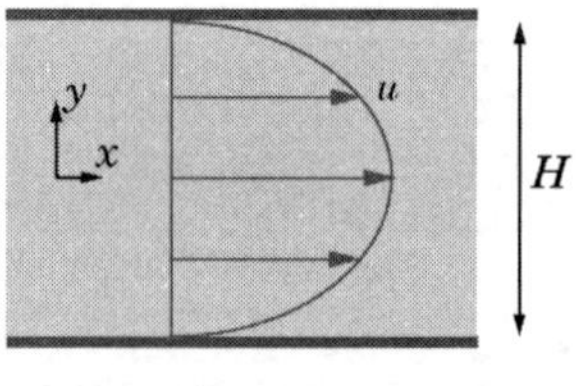

그림 P1.28

Note

1.29

그림 P1.29처럼 수평 원형 관에서의 점성계수가 μ인 유체의 속도분포가 $u = U[1-(r/R)^2]$이다. R은 반지름이고 r은 중심에서의 거리이다. $r = 0.4R$인 곳에서의 전단 응력의 크기를 구하라.

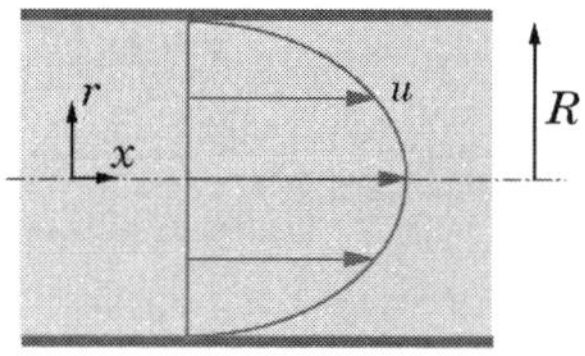

그림 P1.29

1.30

그림 P1.30처럼 반지름이 10 mm인 축이 길이가 40 cm인 원통형 베어링에서 회전하고 있다. 축과 베어링 사이의 틈은 0.2 mm이고 점성계수가 0.8 Pa · s인 윤활유로 채워져 있다. 축이 500 rpm으로 회전하고 있을 때, 틈 사이의 속도분포를 선형으로 가정하고 (1) 축에 작용하는 전단응력을 구하라. (2) 축에 작용하는 토크를 구하라.

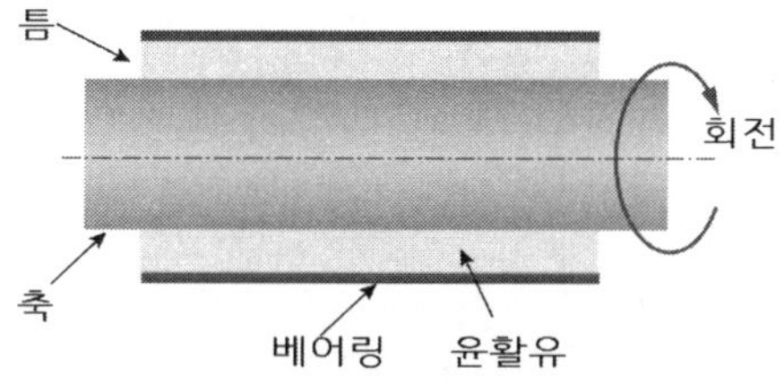

그림 P1.30

1.31

앞의 그림 P1.30처럼 반지름이 10 mm인 축이 길이가 40 cm인 원통형 베어링에서 회전하고 있다. 축과 베어링 사이의 틈은 0.2 mm이고 축이 500 rpm으로 회전하고 있을 때, 축에 작용하는 토크가 2 N · m일 때 윤활유의 점성계수를 구하라. 틈 사이의 속도분포를 선형으로 가정하라.

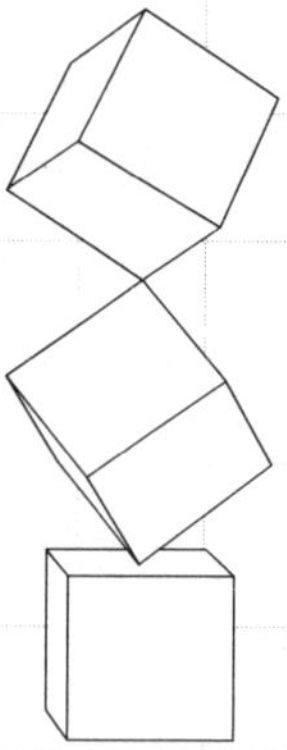

Chapter 2

유체정역학

Fluid Statics

유체정역학(fluid statics)은 유체가 정지해 있거나, 움직이더라도 인접한 입자의 상대운동이 없는 유체 유동을 다루는 유체역학의 한 분야를 의미한다. 정지해 있거나 상대운동이 없는 경우는 마찰에 의한 전단응력이 없다. 유체의 입자 표면에 작용하는 힘은 압력에 의한 것이다. 그리고 유체입자 전체에는 중력이 작용한다. 이 장에서는 정지 상태인 유체의 압력 변화, 유체 중에 잠긴 물체에 유체가 가하는 힘 등에 관하여 설명한다. 유체역학에서 액체인 경우는 대부분 물을 다루는 것이기 때문에, 유체가 액체일 때의 유체정역학을 정수력학(hydrostatics)이라고 한다.

2.1 한 점에서의 압력, Pascal의 법칙

유체 속에 어떤 면이 놓여 있다면, 유체에 의해 힘이 작용하게 되는데, 마찰력이 없는 경우(즉, 전단응력이 없는 경우) 유체가 면에 작용하는 힘은 수직력 뿐이다. **전단응력이 없는 경우 압력**(pressure)**은 유체가 가하는 단위면적당 수직력으로 정의**한다. 압력은 모든 면에 대해 **수직으로 작용**한다(그림 2.1(a)).

정지 유체 또는 전단력이 없는 운동중인 유체에서, 한 점에서의 압력은 방향과 무관하게 동일하다(그림 2.1(b)). **전단응력이 없는 경우 한 점에서의 유체의 압력은 모든 방향에 같은 크기로 작용한다.** 유체의 압력은 방향에 무관하게 같은 크기를 가지므로 **압력은 벡터가 아닌 스칼라**(scalar)이다. 이와 같은 압력을 **정압**(static pressure)이라고도 한다.

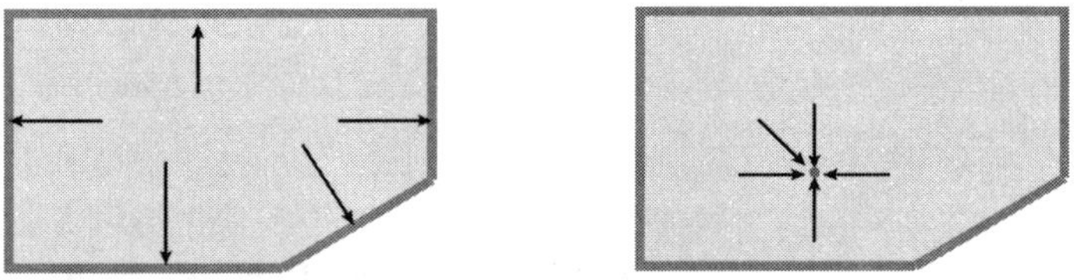

(a) 벽면에서의 압력　　(b) 한 점에서의 압력

그림 2.1 벽면에서의 압력 및 한 점에서의 압력

위와 비슷한 의미로 **Pascal의 법칙**(Pascal's law)인 **압력 전달에 관한 원리**(principle of transmission of fluid pressure)가 있는데, 다음과 같다.

밀폐된 용기 속의 한 곳에서 유체에 압력을 증가시키면 유체의 모든 부분에서 같은 크기의 압력이 증가한다.

흔히 이 원리를 혼동하는 경우가 있는데, 주의하여야 할 것은 **같은 용기 안의 한 곳에서의 압력이 다른 모든 곳에서의 압력과 같다는 것을 의미하지는 않는다.** 그림 2.2(a)처럼 용기 중의 압력은 일반적으로 위치에 따라 모두 다르다($p_1 \neq p_2 \neq p_3 \neq p_4 \neq p_5$). 용기 속의 유체가 **기체인 경우**는 압력차가 작으므로 모든 곳에서의 압력은 같을 수도 있다.

이제 용기의 한부분에서 압력을 가하면(증가시키면) 이 압력의 증가분(Δp)이 유체 전체에 골고루 작용한다는 것이다. 그러면 각 지점에서의 압력은 그림 2.2(b)처럼 된다는 의미이지, 압력 자체가 모두 같다는 것은 아니다. 이 원리를 이용한 것이 수압기(유압기) 등이다.

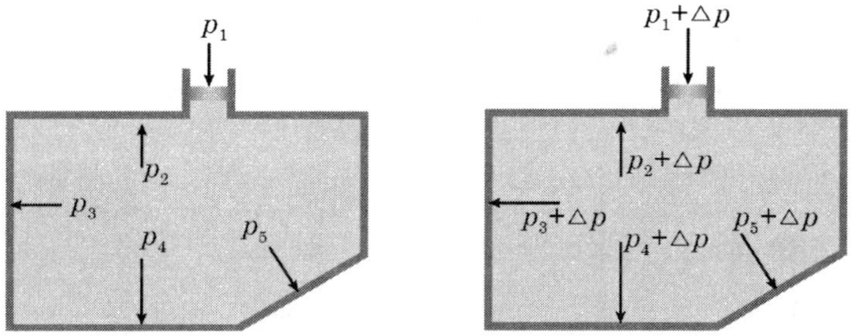

그림 2.2 Pascal의 법칙

그림 2.3에서 1지점에 F_1을 가하면 1지점의 유체에 압력이 Δp 증가되고, 이 증가된 압력은 유체 전체에 골고루 전달되어 2지점의 유체에 증가된 압력은 Δp이므로,

$$\Delta p = \frac{F_1}{A_1} = \frac{F_2}{A_2} \tag{2.1}$$

가 성립한다. 여기서 A_1과 A_2는 1지점과 2지점에서의 피스톤의 단면적이다. 따라서 2지점에서의 힘(또는 무게)은

$$F_2 = F_1 \frac{A_2}{A_1}$$

가 되어 A_2/A_1가 1보다 훨씬 크다면 작은 힘으로 무거운 물체를 들어 올릴 수 있다.

그렇다면 수압기를 통하여 에너지가 창조되는 것일까? 그렇지는 않다. 1지점에서 피스톤이 움직인 거리가 l_1이라면, 2지점에서의 유체가 상승한 거리는 l_1이 아니다. 1지점에서 내려간 유체의 부피가 2지점에서 올라간 유체의 부피가 같아야 하므로 다음이 성립한다.

$$l_1 A_1 = l_2 A_2$$

2지점에서 움직인 거리 l_2는 $l_2 = l_1 \dfrac{A_1}{A_2}$이 되어 l_1보다 훨씬 작다. 따라서 1지점에서 한 일 W_1과 2지점에서 한 일 W_2는 다음과 같이 같다.

$$W_2 = F_2 l_2 = \left(\frac{A_2}{A_1}F_1\right)\left(\frac{A_1}{A_2}l_1\right) = F_1 l_1 = W_1$$

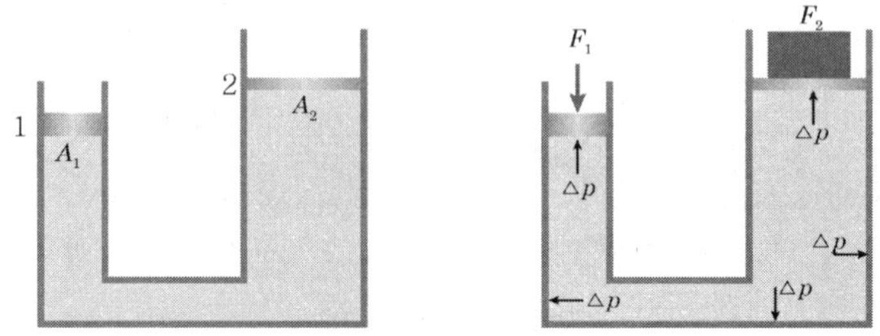

(a) 처음 상태 (b) 증가된 압력

그림 2.3 수압기

예제 2.1

그림 2.3(a)와 같은 유압기에서 왼쪽 실린더의 지름이 10 cm이고 오른쪽 실린더의 지름이 50 cm이고, 처음에 평형을 유지하고 있다.

(1) 그림 2.3(b)처럼 오른쪽 피스톤 위에 질량 50 kg의 물체를 들어올리기 위해 왼쪽 피스톤에 가하여야 하는 힘을 구하라.

(2) 왼쪽 피스톤에 힘을 가하여 25 cm 아래로 움직였다면 오른쪽 물체가 상승한 높이는 얼마인가?

풀이

(1) 증가된 압력은 유체 전체에 골고루 전달되므로 2지점의 유체에 증가된 압력은 Δp이고, 따라서

$$\Delta p = \frac{F_1}{A_1} = \frac{F_2}{A_2}$$

이고

$$F_1 = F_2\frac{A_1}{A_2} = mg\left(\frac{d_1}{d_2}\right)^2 = (50)(9.8)\left(\frac{0.1}{0.5}\right)^2 = 19.6\,\mathrm{N}$$

이다.

(2) $l_1 A_1 = l_2 A_2$ 이고 따라서

$$l_2 = l_1\frac{A_1}{A_2} = (25)\left(\frac{0.1}{0.5}\right)^2 = 1\,\mathrm{cm}$$

이다.

보충설명

질량 50 kg의 물체의 무게는 490 N이고 이것을 들어 올리는데 19.6 N의 작은 힘이 필요하지만 1 cm를 들어 올리려면 왼쪽에서 아래로 25 cm를 이동시켜야 한다.

2.2 정지 유체에서의 압력변화

유체 속에서의 압력은 일정하지 않다는 것을 경험적으로 우리는 이미 알고 있다. 유체 속에서의 압력 변화를 알아보기 위해 먼저 유체에 작용하는 힘에 대해 알아보고, 정지 유체에 대한 압력변화를 알아보기로 한다.

2.2.1 유체에 작용하는 힘

유체요소에 작용하는 힘은 표면력과 체적력으로 나눌 수 있다.

- **표면력**(surface force)은 유체요소의 표면에 작용하는 힘으로 **압력에 의한 힘**과 **전단력**이 표면력이다.
- **체적력**(body force)은 유체요소의 전체에 골고루 작용하는 힘으로, **중력에 의한 힘**이 대표적인 것이다.

정지한 유체의 경우 전단력이 작용하지 않으므로 표면력은 압력에 의한 것뿐이다. 정지 유체에서의 압력변화를 알아보기 위하여 그림 2.4(a)와 같은 아주 미소한 직육면체 형태의 유체요소를 생각하여, 이 유체요소에 작용하는 힘에 대해 먼저 알아보기로 한다.

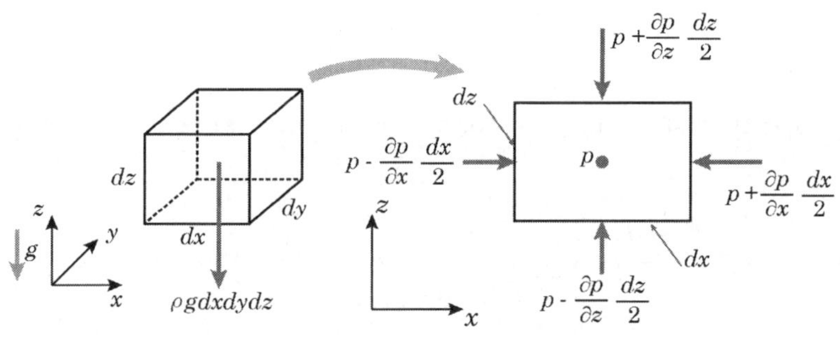

그림 2.4 미소한 유체요소에 작용하는 압력과 중력

중력에 의한 힘(체적력)

그림 2.4(a)와 같은 아주 미소한 직육면체 형태의 유체요소에 작용하는 중력에 의한 힘은 유체요소의 무게이고, 이 미소한 유체요소의 부피가 $dxdydz$ 이므로 무게는 그림에 표시된 $\rho gdxdydz$ 이다. 이 미소 유체요소에 작용하는 중력에 의한 힘을 $\overrightarrow{F_g}$ 라고 하면, 다음처럼 쉽게 구할 수 있다.

$$F_{gx} = 0,\ F_{gy} = 0,\ F_{gz} = -\rho(dxdydz)g$$

또는 벡터로 나타내면 다음과 같다.

$$\overrightarrow{F_g} = -\rho g dxdydz \vec{k} \tag{2.2}$$

압력에 의한 힘(표면력)

정지한 유체의 경우 전단력이 작용하지 않으므로 표면력은 압력에 의한 것뿐이다. 정지 유체에서의 압력을 알아보기 위하여 그림 2.4(a)와 같은 아주 미소한 직육면체 형태의 유체요소의 단면을 그림 2.4(b)의 $x-z$좌표에 2차원으로 나타내고 있다.

압력에 의해 이 미소한 유체요소에 작용하는 힘 $\overrightarrow{F_p}$는 다음과 같다(보충설명 참조).

$$\overrightarrow{F_p} = F_{px}\vec{i} + F_{py}\vec{j} + F_{pz}\vec{k} = -\left(\frac{\partial p}{\partial x}\vec{i} + \frac{\partial p}{\partial y}\vec{j} + \frac{\partial p}{\partial z}\vec{k}\right)dxdydz$$

이제 ∇을 다음과 같이 정의한다.

$$\nabla = \frac{\partial}{\partial x}\vec{i} + \frac{\partial}{\partial y}\vec{j} + \frac{\partial}{\partial z}\vec{k}$$

그러면 압력에 의해 이 미소한 유체요소에 작용하는 힘 $\overrightarrow{F_p}$는 다음과 같이 나타낼 수 있다.

$$\overrightarrow{F_p} = -\nabla p\, dxdydz \tag{2.3}$$

즉, 압력에 의해 작용하는 힘의 크기는 압력의 기울기와 관계된다. 단위 부피당 압력에 의한 힘을 $\overrightarrow{f_p}$, 단위 부피당 중력에 의한 힘을 $\overrightarrow{f_g}$라 하면 다음과 같다.

$$\overrightarrow{f_p} = \frac{\overrightarrow{F_p}}{dxdydz} = -\nabla p$$

$$\overrightarrow{f_g} = \frac{\overrightarrow{F_g}}{dxdydz} = -\rho g\vec{k}$$

따라서 정지 유체에서 미소한 직육면체 형태의 유체요소에 작용하는 힘은 압력과 중력에 의한 힘이므로 다음과 같다.

$$\sum \vec{F} = \vec{F_p} + \vec{F_g} = -(\nabla p + \rho g \vec{k})\,dxdydz \tag{2.4}$$

보충설명 » 압력에 의한 힘

그림 2.4에서 중앙에서의 압력이 p일 때, 오른쪽 면($x+\frac{dx}{2}$ 인 곳)에서의 압력은 그림에 나타낸 것처럼

$$p + \frac{\partial p}{\partial x}\frac{dx}{2}$$

로 나타낼 수 있다(Taylor 급수를 이용하여 두 항까지만 나타낸 것이다). 왼쪽 면($x-\frac{dx}{2}$ 인 곳)에서의 압력은 그림에 나타낸 것처럼

$$p - \frac{\partial p}{\partial x}\frac{dx}{2}$$

로 나타낼 수 있다. 다른 곳에서의 압력도 비슷하게 나타낼 수 있고, 그림에 나타내었다.
압력에 의해, 이 미소한 유체요소에 작용하는 x방향 힘의 성분 F_{px}는 다음과 같다.

$$F_{px} = \left(p - \frac{\partial p}{\partial x}\frac{dx}{2}\right)dydz - \left(p + \frac{\partial p}{\partial x}\frac{dx}{2}\right)dydz = -\frac{\partial p}{\partial x}dxdydz$$

그리고 y 및 z방향에 작용하는 압력에 의한 힘 F_{py}, F_{pz}도 같은 방법으로 구하면 다음과 같다.

$$F_{py} = -\frac{\partial p}{\partial y}dxdydz$$

$$F_{pz} = -\frac{\partial p}{\partial z}dxdydz$$

압력에 의한 힘의 크기는 각 방향에 대한 압력의 기울기에 부피(위의 경우 $dxdydz$)를 곱하면 된다. 위의 식을 보면 압력에 의한 힘은 압력의 절대적인 크기가 아니라, 압력의 기울기(즉, 압력차)에 관계된다는 것을 알 수 있다. 힘은 벡터이므로, 압력에 의해 이 미소한 유체요소에 작용하는 힘 $\vec{F_p}$는 다음과 같다.

$$\vec{F_p} = F_{px}\vec{i} + F_{py}\vec{j} + F_{pz}\vec{k} = -\left(\frac{\partial p}{\partial x}\vec{i} + \frac{\partial p}{\partial y}\vec{j} + \frac{\partial p}{\partial z}\vec{k}\right)dxdydz \tag{2.5}$$

2.2.2 정지 유체에서의 압력분포

앞에서 미소한 유체요소에 작용하는 힘을 구하였다. 정지 유체에서의 그림 2.4(a)에서의 미소한 유체요소에 대한 힘의 평형을 고려하면, 이 유체요소에 작용하는 힘의 합은 0이다. 즉,

$$\sum \vec{F} = 0 \Rightarrow (\nabla p + \rho g \vec{k}) dxdydz = 0 \tag{2.6}$$

의 관계가 성립한다. 이 식을 각 성분별로 표시하여 다음과 같은 결과를 얻는다.

$$\sum F_x = 0 \Rightarrow \frac{\partial p}{\partial x} = 0 \tag{2.7}$$

$$\sum F_y = 0 \Rightarrow \frac{\partial p}{\partial y} = 0 \tag{2.8}$$

$$\sum F_z = 0 \Rightarrow \frac{\partial p}{\partial z} = -\rho g \tag{2.9}$$

일반적으로 압력은 위치의 함수일 수 있으므로

$$p = p(x, y, z) \tag{2.10}$$

와 같이 나타낼 수 있다(시간에 따라 압력이 바뀌지 않는 경우). 그런데 식 (2.7)과 식 (2.8)에서 정지 유체에서의 압력은 x와 y방향으로는 변하지 않아, x와 y의 함수가 아니다. 따라서 **정지 유체에서의 압력은 오직 z만의 함수이고 z방향으로만 변한다는 것을 알 수 있다.** 즉, **정지 유체에서의 압력은 수평방향으로는 변하지 않고 오직 수직방향으로만 변한다.** 따라서 식 (2.10)은 다음과 같이 나타낼 수 있다.

$$p = p(z) \tag{2.11}$$

압력이 z만의 함수이므로 식 (2.9)는 다음과 같이 바꾸어 나타낼 수 있다.

$$\frac{dp}{dz} = -\rho g \tag{2.12}$$

위의 식이 정지 유체에서 압력 변화를 나타내는 유일한 식이다.

밀도가 일정한 경우 압력분포

비압축성유체를 포함하여 밀도가 일정한 경우, 식 (2.12)를 적분하여 압력에 관한 식을 구할 수 있다. 적분하면,

$$p = -\rho g z + C$$

이고, 압력은 z가 증가할수록 선형적으로 감소한다는 것을 알 수 있다. 그림 2.5에서 두 높이 z_1, z_2에서의 압력을 각각 p_1, p_2라고 할 때,

$$p_1 - p_2 = \rho g (z_2 - z_1)$$

임을 쉽게 알 수 있다. 만약 $z_2 > z_1$이라면 $p_1 > p_2$이고, 두 높이차를 $h = z_2 - z_1$이라고 하면,

$$\Delta p \equiv p_1 - p_2 = \rho g h \tag{2.13}$$

이고,

$$p_1 = p_2 + \rho g h, \quad p_2 - p_1 - \rho g h \tag{2.14}$$

로 나타낼 수 있어 아래쪽의 압력이 $\rho g h$만큼 높고 위쪽의 압력이 $\rho g h$만큼 낮다. 이와 같이 유체의 높이 차이에 의한 압력을 보통 **정수압**(hydrostatic pressure)이라 한다.

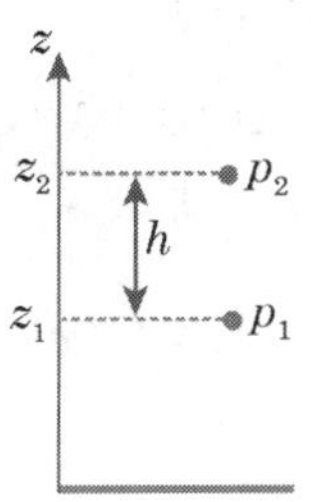

그림 2.5 높이와 압력

앞에서도 언급하였지만 정지 유체에서의 압력은 수평방향으로는 변하지 않고 오직 수직방향으로만 변한다. 유체의 압력은 유체를 담은 용기의 형태와는 무관하게 유체의 종류와 깊이에만 관계된다. 그림 2.6에서 같은 용기 속의 같은 깊이에 위치한 A, B에서의 압력뿐 아니라 다른 용기 속에 같은 깊이에 위치한 C에서의 압력은 모두 동일하다.

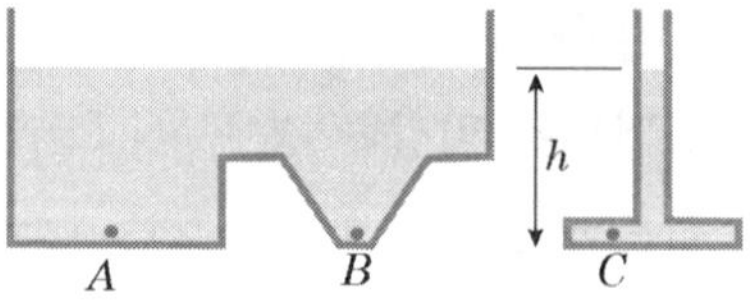

그림 2.6 같은 깊이에서의 압력

예제 2.2

그림 2.6의 용기에 물이 깊이 50 cm 채워져 있다.
(1) 바닥 A에서의 압력은 얼마인가?
(2) 만약 물대신 비중 0.9인 액체가 채워져 있다면 압력은 얼마인가?

풀이

(1) 표면에서의 압력은 대기압이고, 바닥은 아래에 위치하므로 바닥에서의 압력은

$$p = p_{\text{atm}} + \rho gh = 101.3\,\text{kPa} + (1000)(9.8)(0.5)\,\text{Pa}$$

$$= 101.3\text{kPa} + 4900\text{Pa} = 101.3\,\text{kPa} + 4.9\,\text{kPa} = 106.2\,\text{kPa}$$

(2) 비중이 0.9이므로 물의 밀도에 비중을 곱하면 된다.

$$p = p_{\text{atm}} + \rho gh = 101.3\,\text{kPa} + (0.9 \times 1000)(9.8)(0.5)$$

$$= 101.3\,\text{kPa} + 4410\,\text{Pa} = 101.3\,\text{kPa} + 4.41\,\text{kPa} = 105.7\,\text{kPa}$$

보충설명

일반적으로 압력은 절대압력으로 나타낸다. 만약 계기압력으로 구하라고 하면, 위 문제의 답은 각각 4.9 kPa, 4.41 kPa이 된다. 위에서 중력가속도를 9.81로 계산하면 답은 약간 달라진다. 이런 오차는 항상 포함하고 있다는 것을 알고 있어야 한다.

보충설명 ›› 밀도가 일정하지 않은 경우

밀도가 일정하지 않은 경우는 식 (2.12)를 적분하기 위해서는 일반적으로 밀도가 높이의 함수로 주어져야하며, 다음 식을 적분하여 구할 수 있다.

$$p = -\int \rho g dz \tag{2.15}$$

절대압력과 계기압력

어느 곳의 압력을 측정할 때 대부분의 경우 대기압과의 차를 측정하는 경우가 많다. 따라서 측정한 압력은 대기압과의 차를 나타내는 경우가 대부분이다. 대기압과의 차를 나타내는 이 압력을 **계기압력(게이지 압력; gage pressure)**이라고 하고 계기압력에 대기압을 더한 실제 유체의 압력을 **절대압력(absolute pressure)**이라고 한다. 책마다 다르지만, 이 책에서는 별도의 설명 없이 압력이라고 하면

절대압력을 나타낸다. 절대압력을 p로, 계기압력을 p_g로 표시하고, 국소 대기압을 p_{atm}으로 나타내면 이들 사이에는 다음과 같은 관계가 성립한다.

$$p_g = p - p_{atm} \tag{2.16}$$

따라서 계기압력이 200 kPa이고 국소 대기압이 100 kPa인 경우의 (절대)압력은 300 kPa이다. 여기서 주의해야 할 것은 **국소**(local) **대기압이란 압력을 측정하는 곳에서의 대기압**을 의미하며, 항상 101.3 kPa을 의미하는 것은 아니고 지역과 시간에 따라 달라지는 값이다. 물론 국소 대기압이 주어지지 않은 경우는 국소 대기압 대신 **표준 대기압** 101.33 kPa을 사용한다.
국소 대기압이 100 kPa이고 절대압력이 40 kPa인 곳에서 측정한 계기압력은 −60 kPa이다. 이 계기입력을 **부입**(suction pressure), 또는 **진공압력**(vacuum pressure) 60 kPa이라고 표현한다(또는 진공 60 kPa이라고 표현한다). 즉, $p_g = -40$ kPa과 $p_{vac} = 60$ kPa은 같은 뜻이다. 따라서 진공압력이 p_{vac}일 때 다음과 같은 관계가 성립한다.

$$p_{vac} = p_{atm} - p \tag{2.17}$$

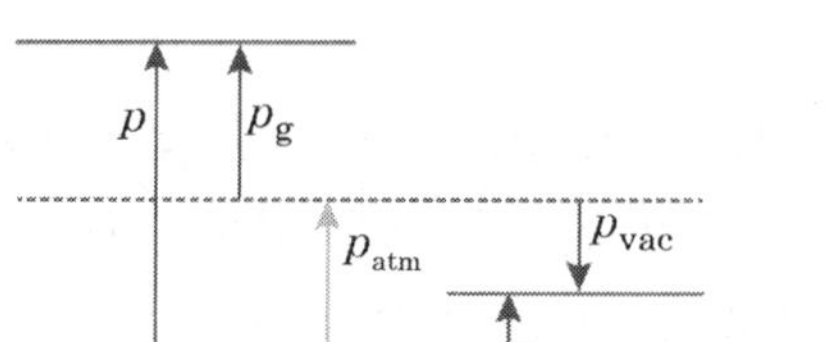

그림 2.7 계기압력, 진공압력

대기압은 지역 및 시간에 따라 조금씩 다르기 때문에 과학 및 공학의 여러 응용 분야에서, 대기압에 관한 표준이 필요하게 되어 **표준대기**(U.S. standard atmosphere)를 정하게 되었다. 이 표준대기는 지구에서의 대기 상태를 평균적으로 나타낸 것이고 표 2.1에 나타내고 있다.

표 2.1 미국 표준대기의 물성치(해수면에서)

물성치	값
압력	101.33 kPa
온도	15℃
밀도	1.225 kg/m^3

예제 2.3

(1) 계기압력이 40 kPa일 때 절대 압력은 얼마인가?

(2) 진공 40 kPa일 때 절대 압력은 얼마인가? 단, 국소 대기압이 100 kPa이다.

풀이

(1) $p_g = p - p_{atm}$이므로,

$p = p_g + p_{atm} = 40 + 100 = 140$ kPa

(2) $p_{vac} = p_{atm} - p$이므로,

$p = p_{atm} - p_{vac} = 100 - 40 = 60$ kPa

보충설명

대기압으로는 주어진 국소대기압을 사용하여야 한다.

2.3 마노미터

앞에서 설명한 정지 유체에서의 높이차에 의한 압력 변화를 이용하여, 용기나 관에서의 압력을 측정할 수가 있으며, 이와 같이 압력을 측정하는 장치를 **마노미터**(manometer) 또는 **액주계**(液柱計)라고 한다.

2.3.1 피에조미터

가장 간단한 형태의 압력측정 장치가 **피에조미터**(piezometer)이고, 이는 그림 2.8에서 보듯이 단순하게 용기나 원형 관에 구멍을 뚫어 수직 튜브(tube)를 연결해 놓은 것이다. 용기나 원형 관 속의 압력이 대기압보다 높은 경우 용기나 원형 관 속의 액체가 튜브로 흘러 들어와 일정한 높이를 차지하게 된다. 그림과 같은 경우 용기 속의 압력 p_A는 다음과 같이 구할 수 있다. $p_A = p_B$이고, $p_B = p_{atm} + \rho g h$이므로,

$$p_A = p_{atm} + \rho g h$$

를 얻을 수 있다. 용기 속의 계기압력 p_{Ag}는 다음과 같다.

$$p_{Ag} = \rho g h$$

계기압력은 단순한 높이차로 구해진다. 일반적으로 피에조미터에서는 별도의 액체를 사용하지 않고 용기 속의 액체 높이를 이용하는 것이기 때문에 용기 속의 기체의 압력을 측정하기에는 적당하지 않다. 또한 용기 속의 유체가 액체이더라도 대기압보다 높은 압력만 측정할 뿐 아니라, 대기압보다 용기의 압력이 높더라도 측정하는 압력의 범위는 상당히 제한적이다.

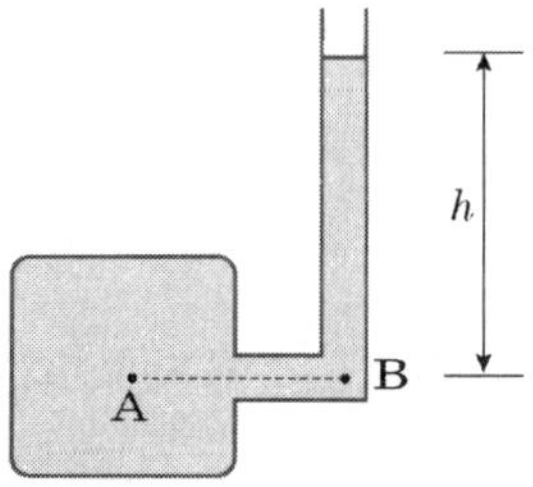

그림 2.8 피에조미터

2.3.2 U-관 마노미터

가장 많이 사용되는 마노미터 형태는 용기나 원형 관에 U 모양의 튜브를 연결한 형태의 U-관 마노미터(U자관 액주계)이다. 이 튜브 속에는 압력차를 측정하기 위한 유체를 포함하고 있는데 이를 계기유체(gage fluid)라고 한다.
그림 2.9(a)에 가장 간단한 형태의 U-관 마노미터를 보여주고 있으며, 용기나 원형 관 속의 압력은 다음과 같이 구한다. **제일 먼저 해야 할 일은 동일한 압력을 가지는 위치를 점선으로 연결하는 것**이다. 그림 2.9(a)에서 A - 1, 2 - 3은 같은 유체에서 같은 높이에 위치하고 있으므로 서로 압력은 같다. 따라서

$$p_A = p_1, \ p_2 = p_3$$

이고,

$$p_2 = p_1 + \rho_1 g h_1 = p_A + \rho_1 g h_1$$

$$p_3 = p_{\text{atm}} + \rho_2 g h_2$$

이므로

$$p_{\text{A}} + \rho_1 g h_1 = p_{\text{atm}} + \rho_2 g h_2$$

이다. 따라서 다음과 같은 결과를 얻을 수 있다.

$$p_{\text{A}} = p_{\text{atm}} + \rho_2 g h_2 - \rho_1 g h_1$$

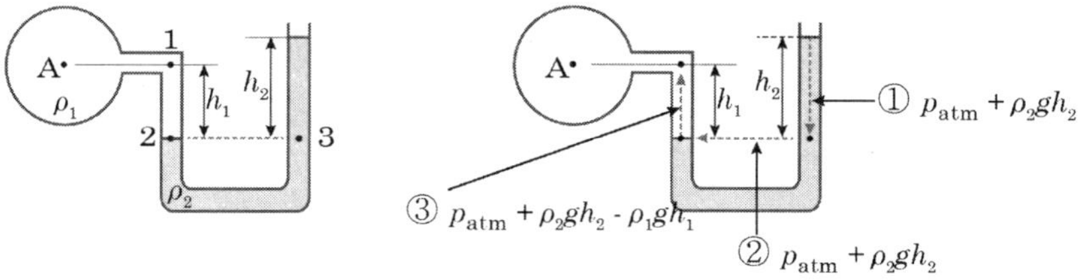

(a) $p_2 = p_3$로 계산　　(b) 화살표 순서대로 계산

그림 2.9 U-관 마노미터

보충설명 ›› U-관 마노미터

앞의 설명에서는 $p_2 = p_3$를 이용하여, 압력을 단계적으로 구하였으나, 약간 익숙해지면 다음처럼 압력을 바로 구할 수도 있다.

제일 먼저 해야 할 것은 역시 압력이 같은 부분을 점선으로 연결하는 것이다. 그런 다음 A지점에서의 압력을 구하기 위해서는 반대쪽에서 시작하면 되고, 그림 2.9(b)에서 점선으로 표시된 방향으로 계산하면 된다. 즉, 오른쪽에서의 압력은 대기압이고

① h_2만큼 아래 방향으로 내려오면, 그 높이에 해당하는 압력을 더하여 $p_{\text{atm}} + \rho_2 g h_2$가 되고

② 수평으로 이동하기 때문에 $p_{\text{atm}} + \rho_2 g h_2$로 동일하고,

③ h_2만큼 위로 올라가면, 이 높이만큼의 압력을 빼서 $p_{\text{atm}} + \rho_2 g h_2 - \rho_1 g h_1$가 되고

이것이 바로 p_{A}이다.

따라서 이것을 한꺼번에 한 줄로 적으면 다음과 같이 적을 수 있을 것이다.

$$p_{\text{atm}} + \rho_2 g h_2 - \rho_1 g h_1 = p_{\text{A}}$$

보다 복잡한 경우의 마노미터의 경우에도 위와 같은 방법으로 압력을 구하는 것이 더 좋은 방법이다.

압력차 마노미터

U-관 마노미터를 이용하여 한 쪽에서의 압력이 대기압으로 알려진 경우 용기 속의 압력을 측정할 수도 있지만, 두 용기 속의 압력차를 알아내는 데에도 사용될 수 있다. 이와 같이 압력차를 측정할 때 **압력차 마노미터(시차액주계)**라고 한다. 그림 2.10에서 두 용기 속의 압력차는 다음과 같이 구할 수 있다. 처음 할 일은 역시 압력이 같은 부분을 점선으로 연결하는 것으로 지금의 경우는 2지점과 3지점을 연결하면 된다. 그리고 1점에서 5점까지 ①~④의 화살표 순서대로 진행하면서 단번에 다음과 같이 적을 수 있다.

$$p_A + \rho_1 g h_1 - \rho_2 g h_2 - \rho_3 g h_3 = p_B$$

따라서 압력차는

$$p_B - p_A = \rho_1 g h_1 - \rho_2 g h_2 - \rho_3 g h_3$$

로 구할 수 있다.

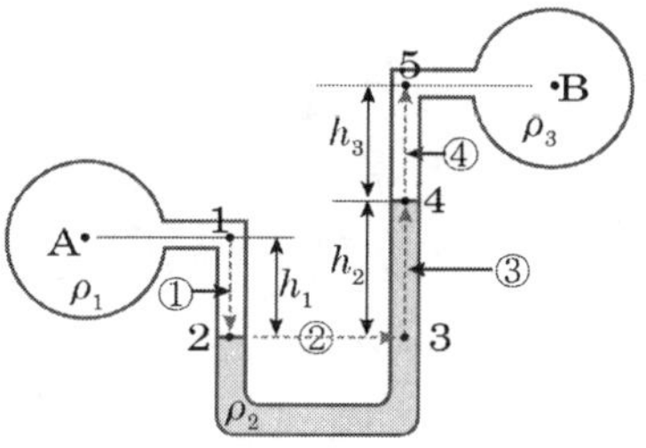

그림 2.10 압력차 마노미터

예제 2.4

그림에서 $h_1 = 40\,\text{cm}$, $h_2 = 10\,\text{cm}$, $\rho_1 = 1200\,\text{kg/m}^3$, $\rho_2 = 900\,\text{kg/m}^3$ **일 때, 탱크의 공기압력을 구하라.**

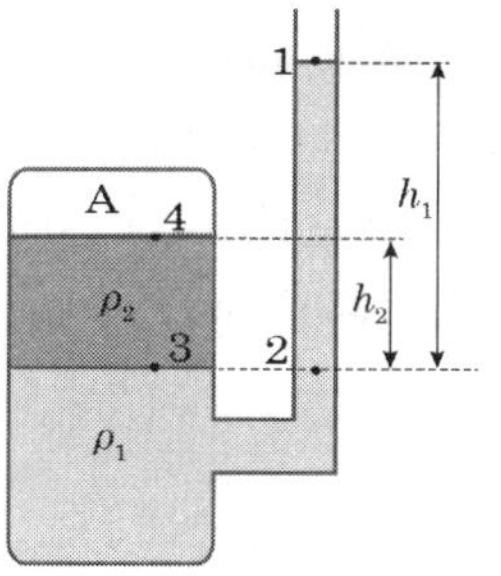

그림 E2.4

풀이

탱크에 공기가 있으므로 공기의 압력은 $p_A = p_4$이다. 2-3에서의 압력은 같고, 따라서 오른쪽 1에서 4의 방향으로 진행하면서 압력을 구하면 된다.

$$\begin{aligned} p_A &= p_{atm} + \rho_1 g h_1 - \rho_2 g h_2 \\ &= 101300 + (1200)(9.8)(0.4) - (900)(9.8)(0.2) \\ &= 104240\,\text{Pa} = 104.24\,\text{kPa} \end{aligned}$$

보충설명

탱크에 공기가 있으므로 공기의 밀도가 아주 작아, 용기에서의 공기의 높이차에 따른 압력 변화가 없어 $p_A = p_4$이다. 높은 산에 올라간다든지 하면 압력차이가 있지만, 지금처럼 용기에서의 압력을 다룰 때는 기체의 경우 높이차는 고려하지 않는다.

예제 2.5

그림에서 $h_1 = 30\,\text{cm}$, $h_2 = 40\,\text{cm}$, $h_3 = 30\,\text{cm}$, $h_4 = 20\,\text{cm}$이고 비중 $S_1 = 1.2$, $S_2 = 1.4$, $S_3 = 0.8$, $S_4 = 1$일 때, $p_B - p_A$를 구하라.

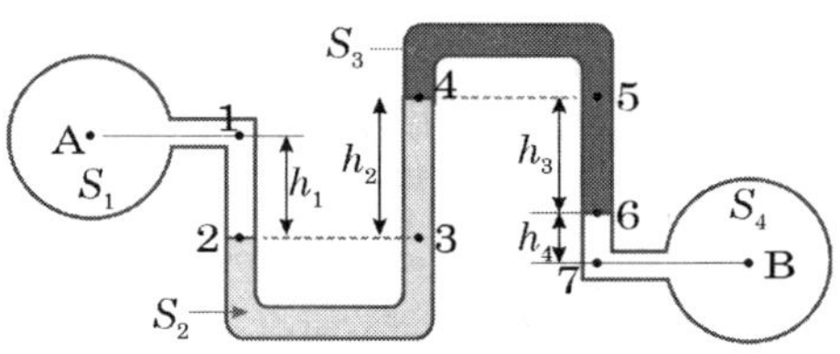

그림 E2.5

풀이

처음 할 일은 압력이 같은 부분을 점선으로 연결하는 것으로, 2-3과 4-5 지점을 연결하면 된다. 그리고 1점에서 7점까지 순서대로 진행하면서 단번에 다음과 같이 적을 수 있다.

$$p_A + \rho_1 g h_1 - \rho_2 g h_2 + \rho_3 g h_3 + \rho_4 g h_4 = p_B$$

따라서

$$\begin{aligned} p_B - p_A &= \rho_1 g h_1 - \rho_2 g h_2 + \rho_3 g h_3 + \rho_4 g h_4 \\ &= \rho_{water} g (S_1 h_1 - S_2 h_2 + S_3 h_3 + S_4 h_4) \\ &= (1000)(9.8)(1.2 \times 0.3 - 1.4 \times 0.4 + 0.8 \times 0.3 + 1 \times 0.2) \\ &= (1000)(9.8)(0.24) = 2352\,\text{Pa} \end{aligned}$$

경사 마노미터

U-관 마노미터의 관 중 하나를 경사지게 만들어 사용하면 압력차를 조금 더 정확하게 측정할 수 있다. 이와 같이 경사진 마노미터를 경사 마노미터(inclined manometer)이라고 하며, 그림 2.11에 나타내고 있다. 그림에서 1점과 2점의 압력차는 $p_1 - p_2 = \rho g h$이고, $h = l\sin\theta$ 이다 즉,

$$l = \frac{h}{\sin\theta}$$

이므로 높이 h에 비해 관의 길이를 길게 할 수 있어 눈금을 자세히 매길 수 있어 압력차를 보다 정밀하게 측정할 수 있다.

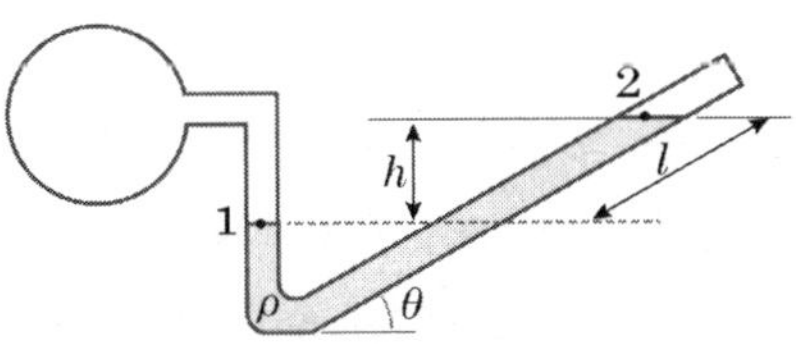

그림 2.11 경사 마노미터

2.4 압력계, 기압계

앞의 마노미터 이외에 여러 가지 압력을 측정하는 장치가 있으며, 가장 대표적인 것이 그림 2.12에 나타내고 있는 **Bourdon 압력계**와 압력변환기(pressure transducer)이다. Bourdon 압력계는 속이 빈 금속관으로 된 Bourdon 관의 탄성을 이용하여 압력을 측정하는 방식이다. 또한 많이 사용되는 것으로 압력변환기가 있으며, 압력을 전기적인 신호로 변환하여 압력을 나타내는 방식으로 보다 정밀하게 압력을 측정할 수 있다.

그리고 대기압을 측정하는 장치를 **기압계**(barometer)라고 하며 Torricelli에 의해 처음으로 고안되었다. 매우 긴 관에 수은을 가득 채운 후 수은이 든 용기에 거꾸로 세우면 수은의 높이와 대기압이 평형을 이루는 높이까지 내려오게 된다. 그림 2.13에서 1점과 2점에서 압력을 고려하면 다음과 같은 관계가 있다.

$$p_{\text{atm}} = p_{\text{v}} + \rho g h$$

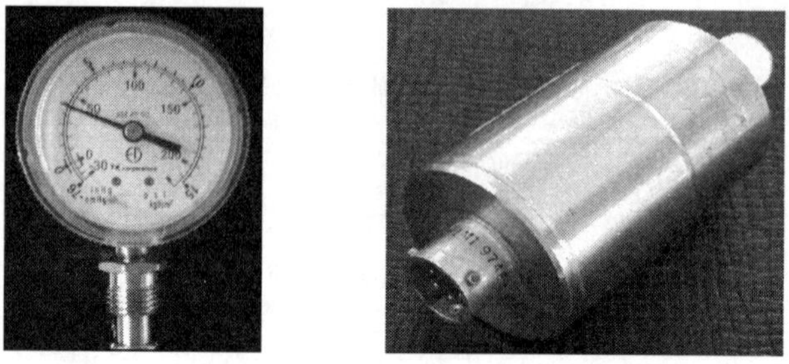

그림 2.12 Bourdon 압력계와 압력변환기

여기서 p_v는 수은의 증기압이다. 수은의 증기압은 상온에서 아주 작으므로 무시할 수 있어,

$$p_{\text{atm}} = \rho g h \tag{2.18}$$

의 관계가 성립하고, 높이를 측정하여 대기압을 구할 수 있다. 표준대기압에서 높이가 760 mm이어서 1기압을 760 mmHg로 나타낼 수 있고 1 atm = 760 mmHg이다. 여기서 mmHg는 수은의 높이를 압력으로 나타낸 것으로 압력의 단위이고, torr로 표시하기도 한다.

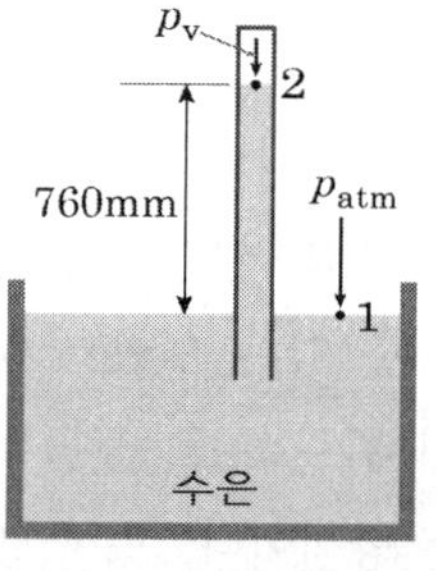

그림 2.13 수은 기압계

2.5 평면에 작용하는 힘

2.5.1 수평면에 작용하는 힘

힘의 크기

액체 속에 어떤 면이 잠겨있을 때 액체의 압력에 의해 면에 힘이 작용하게 된다. 그림 2.14(a)에서 용기의 밑면에는 일정한 압력이 작용하므로 밑면에 작용하는 힘은 쉽게 구할 수 있다. 용기 속 액체의 깊이가 h일 때, 밑바닥에서의 압력은

$$p = p_{\text{atm}} + \rho g h$$

로 쉽게 구할 수 있다. 여기서 $p_{\text{g}} = \rho g h$를 액체의 깊이에 의한 압력, 즉 계기압력이라고 하면, 그림에서 나타내었듯이 밑바닥에서의 압력은

$$p = p_{\text{atm}} + p_{\text{g}}$$

로 나타낼 수 있다. 따라서 이 압력에 의해 **밑면에 작용하는 힘은**

$$F_{\text{R}} = pA = (p_{\text{atm}} + p_{\text{g}})A = p_{\text{atm}}A + p_{\text{g}}A \qquad (2.19)$$

로 구할 수 있다. 그러나 그림 2.14(b)처럼 대기압이 밑면의 외부에 작용하고 있는 경우, 대기에 의해 작용하는 힘 $p_{\text{atm}}A$를 F_{R}에서 뺀 힘이 밑면의 위 액체와 밑면 아래의 대기에 의해 작용하는 힘의 차이이고, 이를 F_{g}라고 하면,

$$F_{\text{g}} = F_{\text{R}} - p_{\text{atm}}A = p_{\text{g}}A = \rho g h A \qquad (2.20)$$

이다. F_{g}는 순전히 액체만의 높이에 의해 작용하는 힘으로서 **액체만의 정수력**(hydrostatic force)을 나타낸다. F_{R}과의 혼돈을 막기 위해, **이 책에서 정수력이라고 했을 때는 대기압 효과를 뺀 F_{g}를 의미한다.**

Tip

- F_{g}: 액체의 정수력
  순전히 액체의 높이만에 의한 힘
- 책에 따라 액체의 정수력을 전압력(total pressure)이라고 표현하는 경우가 있는데 압력과 혼돈하기 쉬우므로 될 수 있는 대로 전압력이라는 용어를 사용하지 않는 것이 좋다. 그리고 뒤에서 설명하겠지만, 전압 또는 전압력은 다른 의미로 사용된다

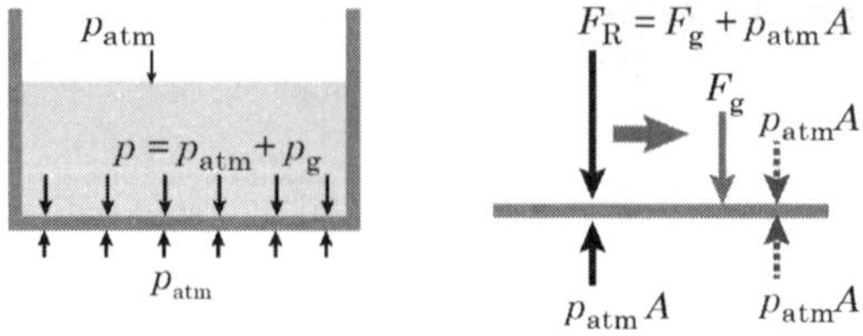

(a) (b) $F_g = F_R - p_{atm}A$

그림 2.14 밑면에 작용하는 힘

2.5.2 경사진 평면에 작용하는 힘 – 평면이 액체의 표면에 노출된 경우

정수력의 크기

수평면에 작용하는 정수력을 구할 때는 평면에서의 압력이 모두 같으므로 압력에 면적을 곱하여 작용하는 힘을 구할 수 있다. 그러나 수직면 또는 경사진 면에 작용하는 압력은 그림 2.15에서 보듯이 평면에서의 압력이 균일하지 않으므로 수직평면 또는 경사진 평면에 작용하는 수직평면 전체에서의 평균압력에 면적을 곱하여 다음처럼 구할 수 있다.

$$F_g = p_{g,avg}A$$

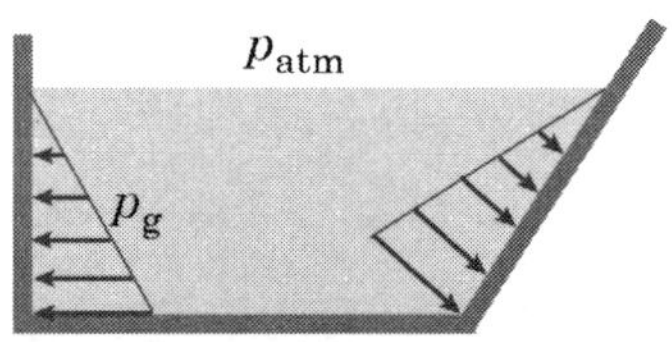

그림 2.15 평면에 작용하는 힘

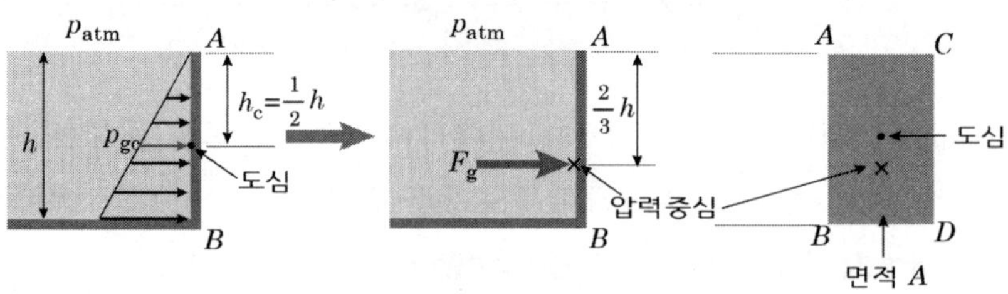

(a) 도심에서의 압력 (b) 힘은 압력중심에 작용

그림 2.16 수직평면에 작용하는 힘

그림 2.16과 같이 직사각형의 수직평면(또는 경사진 평면)이 액체의 표면에 노

출되어 있는 경우 액체만의 압력(계기압력)분포는 그림 2.16(a)에서 보듯이 삼각형 모양이고, 평균압력 $p_{g,avg}$ 은 수직평판의 도심(centroid)에서의 계기압력 p_{gc} 이고($p_{g,avg} = p_{gc}$), 표면에서 $0.5h$ 인 곳에서의 압력이다. 따라서 액체에 의한 정수력의 크기는

$$F_g = p_{gc} A \tag{2.21}$$

이다.

정수력의 작용점

이 정수력의 작용점은 도심에 작용하지 않고, 압력 분포를 보면 아래쪽에 압력이 높으므로 이보다 아래쪽에 작용한다. 압력분포를 보면 삼각형 분포이고 이 삼각형의 중심이 위에서 2/3위치에 위치하고 있어, 액체의 표면에서 $\frac{2}{3}h$ 인 지점에 작용하게 되고, 이 점을 **압력중심**(center of pressure)이라고 한다.
위의 결과는 수직평면 또는 경사진 평면이 **직사각형이고, 액체의 표면 노출되어 있는 경우 적용**된다. 그렇지 않은 일반적인 경우는, 뒤에서 설명하는 해석방법을 사용하여야 한다.

예제 2.6

그림과 같은 용기에 비중 0.9인 액체가 깊이 1 m로 채워져 있다.
(1) 밑면(AB)에 작용하는 정수력,
(2) 옆면(BC)에 작용하는 정수력과 작용점을 구하라. 이 용기의 폭은 2 m이다.

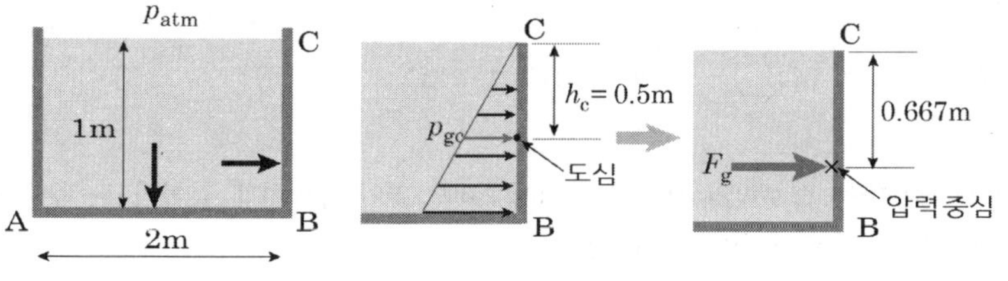

(a) (b) (c)

그림 E2.6

풀이

(1) 밑면에서의 압력은 균일하므로, 밑면에 액체에 의해 작용하는 정수력은 밑면에서의 계기압력에 면적을 곱한 것이다.

$$F_g = p_g A = \rho g h A = (0.9 \times 1000)(9.8)(1)(2 \times 2) = 35280 \text{ N}$$

(2) 옆면에 작용하는 정수력은 옆면의 도심에서의 계기압력 p_{gc}에 면적을 곱한 것이다. 도심까지의 깊이는 50 cm이다.

$$p_{gc} = \rho g h_c = (0.9 \times 1000)(9.8)(0.5) = 4410 \text{ Pa}$$

$$F_g = p_{gc} A = (4410)(1 \times 2) = 8820 \text{ N}$$

옆면에 작용하는 정수력의 작용점은 깊이의 2/3 위치이므로, 표면에서 0.667 m 깊이에 위치한다.

예제 2.7

그림과 같은 용기에 비중 0.9인 액체가 깊이 1 m로 채워져 있다. 옆면(BC)에 작용하는 정수력과 작용점을 구하라. 이 용기의 폭은 2 m이다.

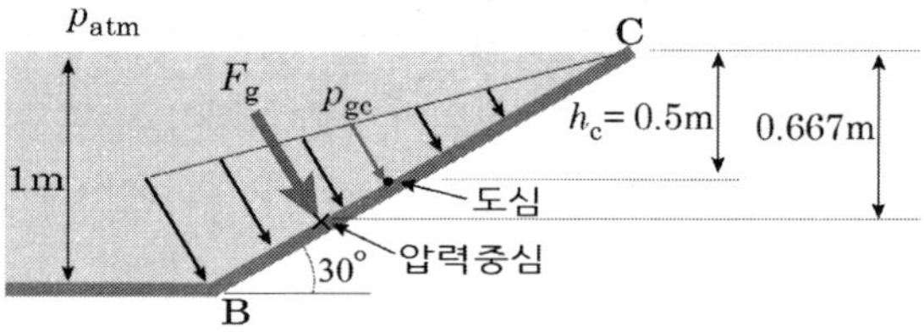

그림 E2.7

풀이

옆면에 작용하는 정수력은 옆면의 도심에서의 계기압력 p_{gc}에 면적을 곱한 것이다. 도심까지의 깊이는 50 cm이고, 예제 2.6의 (2)와 동일하다.

$$p_{gc} = \rho g h_c = (0.9 \times 1000)(9.8)(0.5) = 4410 \text{ Pa}$$

따라서

$$F_g = p_{gc} A = (4410)\left(\frac{1}{\sin 30°} \times 2\right) = 17640 \text{ N}$$

이다.

옆면에 작용하는 정수력의 작용점은 예제 2.6의 (2)와 동일하게 깊이의 2/3 위치이므로, 표면에서 0.667 m 깊이에 위치한다.

보충설명

도심에서의 압력은 예제 2.6의 (2)와 동일하지만, 옆면의 면적이 2배이므로 작용하는 힘은 2배이다.

2.5.3 경사진 평면에 작용하는 힘 – 일반적인 경우

힘의 크기

그림 2.17처럼 경사진 면에 작용하는 압력은 수직면에 작용하는 압력과 마찬가지로 압력이 균일하지 않으므로, 수직평면과 마찬가지로 평면 전체에서의 평균압력에 면적을 곱하여 구할 수 있다. 그림 2.17처럼 임의의 모양을 가지고, 수평에서 θ의 각도로 기울어진 평면을 생각해 보자. 평면의 연장선이 액체표면과 만나는 점을 원점 o로 잡고, 원점에서 평면 쪽으로 y축을 잡고, y축에 수직한 방향으로 x축을 잡는다. 이 평면에 작용하는 액체에 의한 정수력의 크기는 다음과 같다.

$$F_{\rm g} = p_{\rm g,avg} A$$

평균압력 $p_{\rm g,avg}$은 수직평판의 도심(centroid)에서의 계기압력 $p_{\rm gc}$이고, 즉 $p_{\rm g,avg} = p_{\rm gc}$이므로, 액체에 의한 정수력의 크기는

$$F_{\rm g} = p_{\rm gc} A \tag{2.22}$$

이다(보충설명 참조). 위의 식을 다시 표현하면 다음과 같다.

액체에 의한 정수력의 크기는 도심에서의 액체의 정수압과 면적을 곱한 것이다.

여기서 액체에 의한 정수력이란 대기압효과를 제외한 액체만의 정수압(순전히 액체의 깊이에 의한 압력)이 평판에 가하는 힘을 나타낸다.

도심에서의 계기압력 $p_{\rm gc}$는 다음으로 구할 수 있다.

$$p_{\rm gc} = \rho g h_{\rm c} = \rho g y_{\rm c} \sin\theta \tag{2.23}$$

정수력의 작용점

수직 평판과 마찬가지로 액체에 의한 압력이 균일하지 않기 때문에 액체의 정수력 $F_{\rm g}$의 작용점은 도심이 아니다. $F_{\rm g}$의 작용점 $y_{\rm p}$는 다음과 같다(보충설명 참조).

$$y_p = y_c + \frac{I_{xc}}{y_c A} \tag{2.24}$$

- y_c : 도심까지의 거리
- y_p : 압력중심까지의 거리. 액체가 평면에 작용하는 힘의 작용점(x_p, y_p)을 **압력중심**(center of pressure)이라 한다.
- $I_{xc} \equiv I_{yyc}$: 도심을 지나는 x축에 대한 **면적 2차모멘트**(second moment of area) 또는 **면적 관성모멘트**(area moment of inertia). 그림 2.18에 면적 2차모멘트를 나타내고 있다.
- 압력중심은 도심보다 $\frac{I_{xc}}{y_c A}$ 만큼 아래에 위치한다.

Tip

$I_x \equiv I_{yy}$

- 면적 2차모멘트
- 단면 2차모멘트
- 면적 관성모멘트
- 단면 관성모멘트 등으로 번역된다.

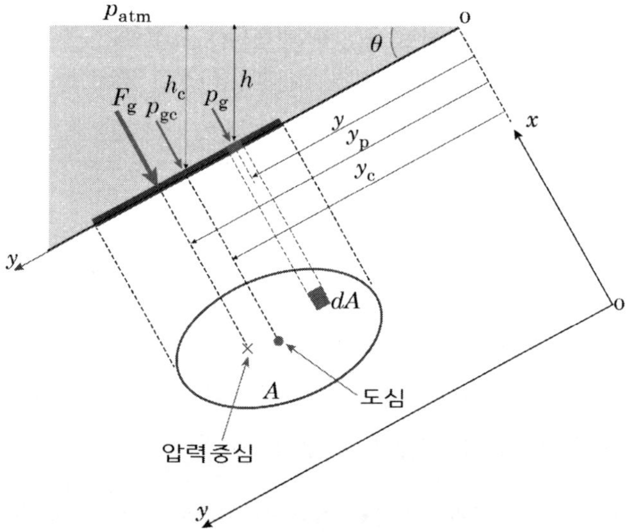

그림 2.17 경사진 평면에 작용하는 힘

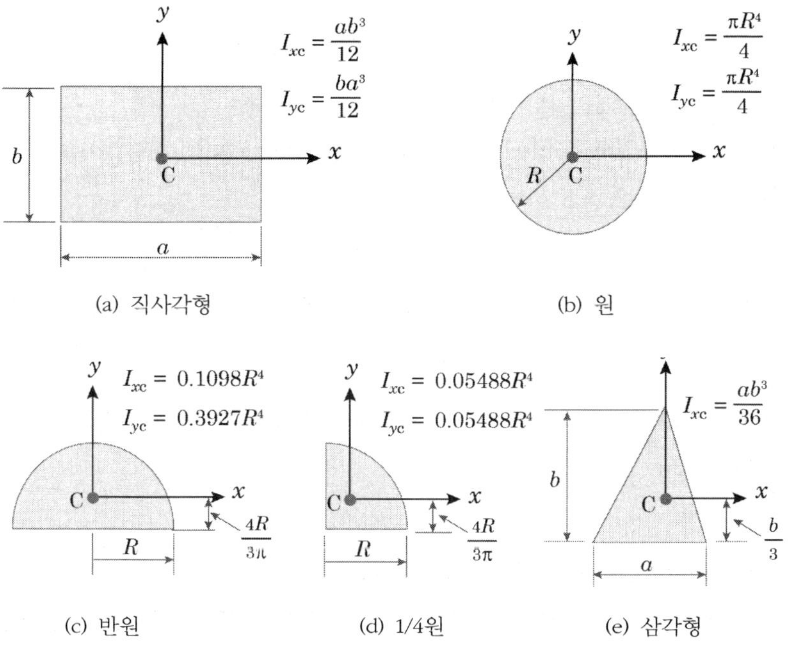

그림 2.18 면적 2차모멘트

보충설명 ›› 평면에 작용하는 힘

그림 2.17처럼 임의의 모양을 가지고, 수평에서 θ의 각도로 기울어진 평면을 생각해 보자. 평면의 연장선이 액체표면과 만나는 점을 원점 o로 잡고, 원점에서 평면 쪽으로 y축을, y축에 수직한 방향으로 x축을 잡는다. 이평면에 작용하는 힘의 크기를 먼저 구하고 이 힘이 작용하는 작용점을 구하기로 한다.

먼저 액체에 의해 평면에 작용하는 힘의 크기를 구하기 위해, 계기압력을 사용하며 이 압력이 미소한 면적 dA에 작용하는 힘은 $dF_g = p_g dA$이고 이것을 전체 면적에 대해 적분하여야 하고 이 힘을 F_g라 하면,

$$F_g = \int_A p_g dA$$

이다. 그리고

$$p_g = \rho g h = \rho g y \sin\theta \tag{2.25}$$

이므로

$$F_g = \int_A \rho g y \sin\theta \, dA = \rho g \sin\theta \int_A y dA \tag{2.26}$$

위의 식에서 적분은 도심을 구하는 공식을 이용하면 간단하게 표시할 수 있다. **도심**(centroid) 즉, 도형의 중심 또는 면적의 중심을 구하는 공식은 다음과 같다.

$$x_c = \frac{\int_A x\,dA}{A}\ ,\ y_c = \frac{\int_A y\,dA}{A} \tag{2.27}$$

여기서 x_c와 y_c는 도심의 좌표를 나타낸다. 위의 도심을 구하는 공식을 이용하면 식 (2.26)은 다음과 같이 된다.

$$F_g = \rho g \sin\theta\, y_c A \tag{2.28}$$

여기서 $h_c = y_c \sin\theta$ 라 두면, h_c는 도심까지의 깊이이고 식 (2.28)은 다음과 같이 표현된다.

$$F_g = \rho g\, h_c A$$

여기서 $p_{gc} = \rho g\, h_c$ 로 나타내면 이 압력은 도형의 중심에서의 계기압력으로 액체의 정수압을 나타낸다. 그러면 위의 식은 단순하게

$$F_g = p_{gc} A \tag{2.29}$$

로 나타낼 수 있다. 여기서 p_{gc}는 도심에서의 계기압력을 나타낸다.

압력이 일정하지 않은 경우 합력의 작용점 y_p는 그림에 표시된 원점 o에 관한 모멘트를 이용하여 구할 수 있다. 미소한 면적에 작용하는 힘 $dF_g = p_g dA$가 o점에 관한 모멘트 dM은

$$dM = y \times (p_g dA)$$

이고, 이것을 전체 면적에 대해 적분한 것이 다음과 같이 o점에 관한 전체 모멘트가 된다.

$$M = \int_A dM = \int_A y\,p_g dA$$

이 전체 모멘트가 F_g의 o점에 관한 모멘트와 같다고 하여 합력의 작용점 y_p를 구한다. 즉,

$$M = y_p F_g = \int_A y\,p_g dA$$

이다. 따라서

$$y_p = \frac{\int_A y\,p_g dA}{F_g}$$

이다. 여기에 식 (2.25)와 식 (2.28)을 대입하면,

$$y_p = \frac{\int_A y\,\rho g y \sin\theta\, dA}{\rho g \sin\theta\, y_c A} = \frac{\int_A y^2\, dA}{y_c A} \tag{2.30}$$

이다.

여기서 $\int_A y^2\,dA$ 는 x축에 관한 면적 관성모멘트(moment of inertia of an area) 또는 면적 2차모멘트(second moment of an area)라고 하고 한다. 이를 기호로 I_x 또는 I_{yy}로 나타내고 아래 첨자 x는 x축을 의미하고 yy는 식에서의 y^2을 의미한다. 즉,

$$I_x \equiv I_{yy} \equiv \int_A y^2\,dA \tag{2.31}$$

로 나타내면, 식 (2.30)은

$$y_{\mathrm{p}} = \frac{I_x}{y_{\mathrm{c}} A} \tag{2.32}$$

로 나타낼 수 있다. 평행축 정리(parallel axis theorem)는 다음과 같다.

$$I_x = I_{x\mathrm{c}} + A y_{\mathrm{c}}^2 \tag{2.33}$$

여기서 $I_{x\mathrm{c}}$는 x축이 도심을 지날 때의 면적 2차 모멘트를 나타낸다. 이 식을 식 (2.32)에 대입하면,

$$y_{\mathrm{p}} = y_{\mathrm{c}} + \frac{I_{x\mathrm{c}}}{y_{\mathrm{c}} A} \tag{2.34}$$

를 얻을 수 있다. 면적 2차 모멘트에 관해서는 정역학, 재료역학 등의 책을 참조하면 더 자세히 알 수 있을 것이다. 몇 가시 도형에 대해서 도심을 지나는 면적 2차모멘트를 그림 2.18에 나타내고 있다. 위의 식을 살펴보면 $\frac{I_{x\mathrm{c}}}{y_{\mathrm{c}} A}$ 가 항상 양의 값을 가지므로 y_{p}의 값이 y_{c}의 값보다 항상 크기 때문에 액체가 평면에 작용하는 힘의 작용점은 도심보다 항상 아래에 위치하고 있다. 식 (2.34)를 다시 표현다면 다음과 같다.

압력중심은 도심보다 $\frac{I_{x\mathrm{c}}}{y_{\mathrm{c}} A}$ 만큼 아래에 위치한다.

힘의 작용점을 구하려면 y방향뿐 아니라 x방향에 대해서도 구해야 하며 위와 같은 방법으로 반복하여 구하면 다음과 같은 결과를 얻을 수 있다.

$$x_{\mathrm{p}} = x_{\mathrm{c}} + \frac{I_{xy\mathrm{c}}}{y_{\mathrm{c}} A} \tag{2.35}$$

여기서 $I_{xy\mathrm{c}}$는 x, y축이 도심을 지날 때 $\int_A xy\,dA$를 나타낸다. 공학에서 다루는 대부분의 평면은 y축에 대해 대칭인 경우가 많고, y축에 대해 대칭인 경우 $I_{xy\mathrm{c}}$는 0이 되어 $x_{\mathrm{p}} = x_{\mathrm{c}}$ 이다.

예제 2.8

그림과 같은 용기에 물이 채워져 있다. 길이 2 m이고 폭이 3 m인 직사각형 평면 AB에 작용하는 (1) 물의 정수력과 (2) 작용점을 구하라.

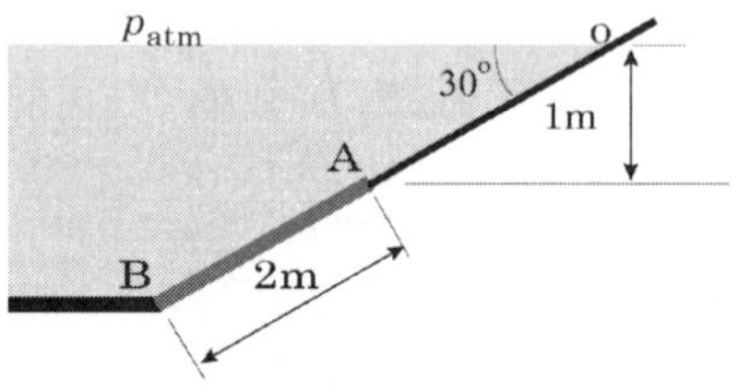

그림 E2.8

풀이

(1) AB 평면에 작용하는 힘은 평면의 도심에서의 계기압력 p_{gc}에 면적을 곱한 것이다. 도심까지의 깊이는 $1+1\times\sin 30° = 1.5$ m이다.

$p_{gc} = \rho g h_c = (1000)(9.8)(1.5) = 14700$ Pa

따라서

$F_g = p_{gc}A = (14700)(2\times 3) = 88200\,\text{N} = 88.2\,\text{kN}$

이다.

(2) 힘의 작용점은 다음과 같이 구할 수 있다. 그림에서 o점에서 도심까지의 거리 $y_c = 3$이다.

$$I_{xc} = \frac{ab^3}{12} = \frac{(3)(2^3)}{12} = 2$$

$$y_p = y_c + \frac{I_{xc}}{y_c A} = 3 + \frac{2}{(3)(6)} = 3.11\,\text{m}$$

그림의 o점에서 3.11 m 떨어진 곳에 힘이 작용한다.

보충설명

힘의 작용점은 도심보다 아래에 위치한다는 것을 확인할 수 있다.

예제 2.9

예제 2.8에서 평면 AB가 반지름 1 m인 원형일 때 작용하는 (1) 물의 정수력과 (2) 작용점을 구하라.

풀이

(1) AB 평면에 작용하는 힘은 평면의 도심에서의 계기압력 p_{gc}에 면적을 곱한 것이다. 도심까지의 깊이는 예제 2.8과 동일하다.

$p_{gc} = \rho g h_c = (1000)(9.8)(1.5) = 14700$ Pa

따라서

$$F_g = p_{gc}A = (14700)(\pi \times 1^2) = 46160\,\text{N} = 46.16\,\text{kN}$$

이다.

(2) 힘의 작용점은 다음과 같이 구할 수 있다. 그림에서 o점에서 도심까지의 거리 $y_c = 3$이다.

$$I_{xc} = \frac{\pi R^4}{4} = \frac{\pi \times 1^4}{4} = 0.7854$$

$$y_p = y_c + \frac{I_{xc}}{y_c A} = 3 + \frac{0.7854}{(3)(3.14)} = 3.08\,\text{m}$$

그림의 o점에서 3.08 m 떨어진 곳에 힘이 작용한다.

보충설명

역시 힘의 작용점은 도심보다 아래에 위치한다는 것을 확인할 수 있다. 예제 2.8의 경우보다는 조금 위에 작용한다는 것을 알 수 있고, 평면의 형태에 따라 달라진다는 것을 알 수 있다.

2.6 곡면에 작용하는 정수력

지금까지 액체 속에 잠긴 평면에 작용하는 힘에 대하여 설명하였다. **곡면에 작용하는 정수력**도 평면에 작용하는 힘을 구할 때처럼 미소한 면적에 작용하는 힘을 적분하여 구할 수 있으나 너무 복잡하여 이 방법을 사용하지 않고 다음과 같이 액체의 자유물체도를 이용하여 구할 수 있다.

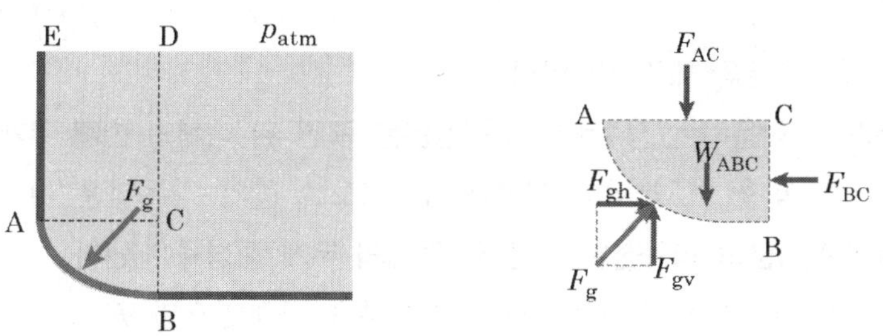

(a) 곡면에 작용하는 힘 (b) 자유물체도

그림 2.19 곡면에 작용하는 힘

그림 2.19(a)와 같은 곡면 AB에 작용하는 액체에 의한 정수력을 구하기 위해 그림 2.19(b)와 같은 액체 덩어리 ABC의 자유물체도를 고려한다. 액체가 곡면에 F_g의 힘을 가하면, 작용 반작용에 의해 곡면은 액체 덩어리에 반대 방향으로

같은 크기의 F_g를 가한다. 이 힘의 수평방향 성분을 F_{gh}, 수직방향 성분을 F_{gv}로 나타낼 수 있다. 이 힘 외에 액체 덩어리 ABC에 작용하는 힘은, 이 액체 덩어리 주위의 액체가 가하는 힘, F_{AC} 및 F_{BC}와 중력에 의한 액체 덩어리 ABC의 무게 W_{ABC}가 있다. 이제 이들 힘의 평형을 고려하면 다음과 같다.

$$\text{수평방향}: \sum F_h = 0 \Rightarrow F_{gh} = F_{BC} \quad (2.36)$$

$$\text{수직방향}: \sum F_v = 0 \Rightarrow F_{gv} = F_{AC} + W_{ABC} \quad (2.37)$$

먼저 수평성분 F_{gh}는 F_{BC}와 같고, 이것은 액체가 평면 BC에 작용하는 힘이다. 따라서 다음과 같은 결론을 내릴 수 있다.
액체가 곡면에 작용하는 정수력의 수평성분은 곡면을 수평 방향으로 투영한 수직투영면에 작용하는 정수력과 같다(크기와 작용점이 같다).
수직성분 F_{gv}는 $F_{AC} + W_{ABC}$이고,

$$F_{AC} = \rho g H A_{AC} = W_{ACDE}$$

이다. 여기서 A_{AC}는 AC면의 면적이고 H는 표면까지의 높이이므로 W_{ACDE}는 AC면 위의 액체 무게를 나타낸다. 따라서

$$F_{gv} = W_{ACDE} + W_{ABC} = W_{ABDE} \quad (2.38)$$

로 나타낼 수 있고 W_{ABDE}는 곡면 위의 전체 액체 무게를 나타낸다. 따라서 다음과 같은 결론을 내릴 수 있다.
액체가 곡면에 작용하는 정수력의 수직성분은 곡면 위 액체의 전체 무게와 같다.
힘의 크기가 곡면 위 액체의 무게와 같으므로, 힘의 작용점은 다음과 같다.
정수력의 수직성분의 작용점은 곡면 위 액체의 무게 중심을 지난다.
곡면에 작용하는 힘의 수평성분과 수직성분을 구하였으면 F_g 크기는 다음과 같이 구한다.

$$F_g = \sqrt{F_{gh}^2 + F_{gv}^2} \quad (2.39)$$

그림 2.20(a)와 같이 **액체 위에 곡면이 있는 경우**, 곡면에 작용하는 힘은 다음처럼 구할 수 있다. 그림 2.20(b)처럼 곡면 AB와 동일한 모양의 곡면 CD를 생각해보면, 같은 깊이에서의 액체의 압력은 같으므로 그림에서의 압력 p의 크기는

같고 방향은 반대이다. 따라서 두 곡면에 작용하는 힘 F_{AB}와 F_{CD}의 크기는 같고 방향은 반대이다. 따라서 곡면 위에 가상적으로 이 액체 ABEF가 있다고 가정하여 힘을 구하면 된다. 앞의 결론을 다음과 같이 약간 수정하여 적용하면 된다.

- **크기 : 곡면에 작용하는 정수력의 수직성분은 곡면 위 액체(또는 가상액체)의 전체 무게와 같다.**
- **작용점 : 정수력의 수직성분의 작용점은 곡면 위 액체(또는 가상 액체)의 무게 중심을 지난다.**

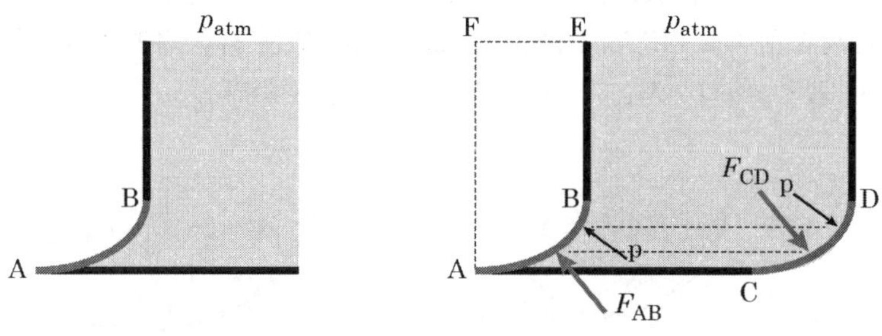

(a) 액체 위의 곡면 (b) 같은 모양의 곡면 AB와 CD

그림 2.20 곡면에 작용하는 힘

예제 2.10

그림과 같은 1/4 원형의 곡면 AB에 물이 가하는 정수력의 (1) 수평성분, (2) 수직성분을 구하고, (3) 합력의 크기를 구하라. 곡면의 폭은 4 m이다.

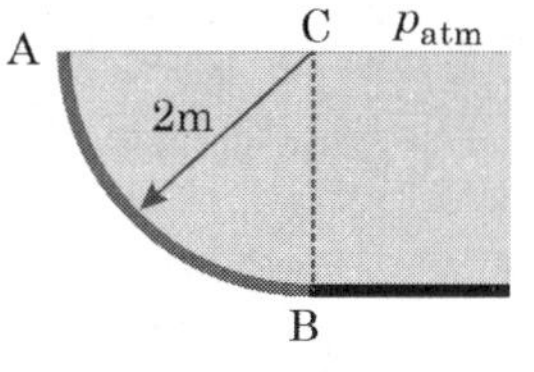

그림 E2.10

풀이

(1) AB 곡면에 작용하는 정수력의 수평성분은 그림에 나타낸, 수평방향으로 투영한 수직평면 BC에 작용하는 힘과 같다. BC 평면의 도심에서의 계기압력 p_{gc}에 면적을 곱한 것이다. 도심까지의 깊이는 1 m이다.

$$F_{gh} = p_{gc}A = (1000)(9.8)(1)(2\times 4) = 78400\,\text{N} = 78.4\,\text{kN}$$

(2) AB 곡면에 작용하는 정수력의 수직성분은 그림에 나타낸, AB 곡면 위의 물의 무게이다.

$$F_{gv}=W=\rho g V=(1000)(9.8)(\frac{\pi\times 2^2}{4}\times 4)=123200\,\text{N}=123.2\,\text{kN}$$

(3) 따라서 물이 곡면에 가하는 정수력의 크기는 다음과 같다.

$$F_g=\sqrt{F_{gh}^2+F_{gv}^2}=\sqrt{78.4^2+123.2^2}=146\,\text{kN}$$

예제 2.11

예제 2.10에서 (1) 수평분력의 작용점, (2) 수직분력의 작용점을 구하고, (3) 그림 E2.11에서 보듯이 B 부분이 경첩(hinge)으로 되어 있는 경우 곡면 AB를 고정시키기 위해 곡면 AB의 A지점에 가하여야 하는 힘을 구하라.

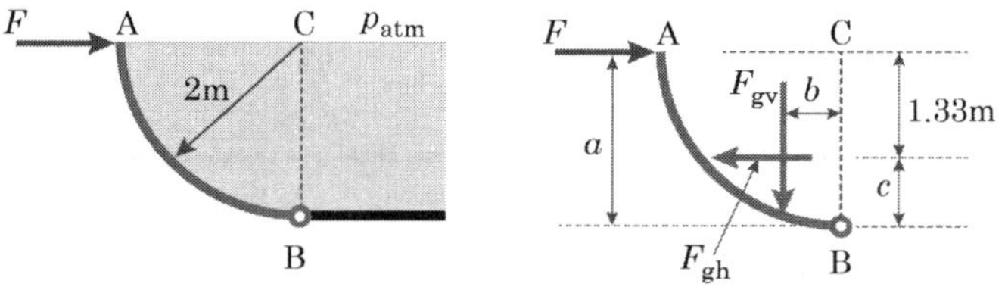

그림 E2.11

풀이

(1) 수평분력은 BC 평면에 작용하는 정수력과 같으므로 작용점은 표면에서 깊이의 2/3 위치에 작용한다. 따라서 $2\times 2/3=1.333\text{m}$ 깊이에 작용한다.

(2) 수직분력은 유체덩어리 ABC의 무게이므로, 1/4 원의 중심을 지나는 선에 작용하게 된다. 따라서 그림 2.18의 1/4원을 참조하면 다음과 같다.

$$b=\frac{4R}{3\pi}=\frac{(4)(2)}{3\pi}=0.849\,\text{m}$$

(3) 그림에서 B점에 관한 모멘트를 고려하면 다음과 같다.

$$Fa=F_{gv}b+F_{gh}c$$

따라서,

$$F=\frac{F_{gv}b+F_{gh}c}{a}=\frac{(123.2)(0.849)+(78.4)(0.667)}{2}=78.4\,\text{kN}$$

이다.

보충설명

곡면이 회전하지 않으므로 위의 (3)에서 B점에 관한 모멘트의 합은 0이다. 즉,

$$\sum M=F_{gv}b+F_{gh}c-Fa=0$$

이다. 따라서 위의 (3)과 같이 계산할 수 있다.

2.7 부력

물체가 유체 중에 잠겨 있을 때 또는 액체에 떠 있을 때 **부력(buoyant force)**이 작용한다. 부력은 유체가 물체에 작용하는 압력의 효과로 인해 유체가 물체에 작용하는 수직 위 방향의 힘을 의미한다. 부력에 관하여 이미 기원전에 Archimedes는 다음과 같이

유체에 잠긴 물체는 물체가 밀어낸(배제한) 유체의 무게와 같은 부력을 받는다.

라고 하였다. 이를 **아르키메데스의 원리(Archimedes' principle)**라고 하며 금관과 관련된 일화는 유명하다. 여기서 "물체가 밀어낸 유체의 무게"라는 것은 용기 속에 유체(이 경우 물과 같은 액체)를 가득 채우고 여기에 물체를 넣을 때 흘러내리는 액체의 무게를 의미하는 것으로 물체의 부피만큼의 액체의 무게를 나타낸다. 따라서 식으로 표현하면 다음과 같다.

$$F_B = \rho_f g V \tag{2.40}$$

여기서 F_B는 부력을, ρ_f는 **유체의 밀도**를 나타내고, 따라서 $\rho_f g V$는 **물체의 부피에 해당하는 만큼의 유체의 무게**를 나타낸다. 유체에 완전히 잠겨있는 경우 부력의 크기는 물체의 부피만큼의 유체의 무게이고 **부력의 방향은 위 방향이다.** 아르키메데스의 원리는 물체가 액체 위에 떠 있는 경우도 동일하게 적용될 수 있으며 식으로 나타내면 다음과 같다.

$$F_B = \rho_f g V_i \tag{2.41}$$

여기서 V_i는 액체 속에 잠긴(immersed) 부분의 부피를 나타낸다. 따라서 **물체가 액체 위에 떠 있는 경우 부력의 크기는 액체 속에 잠긴 물체의 부피만큼의 액체의 무게이고, 역시 물체가 밀어낸(배제한) 액체의 무게와 같다.**

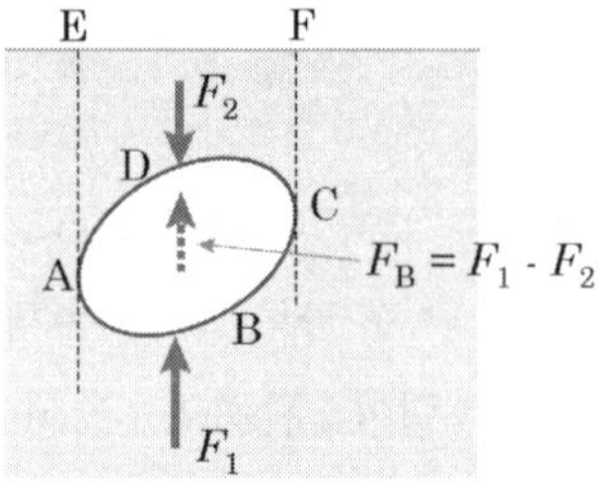

(a)

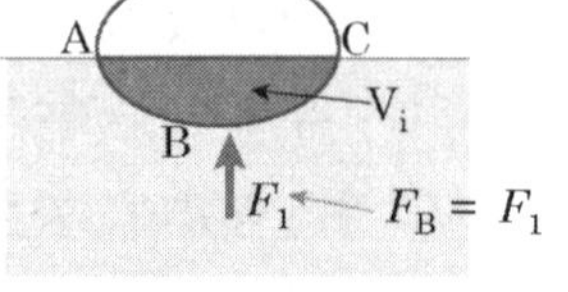

(b)

그림 2.21 부력

보충설명 ›› Archimedes의 원리 증명

그림 2.21(a)처럼 물체가 유체 속에 잠겨있을 때 압력에 의한 힘을 나타내고 있다. 유체의 압력에 의해 물체에 작용하는 힘을 ABC곡면에 작용하는 힘 F_1과 ADC곡면에 작용하는 힘 F_2로 나누어 생각하면, F_1은 ABC곡면 위의 유체의 무게이고, F_2는 ADC곡면 위 유체의 무게이다. 즉,

$$F_1 = W_1 = \rho_f g V_1$$

$$F_2 = W_2 = \rho_f g V_2$$

이다. 여기서 V_1과 V_2는 각각 곡면 ABC와 곡면 ADC의 유체의 부피를 나타낸다. 압력에 의해 유체가 물체에 가하는 힘, 즉 부력은 이 두 힘의 차이이다. 부력 F_B는 $F_1 - F_2$와 같고 위쪽 방향이다. 즉,

$$F_B = F_1 - F_2 = W_1 - W_2 = \rho_f g (V_1 - V_2)$$

이고, $V = V_1 - V_2$라 두면 이는 물체의 부피이다. 따라서 부력의 크기는 다음처럼 나타낼 수 있다.

$$F_B = \rho_f g V$$

여기서 ρ_f는 유체의 밀도를 나타내고 따라서 $\rho_f g V$가 나타내는 것은 물체의 부피에 해당하는 만큼의 유체의 무게를 나타낸다. 유체에 완전히 잠겨있는 경우 부력의 크기는 물체의 부피만큼의 유체의 무게이고 부력의 방향은 위 방향이다.

그림 2.21(b)처럼 물체가 액체 위에 떠있는 경우를 고려하자. 이 경우 액체가 곡면에 작용하는 힘 F_1은 아래 곡면 ABC에 작용하는 압력에 의한 것이고 이것이 부력 F_B이다. 앞에서 설명하였듯이 이와 같은 곡면에 작용하는 힘은 곡면 ABC위에 액체가 있다고 가정했을 때, 이 액체의 무게이므로, 액체 속에 잠긴(immersed) 부분의 부피를 V_i라고 하면, 부력은 다음과 같다.

$$F_B = \rho_f g V_i$$

따라서 물체가 액체 위에 떠 있는 경우 부력의 크기는 액체 속에 잠긴 물체의 부피만큼의 액체의 무게이고, 역시 물체가 밀어낸(배제한) 액체의 무게와 같다.

예제 2.12

부피가 0.1 m^{3}인 물체가 물속에 완전히 잠긴 상태에서, 줄에 매달려 있을 때, 줄에 걸리는 장력(즉, 물속에서의 무게)이 500 N이라면, 이 물체의 무게는 얼마인가?

풀이

이 물체에 대한 자유물체도는 다음과 같다.

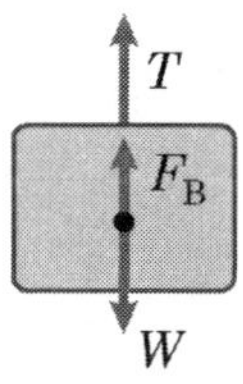

그림 E2.12

힘의 평형에서 다음과 같은 관계를 얻을 수 있다.

$$W = F_B + T$$

$$F_B = \rho_f g V - (1000)(9.8)(0.1) = 980 \text{ N}$$

따라서

$$W = F_B + T = 980 + 500 = 1480 \text{ N}$$

이다.

보충설명

이 물체의 질량은 1480/9.8 = 151 kg, 밀도는 151/0.1 = 1510 kg/m^{3}이고, 비중은 1510/1000 = 1.51이다.

예제 2.13

액체보다 비중이 작은 고체로 된 물체는 액체에 떠 있게 된다. 비중 S_s 인 물체가 비중 S_f 인 물체에 떠 있을 때, 액체에 잠긴 부피와 전체 부피의 비를 구하라.

풀이

물체가 액체에 떠 있는 경우 물체의 무게와 부력은 평형을 이룬다. 물체의 부피를 V, 물에 잠긴 부피를 V_i라 하면,

$$W = F_B \Rightarrow \rho_s g V = \rho_f g V_i$$

이므로, $S_s \rho_{water} g V = S_f \rho_{water} g V_i$ 이고, 따라서 다음과 같다.

$$\frac{V_i}{V} = \frac{S_s}{S_f}$$

보충설명

빙산이 물(바다물)에 떠 있는 경우, 물의 비중은 1에 가깝고 빙산의 비중은 0.9에 가깝다. 따라서 이 경우, $\frac{V_i}{V} = \frac{S_s}{S_f} = \frac{0.9}{1} = 0.9$ 이고, 빙산의 90%는 물 아래에 잠기게 되고 10%만이 물 위에 보인다.

비중계

부력을 이용하여 액체의 비중을 측정하는 것이 비중계(hydrometer)이고, 그림 2.22에 개략적인 형태를 보여주고 있다. 비중계는 보통 굵은 유리관 부분과 가는 유리 자루(stem) 부분이 결합된 형태로 이루어져 있다. 굵은 부분의 아래에 무거운 물질을 넣어 액체 속에서 항상 이 부분이 아래로 향하도록 하였으며, 자루 부분에 새긴 눈금을 읽어 액체의 비중을 측정한다. 비중이 1인 액체에서는 눈금이 정확하게 1.0이 되도록 되어있다. 비중이 큰 액체 속에는 비중계가 조금 잠기고, 비중이 작은 액체 속에는 많이 잠기게 된다. 따라서 **비중계 눈금의 숫자는 아래로 내려 갈수록 커진다.**

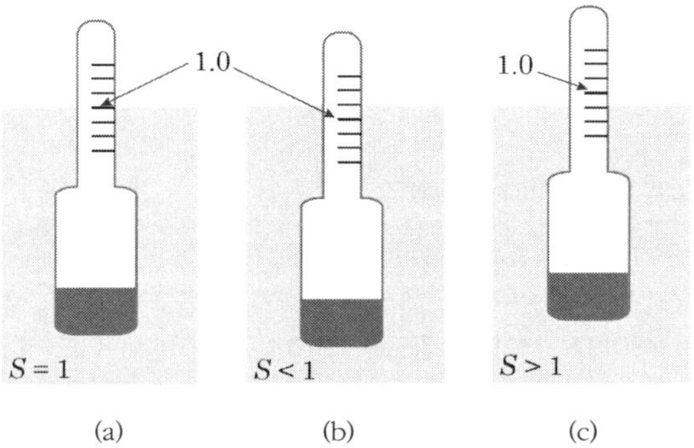

그림 2.22 비중계

2.8 운동중인 유체에서의 압력분포[1)]

앞에서 정지하고 있는 유체의 압력분포와 잠긴 물체에 작용하는 힘에 대하여 설명하였다. 전단응력이 존재하지 않는 경우는 비점성유체이거나, 점성유체의 경우 정지하고 있거나 강체운동(rigid body motion)을 하고 있는 경우이다. 강체운동은 용기 속의 유체가 일정한 속도 또는 일정한 가속도로 용기 전체가 움직일 때, 유체 전체는 유체입자 사이에 상대운동이 없이 강체처럼 움직인다.

1) 이 절은 교수나 강사의 판단에 의해 생략할 수 있다.

2.8.1 강체 직선 운동중인 유체

용기 속의 유체가 그림 2.23(b)처럼 직선방향으로 일정한 가속도로 가속되는 경우, 용기 속의 압력은 다음과 같다(보충설명 참조).

$$p = -\rho\left[a_x x + a_y y + (g + a_z)z\right] + p_0 \tag{2.42}$$

여기서 a_x, a_y, a_z는 가속도의 x, y, z성분이고 p_0는 좌표의 원점에서의 압력이다. 많은 경우 수평방향에 대해, 가속되는 방향으로 x좌표를 잡으면, $a_y = 0$이 된다. 따라서 $a_y = 0$인 경우(a_x, a_z가 있는 경우), 압력분포는

$$p = -\rho\left[a_x x + (g + a_z)z\right] + p_0 \tag{2.43}$$

이고, 그림 2.23(b)에서 액체의 자유표면의 기울기는 다음과 같다(보충설명 참조).

$$\frac{dz}{dx} = -\frac{a_x}{(g + a_z)} = \tan\theta \tag{2.44}$$

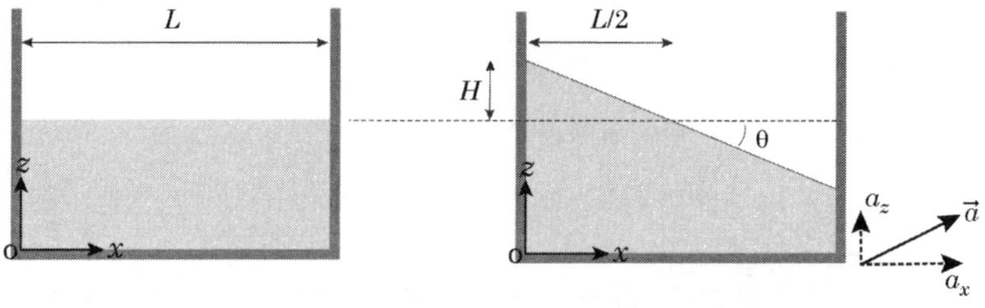

(a) 정지 (b) 직선운동

그림 2.23 강체 직선 운동중인 유체

보충설명 ›› 강체 운동중인 유체의 압력

강체운동을 하고 있는 경우 유체에서의 압력분포를 알아보기 위하여 앞에서의 그림 2.4를 다시 참고하면, 미소한 유체의 입자에 작용하는 힘은 중력에 의한 힘과 압력에 의한 힘의 합이고, 다음과 같다.

$$\sum \vec{F} = -\left(\nabla p + \rho g\,\vec{k}\right) dxdydz \tag{2.45}$$

유체입자가 움직이는 경우 Newton의 운동 제2법칙은

$$\sum \vec{F} = m\,\vec{a}$$

이고, $m = \rho dxdydz$ 이므로 식 (2.45)에 대입하면 다음과 같다.

$$-\left(\nabla p + \rho g \vec{k}\right) dxdydz = \rho dxdydz \vec{a}$$

따라서 다음과 같은 식을 구할 수 있다.

$$\nabla p + \rho g \vec{k} + \rho \vec{a} = 0 \tag{2.46}$$

위의 식은 전단응력이 없는 경우 유체의 운동방정식인 **Euler 운동방정식**이다.

용기 속의 유체가 직선으로 가속되는 경우, 식 (2.46)을 각 성분별로 나타내면 다음과 같다.

$$\frac{\partial p}{\partial x} = -\rho a_x \tag{2.47}$$

$$\frac{\partial p}{\partial y} = -\rho a_y \tag{2.48}$$

$$\frac{\partial p}{\partial z} = -\rho (g + a_z) \tag{2.49}$$

정상상태인 경우 압력은 일반적으로 다음과 같이 나타낼 수 있다.

$$p = p(x, y, z) \tag{2.50}$$

따라서 완전미분 dp는 다음과 같이 나타낼 수 있다.

$$dp = \frac{\partial p}{\partial x} dx + \frac{\partial p}{\partial y} dy + \frac{\partial p}{\partial z} dz \tag{2.51}$$

식 (2.51)에 식 (2.47), 식 (2.48)과 식 (2.49)를 대입하면,

$$dp = -\rho \left[a_x dx + a_y dy + (g + a_z) dz \right]$$

이고, 이를 적분하면 다음과 같다.

$$\int dp = -\rho \left[\int a_x dx + \int a_y dy + \int (g + a_z) dz \right]$$

부정적분이므로 적분상수 C가 필요하고 다음처럼 나타낼 수 있다.

$$p = -\rho \left[a_x x + a_y y + (g + a_z) z \right] + C$$

여기서 적분상수 C는 압력이 알려진 곳에서 구해진다. 좌표의 원점$(x = 0,\ y = 0,\ z = 0)$에서의 압력을 p_0라고하면, $C = p_0$이고 윗식에 대입하면

$$p = -\rho \left[a_x x + a_y y + (g + a_z) z \right] + p_0 \tag{2.52}$$

이다. 정지 유체에서 압력은 오직 z만의 함수이나, 이 경우 압력은 x, y z의 함수임을 확인할 수 있다. 많은 경우 수평방향에 대해, 가속되는 방향으로 x좌표를 잡으면 $a_y = 0$이 된다.

y방향의 가속도 $a_y = 0$인 경우(a_x와 a_z의 가속도를 받는 경우)

$$p = -\rho[a_x x + (g + a_z)z] + p_0 \tag{2.53}$$

로 나타낼 수 있고, 압력은 x와 z의 함수이다.

일정한 가속도로 가속되는 용기 속의 유체는 그림에서 보듯이 표면이 기울어지게 된다. 원점을 표면의 중앙에 잡으면, 원점에서의 압력 p_0는 p_{atm}이다. 따라서 압력분포를 다시 나타내면 다음과 같다.

$$p = -\rho[a_x x + (g + a_z)z] + p_{\text{atm}} \tag{2.54}$$

자유표면은 대기와 접하고 있으므로 표면의 모든 곳에서의 압력은 대기압과 같다. 따라서 표면의 직선의 방정식은 압력이 p_{atm}일정한 선이고 다음과 같이 구한다.

$$p_{\text{atm}} = -\rho[a_x x + (g + a_z)z] + p_{\text{atm}} \tag{2.55}$$

따라서 표면의 직선의 방정식은 다음과 같다.

$$z - \frac{a_x}{g + a_z}x \tag{2.56}$$

표면의 기울기는 다음으로 표시된다.

$$\frac{dz}{dx} = -\frac{a_x}{(g + a_z)} = \tan\theta \tag{2.57}$$

예제 2.14

그림 2.23에서 $L = 50$ cm인 용기가 x 방향으로 3 m/s^{2}으로 가속되고 있다. 이때 액체의 최고 높이는 정지 상태보다 얼마나 상승하겠는가?

풀이

식 (2.44)로부터, 자유표면의 기울기는 다음과 같다.

$$\tan\theta = -\frac{a_x}{(g + a_z)} = -\frac{3}{9.8 + 0} = -0.306$$

따라서

$$|\tan\theta| = \frac{H}{L/2} \Rightarrow H = \frac{L}{2}|\tan\theta| = (25\,\text{cm})(0.306) = 7.65\,\text{cm}$$

이다.

보충설명

가속도 a_x가 양이면(오른쪽으로 가속되면) 그림 2.23처럼 기울기가 음이고 가속도 a_x가 음이면(왼쪽으로 가속되면) 기울기가 양이다.

2.8.2 강체 회전 운동중인 유체

원통형 용기 속의 유체가 직선으로 움직이지 않고, 그림 2.24와 같이 일정한 각속도 ω로 회전운동을 하는 경우 압력분포는 다음과 같다(보충설명 참조).

$$p = \frac{\rho\omega^2 r^2}{2} - \rho g z + p_0 \tag{2.58}$$

여기서 p_0는 좌표의 원점($r=0,\ z=0$)에서의 압력이다. 윗식을 사용하면 일정한 각속도로 회전하는 유체에서의 압력을 구할 수 있으며, 압력은 r과 z의 함수이다.

일정한 각속도로 회전하는 용기 속의 유체는 그림에서 보듯이 표면의 모양이 포물선 모양을 하고 있다. 포물선의 방정식은 다음과 같다.

$$z = \frac{\omega^2}{2g} r^2 + H_A$$

그림에서 유체의 높이차 H는 다음과 같다.

$$H = \frac{\omega^2}{2g} R^2 \tag{2.59}$$

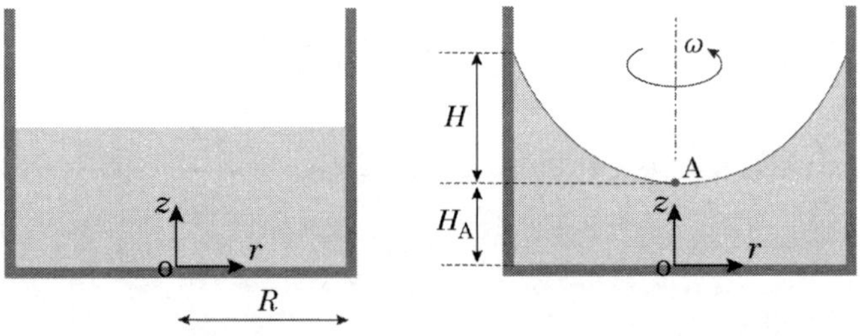

(a) 정지　　　(b) 회전운동

그림 2.24 강체 회전 운동중인 유체

보충설명 >> 강체 회전 운동중인 유체의 압력

용기 속의 유체가 직선으로 움직이지 않고 그림 2.24와 같이 일정한 각속도 ω로 회전운동을 하는 경우에도 운동방정식은 역시 식 (2.46)을 적용할 수 있고 다시 적으면 다음과 같다.

$$\nabla p + \rho g \vec{k} + \rho \vec{a} = 0 \tag{2.46}$$

이때는 직교좌표 대신 원통좌표를 사용하여야 한다. 그리고 θ방향으로 대칭이기 때문에 같은 압력의 값을 가질 것이므로 압력은 다음과 같이 반경방향 r과 축방향 z의 함수이다.

$$p = p(r, z) \tag{2.60}$$

이 경우 ∇p는 다음처럼 나타낼 수 있다.

$$\nabla p = \frac{\partial p}{\partial r}\vec{i_r} + \frac{\partial p}{\partial z}\vec{k} \tag{2.61}$$

일정한 각속도 ω로 회전하는 경우 구심력이 작용하고 이때의 가속도의 크기는 $r\omega^2$이고 회전축의 중심방향으로 작용한다. 따라서 가속도는 다음처럼 나타낼 수 있다.

$$\vec{a} = -r\omega^2\vec{i_r} \tag{2.62}$$

식 (2.46)은 다음처럼 표시할 수 있다.

$$\frac{\partial p}{\partial r}\vec{i_r} + \frac{\partial p}{\partial z}\vec{k} + \rho g\vec{k} - \rho r\omega^2\vec{i_r} = 0 \tag{2.63}$$

각 성분별로 나타내면, 다음과 같다.

$$\frac{\partial p}{\partial r} = \rho r\omega^2 \tag{2.64}$$

$$\frac{\partial p}{\partial z} = -\rho g \tag{2.65}$$

압력은 r과 z의 함수. 즉 $p = p(r, z)$이므로 전미분 dp는 다음처럼 표시된다.

$$dp = \frac{\partial p}{\partial r}dr + \frac{\partial p}{\partial z}dz \tag{2.66}$$

위의 식에 식 (2.64)와 식 (2.65)를 대입하면,

$$dp = \rho r\omega^2 dr - \rho g dz$$

이고, 적분하면 다음과 같다.

$$\int dp = \int \rho r\omega^2 dr - \int \rho g dz$$

부정적분이므로 적분상수 C가 필요하여 다음처럼 나타낼 수 있다.

$$p = \frac{\rho\omega^2 r^2}{2} - \rho g z + C \tag{2.67}$$

여기서 적분상수 C는 압력이 알려진 곳에서 구해진다. 좌표의 원점($r=0,\ z=0$)에서의 압력을 p_0라고하면, $C=p_0$이고 앞의 식에 대입하면 다음과 같다.

$$p=\frac{\rho\omega^2 r^2}{2}-\rho gz+p_0 \tag{2.68}$$

위의 식을 사용하면 일정한 각속도로 회전하는 유체에서의 압력을 구할 수 있으며, 압력은 r과 z의 함수이다. 그림에서 A점($r=0,\ z=H_A$)에서의 압력이 대기압이므로,

$$p_{atm}=-\rho gH_A+p_0 \Rightarrow p_0=p_{atm}+\rho gH_A \tag{2.69}$$

임을 알 수 있다.

일정한 각속도로 회전하는 용기 속의 유체는 그림에서 보듯이 표면의 모양이 포물선 모양을 하고 있다. 자유표면에서의 대기와 접하고 있으므로 표면의 모든 곳에서의 압력은 대기압과 같다. 따라서 표면의 곡선의 방정식은 압력이 $p=p_{atm}$으로 일정한 선이고 다음과 같이 구한다.

$$p=\frac{\rho\omega^2 r^2}{2}-\rho gz+p_0=p_{atm}$$

이고, 따라서

$$z=\frac{\rho\omega^2 r^2}{2\rho g}+\frac{p_0-p_{atm}}{\rho g}=\frac{\omega^2 r^2}{2g}+H_A \tag{2.70}$$

이다. 위의 식에서 $r=R$일 때의 높이가 $\frac{\omega^2 R^2}{2g}+H_A$이므로 그림에서의 액체의 최대 높이차이 H는 다음과 같다.

$$H=\frac{\omega^2 R^2}{2g} \tag{2.71}$$

예제 2.15

그림 2.24에서 반지름 $R=40$ cm인 용기가 50 rpm으로 회전하고 있다. 액체의 최고 높이와 최저 높이의 차이는 얼마인가?

풀이

식 (2.59)로부터, 자유표면의 기울기는 다음과 같다.

$H=\frac{\omega^2 R^2}{2g}$ 이다.

$50\,\text{rpm}=50\times\frac{2\pi}{60}=5.236\,\text{rad/s}$ 이므로,

$$H=\frac{\omega^2 R^2}{2g}=\frac{(5.236)^2(0.4)^2}{(2)(9.8)}=0.224\ \text{m}$$

보충설명

각속도 ω의 SI단위는 rad/s이다. 따라서 50 rpm의 단위를 환산하여야 한다.

$$1 \text{ rpm} = 1\frac{\text{rev}}{\text{min}} = 1\frac{\text{rev}}{\text{min}} \times \frac{2\pi \text{ rad}}{1 \text{ rev}} \times \frac{1 \text{ min}}{60 \text{ s}} = \frac{2\pi}{60} \text{ rad/s}$$

이다. 여기서 1 rev는 1회전을 나타내고 2π rad이다. 따라서 rpm을 rad/s로 환산하기 위하여 $\frac{2\pi}{60}$를 곱하면 된다.

Note

연습문제

문제번호 앞에 * 표시된 문제는 약간 어려운 문제이며, 경우에 따라 풀지 않아도 된다.

객관식

2.1

"밀폐된 용기 속의 한 곳에서 유체에 압력을 증가시키면 유체의 모든 부분에서 같은 크기의 압력이 증가한다."는 것은 무슨 법칙인가?

① Pascal의 법칙 ② Newton의 점성법칙
③ 면법칙 ④ Newton의 운동 제2법칙

2.2

국소 대기압이 99 kPa이고 절대압력이 2 kg_f/cm^2이다. 계기(게이지)압력은 몇 kPa인가?

① 97 ② 100
③ 190 ④ 196

2.3

국소 대기압이 100 kPa이고 진공 40 kPa이다. 절대압력은 얼마인가?

① 40 kPa ② 60 kPa
③ 140 kPa ④ 160 kPa

2.4

대기압이 100 kPa일 때, 비중 1.2인 액체의 깊이 5m인 지점에서의 (절대)압력은 얼마인가?

① 100.2 kPa ② 106 kPa
③ 158.8 kPa ④ 258.8 kPa

Note

2.5

그림 P2.5의 피에조미터에서 $h = 4$ m이고 액체의 비중이 0.9일 때, A점에서의 압력은 얼마인가? 대기압은 101kPa이다.

① 102.1 kPa ② 136.3 kPa
③ 140.2 kPa ④ 453.8 kPa

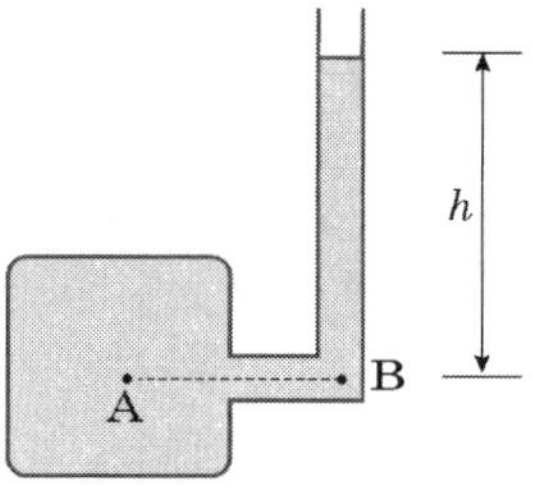

그림 P2.5

2.6

그림 P2.6의 U-미노미터에서 대기압이 100 kPa이고, $h_2 = 50$ cm, $h_1 = 20$ cm, 비중 $S_1 = 0.9$, $S_2 = 1.2$일 때 A에서의 압력은 약 몇 kPa인가?

① 96 ② 104
③ 112 ④ 121

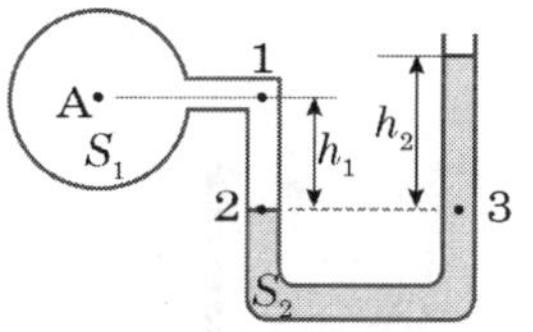

그림 P2.6

Note

2.7

그림에서 압력차 $p_B - p_A$에 대한 식으로 옳은 것은? (단, ρ_w는 4℃ 물의 밀도이다)

① $S_1\rho_w g h_1 - S_2\rho_w g h_2 - S_3\rho_w g h_3$

② $S_1\rho_w g h_1 + S_2\rho_w g h_2 - S_3\rho_w g h_3$

③ $-S_1\rho_w g h_1 + S_2\rho_w g h_2 + S_3\rho_w g h_3$

④ $-S_1\rho_w g h_1 - S_2\rho_w g h_2 + S_3\rho_w g h_3$

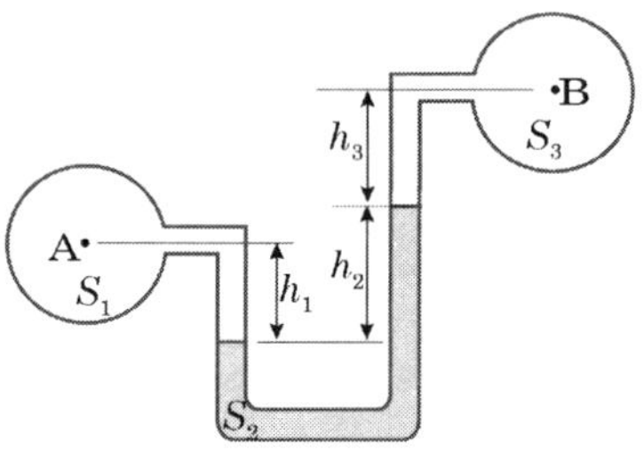

그림 P2.7

2.8

그림 P2.8에서 물의 깊이가 5 m이고, 평판 AB는 높이가 2 m이고 폭이 4 m이다. 평판 AB에 작용하는 물에 의한 정수력의 크기는 약 얼마인가?

① 314 kN ② 400 kN

③ 392 kN ④ 492 kN

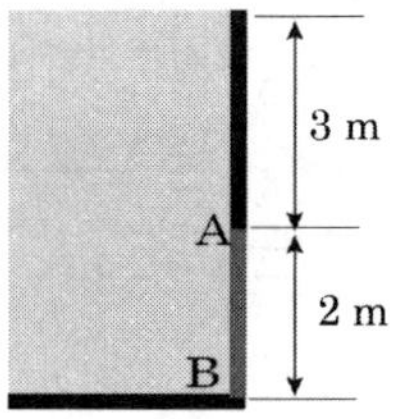

그림 P2.8

2.9

앞의 그림 P2.8에서 힘의 작용점(압력 중심)은 수면에서 약 얼마의 깊이에 있는가?

① 3.5 m ② 4 m

③ 4.08 m ④ 4.83 m

2.10

그림에서 평판 AB는 높이가 3 m이고 폭이 2 m이다. 액체에 의한 정수력을 구하라. 그림에서 S는 비중을 나타낸다.

① 21.9 N ② 214.6 N
③ 21.9 kN ④ 214.6 kN

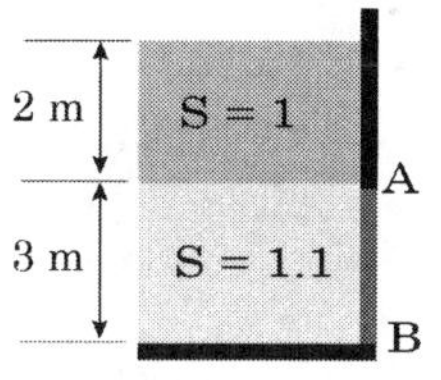

그림 P2.10

2.11

그림에서 평판 AB는 높이가 2 m이고 폭이 5 m이다. 비중이 1.1인 액체에 의한 정수력은 약 얼마인가?

① 28 N ② 280 N
③ 28 kN ④ 280 kN

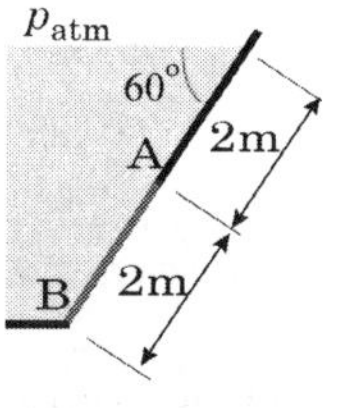

그림 P2.11

Note

2.12

그림처럼 반지름이 2 m이고, 폭(그림의 단면에 대해 직각인 방향의 길이)이 5 m인 반원형 관(half cylinder) 모양의 곡면 ABC에 물이 가하는 정수력의 수평성분의 크기는 얼마인가?

① 40 N　　② 392 N
③ 40 kN　　④ 392 kN

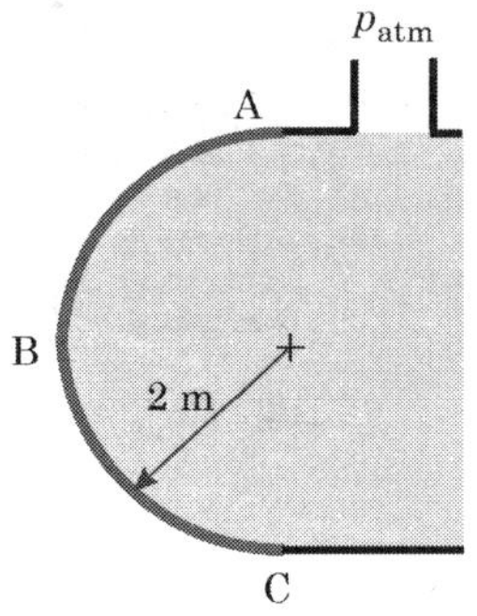

그림 P2.12

2.13

앞의 그림 P2.12에서, 곡면 ABC에 물이 가하는 정수력의 수직성분의 크기와 방향을 구하라.

① 308 kN, ↓ 방향　　② 308 kN, ↑ 방향
③ 448 kN, ↓ 방향　　④ 448 kN, ↑ 방향

2.14

고체로 된 물체가 4℃ 물 위에 떠 있다. 물에 잠긴 부피가 1000 cm^3일 때, 이 물체의 질량은 얼마인가?

① 1 kg　　② 9.8 kg
③ 1000 kg　　④ 9800 kg

2.15

비중이 0.8인 고체로 된 물체가 4℃ 물 위에 떠 있다. 물에 잠긴 부피가 1000 cm^3일 때, 이 물체의 부피는 얼마인가?

① 1000 cm^3　　② 1100 cm^3
③ 1250 cm^3　　④ 1600 cm^3

Note

2.16

고체로 된 물체가 4℃ 물 위에 떠 있다. 물에 잠긴 부피가 전체 부피의 60% 일 때, 이 고체의 밀도는 얼마인가?

① $4\,kg/m^3$ ② $6\,kg/m^3$

③ $400\,kg/m^3$ ④ $600\,kg/m^3$

2.17

비중이 0.8인 고체로 된 물체가 4℃ 물 위에 떠 있다. 물위에 떠 있는 부분의 부피는 전체 부피의 몇 %인가?

① 5% ② 10%

③ 15% ④ 20%

주관식

2.18

절대압력이 230 kPa이고 계기(게이지)압력으로 1000 mmHg라면 이 곳에서의 국소 대기압은 얼마인가?

2.19

10 kPa의 압력을 중력가속도가 4.9 m/s^{2}인 곳에서 비중이 2인 액체의 높이로 나타내면 얼마인가?

2.20

밀도가 깊이에 따라 $\rho = \rho_0(1+ah)$로 주어지는 액체의 깊이 h인 곳에서의 압력에 관한 식을 구하라. (단, a는 상수이고 수면에서의 압력은 p_0이다)

2.21

밀도가 깊이에 따라 $\rho = \rho_0(1+ah)$로 주어지는 액체의 깊이 5 m인 곳에서의 압력을 구하라. (단, $\rho_0 = 1000\,\mathrm{kg/m^3}$, $p_0 = 100\,\mathrm{kPa}$, $a = 0.01\,\mathrm{m^{-1}}$ 이다)

Note

2.22

그림과 같은 유압기가 처음에 평형을 유지하고 있다. 오른쪽 피스톤 위에 질량 100 kg의 물체를 들어올리기 위해 왼쪽 피스톤에 가하여야 하는 힘이 50 N이라면 오른쪽 실린더와 왼쪽 실린더의 지름의 비를 구하라.

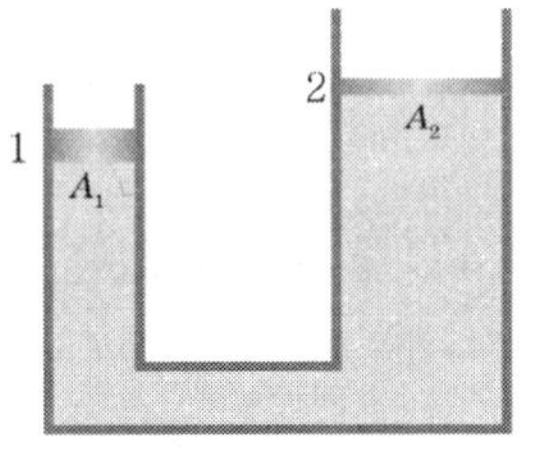

그림 P2.22

2.23

그림과 같은 U-관 마노미터에서 대기압이 100 kPa이고, A에서의 압력이 110 kPa이다. h_1 = 30 cm, h_2 = 40 cm, 비중 S_1 = 1.1일 때 비중 S_2를 구하라.

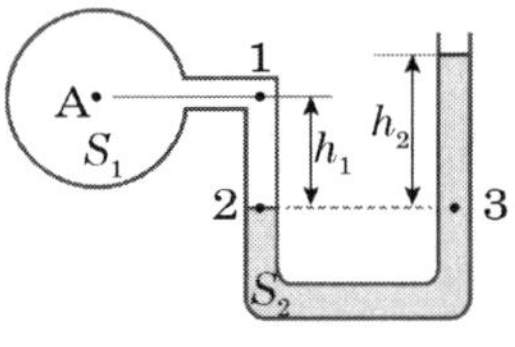

그림 P2.23

2.24

그림에서 $h_1 = 45\,\text{cm}$, $h_2 = 20\,\text{cm}$, 비중 S_1 = 1.2일 때, 탱크의 공기압력이 105 kPa이라면 비중 S_2를 구하라.

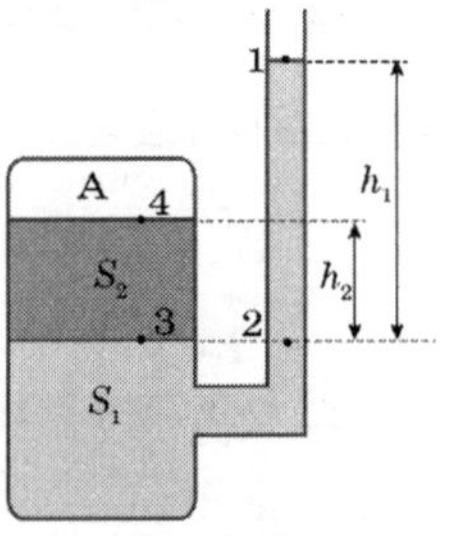

그림 P2.24

Note

2.25

그림에서 $p_A = 202$ kPa, $p_B = 200$ kPa, 비중 $S_1 = 0.8$, $S_3 = 0.7$, $h_1 = 20$ cm, $h_2 = 30$ cm, $h_3 = 10$ cm일 때, 비중 S_2을 구하라.

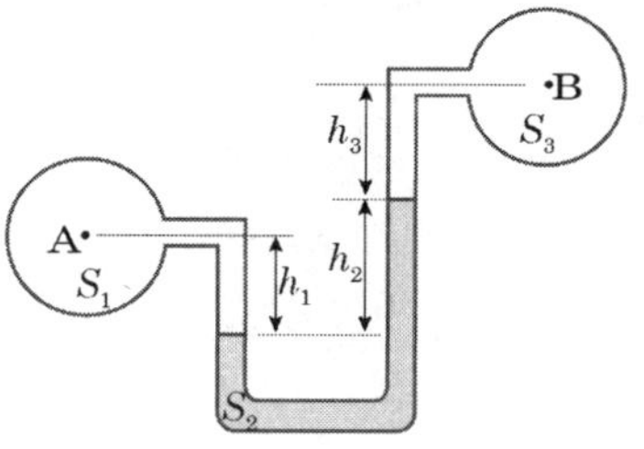

그림 P2.25

2.26

그림과 같은 경사 미노미터에서 대기압이 101 kPa이고, $p_A = 102$ kPa, $h_1 = 40$ cm, 밀도 $\rho_1 = 800$ kg/m^3, $\rho_2 = 1200$ kg/m^{3}이고 $\theta = 30°$일 때 길이 l을 구하라.

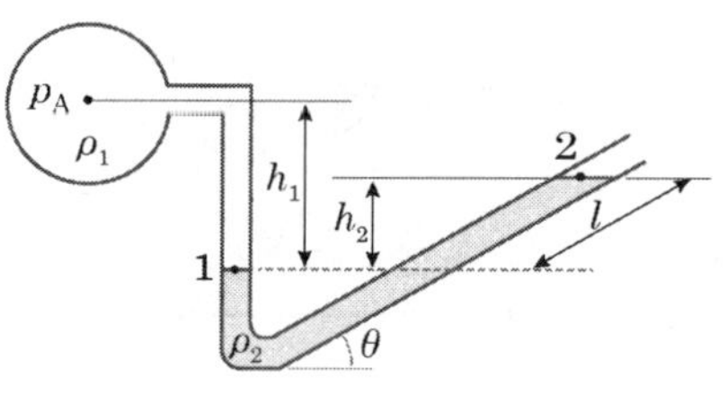

그림 P2.26

2.27

그림에서 평판 AB는 높이가 3 m이고 폭이 2 m이다. 액체에 의한 정수력을 구하라. 그림에서 S는 비중을 나타낸다.

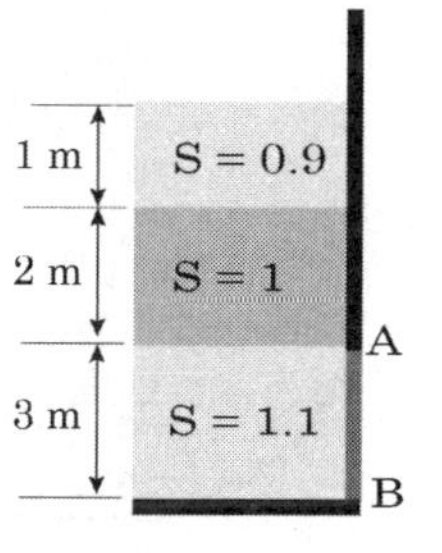

그림 P2.27

Note

2.28

그림에서 평판 AB의 B부분에 경첩(hinge)으로 되어있을 때 평판을 고정시키기 위해 평판 AB의 A지점에 가하여야 하는 힘을 구하라. (단, 액체의 비중은 1.1이고 평판의 폭은 5 m이다)

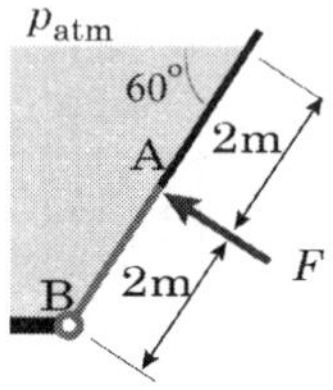

그림 P2.28

2.29

그림과 같은 1/4 원형의 곡면 AB에 물이 가하는 정수력의 (1) 수평성분, (2) 수직성분, (3) 합력의 크기를 구하라. 곡면의 폭(그림의 단면에 대해 직각인 방향의 길이)은 2 m이다.

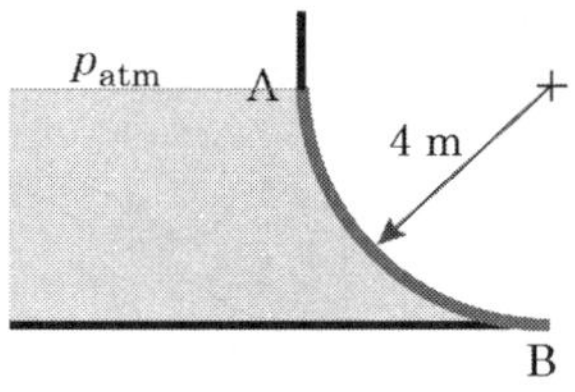

그림 P2.29

2.30

그림과 같은 1/4 원형의 곡면 AB에 물이 가하는 정수력의 (1) 수평성분, (2) 수직성분을 구하고, (3) 합력의 크기를 구하라. 곡면의 폭은 2 m이다.

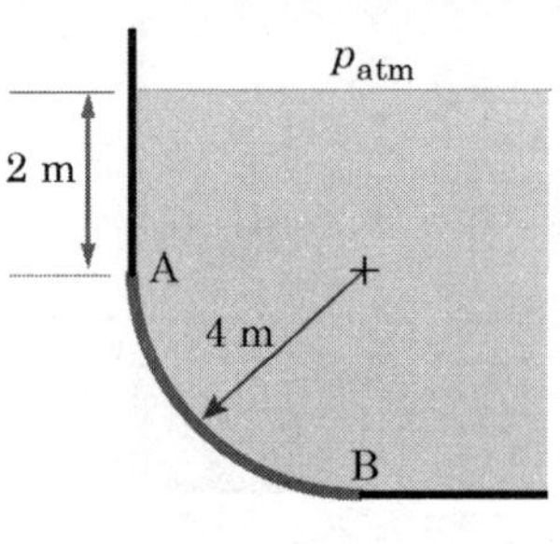

그림 P2.30

Note

2.31

그림과 같이 반지름이 2이고, 폭이 5 m인 반원형 관(half cylinder) 모양의 곡면 ABC에 물이 가하는 정수력의 수평성분의 크기를 구하라.

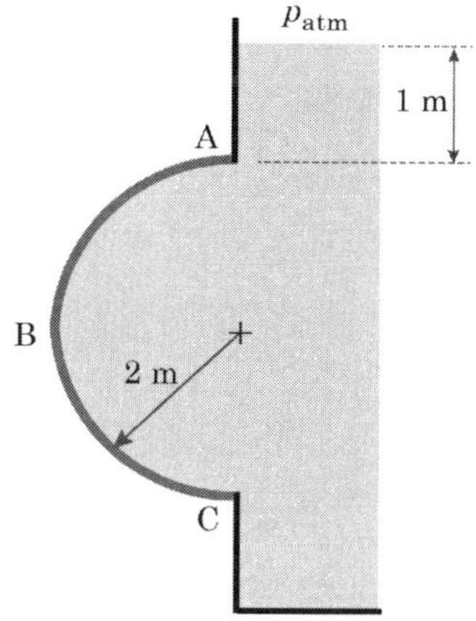

그림 P2.31

2.32

앞의 그림 P2.31에서 반원형 관(half cylinder) 모양의 곡면 ABC에 작용하는 정수력의 수직성분의 크기와 방향을 구하라. 앞의 연습문제 2.13과 비교하라.

2.33

그림에 보여주고 있듯이, 반지름이 2 m이고, 폭(종이 면에 대해 직각인 방향의 길이)이 5 m인 반원형 관(half cylinder) 모양의 곡면 ABC에 물이 가하는 정수력의 수평성분의 크기를 구하고 연습문제 2.12와 비교하라.

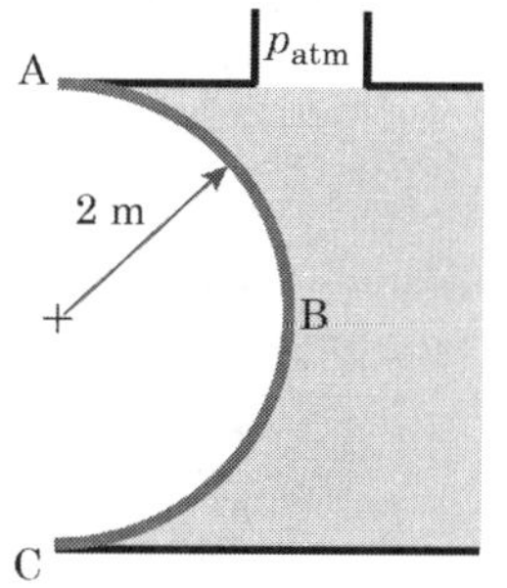

그림 P2.33

Note

2.34

앞의 그림 P2.33에서 반원형 관(half cylinder) 모양의 곡면 ABC에 작용하는 정수력의 수직성분의 크기와 방향을 구하라. 앞의 연습문제 2.13과 비교하라.

2.35

그림과 같이 반지름이 2 m이고, 폭(종이 면에 대해 직각인 방향의 길이)이 5 m인 반원형 관(half cylinder) 모양의 곡면 ABC에 물이 가하는 정수력의 수평성분의 크기를 구하고 연습문제 2.31과 비교하라.

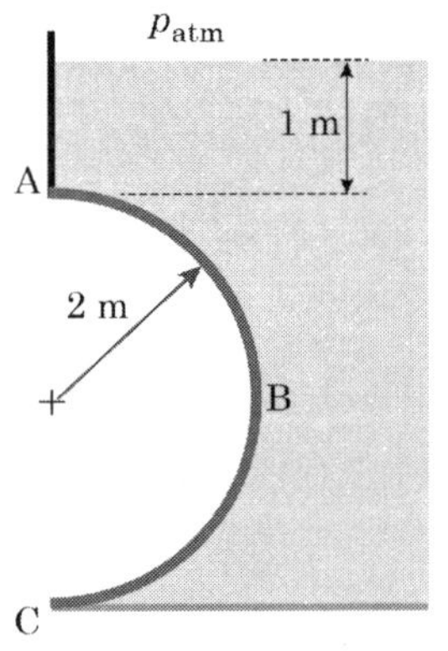

그림 P2.35

2.36

위의 그림 P2.35의 반원형 관(half cylinder) 모양 곡면 ABC에 작용하는 정수력의 수직성분의 크기와 방향을 구하라. 앞의 연습문제 2.32 및 연습문제 2.34와 비교하라.

2.37

부피 0.1 m^3인 물체가 물에 완전히 잠겼을 때, 물속에서의 무게가 400 N이다. 이 물체의 비중을 구하라.

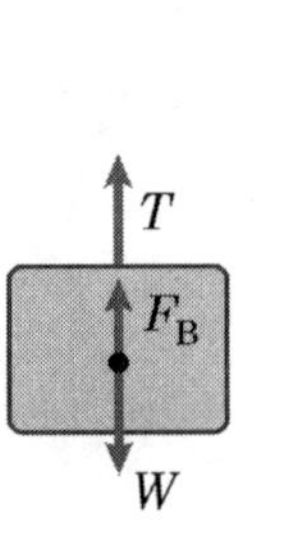

그림 P2.37

Note

2.38

비중이 0.8인 고체로 된 물체가 비중이 1.2인 액체 위에 떠 있다. 물위에 떠 있는 부분의 부피는 전체 부피의 몇 %인가?

2.39

그림처럼 어떤 액체에 비중계를 놓았을 때 비중이 1인 눈금보다 2 cm 아래로 내려가 정지하였다. 비중계의 전체 질량은 0.1 kg이고, 비중계의 눈금이 있는 유리관 단면적은 10 cm^2이다. 이 액체의 비중을 구하라.

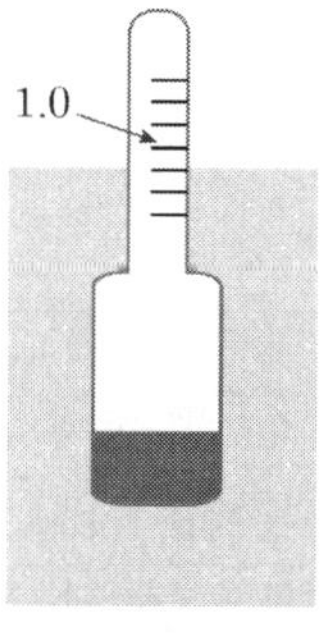

그림 P2.39

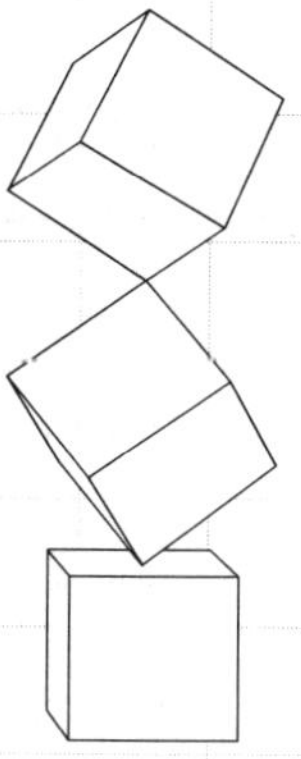

Chapter 3

유체운동학의 기초

Fundamentals of Fluid Kinematics

3.1 유체운동학의 기초

3.1.1 Lagrange 및 Euler 기술

유체의 유동을 기술하는 방법에는 일반적으로 두 가지 방법이 있다.

Lagrange 기술(Lagrange description)은 각각의 **유체입자들의 움직임을 따라서 유체입자의 물리량을 나타내는 방법**으로, 동역학 등에서 물체의 속도나 가속도를 나타내는 방법과 동일한 방법이다. 공을 자유낙하 하는 경우를 생각해 보자. 공을 따라가면서 공의 속도를 시간에 따라 측정해보면(또는 이론적으로 구하면) 공의 속도는 gt임을 알 수 있을 것이다. 또한 포탄이나 미사일의 속도 역시 시간이 지남에 따라 어떻게 변하는지를 실험 또는 이론적으로 나타낼 수 있다. 이 경우 공의 속도, 포탄의 속도 등 특정한 물체(유체입자라고 생각하자)의 속도는 시간의 함수로 나타낼 수 있다.

$$\overrightarrow{V}_{\text{특정입자}} = \overrightarrow{V}(t)$$

이와 같은 방법을 기초로 하여 Newton의 운동법칙 등을 나타낼 수 있다.

이제 강물 위를 떠내려가는 조그만 배(특정 유체입자)의 속도를 시간에 따라 나타낸다고 하면, 배(특정 유체입자)의 속도는

$$\overrightarrow{V}_{\text{배}} = \overrightarrow{V}(t)$$

로 나타낼 수 있고, 이는 Lagrange 기술이 된다.

그러나 유체의 유동을 이렇게 나타내기는 상당히 어렵다. 유체의 경우 아주 많은 유체입자들이 연속적으로 움직이기 때문에 이 방법으로 기술하는 것은 적합하지 않다.

Euler 기술(Euler description)은 **주어진 공간에서 유체입자들의 속도와 가속도 등의 물리량을 나타내는 방법**이다. 예를 들어, 강에서 흐르는 물의 속도를 측정한다고 생각해 보자. 그러면 관심의 대상이 되는 영역을 정하여 여러 곳에서 흐르는 물의 속도를 시간에 따라 측정하여 정리하면, x, y, z방향의 속도 u, v, w를 다음과 같이 나타낼 수 있다.

$$u = u(x, y, z, t), \quad v = v(x, y, z, t), \quad w = w(x, y, z, t) \tag{3.1}$$

이처럼 관심 영역에서, 위치와 시간의 함수로 속도(그리고 가속도, 압력 등 물

리량)를 나타내는 방법이 Euler 기술이다. 앞의 속도 성분을 벡터로 나타내면

$$\vec{V} = \vec{V}(x, y, z, t) \tag{3.2}$$

형태로 나타낼 수 있다. 이와 같이 Euler 기술로 속도를 나타내면, 속도는 전체 관심영역(전체 field)에서, 위치의 함수로 표시되기 때문에 **속도장(velocity field)** 이라고 한다. 유체역학에서는 유체입자들을 따라가면서 속도 등을 나타내는 Lagrange 방식보다는 주어진 관심영역에서 속도를 나타내는 Euler 방식이 훨씬 편하다.

3.1.2 가속도장

유체의 유동을 Euler 기술로 나타내면, 속도는 일반적으로 식 (3.1) 또는 식 (3.2)와 같은 속도장으로 주어진다. 속도장이 주어지면 가속도는 다음과 같이 구할 수 있다(보충설명 참조).

$$\vec{a} = \frac{d\vec{V}}{dt} = \frac{\partial \vec{V}}{\partial t} + u\frac{\partial \vec{V}}{\partial x} + v\frac{\partial \vec{V}}{\partial y} + w\frac{\partial \vec{V}}{\partial z} \tag{3.3}$$

각각의 성분으로 나타내면 다음과 같다.

$$a_x = \frac{du}{dt} = \frac{\partial u}{\partial t} + u\frac{\partial u}{\partial x} + v\frac{\partial u}{\partial y} + w\frac{\partial u}{\partial z} \tag{3.4a}$$

$$a_y = \frac{dv}{dt} = \frac{\partial v}{\partial t} + u\frac{\partial v}{\partial x} + v\frac{\partial v}{\partial y} + w\frac{\partial v}{\partial z} \tag{3.4b}$$

$$a_z = \frac{dw}{dt} = \frac{\partial w}{\partial t} + u\frac{\partial w}{\partial x} + v\frac{\partial w}{\partial y} + w\frac{\partial w}{\partial z} \tag{3.4c}$$

보충설명 >> 가속도장의 유도

다음처럼 f가 x, y의 함수인 경우를 생각하자.

$$f = f(x, y)$$

그러면

$$df = \frac{\partial f}{\partial x}dx + \frac{\partial f}{\partial y}dy$$

이다. 이제 x 방향의 속도가 식 (3.1)처럼 주어졌다고 하자.

$$u = u(x, y, z, t)$$

그러면

$$du = \frac{\partial u}{\partial x}dx + \frac{\partial u}{\partial y}dy + \frac{\partial u}{\partial z}dz + \frac{\partial u}{\partial t}dt$$

dt로 나누면

$$a_x = \frac{du}{dt} = \frac{\partial u}{\partial x}\frac{dx}{dt} + \frac{\partial u}{\partial y}\frac{dy}{dt} + \frac{\partial u}{\partial z}\frac{dz}{dt} + \frac{\partial u}{\partial t}\frac{dt}{dt}$$

$$\frac{dx}{dt} = u,\ \frac{dy}{dt} = v,\ \frac{dz}{dt} = w$$

이므로,

$$a_x = \frac{du}{dt} = \frac{\partial u}{\partial t} + u\frac{\partial u}{\partial x} + v\frac{\partial u}{\partial y} + w\frac{\partial u}{\partial z} \tag{3.4a}$$

이다. 마찬가지 방법으로 다음을 구할 수 있다.

$$a_y = \frac{dv}{dt} = \frac{\partial v}{\partial t} + u\frac{\partial v}{\partial x} + v\frac{\partial v}{\partial y} + w\frac{\partial v}{\partial z} \tag{3.4b}$$

$$a_z = \frac{dw}{dt} = \frac{\partial w}{\partial t} + u\frac{\partial w}{\partial x} + v\frac{\partial w}{\partial y} + w\frac{\partial w}{\partial z} \tag{3.4c}$$

3.1.3 1차원, 2차원, 3차원유동

유체의 유동을 나타낼 때 몇 개의 공간좌표가 필요한가에 따라 1차원, 2차원, 3차원유동으로 나눌 수 있다. 일반적인 유동은 3차원 유동이지만 경우에 따라 유동은 1차원 또는 2차원 유동일 수도 있다. 예를 들어, 속도장을 나타낼 때 x, y 두 방향에 대한 속도 성분 u와 v만 필요하고, 속도 또한 $u = u(x, y, t)$, $v = v(x, y, t)$로 표시되어 z좌표가 필요 없는 경우는 2차원 유동이다. 속도가 시간의 함수이든 아니든 상관없이 필요한 공간좌표의 수에 따라 정해진다.

3.1.4 정상유동, 비정상유동

유체의 유동을 나타낼 때 **시간에 따라 변하지 않을 때 정상 유동(steady flow)**이라고 하고, **시간에 따라 변하면 비정상 유동(unsteady flow)**이라 한다. 단, **시간에 따라서 변하지 않는다는 것은 주어진 지점에서의 속도나 압력 등이 변하지 않는다는**

것이지, 유체입자를 따라가면서 유체입자의 속도나 압력이 시간에 따라 일정하다는 것을 의미하는 것은 아니다. 정상 유동일지라도 유체입자를 따라가면 유체입자의 속도나 압력은 바뀔 수 있다. 이를 수학적으로 나타내면 정상 유동은 다음과 같을 때이다.

$$\frac{\partial u}{\partial t}=0,\ \frac{\partial v}{\partial t}=0,\ \frac{\partial w}{\partial t}=0,\ \frac{\partial p}{\partial t}=0,\ \frac{\partial ()}{\partial t}=0 \tag{3.5}$$

3.1.5 유선, 유적선, 유맥선

유체의 유동을 나타낼 때 유선, 유적선 및 유맥선의 용어를 사용하여 설명할 수 있으며, 각각의 정의는 다음과 같다.

- **유선**(streamline): 어떤 순간에 속도벡터에 접하는 선
- **유적선**(pathline): 시간의 경과에 따라 유체입자가 실제 지나간 자취를 연결한 선
- **유맥선**(streakline): 어떤 주어진 공간의 한점을 통과한 모든 입자들의 순간적인 궤적

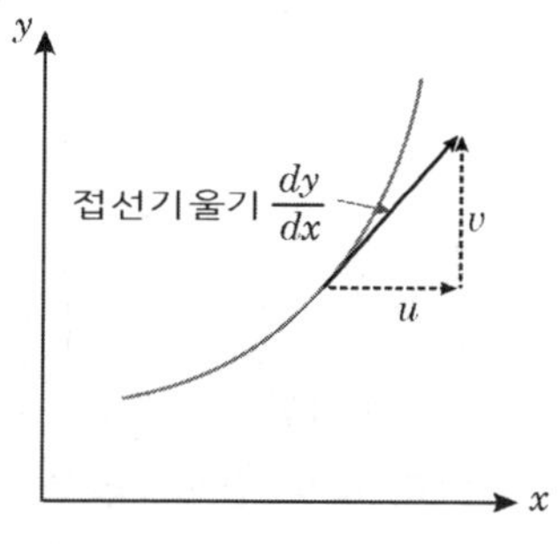

(a) 유선

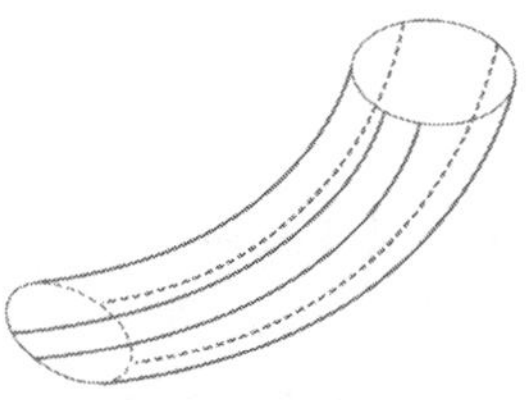

(b) 유관

그림 3.1 유선과 유관

유선을 다시 설명하면, 유선이 주어진 경우 유선에 접하는 접선이 속도벡터의 방향을 나타낸다. 즉, 그림 3.1에서 유선에 접하는 선이 속도벡터의 방향이고 그림 3.1로부터 유선 상의 한 점에서 유선의 기울기(dy/dx)는 다음과 같이 속도벡터의 기울기(v/u)와 같다.

$$\frac{dy}{dx}=\frac{v}{u} \Rightarrow \frac{dx}{u}=\frac{dy}{v}$$

이것을 3차원으로 확장한 것이 유선의 정의식이며, 다음과 같다.

$$\frac{dx}{u} = \frac{dy}{v} = \frac{dz}{w} \tag{3.6}$$

앞의 세 선에 대해 다음과 같이 설명할 수 있다.

- 비정상 상태일 때는 유선, 유적선, 유맥선이 모두 다르나, 정상상태일 때는 모두 같다.
- 유선을 접하는 선이 속도벡터이므로, 유동의 방향은 유선의 접선방향이고 유선을 가로지르는 유동은 없다.
- 여러 유선으로 이루어진 그림 3.1(b)와 같은 유관(stream tube)을 가로지르는 유동이 없다.
- 유체입자가 지나간 실제 흔적이 유적선이다. 배를 유체입자라고 생각했을 때 배가 지나간 실제 흔적이 유적선이다. 유적선은 눈에 보이지 않는다. 시간이 지나감에 따라 지나간 궤적을 선으로 이었다고 했을 때 이 선이 유적선이다.
- 담배를 한자리에서 고정시키고 피운다고 할 때, 눈에 보이는 담배연기 모양 또는 사진을 찍었을 때 나타나는 담배연기 모양이 유맥선이다. 이 담배연기의 입자들은 모두 공간상의 한 점에서 통과한 것으로 어느 한 순간의 이 모든 입자들의 순간적인 궤적이다.
- 만약 담배연기 모양이 시간이 지남에 따라 변하지 않는다면(정상상태라면), 연기 입자를 쭉 따라가면(어느 시간동안) 이 입자는 위의 유맥선을 따라감을 알 수 있고, 따라서 담배연기 모양은 유적선이 되고, 유맥선과 일치한다. 또한 연기 입자의 속도는 이 선을 따라 항상 접선방향으로 운동하므로, 유선이 된다. 따라서 정상상태에서는 이 담배연기 모양은 유선, 유적선, 유맥선으로 모두 동일하다.

예제 3.1

유선의 방정식이 $x^2+y^2=C$로 주어질 때, $x=1$, $y=2$인 곳에서의 속도벡터의 방향을 구하라.

풀이

유선의 정의식으로부터, $\frac{v}{u}=\frac{dy}{dx}$이고, $x^2+y^2=C$를 x에 대해 미분하면,

$$2x+2y\frac{dy}{dx}=0 \text{이므로,}$$

$$\frac{dy}{dx}=-\frac{x}{y}=-\frac{1}{2}$$

이다. 따라서,

$$\tan\theta=\frac{v}{u}=\frac{dy}{dx}=-\frac{1}{2} \text{이고, } \theta=-30^\circ \text{ 이다.}$$

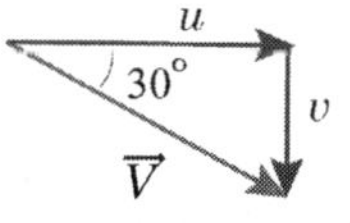

그림 E3.1

보충설명

속도벡터의 방향이 유선의 기울기와 같다.

예제 3.2

속도분포가 $u=-2x$, $v=2y$로 주어진다. 유선의 방정식을 구하라.

풀이

유선의 정의식으로부터,

$$\frac{dx}{u}=\frac{dy}{v} \Rightarrow \frac{dx}{-2x}=\frac{dy}{2y} \Rightarrow \frac{dx}{-x}=\frac{dy}{y}$$

적분하면 다음과 같다.

$$-\int\frac{dx}{x}=\int\frac{dy}{y} \Rightarrow -\ln x=\ln y+C_1$$

여기서 C_1은 적분 상수이다. 또한 위의 식은 다음처럼 표시된다.

$$xy=C$$

따라서 유선의 방정식은

$$y=\frac{C}{x} \text{ 이다.}$$

3.1.6 점착조건

유체가 아주 희박한 경우라든지 하는 특별한 경우가 아니면 벽면에서의 유체의 속도는 벽면의 속도와 같다. 즉, 벽면이 정지하고 있는 경우, 벽면에서의 유체의 속도는 영이다. 따라서 유체의 유동을 해석할 때, 이와 같이 벽면에서의 유체의 속도를 벽면의 속도와 같다고 할 때, 이를 **점착조건(no-slip condition)**이라 하고, 벽면에서의 유체의 속도가 벽면의 속도와 같지 않고 미끄러질 때, 이를 **비점착조건(slip condition)**이라 한다.

3.2 Reynolds 수송정리

3.2.1 시스템과 검사체적

앞에서 유체의 유동을 기술하는 방법으로 Lagrange 기술과 Euler 기술 두 가지 방법이 있다고 설명하였다. 이와 연관하여 시스템과 검사체적의 두 가지 개념에 대해 설명한다.

시스템(system)은 관심의 대상이 되는 일정 질량의 유체를 의미한다. 열역학에서의 밀폐계(closed system)를 유체역학에서는 단순히 시스템(또는 계)이라고 한다. 일반적으로 일정 질량의 시스템은 유체가 흘러가면, 시스템의 형태는 바뀌면서 이동하게 된다. 시스템적 해석은 Lagrange 기술에 해당되는 것이다.

검사체적(control volume)은 열역학에서의 개방계(open system)를 의미하며, 관심의 대상이 되는 공간상의 주어진 부분을 나타낸다. 강물의 속도를 측정한다고 할 때, 관심 대상이 되는(측정하고자 하는) 공간이 검사체적에 해당된다. 검사체적의 표면을 통하여 유체가 유입되고 유출될 수 있다. 검사체적 밖의 유체는 관심 대상이 아니다. 검사체적 해석은 Euler 기술에 해당되는 것이고, 유체역학에서는 검사체적을 설정하여 해석하는 방법을 주로 사용한다.

그림 3.2에 점선으로 표시한 부분이 관심의 대상이 되는 검사체적이고, 실선으로 표시한 부분이 시스템이고 일정한 질량을 나타낸다. 유체역학에서 시스템은 시간이 지남에 따라 보통 이동하고 검사체적은 정지한 경우가 대부분이지만, 검사체적이 이동할 수도 있다.

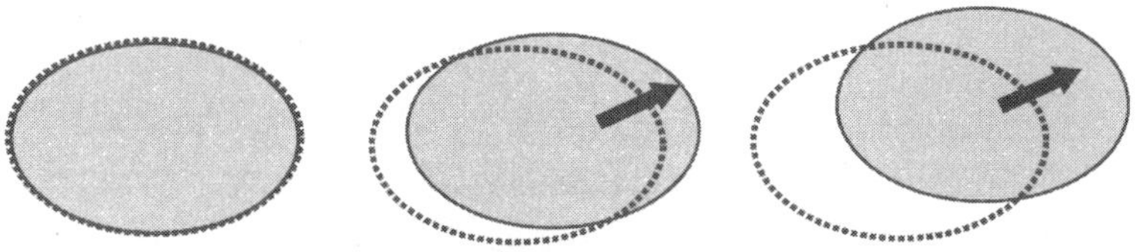

그림 3.2 검사체적과 시스템

3.2.2 Reynolds 수송정리

Newton의 운동법칙 등 일반적인 물리법칙은 Lagrange 기술에 의해 시스템에 대하여 나타낸 것이다. 그러나 유체의 유동을 나타낼 때는 시스템에 대한 Lagrange 기술보다는 Euler 기술에 따라 검사체적에 관하여 나타내는 것이 편리하다. 시스템에 대한 식을 검사체적에 대한 식으로 변환시켜주는 관계식이 **Reynolds 수송정리(Reynolds transport theorem)**이고 다음과 같다.

$$\frac{dB_{sys}}{dt} = \frac{\partial B_{cv}}{\partial t} + \dot{B}_2 - \dot{B}_1 \quad (3.7)$$

- B는 물리량(질량, 운동량, 에너지 등)을 나타낸다.
- 아래 첨자 sys는 system(계) cv는 control volume(검사체적)을 나타낸다. 따라서 B_{sys} 는 시스템의 물리량 B_{cv}는 검사체적 내 물질의 물리량을 나타낸다.
- 아래 첨자 1은 유입되는 곳을 나타내고 2는 유출되는 곳을 나타낸다.
- $\dot{B}_1$은 검사표면을 통한 물리량 B의 유입률, $\dot{B}_2$는 검사표면을 통한 물리량 B의 유출률을 의미하고, 그림 3.3에 나타내고 있다. 따라서 $\dot{B}_2 - \dot{B}_1$은 검사표면을 통한 물리량 B의 순(net) 유동률을 나타낸다.

식 (3.7)을 다시 표현하면 다음과 같다.

시스템에서의 물리량 B의 변화율은 검사체적에서의 물리량 B의 변화율과 검사표면을 통한 물리량 B의 순 유동률과 같다.

Tip
- Reynolds : 레이놀즈
한글로 표기할 때는 레이놀즈로 표기한다.

Tip
- 아래 첨자 sys는 system(계) cv는 control volume(검사체적)을 나타낸다.

Tip
- $\dot{B}_1$: B의 유입률
- $\dot{B}_2$: B의 유출률
- $\dot{B}_2 - \dot{B}_1$: B의 순(net) 유동률

그림 3.3 검사체적에서의 물리량, 물리량의 유입과 유출

시스템 또는 검사체적에서 **밀도와 물성치가 균일한 경우**는 다음과 같이 나타낼 수 있다.

$$B = \rho \mathrm{V} b = mb \tag{3.8}$$

여기서 V는 부피를 나타내고 b는 단위 질량당의 물리량을 나타낸다.
시스템 또는 검사체적에서 **밀도 또는 물성치가 균일하지 않은 경우**는 다음과 같이 나타낼 수 있다.

$$B = \int \rho b d\mathrm{V} \left(즉,\ B_{sys} = \int_{sys} \rho b d\mathrm{V},\ B_{cv} = \int_{cv} \rho b d\mathrm{V}\right) \tag{3.9}$$

미소한 체적 $d\mathrm{V}$의 미소질량은 $\rho d\mathrm{V}$이고, 이 미소질량이 가지는 물리량은 $b\rho d\mathrm{V}$이다. 이것을 시스템 또는 검사체적 전체에 대해 적분하면 시스템 또는 검사체적 전체의 물리량 B가 된다.
검사체적으로 **유입 및 유출되는 속도분포와 유체의 물성치가 균일**할 때,

$$\dot{B} = b\rho V_n A = \dot{m} b \tag{3.10}$$

로 나타낼 수 있고, 검차체적으로 **유입 및 유출되는 속도분포와 유체의 물성치가 균일하지 않을 때**,

$$\dot{B} = \int_A b\rho V_n dA \tag{3.11}$$

로 나타낼 수가 있다. 여기서 A는 유입 또는 유출되는 단면의 면적을 나타내고 V_n은 그림 3.4에 나타내고 있는 것처럼 단면에 수직한 속도성분의 크기(즉, $V_n > 0$)를 나타낸다. 미소한 검사표면 dA를 통과하는 미소한 질량유량 $d\dot{m} = \rho V_n dA$이고, 이 미소 면적 dA를 통과하는 물리량의 통과율은 $d\dot{B} = b\rho V_n dA$이고, 이것을 단면에 대해 적분한 것이 이 단면을 통한 물리량의 통과율

$\dot{B} = \int_A b\rho V_n \, dA$ 이다.

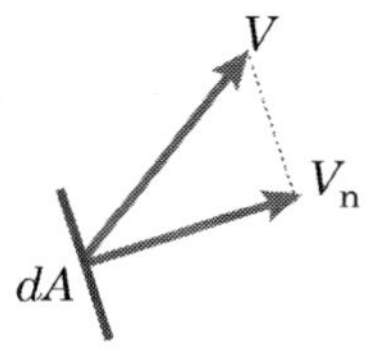

그림 3.4 속도의 수직성분

검사체적으로 유입 및 유출되는 **속도분포와 유체의 물성치가 균일할 때** Reynolds 수송정리는, 식 (3.10)을 식 (3.7)에 대입하여 다음처럼 나타낼 수 있다.

$$\frac{dB_{sys}}{dt} = \frac{\partial B_{cv}}{\partial t} + \dot{m}_2 b_2 - \dot{m}_1 b_1 \quad (3.12)$$

검사체적으로 유입 및 유출되는 **속도분포와 유체의 물성치가 균일할 때** 검사체적으로 **유입 또는 유출되는 곳이 여러 곳인 경우** 다음처럼 수정하여 나타낼 수 있다.

$$\frac{dB_{sys}}{dt} = \frac{\partial B_{cv}}{\partial t} + \sum_o \dot{m}_o b_o - \sum_i \dot{m}_i b_i \quad (3.13)$$

여기서 아래첨자 o는 출구를 나타내고 i는 입구를 나타낸다.

검사체적으로 유입 및 유출되는 **속도분포와 유체의 물성치가 균일하지 않을 때 일반적인 경우**의 Reynolds 수송정리는, 식 (3.11)을 식 (3.7)에 대입하여 다음처럼 나타낼 수 있다.

Tip
아래 첨자는 다음과 같다.
- i : inlet(출구)
- o : outlet(출구)

$$\frac{dB_{sys}}{dt} = \frac{\partial B_{cv}}{\partial t} + \int_{A_2} \rho b V_n \, dA - \int_{A_1} \rho b V_n \, dA \quad (3.14)$$

여기서 A_1은 유입되는 단면적을, A_2는 유출되는 단면적을 의미하고, V_n은 입구와 출구 단면에 수직한 속도성분의 크기를 나타낸다.

3.3 연속방정식

물리 현상에서 가장 기본적인 법칙이 시스템의 질량은 일정하다는 **질량보존(conservation of mass)**의 법칙이다. 즉, 시스템의 질량 m_{sys}은 일정하다는 것이고 수식으로 나타내면 다음과 같다.

$$m_{sys} = \text{일정}$$

또는 미분으로 나타내면 위의 식은 다음과 같다.

$$\frac{dm_{sys}}{dt} = 0$$

유체역학에서 일정 질량의 시스템(유체 덩어리)은 일반적으로 모양을 바꾸면서 움직이므로, 이 법칙을 모양을 바꾸면서 움직이는 검사체적에 적용하기는 쉽지 않다.

일반적인 연속방정식

Reynolds 수송정리를 이용하면 시스템에 적용되는 앞의 식을 시스템에 대한 식으로 바꿀 수 있다. $B = m$(그리고 필요하면 $b = 1$)을 대입하면, 식 (3.13)으로부터,

$$\frac{dm_{sys}}{dt} = \frac{\partial m_{cv}}{\partial t} + \sum_{o} \dot{m}_{o} - \sum_{i} \dot{m}_{i} \tag{3.15}$$

이고, m_{cv}는 검사체적 내의 질량을 나타내고 아래첨자 o는 out(유출)을, i는 in(유입)을 나타낸다. 그림 3.5(a)와 같은 검사체적에 대한 질량보존법칙은 다음과 같이 나타낼 수 있다.

$$\frac{\partial m_{cv}}{\partial t} + \sum_{o} \dot{m}_{o} - \sum_{i} \dot{m}_{i} = 0 \tag{3.16a}$$

위의 식을 **검사체적에 대한 연속방정식(continuity equation)**이라고 한다. 여기서 m_{cv}은 검사체적내의 유체의 질량이고 $\dot{m}$은 **질량유량(mass flow rate)**이라 한다. 위의 식을 다시 표현하면 다음과 같다.

검사체적내의 유체의 질량의 변화율에 유출되는 질량유량을 더하고 유입되는 질량 유량을 뺀 것은 0이다.
또는 앞의 식을 변형하면

$$\frac{\partial m_{cv}}{\partial t} = \sum_{i} \dot{m}_i - \sum_{o} \dot{m}_o \qquad (3.16b)$$

이므로, 위의 식을 다시 표현하면 다음과 같다.
검사체적내의 유체의 질량의 변화율은 유입되는 질량유량과 유출되는 질량유량의 차와 같다.

입구와 출구가 하나씩인 경우

그림 3.5(b)처럼 **입구와 출구가 각각 하나이면** 식 (3.16)은 다음과 같이 나타낼 수 있다.

$$\frac{\partial m_{cv}}{\partial t} + \dot{m}_2 - \dot{m}_1 = 0 \qquad (3.17a)$$

$$\frac{\partial m_{cv}}{\partial t} = \dot{m}_1 - \dot{m}_2 \qquad (3.17b)$$

여기서 아래첨자 **1**은 **입구**를 **2**는 **출구**를 나타낸다.

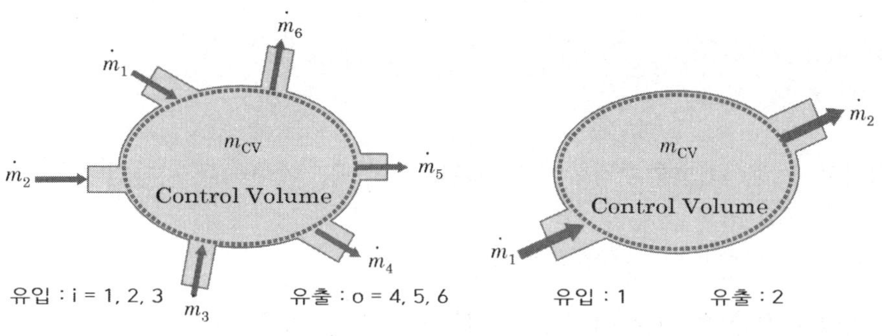

(a) 여러 곳에서 유입 또는 유출 (b) 각각 한 곳에서 유입, 유출

그림 3.5 검사체적에서의 질량보존 – 연속방정식

정상상태

만약 **정상상태**이면, 검사체적 내의 질량은 시간에 따라 변하지 않으므로, $\dfrac{\partial m_{\mathrm{cv}}}{\partial t} = 0$이고, 식 (3.16)은 다음과 같이 된다.

$$\sum \dot{m}_{\mathrm{o}} - \sum \dot{m}_{\mathrm{i}} = 0 \tag{3.18a}$$

$$\sum \dot{m}_{\mathrm{i}} = \sum \dot{m}_{\mathrm{o}} \tag{3.18b}$$

이는 검사체적으로 유입되는 질량유량의 합은 유출되는 질량유량의 합과 같다는 것을 나타낸다.

정상상태이고 입구와 출구가 하나씩인 경우

정상상태이고, **유입 및 유출되는 곳이 각각 하나이면** 식 (3.17)은 다음과 같이 나타낼 수 있다.

$$\dot{m}_2 - \dot{m}_1 = 0 \tag{3.19a}$$

$$\dot{m}_1 = \dot{m}_2 = \dot{m} \tag{3.19b}$$

이는 검사체적으로 유입되는 질량유량과 유출되는 질량유량은 같고 일정하다는 것을 나타낸다.

속도분포가 균일하지 않은 일반적인 경우 질량유량은 다음과 같이 정의된다(식 (3.11)에서 $B = m$, $b = 1$을 대입하면 된다).

$$\dot{m} = \int \rho V_{\mathrm{n}} \, dA \tag{3.20}$$

여기서 V_{n}은 단면에 수직한 속도성분의 크기(즉, $V_{\mathrm{n}} > 0$)를 나타낸다.

정상상태, 균일유동에서의 연속방정식

단면에 수직한 속도성분이 V로 균일하거나, 또는 평균속도를 V라고 할 때의 질량유량은 다음과 같다.

$$\dot{m} = \rho A V \tag{3.21}$$

따라서 **정상상태**이고 **균일유동**(uniform flow)인 경우 연속방정식은 다음과 같이 나타낼 수 있다.

$$\rho_1 A_1 V_1 = \rho_2 A_2 V_2 \tag{3.22}$$

위의 식은 또한 다음과 같이 나타낼 수 있다.

$$\rho A V = \text{constant} \tag{3.23}$$

또는,

$$d(\rho A V) = 0 \tag{3.24}$$

각 항으로 미분하면,

$$d\rho\, A V + \rho\, dA\, V + \rho A\, dV = 0$$

이므로, $\rho A V$로 나누면 다음과 같다.

$$\frac{d\rho}{\rho} + \frac{dA}{A} + \frac{dV}{V} = 0 \tag{3.25}$$

비압축성유동 또는 밀도가 일정하다면 $\rho_1 = \rho_2$이므로 위의 식은 다음과 같이 나타낼 수 있다.

$$A_1 V_1 = A_2 V_2 \tag{3.26}$$

윗식은 정상유동, 비압축성유동에 대한 검사체적에서의 연속방정식이다. **체적유량** Q를 다음과 같이 정의한다.

TIP
유량이라고 하면 일반적으로 체적유량을 의미한다.

$$Q = \int V_n\, dA \tag{3.27}$$

단면에 수직한 속도성분이 V로 균일하거나, 또는 평균속도를 V라고 할 때의 유량은 다음과 같다.

$$Q = AV \tag{3.28}$$

따라서 밀도가 일정한 경우 질량유량과 체적유량의 관계와 연속방정식은 다음과 같다.

$$\dot{m} = \rho Q \tag{3.29}$$

$$Q_1 = Q_2 \tag{3.30}$$

예제 3.3

지름이 20 cm인 관과 지름이 10 cm인 관이 연결되어 있다. 지름이 20 cm인 관에서 정상유동일 때, 물의 평균속도가 3 m/s라면
(1) 지름이 10 cm인 관에서 물의 평균속도는 얼마인가?
(2) 체적유량을 구하라.

풀이

(1) 정상유동, 비압축성유동에 대한 검사체적에서의 연속방정식은 식 (3.26)이므로,

$$A_1 V_1 = A_2 V_2 \Rightarrow V_2 = V_1 \frac{A_1}{A_2} = V_1 \left(\frac{D_1}{D_2}\right)^2 = (3)\left(\frac{20}{10}\right)^2 = 12 \text{ m/s}$$

(2) $Q = A_1 V_1 = \dfrac{\pi D_1^2}{4} V_1 = \dfrac{\pi (0.2^2)}{4}(3) = 0.0942 \text{ m}^3\text{/s}$

예제 3.4

뚜껑이 열린 용기에 물이 흘러들어가고, 흘러나온다. 입구관의 지름은 20 cm이고 출구관의 지름은 10 cm이다. 0.1 m/s의 균일한 속도로 물이 흘러들어가고 0.2 m/s의 균일한 속도로 물이 흘러나간다.
(1) 용기 속의 질량 증가율을 구하라.
(2) 용기의 수평 단면적이 0.1 m^{2}일 때 용기 속에 있는 물의 상승속도를 구하라.

풀이

(1) 연속방정식인 식 (3.17)로부터,

$$\frac{\partial m_{cv}}{\partial t} = \dot{m}_1 - \dot{m}_2$$

이고, 입구와 출구에서 속도분포가 균일하므로,

$$\dot{m}_1 = \rho A_1 V_1 = (1000)\frac{\pi(0.2)^2}{4}(0.1) = 3.14\ \mathrm{kg/s}$$

$$\dot{m}_2 = \rho A_2 V_2 = (1000)\frac{\pi(0.1)^2}{4}(0.2) = 1.57\ \mathrm{kg/s}$$

$$\frac{\partial m_{cv}}{\partial t} = \dot{m}_1 - \dot{m}_2 = 3.14 - 1.57 = 1.57\,\mathrm{kg/s}$$

이다. 따라서 용기 속의 물은 초당 1.57 kg 증가한다.

(2) 용기 속의 물의 질량은 $m_{cv} = \rho A h$이므로

$$\frac{\partial m_{cv}}{\partial t} = \frac{\partial(\rho A h)}{\partial t} = \rho A \frac{\partial h}{\partial t} = 1.57\,\mathrm{kg/s}$$

이므로,

$$\frac{\partial h}{\partial t} = \frac{1.57}{\rho A} = \frac{1.57}{(1000)(0.1)} = 0.0157\,\mathrm{m/s}$$

이다. 따라서 용기속의 물의 높이는 초당 1.57 cm의 속도로 올라간다.

보충설명

이 문제는 유입되는 물과 유출되는 물의 양이 다르다. 따라서 검사체적(용기) 속의 유체의 질량은 시간에 따라 변하는 비정상 상태의 문제이다. 따라서 연속방정식으로 식 (3.17)을 사용하여야 한다. 그리고 위의 식에서 사용한 단위는 모두 SI단위로 하였기 때문에 답에서도 SI단위를 숫자 뒤에 붙이면 된다.

예제 3.5

반지름이 R인 원형관에 균일한 속도 U로 물이 흘러 들어가, 다음과 같은 속도분포로 관의 끝에서 물이 흘러 나간다. 정상상태일 때, 물이 흘러 들어오는 속도를 구하라.

$$u = u_0\left[1 - \left(\frac{r}{R}\right)^2\right]$$

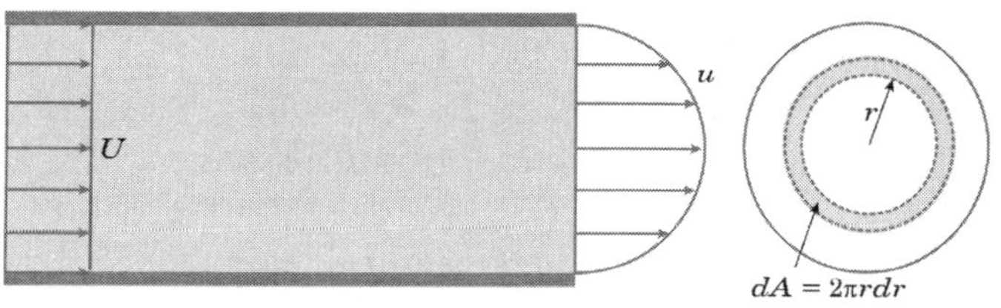

그림 E3.5

풀이

정상상태이므로 연속방정식은 다음과 같다.

$$\dot{m}_1 = \dot{m}_2$$

입구에서 속도분포가 균일하므로,

$$\dot{m}_1 = \rho A_1 V_1 = \rho \pi R^2 U$$

이고, 출구에서는 속도분포가 균일하지 않으므로

$$\dot{m}_2 = \int \rho V_n \, dA$$

이다. $V_n = u$이고 원형 관일 때 $dA = 2\pi r dr$이므로,

$$\dot{m}_2 = \int_0^R \rho u (2\pi r dr) = \int_0^R \rho u_0 \left[1 - \left(\frac{r}{R}\right)^2\right] 2\pi r dr$$

$$= 2\pi \rho u_0 \int_0^R \left[1 - \left(\frac{r}{R}\right)^2\right] r dr = \frac{\rho u_0 \pi R^2}{2}$$

따라서, $\dot{m}_1 = \dot{m}_2$으로부터,

$$U = \frac{u_0}{2}$$

이다.

보충설명

실제로 속도분포 u는 원형 관에서의 층류 속도분포이고, 속도 U는 평균속도이고, 원형 관에서의 평균속도는 중심에서의 속도(최고속도) u_0의 1/2이다.

연습문제에서 다루겠지만, 두 무한 평판사이의 포물선 속도분포에서의 평균속도는 중심에서의 속도(최고속도) u_0의 2/3이다. 즉, $U = \frac{2}{3} u_0$이다.

움직이는 검사체적에 대한 연속방정식

검사체적이 움직이는 경우에는 검사체적이 정지하고 있다고 생각하고, 검사체적으로 흘러 들어오고 나가는 경우 검사체적에 대한 상대속도를 이용하여 계산하면 된다. 예를 들어, 그림 3.6(a)처럼 검사체적이 $V_{cv} = 10\,\mathrm{m/s}$로 움직일 때, 그림 3.6(b)처럼 검사체적이 정지하고 있다고 생각하고,

$$V_{r1} = V_1 - V_{cv} = 30 - 10 = 20\,\mathrm{m/s}$$

$$V_{r2} = V_2 - V_{cv} = 20 - 10 = 10\,\mathrm{m/s}$$

를 사용하여 입구와 출구에서의 유량을 계산하면 된다.

즉, 질량유량을 계산할 때 다음과 같은 상대속도를 사용하면 된다.

$$V_r = V - V_{cv} \tag{3.31}$$

$$\dot{m}_r = \rho A V_r \tag{3.32}$$

위의 식으로 유량을 구하면, 검사체적이 정지하고 있는 경우의 연속방정식을 사용하면 된다.

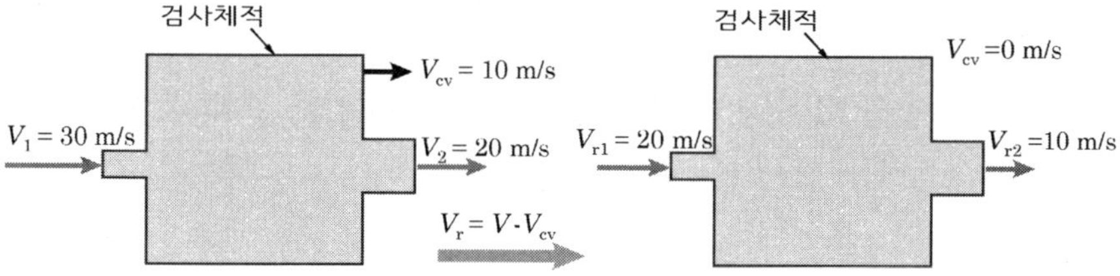

(a) 움직이는 검사체적 (b) 정지한 검사체적에 대한 상대운동

그림 3.6 움직이는 검사체적에서의 질량보존

예제 3.6

그림처럼 어떤 용기가 1 m/s의 속도로 움직일 때, 입구에서 2 m/s의 균일한 속도(절대속도)로 흘러들어간다. 입구관의 지름은 10 cm이고 출구관의 지름은 20 cm이다. 출구관에서 균일한 속도로 물이 흘러나갈 때, 이 속도(절대속도)를 구하라.

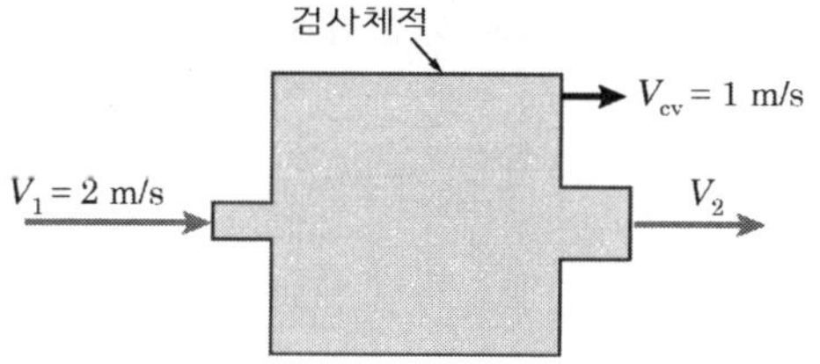

그림 E3.6

풀이

흘러들어오는 물은 전부 흘러나가야 하므로, 연속방정식으로부터,

$$Q_1 = Q_2$$

이다. 입구에서의 상대속도는 $V_{r1} = V_1 - V_{cv} = 2 - 1 = 1$ m/s이므로,

$$A_1 V_{r1} = A_2 V_{r2}$$

$$V_{r2} = \frac{A_1}{A_2} V_{r1} = \left(\frac{10}{20}\right)^2 (1) = 0.25\,\mathrm{m/s}$$

그러므로

$$V_2 = V_{r2} + V_{cv} = 0.25 + 1 = 1.25\,\mathrm{m/s}$$

이다.

보충설명

검사체적이 움직이므로 입구와 출구에서의 속도를 상대속도를 사용하여야 한다. 그렇지 않고, 단순히

$$V_2 = \frac{A_1}{A_2} V_1 = \left(\frac{10}{20}\right)^2 (2) = 0.5\,\mathrm{m/s}$$

로 하면 틀린 답을 구하게 된다.

3.4 Bernoulli 방정식과 응용

Tip
• Bernoulli : 베르누이
한글로 표기할 때 베르누이로 표기한다.

3.4.1 Bernoulli 방정식

비점성(무마찰), **정상유동**에서 **유선을 따라** 흐르는 **비압축성유체**는 다음과 같은 Bernoulli 방정식이 성립한다(보충설명 참조).

$$p_1 + \frac{1}{2}\rho V_1^2 + \rho g z_1 = p_2 + \frac{1}{2}\rho V_2^2 + \rho g z_2 \tag{3.33}$$

여기서 아래첨자 1과 2는 유선상의 임의의 두 점을 나타낸다. 위의 식에서 1점과 2점은 임의로 선택할 수 있으므로 다음 식과 같은 의미이다.

$$p + \frac{1}{2}\rho V^2 + \rho g z = \text{일정} \tag{3.34}$$

식 (3.33) 또는 식 (3.34)를 **Bernoulli 방정식**(Bernoulli equation)이라고 하며

- 마찰이 없고
- 비압축성
- 정상유동
- 유선을 따라

성립하는 운동방정식이다. 위의 식의 각 항은 압력을 나타내고 있으며, 각 항의 의미는 다음과 같다.

- **정압**(static pressure): p를 정압이라 하고 일반적인 압력을 의미한다.
- **동압**(dynamic pressure): $\frac{1}{2}\rho V^2$을 동압이라 한다.
- **정수압**(hydraulic pressure): $\rho g z$를 정수압이라 한다.

위의 식에서 보면 정압과 동압, 정수압의 합은 일정하다는 것을 나타내고, 압력에너지, 운동에너지, 위치에너지는 서로 서로 바뀔 수 있다는 것을 의미한다.

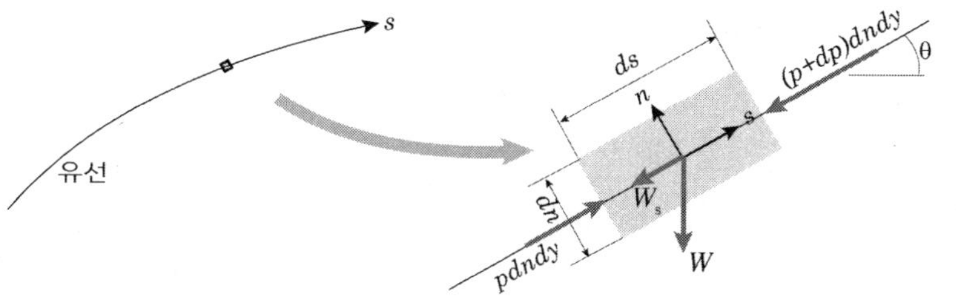

그림 3.7 유선 상의 유체입자 및 자유물체도

보충설명 >> Bermoulli 방정식의 유도

그림 3.7과 같이 유선을 따라 흐르는 작은 유체입자를 고려한다. 오른쪽에는 작은 유체입자의 자유물체도를 확대하여 그림에 표시하고 있다. 유선방향으로의 좌표를 s라고 표시한다. **비점성(무마찰)**, **정상유동**에서 **유선을 따라** 흐르는 유체입자에 관한 속도와 압력은 다음과 같이 표시할 수 있다.

$$V = V(s)$$
$$p = p(s)$$

이 유체입자에 대하여 Newton의 운동 제2법칙을 적용하면 다음과 같다.

$$\sum F_s = ma_s \tag{3.35}$$

여기서 $\sum F_s$는 작용하는 모든 힘의 s방향 성분의 합을 나타내고 a_s는 s방향의 가속도를 나타낸다.

$$a_s = \frac{dV}{dt} = \frac{dV}{ds}\frac{ds}{dt} = V\frac{dV}{ds} \tag{3.36}$$

유체입자에 작용하는 압력에 의한 유선방향의 힘은 다음과 같다.

$$F_{ps} = pdndy - (p+dp)\,dn\,dy = -\,dp\,dn\,dy \tag{3.37}$$

여기서 dy는 유체입자의 폭이고, 중력에 의한 유체입자의 무게의 유선방향 성분은

$$W_s = -\rho g \sin\theta\, ds\, dn\, dy \tag{3.38}$$

이다. 따라서 유체입자에 작용하는 힘과 가속도를 대입하여 정리하면 다음과 같은 운동방정식을 얻는다.

$$-\rho g ds \sin\theta - dp = \rho V dV \tag{3.39}$$

위의 식은 다음처럼 표시된다.

$$dp + \rho V dV + \rho g ds \sin\theta = 0$$

또한,

$$ds \sin\theta = dz$$

이므로, 앞의 식은 다음과 같이 표현된다.

$$dp + \rho V dV + \rho g dz = 0 \tag{3.40}$$

또는 다음과 같이 나타낼 수 있다.

$$\frac{dp}{\rho} + VdV + gdz = 0 \tag{3.41}$$

유선을 따라, 1지점과 2지점에 대하여 적분하면,

$$\int_1^2 \left(\frac{dp}{\rho} + VdV + gdz \right) = 0$$

이고, 다음과 같이 나타낼 수 있다.

$$\int_1^2 \frac{dp}{\rho} + \frac{V_2^2 - V_1^2}{2} + g(z_2 - z_1) = 0 \tag{3.42}$$

위의 식은 압축성 유체에 대해서도 성립한다.
비압축성유체에 대해서는 ρ가 일정하므로 적분하면,

$$\frac{p_2 - p_1}{\rho} + \frac{V_2^2 - V_1^2}{2} + g(z_2 - z_1) = 0$$

이고, 다음처럼 나타낼 수 있다.

$$p_1 + \frac{1}{2}\rho V_1^2 + \rho g z_1 = p_2 + \frac{1}{2}\rho V_2^2 + \rho g z_2 \tag{3.43a}$$

임의로 1점과 2점을 선택할 수 있으므로 다음과 같은 의미이다.

$$p + \frac{1}{2}\rho V^2 + \rho g z = 일정 \tag{3.43b}$$

예제 3.7

(1) 고무 호스에서 물이 5 m/s의 속도로 수직 상방향으로 분출되고 있다. 최대상승높이는 얼마인가?

(2) 5 m/s의 속도로 45° 상방향으로 분출되고 있다. 최대상승높이는 얼마인가? 마찰은 무시하라.

풀이

(1) Bernoulli 방정식은 다음과 같다.

$$p_1 + \frac{1}{2}\rho V_1^2 + \rho g z_1 = p_2 + \frac{1}{2}\rho V_2^2 + \rho g z_2$$

1, 2지점에서의 압력은 대기압으로 같고, 2지점에서의 속도는 0이다. 따라서

$$\frac{1}{2}\rho V_1^2 = \rho g z_2$$

이므로,

$$z_2 = \frac{V_1^2}{2g} = \frac{5^2}{(2)(9.81)} = 1.27\,\text{m}$$

이다.

(2) 마찰이 없으므로, 2지점에서의 속도는 원래 속도의 수평성분과 동일하고, $V_2 = V_1 \cos 45° = 3.536\ \text{m/s}$ 이다. 따라서

$$\frac{1}{2}\rho V_1^2 = \frac{1}{2}\rho V_2^2 + \rho g z_2$$

이므로,

$$z_2 = \frac{V_1^2}{2g} - \frac{V_2^2}{2g} = \frac{5^2 - 3.536^2}{(2)(9.81)} = 0.636\,\text{m}$$

이다.

예제 3.8

(1) 그림과 같은 큰 용기에 물이 4 m의 높이로 차있다. 관을 나가는 물의 속도를 구하라. 모든 마찰을 무시하라.

(2) 만약 물의 높이가 8 m라면 물의 속도는 얼마인가?

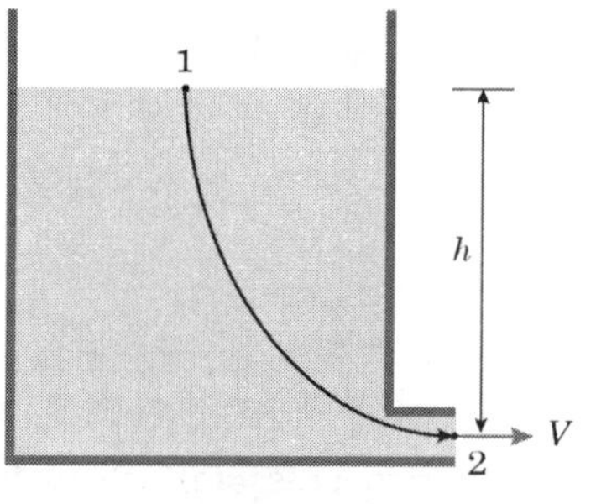

그림 E3.8

풀이

1-2 유선에 대해 Bernoulli 방정식을 적용한다.

$$p_1 + \frac{1}{2}\rho V_1^2 + \rho g z_1 = p_2 + \frac{1}{2}\rho V_2^2 + \rho g z_2$$

$p_1 = p_2 = p_{\text{atm}}$이고, $V_1 \ll V_2$이므로, V_1^2은 무시한다. 따라서,

$$\rho g z_1 = \frac{1}{2}\rho V_2^2 + \rho g z_2$$

이고, 따라서

$$V_2 = \sqrt{2g(z_1 - z_2)} = \sqrt{2gh}$$

이다.

(1) $h=4$를 대입하면, $V_2=\sqrt{(2)(9.81)(4)}=8.86\,\mathrm{m/s}$이다.

(2) $h=8$를 대입하면, $V_2=\sqrt{(2)(9.81)(8)}=12.53\,\mathrm{m/s}$이다.

보충설명

이 문제는 모든 마찰을 무시하였을 경우이다. 속도가 $\sqrt{h}$에 비례하므로 높이가 8 m일 때의 속도는 4 m일 때의 속도에 $\sqrt{2}$ 배한, $8.86\times\sqrt{2}=12.53$으로 구할 수도 있다.

전압과 정체압

Tip

- 전압 : 정압 + 동압 + 정수압
- 정체압 : 정압 + 동압
- 책에 따라 전압=정체압 으로 사용하는 경우가 있는데 옳지 못하다. 전체 유동이 동일한 기준 높이에서 이루어질 때만 유용한 표현이므로 정확한 표현이라 보기 어렵다.

정압과 동압, 정수압의 합을 **전압(전압력; total pressure)**이라고 하고 p_t로 나타낸다.

$$p_t = p + \frac{1}{2}\rho V^2 + \rho g z \tag{3.44}$$

그림 3.8처럼 유체가 V의 속도로 움직이다 물체를 만나면 물체의 끝부분에 속도가 0이 되는 점이 있고 이점을 **정체점(stagnation point)**이라고 한다. 1점에서의 속도와 압력을 각각 V와 p로 나타내고, 정체점 0점에서의 속도와 압력을 V_0, p_0라 하면, $V_0=0$이므로, 1점과 0점을 잇는 유선을 따르는 Bernoulli 방정식은 다음과 같다.

$$p + \frac{1}{2}\rho V^2 = p_0 \tag{3.45}$$

이때의 압력 p_0를 **정체압(stagnation pressure)**이라고 하며 정압과 동압의 합이다. 책에 따라 전압을 정체압과 동일하게 설명하는 경우가 있는데, 동일한 높이에서 유체의 흐름을 다룰 때나, 기체의 유동에서처럼 높이차에 의한 정수압의 차이가 무시될 때(즉, 정수압을 무시할 수 있을 때) 성립하는 표현이다.

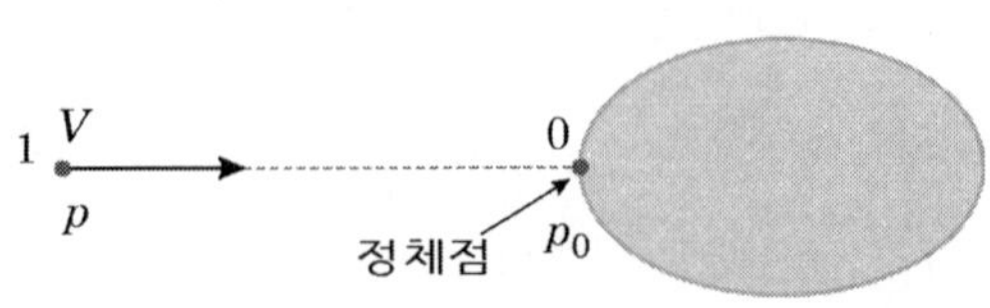

그림 3.8 정체점

예제 3.9

기준 높이에 비해 4 m 높은 곳에서 10 m/s의 속도로 물이 흐르고 있을 때의 정압이 200 kPa이라면, 이곳에서의 (1) 정체압은 얼마인가? (2) 전압은 얼마인가?

풀이

(1) 정체압은 다음과 같다.

$$p_0 = p + \frac{1}{2}\rho V^2 = 200000 + \frac{1}{2}(1000)(10^2) = 250000\,\text{Pa} = 250\,\text{kPa}$$

(2) 전압은 다음과 같다.

$$p_t = p + \frac{1}{2}\rho V^2 + \rho g z = p_0 + \rho g z$$
$$= 250000 + (1000)(9.81)(4) = 289240\,\text{Pa} = 289\,\text{kPa}$$

3.4.2 유속 측정

유체가 흐르는 곳에서의 정체압을 측정하고, Bernoulli 방정식을 이용하여 흐르는 유체의 국소(local) 유속을 측정할 수 있으며, 이러한 장치로는 Pitot관과 Pitot 정압관이 있다.

Tip
• Pitot : 피토

Pitot관

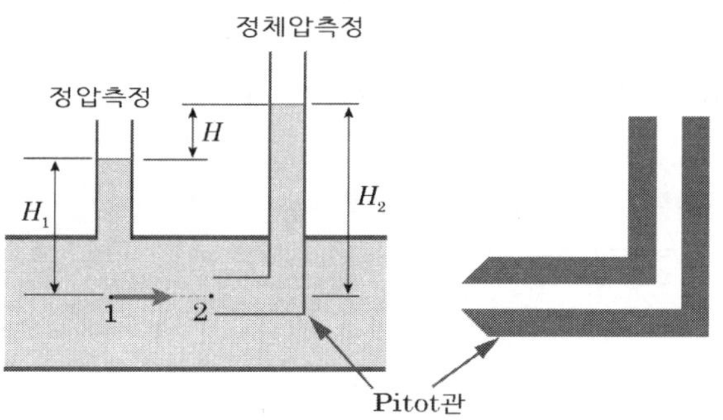

그림 3.9 Pitot관과 정체압 측정

그림 3.9의 오른쪽에 표시된 관이 Pitot관으로 관의 입구가 유동에 수직하게 설치되어 있어, 관의 입구에서 유체의 속도는 0이고 이곳에서의 압력은 정체압이다. Pitot관을 이용하여 정체압을 측정할 수 있다. 그림에서 유동과 수직하게 연결된 관에서는 정압을 측정하고, $V_2 = 0$이므로 2점에서의 압력은 정체압이고 $p_2 = p_0$이므로 Pitot관에서는 정체압이 측정된다. 따라서 식 (3.45)가 성립하고 다시 나타내면 다음과 같다.

$$p_1 + \frac{1}{2}\rho V_1^2 = p_0 \Rightarrow p_0 - p_1 = \frac{1}{2}\rho V_1^2$$

그림 3.9에서 두 연결관이 모두 대기에 노출되어 있는 경우, 압력차 $p_0 - p_1$은 유체의 높이차 H를 측정하여 다음처럼 구할 수 있다.

$$p_0 - p_1 = \rho g H$$

앞의 두 식을 같게 두면, 1점에서의 속도 V_1을 다음처럼 구할 수 있다.

$$V_1 = \sqrt{2gH} \tag{3.46}$$

따라서 Pitot관은 **정체압을 측정하여 결과적으로 국소 유속을 측정하는 장치**이다. 수면이 대기 중에 노출되어 흐르는 경우는 Pitot관만을 사용하여 유체의 국소 속도를 계산할 수 있으며, 연습문제 3.29에서 확인할 수 있다.

Pitot-정압관

그림 3.9와 같이 별도의 관을 사용하여 정압과 정체압을 측정하지 않고 하나의 장치에서 정압과 정체압을 동시에 측정하도록 고안한 장치가 **Pitot-정압관 (Pitot-static tube)**이고 그림 3.10에 나타내고 있으며, 전체적으로 이중 원형관이 90°로 굽어진 형태를 가지며, 0지점에서 정체압을 측정하고, 1지점에서 정압을 측정한다. 두 압력 사이의 관계는 다음과 같다.

$$p_1 + \frac{1}{2}\rho V_1^2 = p_0$$

따라서

$$V_1 = \sqrt{\frac{2(p_0 - p_1)}{\rho}} = \sqrt{\frac{2\Delta p}{\rho}} \tag{3.47}$$

로 구할 수 있다.

따라서 Pitot-정압관은 정압과 정체압을 동시에 측정하여 결과적으로 국소 유속을 측정하는 장치이다.

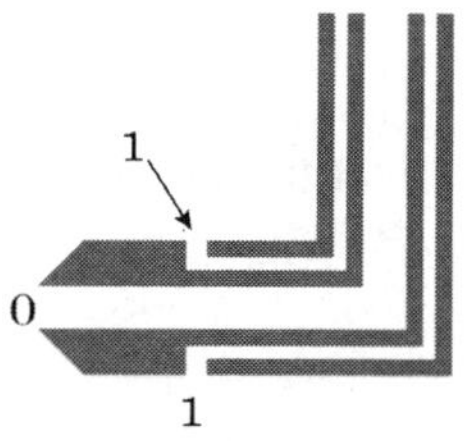

그림 3.10 피토정압관

예제 3.10

그림 3.9에서 유체가 흐르고 있고, 두 연결관이 모두 대기에 노출되어 있으며 H가 20 cm일 때, (1) 유체가 물일 때, (2) 유체가 비중이 0.8일 때, 1점에서의 속도를 구하라.

풀이

(1) 및 (2)는

식 (3.46)로부터

$$V_1 = \sqrt{2gH} = \sqrt{(2)(9.8)(0.2)} = 1.98 \text{ m/s}$$

이다.

보충설명

밀도나 비중과 무관한 식이므로 흐르는 유체의 종류와는 상관없이 속도는 오직 H에 따라 달라진다. 따라서 유체의 종류와 상관없이 1점에서의 속도는 1.98 m/s로 같다.

예제 3.11

피토정압관으로 측정한 두 압력차가 20 kPa이다. (1) 공기가 흐를 때, (2) 물이 흐를 때 속도를 구하라. 공기의 밀도는 1.23 kg/m^{3}이다.

풀이

식 (3.47)에 의해 유체의 속도를 구할 수 있다.

(1) 공기에 대해

$$V = \sqrt{\frac{2\Delta p}{\rho}} = \sqrt{\frac{(2)(20000)}{1.23}} = 180 \text{ m/s}$$

(2) 물에 대해

$$V = \sqrt{\frac{2\Delta p}{\rho}} = \sqrt{\frac{(2)(20000)}{1000}} = 6.32 \text{ m/s}$$

보충설명

압력차를 식에 대입할 때, 압력에 대한 SI단위를 사용하여 20000Pa을 사용하여야 한다. 그러면 계산결과에 속도의 SI단위인 m/s를 붙이면 된다. 공기와 물의 밀도 차이가 많이 나기 때문에 동일한 압력차에 대해 속도는 크게 달라진다.

3.4.3 유량 측정

유량을 측정하는 방법은 여러 가지가 있으나 여기서는 Bernoulli 방정식을 이용하여 유량을 구하는 방법에 대해 설명한다. Bernoulli 방정식을 이용하여 유량을 구하는 방식으로는 벤튜리 유량계, 노즐 유량계, 오리피스 유량계 등이 있으며 원리 및 구하는 식의 형태는 거의 같다.

벤튜리 유량계(venturi meter)

그림 3.11에 벤튜리 유량계를 보여주고 있으며, 관의 중간에 연결하여 유량을 측정하는 장치이다. 벤튜리의 중앙 부분의 단면적이 가장 작은 부분이 목(throat)이다. 유동 손실을 무시하고, 1점과 2점 사이에 Bernoulli 방정식과 연속방정식을 이용하여 목 부분의 평균속도를 구하여 유량을 다음과 같이 구한다.

- Bernoulli 방정식 : $p_1 + \frac{1}{2}\rho V_1^2 = p_2 + \frac{1}{2}\rho V_2^2$
- 연속방정식 : $A_1 V_1 = A_2 V_2 \Rightarrow V_1 = \frac{A_2}{A_1} V_2 = \left(\frac{d}{D}\right)^2 V_2$

위의 두 식으로부터 다음과 같이 목에서의 이론적인 속도를 구할 수 있다.

$$V_2 = \sqrt{\frac{2(p_1 - p_2)}{\rho\left[1 - (A_2/A_1)^2\right]}} = \sqrt{\frac{2(p_1 - p_2)}{\rho\left[1 - (d/D)^4\right]}} \tag{3.48}$$

위의 속도를 이용하여 이론적인 유량 Q_{th}는 $A_2 V_2$이므로 다음과 같다.

$$Q_{\text{th}} = A_2\sqrt{\frac{2(p_1 - p_2)}{\rho\left[1 - (A_2/A_1)^2\right]}} = A_2\sqrt{\frac{2(p_1 - p_2)}{\rho\left[1 - (d/D)^4\right]}} \tag{3.49}$$

Tip
- 아래첨자 th : theoretical(이론적인)

실제 유량 Q_{actual}은 약간의 마찰손실을 포함하고 있으므로 마찰을 무시한 이론적인 유량과 차이가 나고 다음처럼 구할 수 있다.

$$Q_{\text{actual}} = C_d A_2\sqrt{\frac{2(p_1 - p_2)}{\rho\left[1 - (A_2/A_1)^2\right]}} = C_d A_2\sqrt{\frac{2(p_1 - p_2)}{\rho\left[1 - (d/D)^4\right]}} \tag{3.50}$$

여기서 C_d는 벤튜리의 **송출계수**(유량계수; discharge coefficient)이고 대부분의 난류유동에서는 1에 가깝다. 식에서의 기호는 다음과 같고 그림에서 확인할 수 있다.

- A_1 : 관의 단면적
- D : 관의 직경
- A_2 : 목의 단면적
- d : 목의 직경

압력차 $p_1 - p_2$는 그림에서 보듯이 게이지액체(계기액체; gage liquid)의 높이차를 측정하여 구할 수 있다. 연습문제 3.57에서 이것을 다룬다.

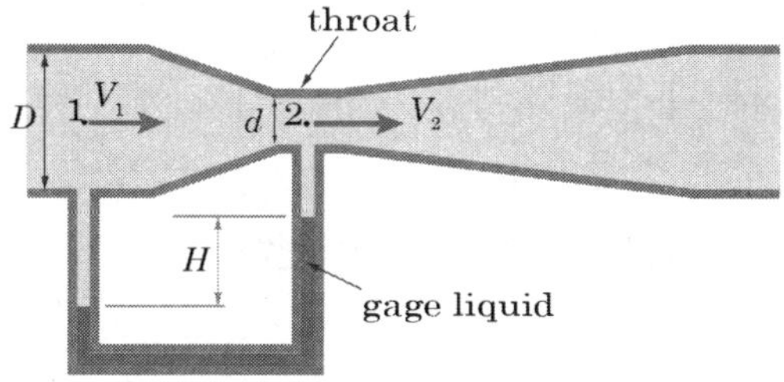

그림 3.11 벤튜리 유량계

노즐 유량계(nozzle meter)

그림 3.12에 노즐 유량계를 보여주고 있으며, 앞의 벤튜리 유량계와 완전히 동일하게 유량을 구할 수 있고 **식 (3.50)을 사용**하면 된다.
식 (3.50)에서 C_d는 노즐의 **송출계수**(유량계수; discharge coefficient)이고 역시 대부분의 난류유동에서는 1에 가깝다. 그림에서 보듯 이 기호는 다음과 같다.

- A_1 : 관의 단면적
- D : 관의 직경
- A_2 : 노즐 끝부분의 단면적
- d : 노즐 끝부분의 직경

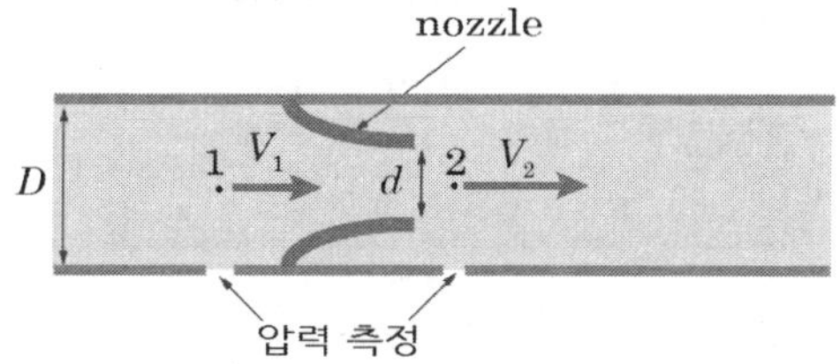

그림 3.12 노즐 유량계

오리피스 유량계(orifice meter)

그림 3.13에 오리피스 유량계를 보여주고 있으며, 역시 앞의 벤튜리 유량계와 거의 동일하게 유량을 구할 수 있다. 오리피스의 경우 그림에서 보듯이 유동은 오리피스를 지나 단면적이 축소되고 이러한 효과를 vena contracta 효과라 한다. 따라서 식 (3.49)을 유도할 때, D_2는 오리피스의 직경 d보다는 작고, A_2는 오리피스의 단면적 A_o보다는 작다. 단면적이 축소되는 비율을 수축계수(축소계수) C_c라고 하며 다음과 같다.

$$C_c = \frac{A_2}{A_o}$$

따라서 이론적인 유량과 실제 유량을 구하는 식에 이 수축계수가 포함된 식을 사용할 수 있으나, 편의상 **오리피스의 경우에도 실제 유량을 구할 때, 식 (3.50)과 같은 형태인 다음 식을 일반적으로 많이 사용한다.**

$$Q_{\text{actual}} = C_o A_o \sqrt{\frac{2(p_1 - p_2)}{\rho\left[1 - (A_o/A_1)^2\right]}} = C_o A_o \sqrt{\frac{2(p_1 - p_2)}{\rho\left[1 - (d/D)^4\right]}} \tag{3.51}$$

오리피스의 경우 식 (3.51)에서 C_o는 오리피스의 **송출계수**(유량계수; discharge coefficient)이며, 단면적이 축소되는 효과를 포함하고 있다. C_o는 1보다 상당히 작다. 식에 사용된 기호는 다음과 같다.

- A_1 : 관의 단면적
- D : 관의 직경
- A_o : 오리피스의 단면적
- d : 오리피스의 직경
- C_o : 오리피스의 송출계수(유량계수)

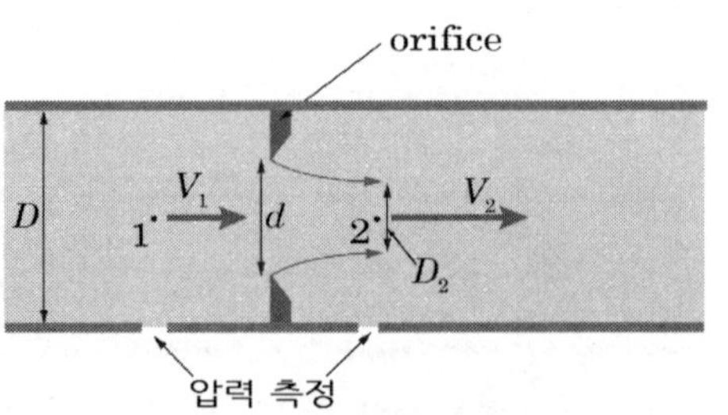

그림 3.13 오리피스 유량계

3.4.4 수력기울기선, 에너지선

식 (3.34)를 ρg로 나누어 다음과 같이 Bernoulli 방정식을 나타낼 수도 있다.

$$\frac{p}{\rho g}+\frac{V^2}{2g}+z=h_t=\text{일정} \tag{3.52}$$

위의 식의 각 항은 길이 차원을 가지며 다음과 같이 정의한다.

- **압력수두**(pressure head): $\frac{p}{\rho g}$를 압력수두 또는 압력헤드라고 하며, 압력을 유체의 높이로 나타낸 것이다. 또는 정압수두(static pressure head)라고도 한다.
- **속도수두**(velocity head): $\frac{V^2}{2g}$을 속도수두라고 하며, 유체의 속도에너지를 유체의 높이로 나타낸 것이다.
- **위치수두**(elevation head): z를 위치수두라고 하며, 유체의 높이를 나타내고 유체가 가지는 위치에너지를 나타낸다.
- **전수두**(total head): $h_t=\frac{p}{\rho g}+\frac{V^2}{2g}+z$를 전수두라고 하며 압력수두, 속도수두 및 위치수두의 합이다.
- **피에조미터수두**(piezometric head): $\frac{p}{\rho g}+z$를 피에조미터수두라 하고, 압력수두와 위치수두의 합이다. 유체가 흐르는 위치에 피에조미터를 설치했을 때 피에조미터에 액체가 올라가는 부분까지의 높이를 나타낸다.

TIP

• head : 수두(水頭) 또는 헤드라고 하며 액체의 높이를 나타낸다.

식 (3.52)의 각 항은 앞에서 설명하였듯이 길이 차원을 가지기 때문에 액체의 높이로 나타낼 수 있다. 식 (3.52)는 **마찰이 없는** 정상, 비압축유동의 경우, 전수두는 유선을 따라서 일정하다는 것을 나타낸다. 유동의 흐름에서 이와 같은 전수두를 선으로 나타낸 것이 **에너지선**(**Energy Line; EL**) 또는 에너지기울기선(Energy Grade Line; EGL)이고 피에조미터수두를 연결한 선을 **수력기울기선**(**Hydraulic Grade Line; HGL**)이라고 한다. 그림 3.14에 에너지선과 수력기울기선을 나타내고 있다. **마찰이 없는 경우**에는 전수두는 일정하고, 그림처럼 에너지선은 수평이다. 압력수두와 위치수두의 합인 피에조미터수두는 총수두에서 속도수두를 뺀 것이고, 이것을 높이로 나타낸 것이 수력기울기선이다.

TIP

수력기울기선을 책에 따라 수력구배선이라고도 한다.

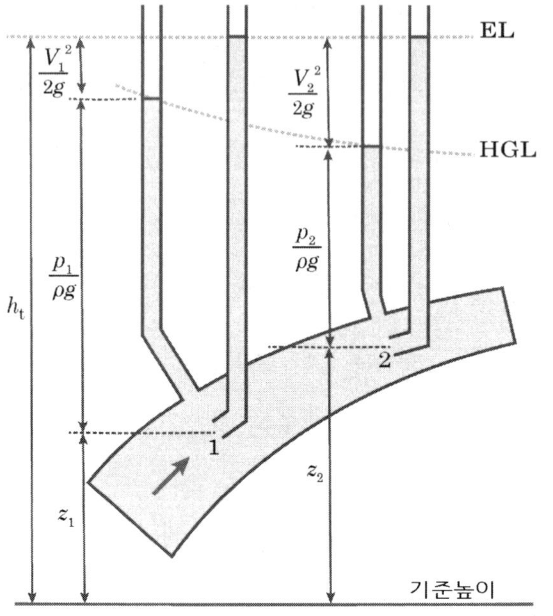

그림 3.14 에너지선과 수력기울기선

3.5 에너지 방정식

열역학 제1법칙은 에너지 보존법칙을 의미한다. 열역학 제1법칙은 시스템과 검사체적에 대해 달리 표현되지만 기본적으로는 같은 에너지 보존법칙을 나타낸다. 유체역학에서는 검사체적에 대한 열역학 제1법칙을 사용하며, 이를 **에너지 방정식(energy equation)**이라 하고 다음과 같다(7.7절 참조).

$$\dot{Q} + \dot{m}\left(h_1 + \frac{1}{2}V_1^2 + gz_1\right) = \dot{W}_s + \dot{m}\left(h_2 + \frac{1}{2}V_2^2 + gz_2\right) \tag{3.53}$$

여기서 h는 비엔탈피(specific enthalpy)를 나타내고, $\dot{Q}$ 은 검사체적으로의 열전달률, $\dot{W}_s$는 펌프나 터빈을 통한 유체로의 에너지 전달률(동력, 일률)을 나타내고, **아래 첨자 1은 유입되는 곳을 2는 유출되는 곳을 각각 나타낸다.** 즉, 유동은 1지점에서 2지점으로 흐르는 경우이다. 앞의 식은 그림 3.15를 참조하면 이해하기 쉽다.

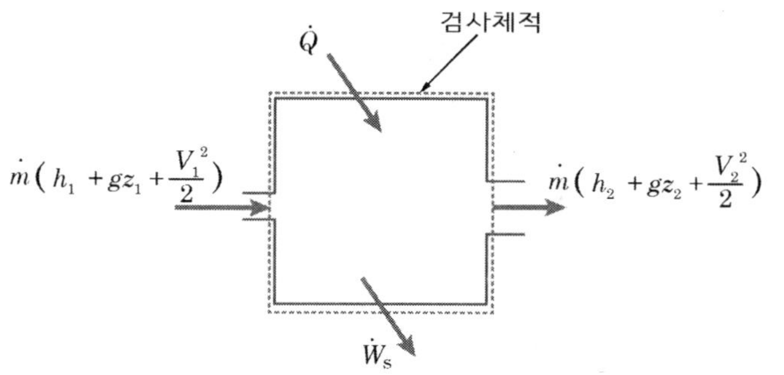

그림 3.15 검사체적에서의 에너지 유입 및 유출

유입 및 유출되는 곳이 여러 군데인 경우는 다음과 같다.

$$\dot{Q} + \sum_i \dot{m}_i\left(h_i + \frac{1}{2}V_i^2 + gz_i\right) = \dot{W}_s + \sum_o \dot{m}_o\left(h_o + \frac{1}{2}V_o^2 + gz_o\right) \tag{3.54}$$

식 (3.53)에서 질량유량으로 나누면 다음과 같다.

$$\frac{\dot{Q}}{\dot{m}} + \left(h_1 + \frac{1}{2}V_1^2 + gz_1\right) = \frac{\dot{W}_s}{\dot{m}} + \left(h_2 + \frac{1}{2}V_2^2 + gz_2\right) \tag{3.55}$$

단위질량유량당 열전달률 q와 단위질량유량당 동력(또는 단위질량당 일) w_s를 다음과 같이 정의한다.

$$q = \frac{\dot{Q}}{\dot{m}}, \quad w_s = \frac{\dot{W}_s}{\dot{m}} \tag{3.56}$$

그러면 식 (3.55)는 다음과 같이 나타낼 수 있고, 역시 **에너지 방정식**의 한 형태이다.

$$q + h_1 + \frac{1}{2}V_1^2 + gz_1 = w_s + h_2 + \frac{1}{2}V_2^2 + gz_2 \tag{3.57}$$

위의 식에서 q와 w_s를 포함한 각 항의 단위는 J/kg이고 단위질량당 에너지이고 위의 식은 그림 3.16을 참고하면 이해하기 쉽다.

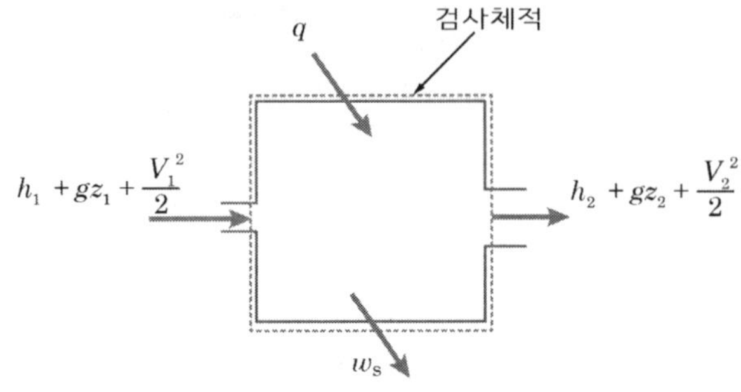

그림 3.16 검사체적에서의 단위질량당 에너지 유입 및 유출

앞의 식을 약간 변형하면 다음과 같이 나타낼 수 있다(보충설명 참조).

$$\frac{p_1}{\rho g} + \frac{V_1^2}{2g} + z_1 - h_L - h_{tb} + h_p = \frac{p_2}{\rho g} + \frac{V_2^2}{2g} + z_2 \tag{3.58}$$

Tip
아래 첨자는 다음을 나타낸다.
- L : Loss
- tb : turbine
- p : pump

여기서 h_L은 수두손실(head loss) 또는 손실수두, h_{tb}는 터빈수두(turbine head), h_p는 펌프수두(pump head)를 나타낸다. 위의 식은 **마찰과 열손실 그리고 펌프나 터빈 등에 의한 에너지 전달이 있는 경우 정상유동, 비압축성유동에 대한 에너지 방정식의 한 형태로 기계에너지 방정식**(mechanical energy equation)이라 한다. 또는 Bernoulli 방정식과 유사한 형태이고 보다 일반적인 경우에 적용되므로, **확장 Bernoulli 방정식**(extended Bernoulli equation)이라고도 한다.

만약 **펌프나 터빈이 없을 때는** 에너지 방정식은 다음과 같이 나타낼 수 있다.

$$\frac{p_1}{\rho g} + \frac{V_1^2}{2g} + z_1 - h_L = \frac{p_2}{\rho g} + \frac{V_2^2}{2g} + z_2 \tag{3.59}$$

전수두를 사용하여 식 (3.59)를 다시 나타내면 다음과 같다.

Tip
아래 첨자는 다음을 나타낸다.
- t : total

$$h_{t1} - h_L = h_{t2} \tag{3.60}$$

위의 식들은 유동이 1지점에서 2지점으로 흐르는 경우이다. 흐르는 방향으로 손실이 있으므로 $h_{t1} > h_{t2}$이다. 따라서 유체가 관에서 흐르고 있고 관에 펌프나 터빈이 존재하지 않을 경우, 전수두를 계산하여 전수두가 큰 쪽에서 작은 쪽으로 유체가 흐른다. A, B 두 지점에서 전수두를 계산하여 다음과 같이 나타낼 수 있다.

- $h_{tA} > h_{tB}$: A → B로 흐른다.
- $h_{tA} < h_{tB}$: B → A로 흐른다.

보충설명 >> 에너지 방정식

비엔탈피 h는 다음과 같이 정의된다.

$$h = u + pv = u + \frac{p}{\rho}$$

여기서 u는 비내부에너지이고, 이것을 식 (3.57)에 대입하면,

$$q + u_1 + \frac{p_1}{\rho_1} + \frac{1}{2}V_1^2 + gz_1 = w_s + u_2 + \frac{p_2}{\rho_2} + \frac{1}{2}V_2^2 + gz_2$$

이고, 비압축성유동인 경우 $\rho = \rho_1 = \rho_2$이므로

$$q + u_1 + \frac{p_1}{\rho} + \frac{1}{2}V_1^2 + gz_1 = w_s + u_2 + \frac{p_2}{\rho} + \frac{1}{2}V_2^2 + gz_2$$

이다.
비압축성 유동에서 축일이 없는 경우($w_s = 0$),

$$q + u_1 + \frac{p_1}{\rho} + \frac{1}{2}V_1^2 + gz_1 = u_2 + \frac{p_2}{\rho} + \frac{1}{2}V_2^2 + gz_2$$

이고, 다시 정리하면, 다음과 같다.

$$\frac{p_1}{\rho} + \frac{1}{2}V_1^2 + gz_1 - (u_2 - u_1 - q) = \frac{p_2}{\rho} + \frac{1}{2}V_2^2 + gz_2 \tag{3.61}$$

마찰이 없는 경우의 비압축성유동에 대해 Bernoulli 방정식은 다음과 같다.

$$p_1 + \frac{1}{2}\rho V_1^2 + \rho g z_1 = p_2 + \frac{1}{2}\rho V_2^2 + \rho g z_2$$

밀도로 나누면 다음과 같다.

$$\frac{p_1}{\rho} + \frac{1}{2}V_1^2 + gz_1 = \frac{p_2}{\rho} + \frac{1}{2}V_2^2 + gz_2 \tag{3.62}$$

따라서 마찰이 있는 경우인 에너지 방정식인 식 (3.61)과 식 (3.62)을 비교하면, $u_2 - u_1 - q$ 는 마찰손실과 열전달에 의한 단위질량당 에너지 손실이고 e_{loss} 로 나타낸다.

$$u_2 - u_1 - q = e_{loss}$$

따라서 마찰과 열손실이 있는 경우의 비압축성유동에 대하여 식 (3.61)를 다음과 같이 나타낼 수 있다.

$$\frac{p_1}{\rho}+\frac{1}{2}V_1^2+gz_1-e_{\rm loss}=\frac{p_2}{\rho}+\frac{1}{2}V_2^2+gz_2$$

그리고 축일이 있는 경우의 에너지 방정식은 다음과 같이 나타낼 수 있다.

$$\frac{p_1}{\rho}+\frac{1}{2}V_1^2+gz_1-e_{\rm loss}=w_{\rm s}+\frac{p_2}{\rho}+\frac{1}{2}V_2^2+gz_2 \tag{3.63}$$

일반적으로 축일은 펌프나 터빈에 의한 것이다. 시스템 또는 검사체적이 외부에 일을 하는 경우 +, 외부에서 시스템 또는 검사체적으로 일을 하는 경우 −로 일을 정의한다. 펌프는 외부에서 유체에 일을 하는 경우이고 터빈은 유체가 외부에 일을 하는 것이므로 다음과 같이 축일을 나타낸다.

$$w_{\rm s}=w_{\rm tb}-w_{\rm p}$$

여기서 $w_{\rm tb}$는 단위질량당 터빈 일, $w_{\rm p}$는 단위질량당 펌프 일을 나타내고 이것을 식 (3.63)에 대입하면 다음과 같다.

$$\frac{p_1}{\rho}+\frac{1}{2}V_1^2+gz_1-e_{\rm loss}-w_{\rm tb}+w_{\rm p}=\frac{p_2}{\rho}+\frac{1}{2}V_2^2+gz_2$$

중력가속도 g로 나누면

$$\frac{p_1}{\rho g}+\frac{V_1^2}{2g}+z_1-\frac{e_{\rm loss}}{g}-\frac{w_{\rm tb}}{g}+\frac{w_{\rm p}}{g}=\frac{p_2}{\rho g}+\frac{V_2^2}{2g}+z_2$$

이다. 여기서

$$h_{\rm L}=\frac{e_{\rm loss}}{g},\ h_{\rm tb}=\frac{w_{\rm tb}}{g},\ h_{\rm p}=\frac{w_{\rm p}}{g} \tag{3.64}$$

라 두면, 위의 식은 다음과 같이 나타낼 수 있다.

$$\frac{p_1}{\rho g}+\frac{V_1^2}{2g}+z_1-h_{\rm L}-h_{\rm tb}+h_{\rm p}=\frac{p_2}{\rho g}+\frac{V_2^2}{2g}+z_2 \tag{3.65}$$

위의 식은 에너지 방정식인 식 (3.57)을 또 다른 형태로 표시한 것으로 Bernoulli 방정식과 비슷한 형태로 표시된다.

펌프, 터빈의 동력과 효율

식 (3.56)과 식 (3.64)로부터 펌프수두, 터빈수두와 펌프동력, 터빈동력의 관계는 다음과 같이 나타낼 수 있다.

$$\dot{W}_{\rm p,\,id}=\dot{m}\,g\,h_{\rm p}=\rho gQh_{\rm p} \tag{3.66}$$

$$\dot{W}_{\rm tb,id} = \dot{m} g h_{\rm tb} = \rho g Q h_{\rm tb} \tag{3.67}$$

앞에서 구한 펌프동력과 터빈동력은 앞의 기계적 에너지 방정식에서 유체의 입장에서만 계산한 것으로, 펌프나 터빈 자체에서의 손실은 고려하지 않은 이론적인 것이다. 즉, 앞의 에너지방정식에서의 손실수두는 관 및 부품에서의 모든 손실을 포함한 것이고, 펌프나 터빈 자체에서의 모든 손실은 포함하지 않은 것이다. 앞에서 구한 펌프동력이나 터빈동력은 유체가 펌프나 터빈을 지나면서 얻거나 잃은 순수한 **수동력**을 의미하고 이론적이고 이상적인 동력을 나타내고 아래첨자 id는 ideal을 나타낸다. 따라서 실제 펌프나 터빈에서의 동력(**축동력**) $\dot{W}_{\rm p}$와 $\dot{W}_{\rm tb}$는 펌프나 터빈에서의 유체와의 마찰에 의한 손실 및 기타 기계적인 손실을 고려한 효율을 이용하여야 한다. **터빈효율**과 **펌프효율**은 다음과 같다.

Tip
- $\dot{W}_{\rm p,id}$, $\dot{W}_{\rm tb,id}$: 이론동력
- $\dot{W}_{\rm p}$, $\dot{W}_{\rm tb}$: 실제동력

$$\eta_{\rm tb} = \frac{\dot{W}_{\rm tb}}{\dot{W}_{\rm tb,id}} \tag{3.68}$$

$$\eta_{\rm p} = \frac{\dot{W}_{\rm p,id}}{\dot{W}_{\rm p}} \tag{3.69}$$

위의 식에서 터빈의 경우 터빈의 효율 때문에 실제로 유체로 얻을 수 있는 동력은 이론적인 동력보다 작다. 그러나 펌프의 경우 펌프에서 공급하는 동력의 전부가 유체에 전달되지 못하므로 효율의 정의가 터빈의 경우와는 반대로 정의된다.

관의 중간에 송풍기(fan)가 있는 경우, 송풍기의 원리는 펌프와 같으므로 윗식에서 송풍기수두를 $h_{\rm p}$라 두고 계산하면 된다. 또는 송풍기수두를 $h_{\rm f}$라고 나타내면 위의 모든 식에서 아래첨자 p를 f로 대체하면 된다.

예제 3.12

그림처럼 큰 댐의 아래 부분에 터빈이 설치되어 있다. 댐의 수면과 터빈 출구의 중심선까지의 높이차 H는 80m이고, 출구관의 지름은 1.2 m, 출구에서의 유속은 5 m/s이고 대기 중으로 방출된다. 터빈 이외에서의 모든 손실을 무시할 때,

(1) 터빈의 이론적인 동력(수동력)을 구하라.

(2) 터빈의 효율이 90%일 때 터빈을 통하여 얻을 수 있는 터빈동력(축동력)을 구하라.

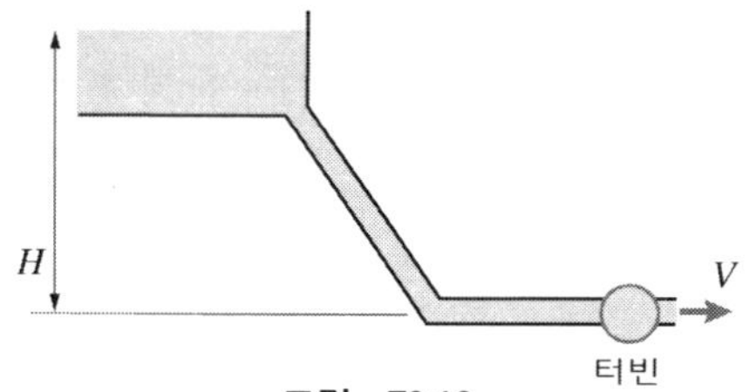

그림 E3.12

풀이

(1) 마찰손실을 무시하고, 터빈이 있으므로 에너지 방정식(확장 Bernoulli 방정식)은 식 (3.58)로부터 다음과 같다. 1지점은 댐의 수면이고 2지점은 터빈의 출구이다.

$$\frac{p_1}{\rho g}+\frac{V_1^2}{2g}+z_1-h_{\mathrm{tb}}=\frac{p_2}{\rho g}+\frac{V_2^2}{2g}+z_2$$

1지점과 2지점에서 대기와 접하므로 $p_1=p_2=p_{\mathrm{atm}}$이고, $V_1 \ll V_2$이므로, V_1^2은 무시한다. 따라서,

$$z_1-h_{\mathrm{tb}}=\frac{V_2^2}{2g}+z_2$$

$$h_{\mathrm{tb}}=z_1-z_2-\frac{V_2^2}{2g}=80-\frac{5^2}{(2)(9.81)}=78.7\,\mathrm{m}$$

이다. 식 (3.67)에서

$$\dot{W}_{\mathrm{tb,id}}=\dot{m}\,g\,h_{\mathrm{tb}}=\rho g Q h_{\mathrm{tb}}$$

$$=(1000)(9.8)(\pi\times0.6^2\times5)(78.7)=4359000\,\mathrm{W}=4359\,\mathrm{kW}$$

이다.

(2) 식 (3.68)로부터,

$\dot{W}_{\mathrm{tb}}=\eta_{\mathrm{tb}}\dot{W}_{\mathrm{tb,id}}=(0.9)(4359)=3923\,\mathrm{kW}$이다.

보충설명

h_{tb}는 수두이므로 단위가 m이다. h_{tb}를 계산할 때, 출구에서의 속도수두 $V_2^2/2g$을 고려하여야 한다. 터빈의 효율 때문에, 물이 잃은 에너지 손실은 4359 kW이지만, 터빈이 얻은 동력은 3923 kW이다. 즉, 터빈에서의 에너지 손실이 4359 − 3923 = 436 kW이다. 이 손실은 터빈 내에서의 마찰손실, 유량손실 및 기계적인 손실 등이 포함된 것이다. 실제 터빈 이외의 부분에서의 마찰손실이 고려된다면 얻을 수 있는 동력은 더 작을 것이며, 다음 예제를 참고하기 바란다.

1점에서의 속도는 수면의 속도이므로 무시하였지만 2점에서의 속도는 관의 출구에서 속도이므로 무시할 수 없다. 즉, 식에서 $\dfrac{V_2^2}{2g}$이 포함되었다.

예제 3.13

터빈 이외에서의 모든 손실수두가 7 m일 때, 예제 3.12를 다시 하라.

풀이

(1) 다른 것은 예제 3.12와 동일하지만, 마찰손실을 고려하여 h_L을 생략하면 안 된다.

$$z_1 - h_L - h_{tb} = \frac{V_2^2}{2g} + z_2$$

$$h_{tb} = z_1 - z_2 - \frac{V_2^2}{2g} - h_L = 78.7 - 7 = 71.7 \text{ m}$$

식 (3.67)에서

$$\dot{W}_{tb,id} = \dot{m}\, g\, h_{tb} = \rho g Q h_{tb}$$

$$= (1000)(9.8)(\pi \times 0.6^2 \times 5)(71.7) = 3971000 \text{ W} = 3971 \text{ kW}$$

이다.

(2) $\dot{W}_{tb} = \eta_t \dot{W}_{tb,id} = (0.9)(3971) = 3574 \text{ kW}$

보충설명

이 문제에서 터빈 이외에서의 손실이 있지만, (1)에서의 답 3971 kW는 이론적인 동력, 즉, 수동력이고, 실제 터빈에서 얻을 수 있는 터빈동력(축동력)은 터빈의 효율을 고려한 3574 kW가 된다. 터빈에서의 손실은 3971 − 3574 = 397 kW이다. 예제 3.12의 결과와 비교하여 제대로 이해해야 한다.

운동에너지 수정계수(보정계수)

에너지 방정식에서 사용된 속도는 1지점과 2지점에서의 평균속도 또는 균일한 속도를 나타낸다. **속도분포가 균일하지 않을 때**, 다음과 같이 수정하여 사용한다.

$$\frac{p_1}{\rho g} + \alpha_1 \frac{V_1^2}{2g} + z_1 - h_L - h_{tb} + h_p = \frac{p_2}{\rho g} + \alpha_2 \frac{V_2^2}{2g} + z_2 \tag{3.70}$$

여기서 α를 **운동에너지 수정계수**(운동에너지 보정계수; kinetic energy correction factor 또는 **운동에너지계수**(kinetic energy coefficient)라고 하며 다음과 같이 정의한다.

$$\alpha = \frac{\int_A v^3 dA}{V^3} \tag{3.71}$$

- v : 균일하지 않은 속도분포
- V : 평균속도

Tip
완전발달유동에 대해서는 뒤에서 설명한다.

원형 관에서의 유동인 경우, 운동에너지 수정계수는 완전발달 층류유동에서는 2이고 완전발달 난류유동의 경우 1에 가까운 값을 가진다. **관에서의 대부분의 유동은 난류이므로 보통 운동에너지 수정계수를 무시하고 사용한다.** 그리고 층류일 때, 다른 항에 비해 속도에너지의 크기가 아주 작아 보정하지 않아도 오차가 작으므로 보통 운동에너지 수정계수를 무시하고 사용한다.

Note

연습문제

문제번호 앞에 * 표시된 문제는 약간 어려운 문제이며, 경우에 따라 풀지 않아도 된다.

객관식

3.1

정상(steady) 유동에서의 속도에 관한 설명으로 옳은 것은?

① 주어진 점(위치)들에서 속도가 시간에 따라 일정한 유동
② 유체입자를 따라서 속도가 시간에 따라 일정한 유동
③ 어떤 단면에서 속도 분포가 일정한 유동
④ 유선을 따라 속도가 일정한 유동

3.2

어떤 순간에 이 선의 접선은 속도 벡터의 방향을 나타낸다. 이 선은 무엇인가?

① 유적선　② 유선
③ 유맥선　④ 정압선

3.3

다음 중 유선을 나타내는 식은 어느 것인가?

① $\dfrac{dx}{u} = \dfrac{dy}{v} = \dfrac{dz}{w}$　② $\dfrac{d\rho}{\rho} + \dfrac{dA}{A} + \dfrac{dV}{V} = 0$

③ $\rho_1 A_1 V_1 = \rho_2 A_2 V_2$　④ $p + \dfrac{1}{2}\rho V^2 + \rho g z =$ 일정

3.4

다음의 설명 중 옳은 것을 모두 고른 것은?

> ㉮ 비정상 상태일 때 유선, 유적선, 유맥선이 모두 같다.
> ㉯ 정상 상태일 때, 유선을 가로지르는 유동은 없다.
> ㉰ 유체입자가 지나간 실제 흔적이 유적선이다.

① ㉮, ㉯　② ㉮, ㉰
③ ㉯, ㉰　④ ㉮, ㉯, ㉰

Note

3.5

다음 중 연속방정식의 여러 형태 중 관련이 전혀 없는 것은?

① $\frac{d\rho}{\rho}+\frac{dA}{A}+\frac{dV}{V}=0$　　② $\frac{\partial m_{cv}}{\partial t}=\dot{m}_1-\dot{m}_2$

③ $\sum \dot{m}_{in}=\sum \dot{m}_{out}$　　④ $\frac{dx}{u}=\frac{dy}{v}=\frac{dz}{w}$

3.6

지름이 점점 증가하는 원형관의 한 지점에서 물의 속도가 4 m/s이다. 지름이 2배인 곳에서의 물의 속도는 얼마인가?

① 16 m/s　　② 8 m/s

③ 2 m/s　　④ 1 m/s

3.7

지름이 20 cm인 원형관에서 물의 질량유량이 40 kg/min이라면 평균속도는 얼마인가?

① 0.021 m/s　　② 1.26 m/s

③ 21 m/s　　④ 1260 m/s

3.8

부피가 2 m^3인 빈 탱크에 지름이 10 cm인 원형 관를 통하여 평균속도 2 m/s의 속도로 물이 흘러 들어간다. 탱크를 가득 채우는데 필요한 시간은 얼마인가?

① 25 s　　② 63 s

③ 127 s　　④ 254 s

3.9

지름이 40 cm인 원형 관에 흐르는 공기의 온도가 100 ℃이고 압력이 200 kPa이다. 질량유량이 2 kg/s일 때 공기의 속도를 구하라. 공기의 기체상수는 $287\ \frac{\text{J}}{\text{kg}\cdot\text{K}}$이다.

① 2.46 m/s　　② 4.25 m/s

③ 6.38 m/s　　④ 8.52 m/s

Note

3.10

그림과 같은 탱크에 물이 1과 2지점에서 흘러 들어가고 3 지점에서 흘러나온다. 1, 2, 3에 연결된 관은 각각 직경이 D_1, D_2, D_3이다. 1, 2에서의 물의 평균속도가 V_1, V_2일 때, 3에서의 물의 평균속도는?

① $\dfrac{V_1D_1 + V_2D_2}{D_3}$　② $\dfrac{V_1D_1^2 + V_2D_2^2}{D_3^2}$

③ $(V_1 + V_2)\dfrac{D_1 + D_2}{D_3}$　④ $(V_1 + V_2)\dfrac{D_1^2 + D_2^2}{D_3^2}$

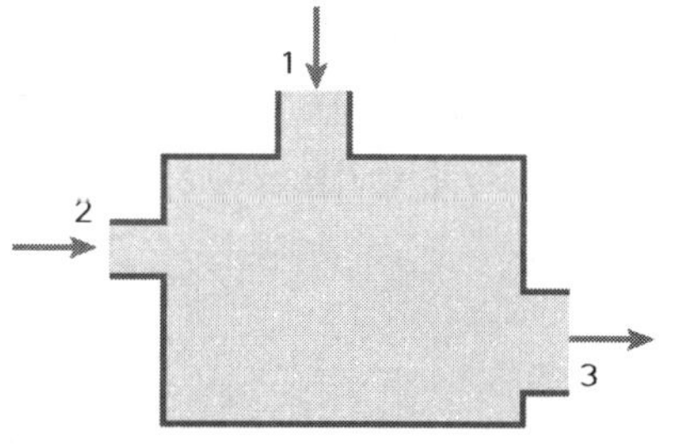

그림 P3.10

3.11

그림처럼 지름 D_1이 20 cm인 원형 관에서의 물의 평균속도가 5 m/s이고 지름 D_2가 10 cm인 원형 관에서의 평균속도가 10 m/s일 때, 지름 D_3가 5 cm인 원형 관에서의 평균속도는 얼마인가?

① 5 m/s　② 10 m/s

③ 7.5 m/s　④ 40 m/s

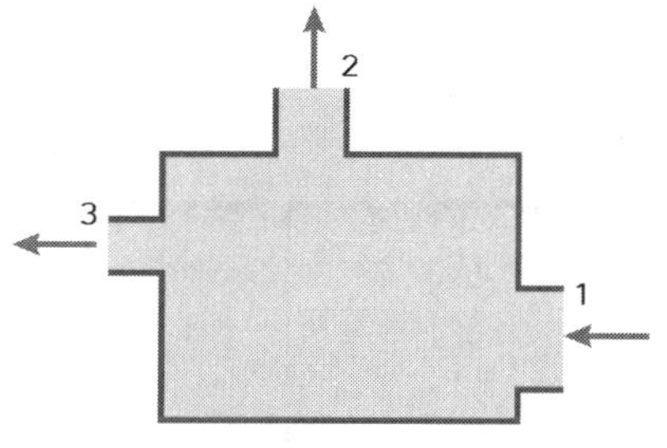

그림 P3.11

Note

3.12

직경이 D_1인 원형 관를 통하여 물이 V의 속도로, 위가 개방된 직경이 D_2인 원통형 용기에 흘러 들어간다. 용기 속에 있는 물의 상승속도를 구하는 식은?

① $\left(\frac{D_1}{D_2}\right)V$　　② $\left(\frac{D_1}{D_2}\right)^2 V$

③ $\left(\frac{D_2}{D_1}\right)V$　　④ $\left(\frac{D_2}{D_1}\right)^2 V$

3.13

뚜껑이 열려 있는 탱크에 지름이 20 cm인 원형 관을 통하여 2 m/s의 평균속도로 비중이 0.9인 액체가 흘러 들어가고, 지름이 10 cm인 원형 관을 통하여 3 m/s의 평균속도로 흘러 나간다. 탱크 속 액체의 질량 증가율을 구하라.

① 0.0353 kg/s　　② 0.0392 kg/s

③ 35.3 kg/s　　④ 39.2 kg/s

3.14

그림처럼 간격이 $2H$인 두 무한 평판 사이에 유체가 흐르고 있고, 속도분포가 $u = u_0\left[1-\left(\frac{y}{H}\right)^2\right]$으로 주어진다. y는 두 무한 평판사이의 중심에서 위 방향으로의 거리이다. 폭 b 사이를 지나는 유량을 구하는 식은?

① $\frac{bHu_0}{2}$　　② $\frac{4bHu_0}{3}$

③ bHu_0　　④ $2bHu_0$

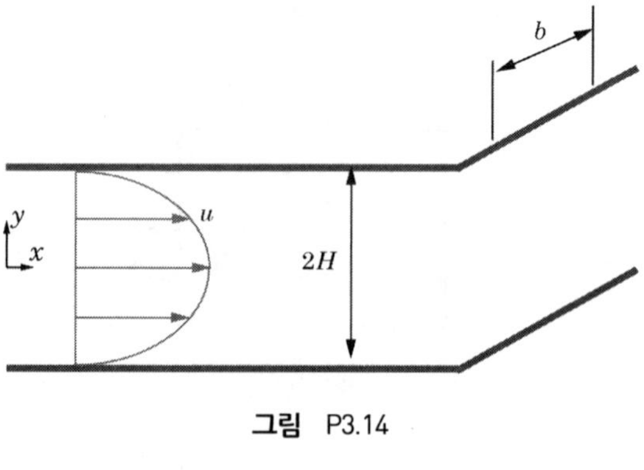

그림 P3.14

Note

3.15

앞의 그림 P3.14처럼 간격이 $2H$인 두 무한 평판 사이의 속도분포가 $u = u_0\left[1-\left(\frac{y}{H}\right)^2\right]$으로 주어지고, y는 두 무한 평판사이의 중심에서 위 방향으로의 거리이다. 평균속도를 옳게 나타낸 것은?

① $\frac{1}{2}u_0$　　② $\frac{2}{3}u_0$

③ u_0　　④ $\frac{3}{2}u_0$

3.16

수평 원형관에서 지름이 $D = D_0(1+ax)$로 변한다. 여기서 x는 축방향 좌표이다. $x=0$에서의 평균속도가 V_0일 때, $x=L$위치에서의 평균속도는?

① $V_0(1+aL)$　　② $V_0(1+aL)^2$

③ $\frac{V_0}{(1+aL)}$　　④ $\frac{V_0}{(1+aL)^2}$

3.17

그림처럼 반지름이 R_1과 R_2 사이의 환형(annulus) 사이에 흐르는 밀도가 ρ인 유체의 질량유량이 $\dot{m}$일 때 평균속도를 바르게 나타낸 식은?

① $\frac{\dot{m}}{\rho(R_2^2-R_1^2)}$　　② $\frac{\dot{m}}{\rho\pi(R_2^2-R_1^2)}$

③ $\frac{\rho\dot{m}}{(R_2^2-R_1^2)}$　　④ $\frac{\rho\dot{m}}{\pi(R_2^2-R_1^2)}$

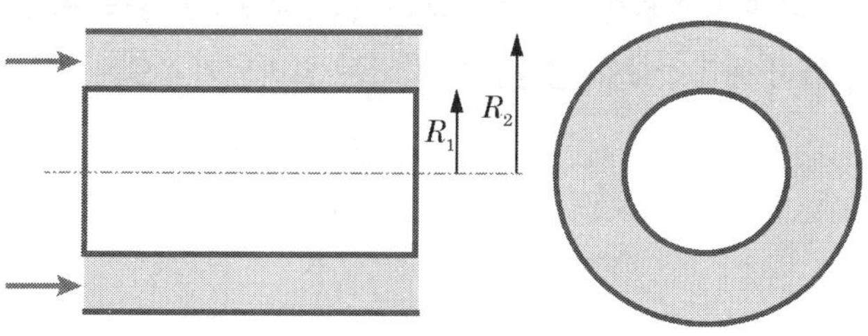

그림 P3.17

Note

3.18

앞의 그림 P3.17처럼 반지름 R_1이고 $R_2 = 2R_1$인 환형(annulus) 사이에 평균속도 V로 흐를 때의 유량은 반지름 R_1인 원형 관를 같은 평균속도 V로 흐를 때 유량의 몇 배인가?

① 1 ② 2
③ 3 ④ 4

3.19

베르누이 방정식을 적용할 수 있는 조건이 아닌 것은?

① 정상유동 ② 압축성 유동
③ 유선을 따라 ④ 비점성 유동

3.20

에너지선과 수력기울기선의 차는 무엇을 나타내는가?

① 속도수두 ② 압력수두
③ 위치수두 ④ 전수두

3.21

고무 호스에서 물이 수직 상방향으로 분출되고 있다. 물이 올라간 최대상승높이가 1m일 때 고무 호스에서 분출되는 물의 속도는 얼마인가? 마찰은 무시하라.

① 1 m/s ② 1.41 m/s
③ 4.43 m/s (5) 9.81 m/s

3.22

고무 호스에서 물이 수직 상방향으로 분출되고 있다. 분출되는 물의 속도가 2 m/s일 때와 4 m/s일 때 물이 올라간 최대상승높이의 비는 얼마인가? 모든 손실은 무시하라.

① 1:2 ② 1:4
③ 1:8 ④ 1:16

Note

3.23

고무 호스에서 물이 V의 속도로 수직 위 방향으로 분출되고 있다. 물이 H만큼 올라갔을 때 물의 속도가 원래 속도의 반이 되었다면 V와 H의 관계식을 근사적으로 나타낸 것은?

① $V=\sqrt{2gH}$
② $V=1.63\sqrt{gH}$
③ $V=2\sqrt{gH}$
④ $V=2.83\sqrt{gH}$

3.24

그림에서 물이 나가는 속도가 V일 때, 물이 나가는 속도가 $2V$가 되려면 높이는 몇 배가 되어야 하는가?

① $\sqrt{2}$ 배
② 2배
③ 4배
④ 8배

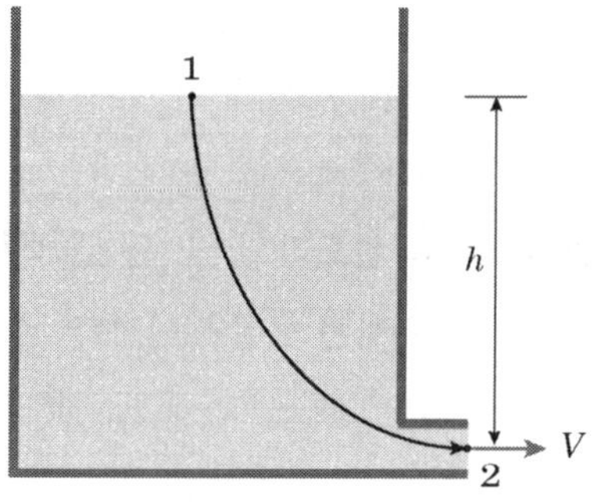

그림 P3.24

Note

*3.25

그림처럼 물이 구멍을 통하여 분출될 때 다음 중 물이 가장 멀리 가는 경우는 어느 것인가? (단, 모든 손실 및 저항은 무시하라)

① $h_1 = 2\,\text{m},\ h_2 = 2\,\text{m}$　　② $h_1 = 3\,\text{m},\ h_2 = 1\,\text{m}$

③ $h_1 = 1\,\text{m},\ h_2 = 3\,\text{m}$　　④ $h_1 = 2.5\,\text{m},\ h_2 = 1.5\,\text{m}$

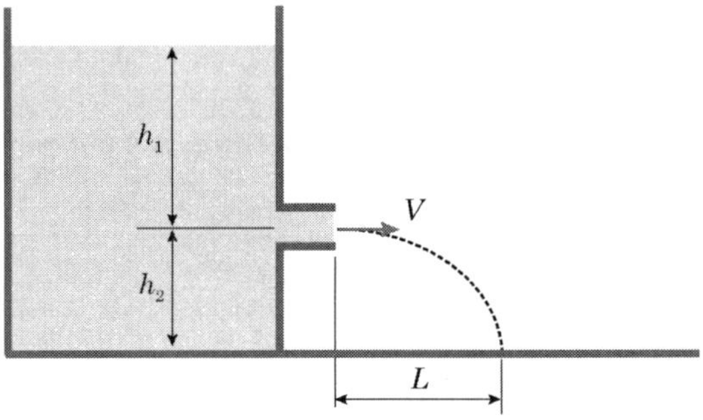

그림 P3.25

*3.26

그림처럼 단면적이 아주 큰 탱크에서 밀도가 ρ_1, ρ_2인 두 액체가 층을 이루고 있을 때, 아래에서 액체가 분출되는 속도를 구하는 식은? (단, 모든 손실은 무시하라)

① $\sqrt{\dfrac{2g(\rho_1 H_2 + \rho_2 H_1)}{\rho_1}}$　　② $\sqrt{\dfrac{2g(\rho_1 H_2 + \rho_2 H_1)}{\rho_2}}$

③ $\sqrt{\dfrac{2g(\rho_1 H_1 + \rho_2 H_2)}{\rho_1}}$　　④ $\sqrt{\dfrac{2g(\rho_1 H_1 + \rho_2 H_2)}{\rho_2}}$

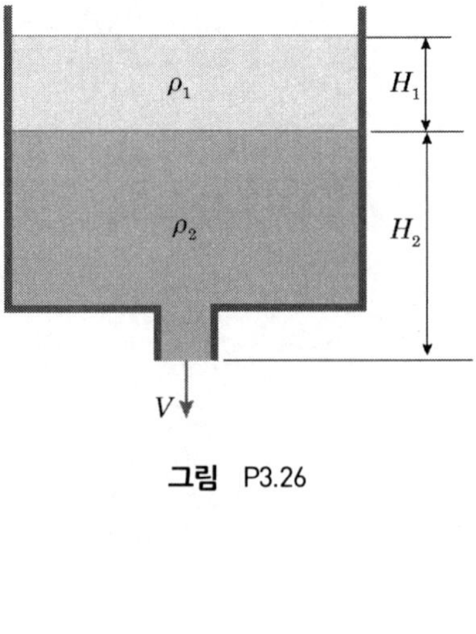

그림 P3.26

Note

3.27

어떤 곳에서 흐르는 물의 압력(정압)이 200 kPa이고, 정체압이 210 kPa일 때, 물의 속도는 얼마인가?

① 0.1 m/s ② 0.14 m/s
③ 3.16 m/s ④ 4.47 m/s

3.28

비중이 0.9인 액체가 흐르는 곳에서 피토정압관으로 측정한 두 압력차가 10 kPa이다. 액체의 속도는 얼마인가?

① 0.333 m/s ② 0.0471 m/s
③ 3.33m/s ④ 4.71 m/s

3.29

그림처럼 깊이 h인 곳에서 물이 흐르는 속도 V를 올바르게 나타낸 것은?

① $\sqrt{2gH}$ ② $\sqrt{2g(H+h)}$
③ $\sqrt{\dfrac{gH}{\rho}}$ ④ $\sqrt{\dfrac{g(H+h)}{\rho}}$

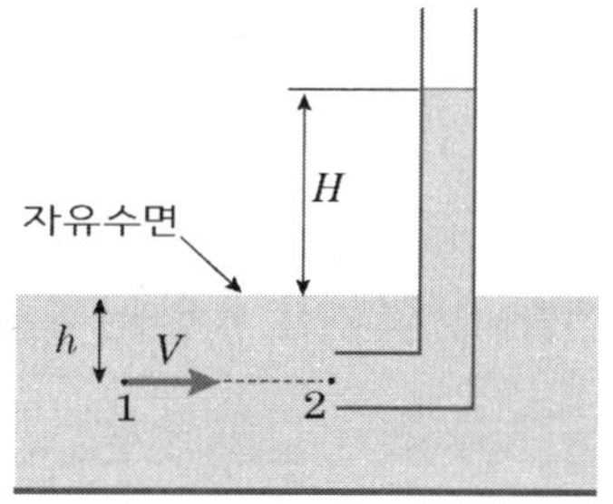

그림 P3.29

Note

3.30

그림처럼 아주 큰 탱크에서 사이펀을 통하여 물이 흐르고 있다. 물의 속도를 구하는 식은? 모든 손실은 무시하라.

① $\sqrt{\dfrac{2(h_2-h_1)}{g}}$ ② $\sqrt{2g(h_1+h_2)}$

③ $\sqrt{2gh_3}$ ④ $\sqrt{2gh_2}$

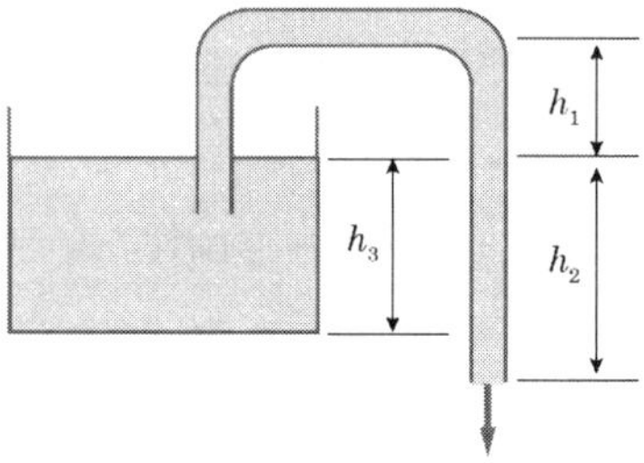

그림 P3.30

3.31

지름이 변하는 원형관에서 높이가 2 m인 한 지점에서 지름은 40 cm이고, 그 곳에서 물의 속도가 2 m/s이고 압력이 200 kPa이다. 높이가 2.2 m인 다른 지점에서 원형관의 지름이 20 cm라면 이 곳에서의 압력은 얼마인가? (단, 모든 마찰 손실은 무시하라)

① 168 kPa ② 185 kPa

③ 246 kPa ④ 430 kPa

3.32

그림의 벤튜리에서 유량을 구하는 식은? (단, 벤튜리의 송출계수(유량계수)는 C_d이다)

① $C_d\dfrac{\pi d^2}{4}\sqrt{\dfrac{2gH}{1-(d/D)^4}}$ ② $C_d\dfrac{\pi D^2}{4}\sqrt{\dfrac{2gH}{1-(d/D)^4}}$

③ $C_d\dfrac{\pi d^2}{4}\sqrt{\dfrac{\rho gH}{1-(d/D)^4}}$ ④ $C_d\dfrac{\pi D^2}{4}\sqrt{\dfrac{\rho gH}{1-(d/D)^4}}$

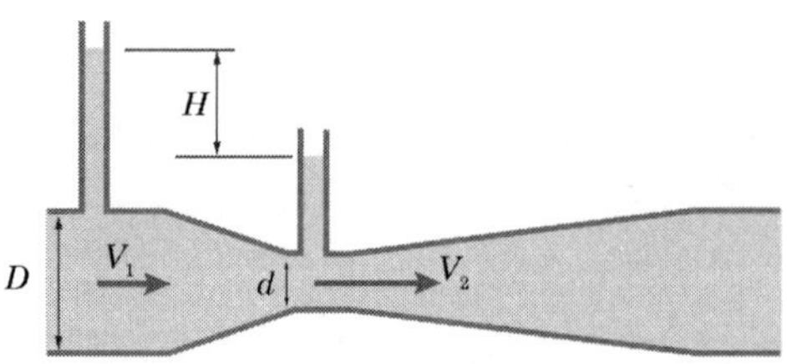

그림 P3.32

Note

3.33

앞의 그림 P3.32의 벤튜리에서 $D=$ 20 cm, $d=$10 cm, $H=$30 cm이고 벤튜리의 송출계수(유량계수)가 0.95일 때, 유량은 얼마인가?

① 0.0187 m^3/s ② 0.0197 m^3/s
③ 0.0241 m^3/s ④ 0.0254 m^3/s

3.34

그림의 노즐 유량계에서 물이 흐른다. 계기액체(gage liquid)의 비중은 S 이다. 유량을 구하는 식은? (단, 노즐의 송출계수(유량계수)는 C_d이다)

① $C_d \dfrac{\pi d^2}{4} \sqrt{\dfrac{2SgH}{[1-(d/D)^4]}}$ ② $C_d \dfrac{\pi d^2}{4} \sqrt{\dfrac{2gH}{S[1-(d/D)^4]}}$
③ $C_d \dfrac{\pi d^2}{4} \sqrt{\dfrac{2(S-1)gH}{[1-(d/D)^4]}}$ ④ $C_d \dfrac{\pi d^2}{4} \sqrt{\dfrac{2gH}{(S-1)[1-(d/D)^4]}}$

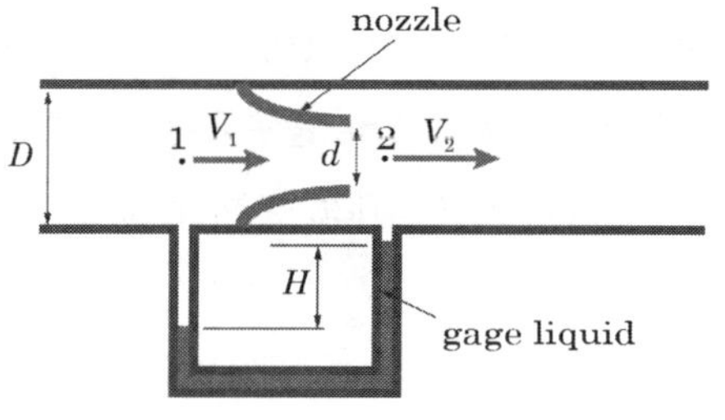

그림 P3.34

3.35

앞의 그림 P3.34의 노즐 유량계에 물이 흐른다. 계기액체(gage liquid)의 비중은 2.5이다. $D=$30 cm, $d=$20 cm, $H=$10 cm이고 노즐 유량계의 송출계수(유량계수)가 0.92일 때, 유량은 얼마인가?

① 0.055 m^3/s ② 0.124 m^3/s
③ 0.150 m^3/s ④ 0.163 m^3/s

Note

3.36

터빈의 입구관에서의 절대압력이 500 kPa이고, 터빈 출구관의 절대압력은 50 kPa이다. 터빈을 통과하는 물의 유량은 5 m^3/s이다. 출구관의 중심선은 입구관의 중심선보다 2 m 아래에 위치하고 있다. 입구관과 출구관의 직경은 동일하다. 모든 손실을 무시하였을 때 얻을 수 있는 이론적인 최대 터빈의 출력은 약 얼마인가?

① 2260 kW ② 2350 kW
③ 2750 kW ④ 2850 kW

3.37

문제 3.36에서 실제 터빈의 효율이 90%라면 실제 터빈이 얻은 출력은 약 얼마인가?

① 2030 kW ② 2110 kW
③ 2480 kW ④ 2560 kW

3.38

큰 댐의 아래 부분에 터빈이 설치되어 있다. 댐의 수면과 터빈 출구의 중심선까지의 높이 차는 100m이고, 출구관의 지름은 1.2 m, 출구에서의 유속은 6 m/s이고 대기 중으로 방출된다. 모든 손실을 무시했을 때 최대로 얻을 수 있는 터빈의 이론 동력은 약 몇 kW인가?

① 5980 kW ② 6530 kW
③ 6650 kW ④ 6770 kW

3.39

운동에너지 수정계수(보정계수)를 바르게 나타낸 것은? (단, v는 균일하지 않은 속도분포이고, V는 평균속도이다)

① $\dfrac{\int_A v^3 dA}{V^3}$ ② $\dfrac{\int_A v^2 dA}{V^2}$

③ $\dfrac{V^3}{\int_A v^3 dA}$ ④ $\dfrac{V^2}{\int_A v^2 dA}$

Note

주관식

3.40

유선의 정의식을 적어라.

3.41

검사체적에 대한 일반적인 연속방정식을 적어라.

3.42

유선의 방정식이 $xy = 1$로 주어질 때, $x = 2$, $y = 0.5$인 곳에서의 유선의 기울기는 얼마인가?

*3.43

속도분포가 $u = 3xy^2$, $v = -y^3$으로 주어진다. 유선의 방정식을 구하라.

3.44

뚜껑이 열려 있는 탱크에 물이 흘러들어간다. 입구관은 지름이 10 cm인 원형 관이다. 탱크의 수평 단면적이 0.2 m^2이고, 탱크 속에 있는 물의 상승속도가 4 cm/s일 때 탱크로 흘러들어가는 물의 속도를 구하라.

3.45

그림처럼 뚜껑이 열려 있는 탱크에 물이 흘러들어간다. 입구관은 지름이 10 cm이고 2 m/s의 속도로 물이 흘러들어가고, 출구관은 지름이 20 cm이고 1 m/s의 속도로 물이 흘러나간다. 탱크 속의 물의 높이는 올라가겠는가, 또는 내려가겠는가, 아니면 정지하여 있겠는가? 탱크가 지름 1 m인 원통일 때 수면의 속도를 구하라.

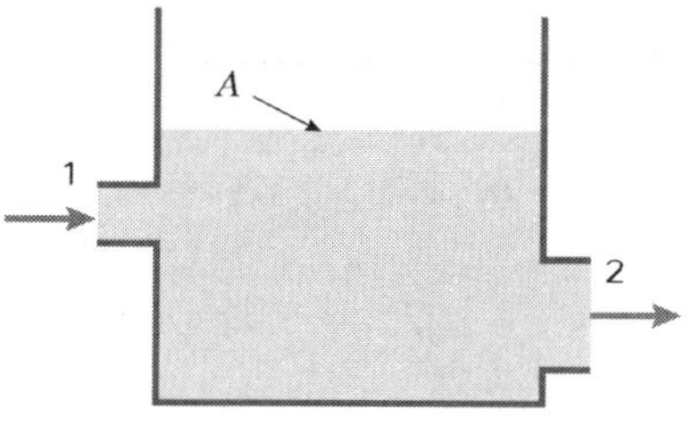

그림 P3.45

Note

3.46

수평 원형관에서 지름이 $D = \dfrac{D_0}{1+ax}$로 변한다. 여기서 x는 축방향 좌표이다. $x=0$에서의 평균속도가 V_0일 때, $x=L$위치에서의 평균속도를 구하라.

3.47

다음 베르누이 방정식에서 각각의 항의 차원은 무엇인가?

$$p + \frac{1}{2}\rho V^2 + \rho g z = \text{일정}$$

3.48

고무 호스에서 물이 V의 속도로 수직 상방향으로 분출되고 있다. 물이 원래 속도의 반이 되는 높이를 구하는 식을 구하라.

3.49

고무 호스에서 물이 4 m/s의 속도로 수평에 대해 60° 상방향으로 분출되고 있다. 최대 상승높이는 얼마인가? 마찰은 무시하라.

3.50

그림처럼 큰 탱크에서 지름이 D인 원형의 구멍을 통하여 분출될 때 물줄기는 점차 가늘어 진다. 물줄기의 지름 d를 H, h, D의 함수 형태로 나타내어라. (단, 모든 손실은 무시하고 물줄기의 단면은 완전한 원형으로 가정하라)

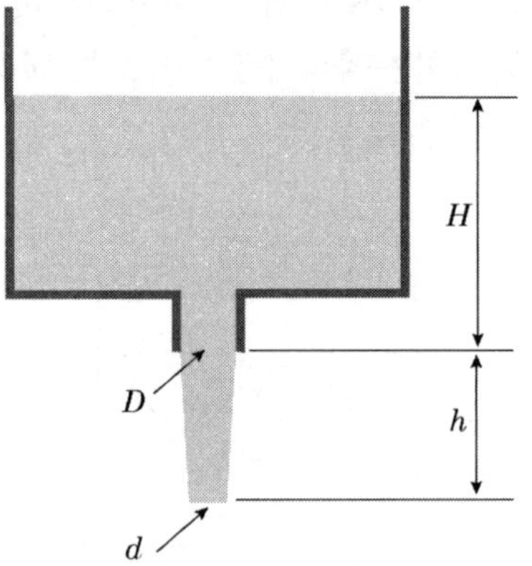

그림 P3.50

Note

3.51

그림처럼 큰 탱크에 처음에 높이 $H = 2\,\mathrm{m}$까지 물이 차 있다가 단면적 $A_\mathrm{h} = 0.004\,\mathrm{m}^2$인 아래의 구멍을 통하여 물이 흘러 나간다. 탱크의 단면적, 즉 물의 표면적 $A = 2\,\mathrm{m}^2$이다. 시간이 지난 후 $h = 1.2\,\mathrm{m}$까지 물이 줄어들었다. 물의 높이가 2 m에서 1.2 m로 줄어들 때까지의 시간을 구하기 위해 정확한 방법은 아니지만, 단순하게 다음과 같은 방법으로 구해 보기로 한다.

(1) 물의 높이가 2 m일 때의 물의 유출 속도,

(2) 물의 높이가 1.2 m일 때의 물의 유출 속도를 구하라.

(3) 이 두 속도의 단순한 평균을 사용하여 물의 높이가 2 m에서 1.2 m로 줄어들 때까지의 대략적인 시간을 구하라. (단, 모든 손실은 무시하라)

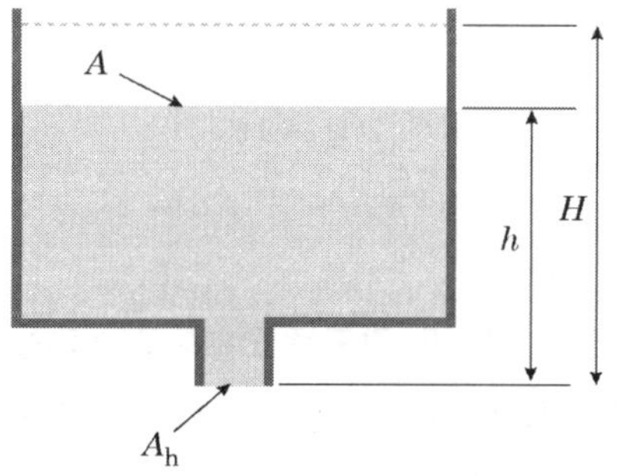

그림 P3.51

3.52

앞의 그림 P3.29에서 오른쪽에 표시된 관이 Pitot관이고, 관의 입구가 유동에 수직하게 설치되어 있다. 물의 표면은 대기 중에 노출되어 있다. $h = 20$ cm이고 $H = 50$ cm이다. 1지점에서의 속도는 얼마인가?

Note

*3.53

그림처럼 지름이 d인 물 제트가 수직 상방향으로 분출되어 지름이 D인 원형 판에 부딪혀 사방으로 균일한 속도로 퍼져 나간다. H와 물제트의 속도 V의 관계식을 구하라. (단, 모든 마찰은 무시하고, 필요하다면 $H \gg h$라고 생각하라)

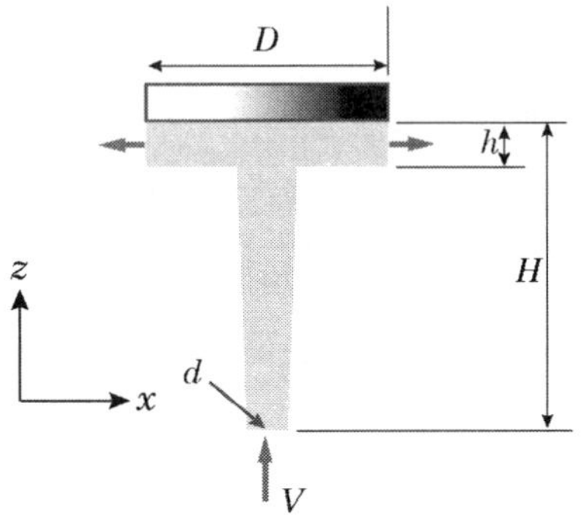

그림 P3.53

3.54

그림처럼 수평에 대하여 $\theta = 15^\circ$의 각도로 오른쪽으로 기울어진 원형관의 끝에 노즐이 부착되어 있다. 노즐은 대기에 노출되어 있고, 노즐 끝에서의 분출 속도는 9 m/s이다. 관의 지름은 30 cm이고 노즐 출구(2지점)에서의 지름은 10 cm이다. 1지점과 2지점사이의 거리 $L = 1$ m일 때, 1지점에서의 압력은 얼마인가? (단, 모든 마찰 손실은 무시하라)

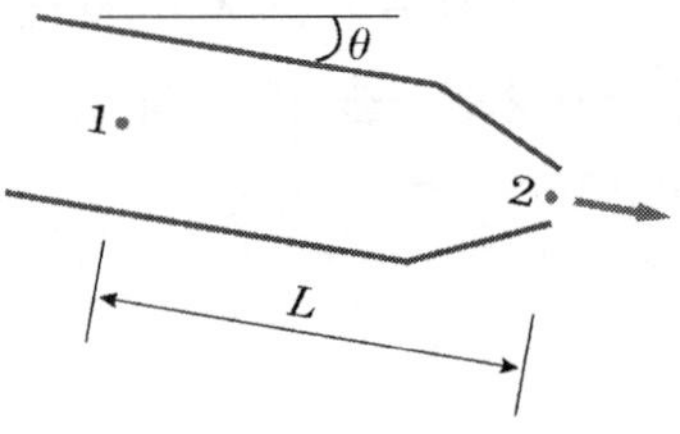

그림 P3.54

Note

3.55

그림처럼 밀도가 ρ_1인 유체가 흐르고 있고, 밀도가 ρ_2인 유체를 이용하여 압력차를 측정하고 있다.

(1) 1점과 2점에서의 압력차 Δp를 구하라.

(2) 1점에서의 유체의 속도 V를 구하라.

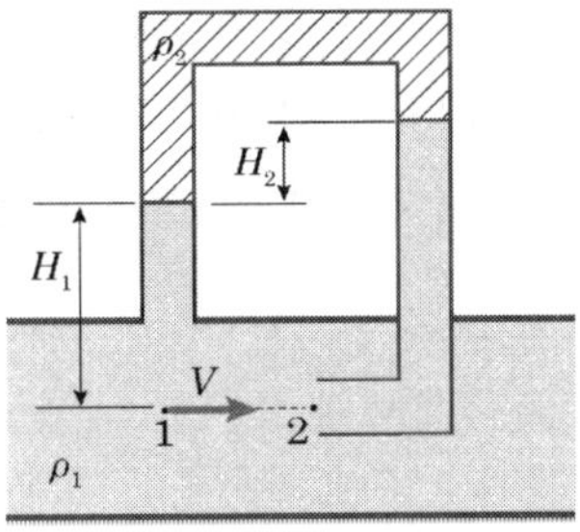

그림 P3.55

3.56

앞의 연습문제 3.55에서 밀도가 ρ_1인 유체의 비중이 1.2, 밀도가 ρ_2인 유체의 비중이 0.9이고, $H_1 = 40$ cm, $H_2 = 20$ cm일 때,

(1) 1점과 2점에서의 압력차 Δp를 구하라.

(2) 1점에서의 유체의 속도 V를 계산하라.

3.57

그림처럼 벤튜리 유량계에서 비중 S_1인 유체가 흐른다. 계기액체(gage liquid)의 비중은 S_2이다. 유량을 구하는 식을 구하라. (단, 벤튜리의 송출계수(유량계수)는 C_d이다)

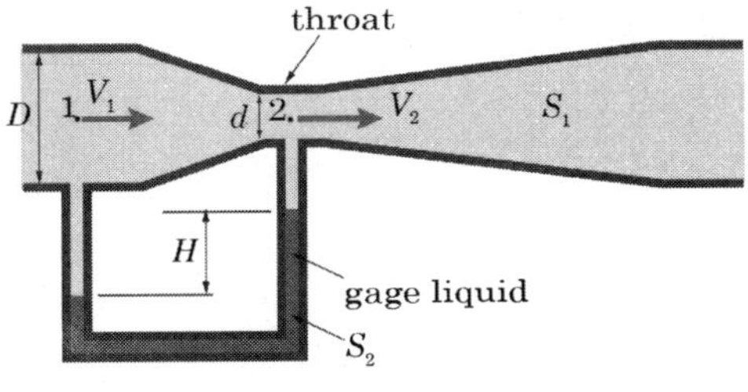

그림 P3.57

Note

3.58

앞의 그림 P3.57의 벤튜리 유량계에 비중 0.9인 유체가 흐른다. 계기액체(gage liquid)의 비중은 3.0이다. $D=20$ cm, $d=10$ cm, $H=40$ cm이고 벤튜리 유량계의 송출계수(유량계수)가 0.95일 때, 유량은 얼마인가?

3.59

지름이 변하는 원형관에서 높이가 4 m인 한 지점에서 지름은 50 cm이고, 그 곳에서 물의 속도가 2 m/s이고 압력이 220 kPa이다. 높이가 4.2 m인 다른 지점에서 원형관의 지름이 25 cm이고 이곳에서의 압력이 190 kPa이다. 모든 마찰 손실을 무시할 때 유량은 얼마인가?

3.60

지름이 변하는 수평 원형관에서 지름이 $D = D_0(1+ax)$로 변한다. 여기서 x는 축방향 좌표이다. $x=0$에서의 속도가 V_0이고 압력이 p_0일 때, x위치에서의 압력을 나타내어라. (단, 속도분포는 균일하다고 가정하라)

3.61

원형 관에서 물이 흐르고 있다. 원형 관의 1지점에서의 속도와 압력은 각각 10 m/s, 200 kPa이다. 원형 관의 2지점에서의 높이는 1지점보다 2m 높고, 단면적은 1지점의 2배이고 압력은 210 kPa이다. (1) 물이 흐르는 방향은? (2) 손실수두는 얼마인가?

3.62

그림처럼 댐의 아래 부분에 터빈이 설치되어 있다. 댐의 수면과 터빈 출구의 중심선까지의 높이 차는 100 m이고, 출구관의 지름은 1.2 m, 출구에서의 유속은 6 m/s이고 대기 중으로 방출된다. 터빈 이외에서의 모든 손실수두가 10 m일 때 터빈동력(축동력)을 구하라. (단, 터빈의 효율은 90%이다)

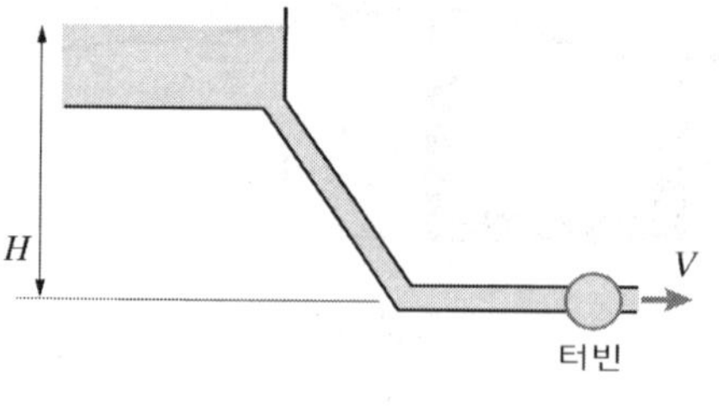

그림 P3.62

Note

3.63

그림처럼 위가 대기 중에 개방된 한 탱크에서 펌프를 이용하여 다른 탱크로 물을 양수하고 있다. 아래 탱크의 수면에서 20 m 높은 곳에서 대기 중으로 지름이 10 cm인 관을 통하여 5 m/s의 속도로 대기 중으로 물을 방출하고 있다. 관로 전체에서의 총 손실수두가 15 m일 때, 필요한 이론적인 펌프동력은 얼마인가?

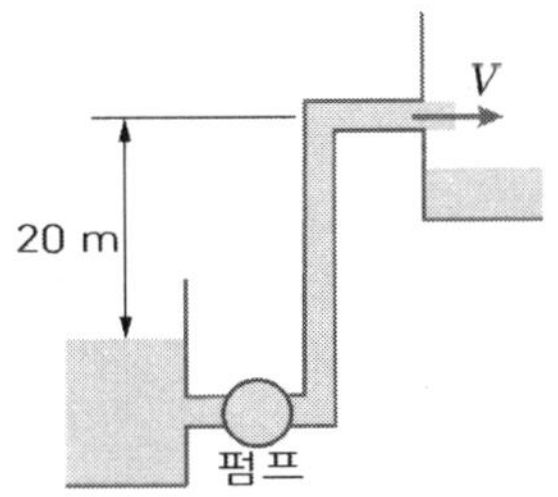

그림 P3.63

3.64

연습문제 3.63에서 펌프 효율이 85%일 때, 필요한 펌프동력(축동력)은 얼마인가?

3.65

터빈의 입구관에서의 압력(절대압력)이 500 kPa이고, 터빈 출구관의 압력은 진공 120 mmHg이다. 터빈을 통과하는 물의 유량은 5 m^3/s이다. 출구관의 중심선은 입구관의 중심선보다 2 m 아래에 위치하고 있고 입구관과 출구관의 직경은 동일하다. 터빈의 효율이 90%일 때, 터빈에서 얻을 수 있는 출력을 구하라. 국소 대기압은 101 kPa이다.

*3.66

그림 P3.25에서 물이 구멍을 통하여 분출될 때 L을 구하는 식을 구하라. (단, 모든 손실은 무시하라)

Chapter 4

운동량방정식

Momentum Equation

4.1 운동량방정식

Tip
관성좌표계는 Newton의 운동 제1 법칙이 성립하는 좌표계를 의미한다(따라서 제2법칙도 성립하는 좌표계이다). 가속운동을 하지 않는 좌표계라고 생각하면 이해하기 쉽다. 등속운동을 하는 좌표계는 관성 좌표계이다.

관성좌표계(inertial reference frame)에서 Newton의 운동 제2법칙은 다음과 같다.

$$\sum \vec{F}_{\mathrm{sys}} = \frac{d(m\vec{V})_{\mathrm{sys}}}{dt} \tag{4.1}$$

여기서 $m\vec{V}$를 선형운동량(linear momentum) 또는 단순히 운동량(momentum)이라 한다. 이를 다시 표현하면, 다음과 같다.

외부에서 시스템에 작용하는 힘의 합은 시스템의 운동량의 변화율과 같다.

시스템의 질량이 일정하므로(유체역학에서는 시스템의 질량은 항상 일정하다고 정의한다), 더 잘 알려진 다음의 식이 성립한다.

$$\sum \vec{F} = m\vec{a} \tag{4.2}$$

위의 식은 시스템에 대한 것으로 Reynolds 수송정리를 이용하여 검사체적에 대한 식으로 변환하여야 한다.

4.1.1 정지 상태의 검사체적

입구와 출구가 각각 하나이고, 정지 상태의 검사체적으로 유입 및 유출되는 **속도 분포가 균일**할 때, Reynolds 수송정리를 이용하여 $B = m\vec{V}$, $b = \vec{V}$를 식 (3.12)에 대입하면 다음과 같이 구할 수 있다.

$$\sum \vec{F}_{\mathrm{cv}} = \frac{\partial (m\vec{V})_{\mathrm{cv}}}{\partial t} + \dot{m}_2\vec{V}_2 - \dot{m}_1\vec{V}_1 \tag{4.3}$$

여기서 아래첨자 1은 입구를 2는 출구를 나타낸다. 위의 식은 벡터 식이므로 각각의 성분별로 나타내면 다음과 같다.

$$x : \sum F_x = \frac{\partial (mu)_{\mathrm{cv}}}{\partial t} + \dot{m}_2 u_2 - \dot{m}_1 u_1 \tag{4.4a}$$

$$y : \sum F_y = \frac{\partial (mv)_{\mathrm{cv}}}{\partial t} + \dot{m}_2 v_2 - \dot{m}_1 v_1 \tag{4.4b}$$

$$z: \sum F_z = \frac{\partial (mw)_{cv}}{\partial t} + \dot{m}_2 w_2 - \dot{m}_1 w_1 \tag{4.4c}$$

앞의 식을 설명하면 다음과 같다.

- $\sum \overrightarrow{F}_{cv}$: 외부에서 검사체적 내의 물질에 작용하는 힘의 합.
- u, v와 w는 각각 x, y 및 z방향의 속도성분.
- 식 (4.3)을 **선형운동량방정식(linear momentum equation)** 또는 단순히 **운동량방정식(momentum equation)**이라고 한다.
- $\dot{m}_1 \overrightarrow{V}_1$: 검사표면을 통한 선형운동량의 유입률
- $\dot{m}_2 \overrightarrow{V}_2$: 검사표면을 통한 선형운동량의 유출률
- $\dot{m}_2 \overrightarrow{V}_2 - \dot{m}_1 \overrightarrow{V}_1$: 검사표면을 통한 선형운동량 순(net) 유동률
- Bernoulli이 방정식과 달리 위의 **운동량방정식은 마찰이 있는 경우에도 성립한다.** 그 이유는 식 (4.1)이 마찰력이 있을 때도 성립하는 식이기 때문이고, 그 식으로 유도된 식 (4.3)도 마찰력이 있을 때 성립한다.

식 (4.3)을 다시 표현하면 다음과 같다.

외부에서 검사체적 내의 물질에 작용하는 힘의 합은 검사체적 내의 물질의 선형운동량 변화율과 검사표면을 통한 선형운동량의 순유동률과 같다.

Tip
- 순유동률 :유출률과 유입율의 차

정상유동인 경우

정상유동, 균일한 속도분포, 입구와 출구가 각각 하나일 때, $\dot{m}_1 = \dot{m}_2 = \dot{m}$이므로 식 (4.3)은 다음과 같이 나타낼 수 있다.

$$\sum \overrightarrow{F}_{cv} = \dot{m}\left(\overrightarrow{V}_2 - \overrightarrow{V}_1\right) \tag{4.5}$$

식 (4.5)를 각 성분별로는 다음과 같이 나타낼 수 있다.

$$\sum F_x = \dot{m}(u_2 - u_1) \tag{4.6a}$$

$$\sum F_y = \dot{m}(v_2 - v_1) \tag{4.6b}$$

$$\sum F_z = \dot{m}(w_2 - w_1) \tag{4.6c}$$

식 (4.5)를 다시 표현하면 다음과 같다.

정상유동인 경우, 외부에서 검사체적내의 물질에 작용하는 힘의 합은 검사표면을 통한 선형운동량의 순유동률과 같다.

그림 4.1은 **균일유동**이며 **정상유동**인 경우의 운동량방정식을 도식화한 것으로, 정상유동인 경우 검사표면을 통한 선형운동량의 유출률과 유입율의 차는 외부에서 검사체적 내의 물질에 작용하는 힘의 합과 같다는 것을 도식적으로 보여주고 있다.

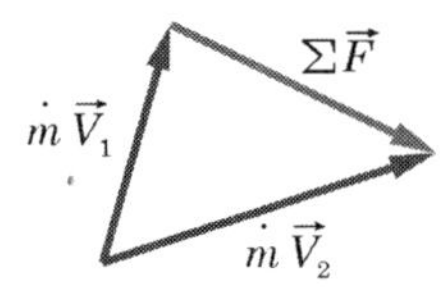

그림 4.1 균일유동이며, 정상유동인 경우의 운동량방정식의 도식화

4.1.2 검사체적이 등속도로 움직일 때

식 (4.1)은 관성 좌표계에서 성립하는 식이기 때문에 운동량방정식도 관성좌표계에서 성립하는 식이다. 따라서 그림 4.2(a)처럼 검사체적이 일정한 속도로 움직이는 경우, 좌표계를 검사체적 위에 설치한다면(즉, 검사체적 위에서 사람이 관찰한다면), 이 좌표계에서 측정되는 모든 속도는 상대속도이고 그림 4.2(b)와 같다. 따라서 **검사체적이 등속도로 움직이고 속도분포가 균일하고 정상유동이고, 입구와 출구가 하나씩인 경우** 식 (4.5)는 다음처럼 나타낼 수 있다.

$$\sum \vec{F}_{\rm cv} = \dot{m}_{\rm r2}\vec{V}_{\rm r2} - \dot{m}_{\rm r1}\vec{V}_{\rm r1} \tag{4.7}$$

식 (4.7)을 각 성분별로 나타내면 다음과 같다.

$$\sum F_x = \dot{m}_{\rm r2}u_{\rm r2} - \dot{m}_{\rm r1}u_{\rm r1} \tag{4.8a}$$

$$\sum F_y = \dot{m}_{r2} v_{r2} - \dot{m}_{r1} v_{r1} \tag{4.8b}$$

$$\sum F_z = \dot{m}_{r2} w_{r2} - \dot{m}_{r1} w_{r1} \tag{4.8c}$$

- $\vec{V}_r = \vec{V} - \vec{V}_{cv}$
- $\vec{V}_r$: 상대속도, $\vec{V}$: 절대속도, $\vec{V}_{cv}$: 검사체적의 속도. 그림 4.2 참조
- $u_r = u - u_{cv}$, $v_r = v - v_{cv}$, $w_r = w - w_{cv}$
- $\dot{m}_{r1}$, $\dot{m}_{r2}$: 입구와 출구에서의 상대속도에 의한 유량
- **검사체적이 일정한 속도로 움직이는 경우**는 절대속도를 사용한 식 (4.5)보다 **상대속도를 사용**한 식 (4.7)을 사용하는 것이 편리하다.

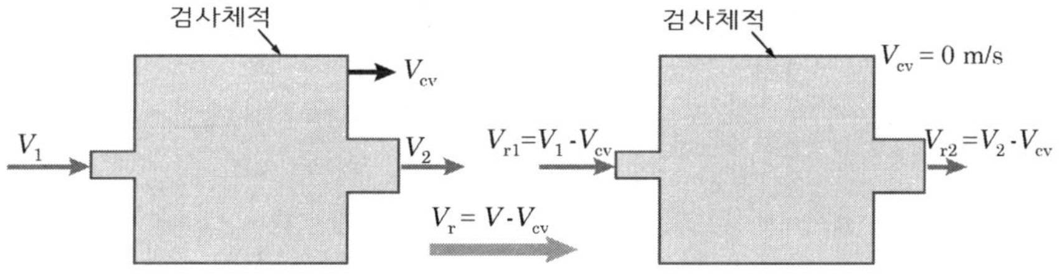

(a) 정지한 관성좌표계에서 본 속도 (b) V_{cv}의 속도로 움직이는 관성좌표계에서 본 속도

그림 4.2 등속도로 움직이는 검사체적

4.2 운동량방정식의 응용

유체역학에서 선형운동량방정식은 아주 다양하게 응용되어 사용된다. 다음에 여러 경우에 대하여 어떻게 운동방정식을 적용하는지에 대해 살펴본다.

관을 고정하기 위한 힘

대기 중에서 그림 4.3(a)와 같은 굽은 관(곡관; curved pipe)의 입구 및 출구에서의 속도, 압력 및 단면적이 V_1, p_1, A_1, V_2, p_2, A_2일 때, 관을 고정하기 위한 힘을 구하고자 한다. 단, 관은 수평 방향으로 되어 있어(x, y방향은 수평방향), 관의 무게와 유체의 무게를 무시한다.

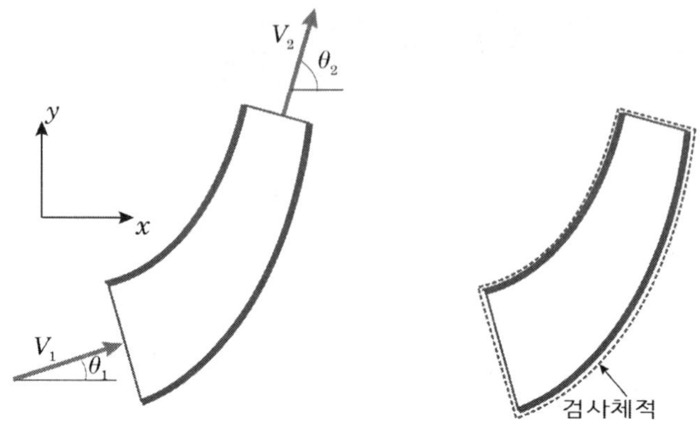

(a) 곡관에 지나는 운동 (b) 검사체적 선택

그림 4.3 곡관에서의 검사체적 선택

관을 고정하기 위한 힘을 구할 때, 그림 4.3(b)처럼 **검사체적에 관이 포함되어야 한**다. 왜냐하면 **운동량방정식에서의 힘은 외부에서 검사체적에 작용하는 힘**으로 관이 검사체적에 포함되어야, 관을 고정하기 위한 힘이 외부에서 검사체적에 작용하기 때문에 운동량방정식에 적용할 수 있다.

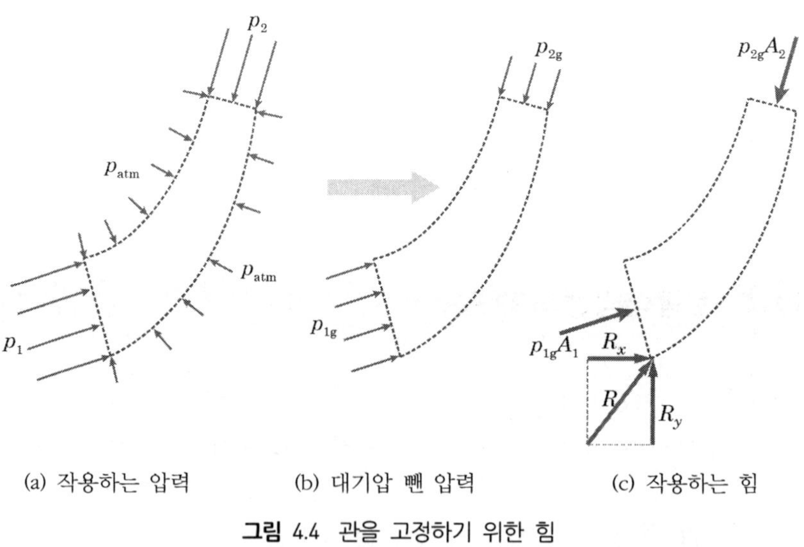

(a) 작용하는 압력 (b) 대기압 뺀 압력 (c) 작용하는 힘

그림 4.4 관을 고정하기 위한 힘

그림 4.3(b)처럼 검사체적을 적용하면, 그림 4.4(a)처럼 주위의 공기와 접하는 검사표면에 대기압이 작용한다. 검사표면 전체에서 **대기압을 빼면**, 그림 4.4(b)와 같이 **입구 및 출구 부분에만 유체에 의한 계기압력이 작용**하는 결과를 얻을 수 있다.

정상유동, 균일한 속도분포, 입구와 출구가 하나인 경우이므로, 식 (4.6a)와 식 (4.6b)를 적용하면 된다. 관을 고정하기 위한 힘의 x, y방향 성분을 각각 R_x, R_y라고 하고, **어느 방향으로 작용하는지 현재는 모르지만 모두 양이라고 생각하고** 그림 4.4(c)처럼 나타내기로 한다. 검사체적에 작용하는 힘은 압력과 이 힘을 합한 것으로 먼저 x방향을 고려하면,

$$\sum F_x = p_{1g} A_1 \cos\theta_1 - p_{2g} A_2 \cos\theta_2 + R_x$$

이다. 이 힘을 식 (4.6a)에 대입하면,

$$p_{1g} A_1 \cos\theta_1 - p_{2g} A_2 \cos\theta_2 + R_x = \dot{m}(u_2 - u_1) = \dot{m}(V_2 \cos\theta_2 - V_1 \cos\theta_1)$$

이고, 따라서

$$R_x = \dot{m}(V_2 \cos\theta_2 - V_1 \cos\theta_1) - p_{1g} A_1 \cos\theta_1 + p_{2g} A_2 \cos\theta_2 \tag{4.9}$$

이다. 같은 방법으로 y방향에 대해서 구하면 다음과 같다.

$$R_y = \dot{m}(V_2 \sin\theta_2 - V_1 \sin\theta_1) - p_{1g} A_1 \sin\theta_1 + p_{2g} A_2 \sin\theta_2 \tag{4.10}$$

위의 식을 살펴보면, **관을 고정시키는데 필요한 힘을 구할 때는 유체의 압력을 계기압력으로 하여야 한다.**

만약 관을 고정하기 위한 힘이 작용하지 않는다면, **관에 작용하는 힘은 유체가 관에 작용하는 힘과 주위 대기의 압력이 관에 작용하는 힘의 합으로 구해진다. 유체와 대기가 관에 작용하는 순 힘**(net force) **또는 합력**은 관을 움직이게 한다(Newton의 운동 제2법칙에 의해 힘이 작용하는 방향으로 가속도가 생긴다). 관이 수평 방향으로 되어 있어(x, y방향은 수평방향), **관의 무게를 무시할 수 있을** 때 이 관을 움직이지 않게 하려면 그림 4.5에 나타낸 것처럼 관에 작용하는 순 힘 R_2의 반대방향으로 같은 크기의 힘 R_1을 작용해야 한다. 따라서 **유체와 대기가 관에 작용하는 순 힘 또는 합력 R_2는 관을 고정하기 위한 힘 R_1과 반대 방향이고 같은 크기이다.**

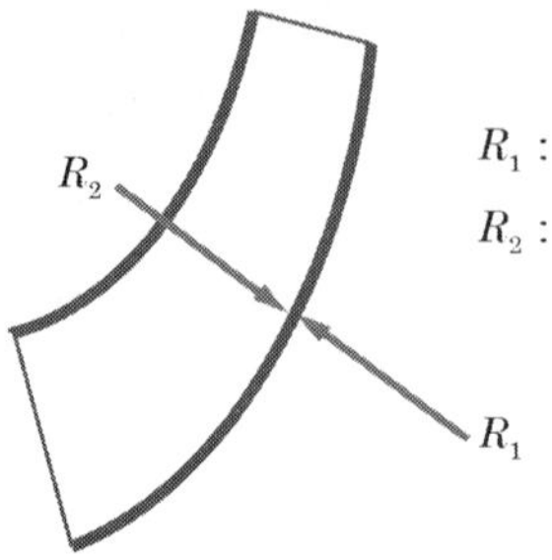

그림 4.5 관을 고정하기 위한 힘과 유체와 대기가 관에 작용하는 순 힘과의 관계

만약 위의 관이 수평방향이 아니고 수직방향이라면(즉, $-y$방향으로 중력이 작용한다면) 관을 고정하기 위한 힘 R_y를 구할 때, 관내의 유체의 무게와 관의 무게를 함께 고려하여야 한다(예제 4.2 참조).

예제 4.1

그림 E4.1(a)와 같이 관의 지름이 20 cm로 일정한 90° 굽어진 관에서, 입구압력이 150 kPa인 상태에서 물이 5 m/s로 흐르고 있고, 출구에서의 압력은 147 kPa이다. (1) 이 관을 고정하려면, 가하여야 할 힘의 크기와 방향을 구하라. 관의 무게와 유체의 무게를 무시하라. (2) 유체와 대기가 관에 작용하는 순(정미) 힘의 크기와 방향을 구하라.

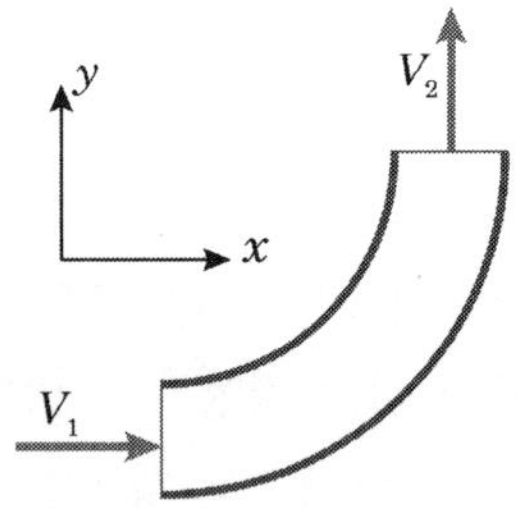

(a) 곡관을 지나는 유동
그림 E4.1(a)

풀이

(1) 먼저, 이 문제는 식 (4.9)와 식 (4.10)에 대입하여 구할 수 있다.

$$A_1 = A_2 = \pi R^2 = \pi(0.1^2) = 0.0314\ \mathrm{m}^2$$

$$\dot{m} = \rho V_1 A_1 = (1000)(5)(0.0314) = 157\ \mathrm{kg/s}$$

$$p_{1g} = (150-101.3)\ \mathrm{kPa} = 48.7\ \mathrm{kPa} = 48700\ \mathrm{Pa}$$

$$p_{2g} = (147-101.3)\ \mathrm{kPa} = 45.7\ \mathrm{kPa} = 45700\ \mathrm{Pa}$$

$\theta_1 = 0^\circ$, $\theta_2 = 90^\circ$

이므로, 식 (4.9)와 식 (4.10)에 대입하면 다음과 같다.

$R_x = (157)(0-5) - (48700)(0.0134) + 0 = -1438\,\text{N}$

$R_y = (157)(5-0) - 0 + (45700)(0.0134) = 1397\,\text{N}$

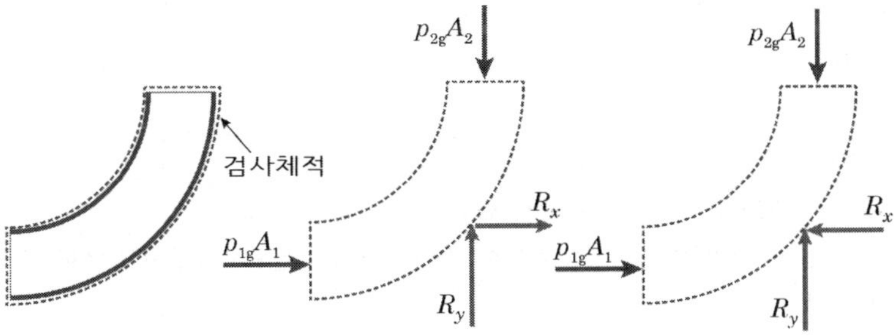

(b) 검사체적 선택 (c) 작용하는 힘(R_x 방향+) (d) 작용하는힘(R_x 방향−)

그림 E4.1(b)-(d)

합력은

$$R = \sqrt{1438^2 + 1397^2} = 2005\ \text{N}$$

이고, 방향은 R_x가 **음이므로**, 관을 고정시키기 위하여 관에 가하여야 하는 힘은 그림 E4.1(e)와 같고, 각도는 다음과 같다.

$$\theta = \tan^{-1}\frac{1397}{1438} = 44.2^\circ$$

(e) 관을 고정하기 위한 힘 (f) 유체와 대기가 관에 작용하는 순(net) 힘

그림 E4.1(e)&(f)

(2) (유체와 대기에 의해) 관에 작용하는 순 힘의 반대방향으로 외부에서 관에 힘을 가하여야 관이 고정될 것이다. 따라서 앞의 (1)의 문제와 크기는 같고 방향은 반대이므로, (유체와 대기에 의해) 관에 작용하는 순 힘은 그림 E4.1(f)와 같다.

보충설명

위에서는 공식을 사용하여 문제를 풀었으나 식 (4.9)와 식 (4.10)을 외워서 사용하는 것은 쉽지 않고 바람직하지 않다. 실제로는 위의 (1)번 문제를 풀 때, 그림 E4.1(b)처럼 검사체적을 선택하고, 그림 E4.1(c)와 같은 자유물체도를 고려하여 작용하는 힘을 표시한 후, 운동량방정식을 적용한다. R_x와 R_y의 방향을 예측하기 어려울 때는, 그림 E4.1(c)와 같이 모두 양의 방향으로 표시한다.

먼저 x방향을 고려하면,

$$\sum F_x = p_{1g}A_1 + R_x$$

이고,

$$u_1 = V_1$$

$$u_2 = 0$$

이므로 식 (4.6a)에 대입하면,

$$p_{1g}A_1 + R_x = \dot{m}(0 - V_1)$$

이고,

$$R_x = -\dot{m}\,V_1 - p_{1g}A_1$$

$$= -(157)(5) - (48700)(0.0134) = -1438\ \mathrm{N}$$

이다. R_x의 값이 음이므로 그림 E4.1(c)에서 나타낸 반대방향인 음의 방향으로 1438 N이 작용해야 한다.

이제 y방향을 고려하면,

$$\sum F_y = -p_{2g}A_2 + R_y$$

이고,

$$v_1 = 0$$

$$v_2 = V_2$$

이므로 식 (4.6b)에 대입하면,

$$-p_{2g}A_2 + R_y = \dot{m}\,V_2$$

이고,

$$R_y = \dot{m}\,V_2 + p_{2g}A_2 = (157)(5) + (45700)(0.0134) = 1397\ \mathrm{N}$$

이다. 따라서 위에서와 같은 결과를 얻을 수 있다.

그리고 그림 E4.1(d)처럼 R_x의 방향을 음으로 하였다면(직관적으로 그렇게 판단되어서),

$$\sum F_x = p_{1g}A_1 - R_x$$

이므로 식 (4.6a)에 대입하면,

$$p_{1g}A_1 - R_x = \dot{m}(0 - V_1)$$

이고,

$$R_x = \dot{m}\,V_1 + p_{1g}A_1 = 1438\ \mathrm{N}$$

이다. R_x의 값이 양이므로, 그림 E4.1(d)에서 가정한 방향으로 즉, 음의 방향으로 1438 N이 작용해야 한다. 따라서 **R의 방향을 어떻게 가정하든지 결과는 동일하다는** 것을 알 수 있다.

예제 4.2

예제 4.1과 동일하나, 그림 E4.2(a)처럼 $-y$방향으로 중력이 작용할 때, (1) 이 관을 고정하려면 가하여야 할 힘의 크기와 방향을 구하라. 단, 관내의 물의 질량은 2 kg이고 관의 질량은 1 kg이다.

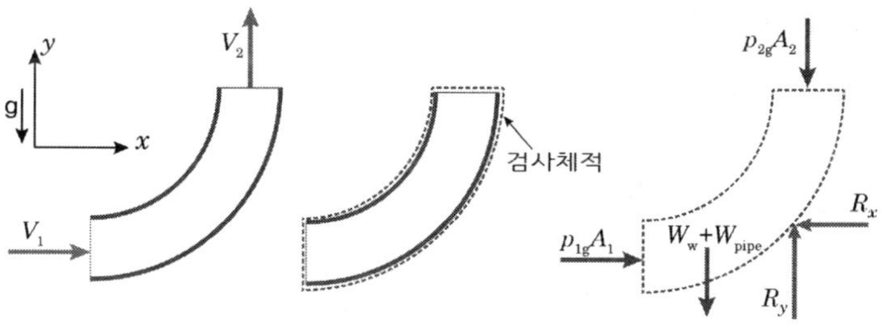

(a) 곡관을 지나는 유동 (b) 검사체적 선택 (c) 작용하는 힘

그림 E4.2(a)-(c)

풀이

이 문제는 예제 4.1과 동일하게, 그림 E4.2(b)처럼 관을 포함한 검사체적을 사용하여야 하고, 그림 E4.2(c)처럼 **유체의 무게와 관의 무게를 고려하여야한다.** x방향의 힘은 예제 4.1과 동일하다. 즉, $R_x = 1438\,\text{N}$이고 $-x$방향으로 작용하고, y방향의 힘은 다음과 같다.

$$\sum F_y = -p_{2g}A_2 + R_y - W_w - W_{pipe}$$

이므로 식 (4.6b)에 대입하면,

$$-p_{2g}A_2 + R_y - W_w - W_{pipe} = \dot{m}\,V_2$$

이고,

$$R_y = \dot{m}\,V_2 + p_{2g}A_2 + W_{watrer} + W_{pipe}$$
$$= (157)(5) + (45700)(0.0134) + (2)(9.81) + (1)(9.81) = 1426\,\text{N}$$

이다. 합력은

$$R = \sqrt{1438^2 + 1426^2} = 2025\,\text{N}$$

이고 방향은 R_x가 음의 방향이므로, 관을 고정시키기 위하여 관에 가하여야 하는 힘은 다음 그림과 같다($\theta = \tan^{-1}\dfrac{1426}{1438} = 44.8^\circ$).

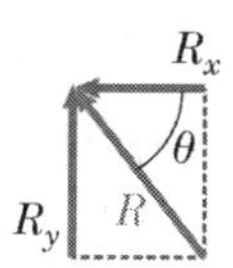

(d) 관을 고정하기 위한 힘

그림 E4.2(d)

보충설명

위와 같이 관의 문제는 공식을 사용하여 푸는 것이 아니라, 검사체적의 정확한 선택 및 문제에 대한 이해를 한 후, 운동량방정식을 적용해야 한다.

노즐 – 소방 호스

운동량방정식의 다른 응용분야는 노즐 및 제트 유동과 관련된 문제이다. 관에서 면적이 축소되면서 외부로 노출되어 큰 속도를 가지는 부분이 노즐(nozzle)이고 노즐에서 대기로 유체가 분출되는 것이 자유 제트(jet)이다. 소방 호스의 끝은 노즐로 이루어져 있다.

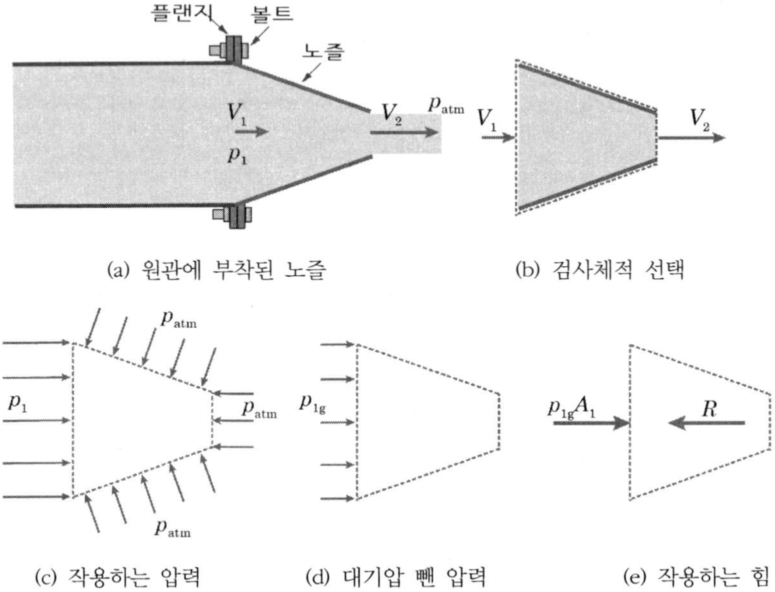

그림 4.6 노즐을 고정하기 위한 힘

그림 4.6(a)와 같이 원형 관에 노즐이 플랜지 또는 나사 등으로 고정되어 있으며, 노즐 입구와 출구 단면적은 A_1, A_2이고, 노즐 입구에서의 압력(절대압력)은 p_1, 노즐 입구와 출구에서의 속도가 V_1, V_2일 때 **노즐을 고정하기 위한 힘**을 구하고자 한다.

노즐을 고정하기 위한 힘은 외부에서 검사체적에 작용해야 하므로, 그림 4.6(b)처럼 **노즐과 물을 포함한 검사체적을 선정**하여야 한다. 그림 4.6(c)에 검사체적에 작용하는 압력을 나타내고 있으며, 대기압이 균일하게 작용하므로 이 효과를 빼면 순수하게 작용하는 압력은 그림 4.6(d)처럼 $p_{1g} = p_1 - p_{atm}$만 왼쪽 면에 작용하고 있을 뿐이다. 검사체적에 작용하는 힘은 그림 4.6(e)에서 보여주는 두 힘이고, 이 힘을 합한 것은 다음과 같다.

$$\sum F_x = p_{1g}A_1 - R$$

이것을 식 (4.6a)에 대입하면,

$$p_{1g}A_1 - R = \dot{m}(V_2 - V_1)$$

이고, 따라서

$$R = p_{1g}A_1 - \dot{m}(V_2 - V_1) \tag{4.11}$$

이다. 위의 식으로 계산한 R의 값이 **양이라면 노즐을 고정하기 위한 힘의 방향은** 그림 4.6(e)에서 나타낸 것과 같은 방향인 **왼쪽이다.**
노즐의 무게를 무시할 수 있을 때, **유체와 대기가 노즐에 작용하는 순(net) 힘은** 노즐을 고정하기 위한 힘과 같은 크기이고 방향은 반대이다. 노즐을 고정하기 위한 힘은 유체와 대기가 노즐에 작용하는 순 힘과 반대방향으로 같은 크기를 작용해야 노즐을 고정할 수 있기 때문이다.

예제 4.3

그림 4.6과 같이 소방호스의 끝은 지름이 40 cm인 원형 관의 끝에 노즐이 부착되어 있다. 노즐 출구에서의 지름은 8 cm이고 노즐 입구에서의 압력(절대압력)은 116 kPa이고 대기압은 100 kPa이다. 노즐 출구에서의 물의 속도가 10 m/s일 때,
(1) 노즐을 고정하기 위한 수평방향 힘의 크기와 방향을 구하라.
(2) (물과 대기가) 노즐에 작용하는 순 힘의 크기와 방향을 구하라.

풀이

(1) 이 문제는 본문에서도 설명하였듯이 노즐을 고정하기 위한 힘은 외부에서 검사체적에 작용하는 힘이므로 노즐은 검사체적에 포함되어야 한다. 그림 4.6(b)와 같이 검사체적을 선택하여야 하고, 압력은 그림 4.6(d)처럼 계기압력을 사용하여야 한다. 따라서 노즐을 고정하기 위한 힘은 식 (4.11)로 구할 수 있고, 먼저 질량유량과 V_1을 계산하여야 한다.

$V_2 = 10\,\mathrm{m/s}$

$V_1 = V_2\dfrac{A_2}{A_1} = V_2\left(\dfrac{d_2}{d_1}\right)^2 = (10)\left(\dfrac{8}{40}\right)^2 = 0.4\,\mathrm{m/s}$

$A_1 = \pi R_1^2 = \pi(0.2^2) = 0.1257\,\mathrm{m}^2$

$\dot{m} = \rho V_1 A_1 = (1000)(0.4)(0.1257) = 50.28\,\mathrm{kg/s}$

$p_{1g} = (116 - 100)\,\mathrm{kPa} = 16\,\mathrm{kPa} = 16000\,\mathrm{Pa}$

이므로, 식 (4.11)에 대입하면 다음과 같다.

$$R = p_{1g}A_1 - \dot{m}(V_2 - V_1)$$
$$= (16000)(0.1257) - (50.28)(10 - 0.4) = 1529\,\text{N}$$

이고, 방향은 R의 값이 양이므로, 그림 4.6(e)에 표시 된 것과 같이 왼쪽 방향이다.

(2) (물과 대기가) 노즐에 작용하는 순 힘의 크기는 (1)에서 구한 것과 같은 크기인 1529 N이고 방향은 반대로 오른쪽 방향이다.

보충설명

이 문제에서는 출구의 속도가 주어져 있는 경우이고 또한 노즐 부분에서 물과 노즐사이에 마찰이 있는 경우로 Bernoulli 방정식이 성립하지 않는다. 입구 또는 출구에서의 속도 또는 유량이 주어져있지 않은 경우는 노즐에서의 마찰 손실을 무시하여 Bernoulli 방정식과 연속방정식으로부터 입구 또는 출구에서의 속도를 구하여야 한다. 이 경우는 연습문제에서 다룰 것이다.

제트에 의한 힘 – 깃

운동량방정식의 응용으로 **제트(jet)**에 의해 평판 또는 깃(날개)에 작용하는 힘을 구하는 문제이다. 그림 4.7(a)와 같이 제트가 속도 V로 깃에 부딪혀 θ의 각도로 방향을 바꾸어 같은 속도 V로 유동한다. 다음과 같은 경우에 제트 문제를 구하고자 한다.

- 제트의 단면적은 모든 곳에서 A로 일정하고 마찰손실은 무시한다.
- 제트 및 모든 부분에서 대기압이 작용하는 경우이고, 따라서 압력효과는 무시한다.
- 깃은 수평 방향으로 되어 있어 중력 효과는 무시한다. 즉 x, y방향은 수평 방향이다.

Tip
마찰손실이 있을 때도 운동량방정식을 적용할 수 있다.
여기서는 마찰손실을 무시한 경우이며, 이때는 깃의 출구에서의 제트의 속도와 면적이 입구에서의 속도와 면적과 동일하게 된다.

제트의 충돌로 인하여 깃은 힘을 받아 움직이려고 할 것이다. 먼저 이 깃을 고정하기 위한 힘을 구하고자 한다.

앞에서의 노즐과 마찬가지로, **깃을 고정하기 위한 힘**은 외부에서 검사체적에 작용해야 하므로, 그림 4.7(b)처럼 **깃과 물을 포함한 검사체적을 선정**하여야 한다. 그림 4.7(c)에 검사체적에 작용하는 힘을 나타내고 있으며, 대기압이 검사표면 전체에 균일하게 작용하므로 이 효과를 빼면 압력에 의한 힘은 검사체적에 작용하지 않고, 검사체적에 작용하는 힘은 그림에 나타낸 것과 같이 깃을 고정하기 위한 힘 R 뿐이다. 이 힘의 방향은 그림에 표시된 것과 같이 작용한다고 가정한다.

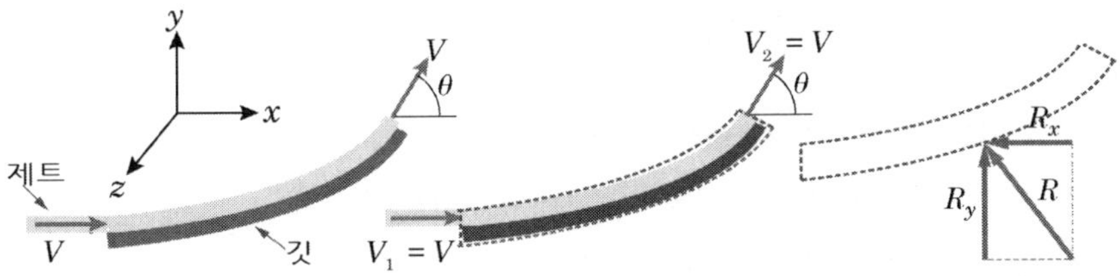

(a) 깃에 충돌하는 제트 (b) 검사체적의 선택 (c) 검사체적에 작용하는 힘

그림 4.7 제트가 깃에 부딪힐 때 깃을 고정하기 위한 힘

각 성분별로 운동량 방정식을 적용하면 다음과 같다.

$$\sum F_x = \dot{m}(u_2 - u_1) \Rightarrow -R_x = \dot{m}(V\cos\theta - V) = \dot{m}V(\cos\theta - 1) \Rightarrow R_x = \dot{m}V(1 - \cos\theta) \tag{4.12}$$

$$\sum F_y = \dot{m}(v_2 - v_1) \Rightarrow R_y = \dot{m}(V\sin\theta - 0) \Rightarrow R_y = \dot{m}V\sin\theta \tag{4.13}$$

합력은 다음처럼 구할 수 있다.

$$R = \sqrt{R_x^2 + R_y^2} \tag{4.14}$$

제트에 의해 깃에 추가적으로 작용하는 순(net) 힘은 깃을 고정하기 위한 힘과 같은 크기이고 방향은 반대이다. 깃을 고정하기 위한 힘은 제트에 의해 깃에 더해지는 순 힘과 반대방향으로 같은 크기를 작용해야 깃을 고정할 수 있기 때문이다.

예제 4.4

그림 4.7(a)처럼 물 제트가 속도 5 m/s로 깃에 부딪혀 θ=30°의 각도로 방향을 바꾸어 같은 속도로 유동한다. 마찰손실은 무시하고, 물 제트의 단면적은 모든 곳에서 0.002 m^{2}이다. 제트 및 모든 부분은 대기압이 작용하고, 깃은 수평방향으로 되어있어 중력 효과는 무시한다. 즉 x, y방향은 수평방향이다. 깃을 고정하기 위한 힘을 구하라.

풀이

이 문제는 본문에서도 설명하였듯이 깃을 고정하기 위한 힘은 외부에서 검사체적에 작용하는 힘이므로 깃은 검사체적에 포함되어야 하므로, 그림 4.7(b)와 같이 검사체적을 선택하여야 하며, 검사체적에 작용하는 힘은 그림 4.7(c)에 표시된 것과 같이 깃을 고정해야하는 힘 R 뿐이다. 깃을 고정하기 위한 힘은 식 (4.12)와 식 (4.13)로 구할 수 있다.

$$\dot{m} = \rho VA = (1000)(5)(0.002) = 10 \text{ kg/s}$$

$$R_x = \dot{m} V(1-\cos\theta) = (10)(5)(1-\cos 30°) = 6.7\text{N}$$

$$R_y = \dot{m} V\sin\theta = (10)(5)(\sin 30°) = 25\text{N}$$

R_x의 값이 양이므로, 그림에서 가정한 방향과 같은 방향인 왼쪽으로 작용한다. 합력은

$$R = \sqrt{6.7^2 + 25^2} = 25.9 \text{ N}$$

이고, 힘의 방향은 아래의 그림과 같다($\theta = \tan^{-1}\frac{25}{6.7} = 75°$).

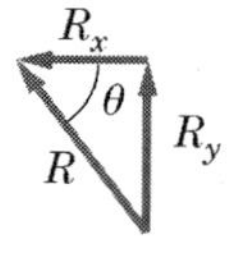

그림 E4.4

제트에 의한 힘 - 고정 평판

그림 4.8(a)처럼 제트가 평판에 부딪힌 다음 수직한 방향으로 사방으로 분출되고 있다. 제트의 속도는 V이고, 제트의 단면적은 A이다. **평판을 고정하기 위한 힘을 구하고자 한다.**

제트 및 모든 부분은 대기압이 작용하고, 제트의 충돌로 인하여 평판은 힘을 받아 수평방향으로 움직이려고 할 것이다. 이 평판을 움직이지 않게 고정하려면 그림에 표시한 것과 같은 왼쪽 방향으로 외부에서 힘을 가하여야 할 것이다. 역시 이 힘은 외부에서 평판에 작용해야 하므로 그림 4.8(b)에 보여주듯이 평판은 검사체적에 포함되어야 한다. 앞에서 설명하였듯이 대기압이 검사표면 전체에 균일하게 작용하므로 이 효과를 빼면 압력에 의한 힘은 검사체적에 작용하지 않고, 오직 외부에서 평판을 고정하기 위한 힘 R만이 검사체적에 작용하게 된다. 오직 x방향의 운동량 방정식만 필요하고 적용하면 다음과 같다.

$$\sum F_x = \dot{m}(u_2 - u_1) \Rightarrow -R = \dot{m}(0 - V) \Rightarrow R = \dot{m} V \qquad (4.15)$$

위의 식에서 $u_1 = V$, $u_2 = 0$이고 그림에서 평판을 고정하기 위한 힘 R의 방향을 왼쪽으로 가정하였기 때문에 앞의 식에서 $-R$이 되는데 주의하라. 식

(4.15)로부터 V가 양이면 R의 값도 양이어서 그림에 나타낸 것과 마찬가지로 평판을 고정하기 위해서는 왼쪽으로 힘을 작용해야 한다. 앞의 식에서 구한 R은 평판을 고정하기 위한 힘이라는 것을 명심하여야 한다.

제트에 의해 평판에 (추가적으로) 작용하는 순 힘은 평판을 고정하기 위한 힘과 같은 크기이고 방향은 반대(오른쪽)이다.

따라서 위의 두 경우를 종합하면 다음과 같다.

- **평판을 고정하기 위한 힘의 크기** : $R = \dot{m} V$, **방향** : ←
- **제트에 의해 평판에 (추가적으로) 작용하는 순 힘의 크기** : $R = \dot{m} V$, **방향** : →

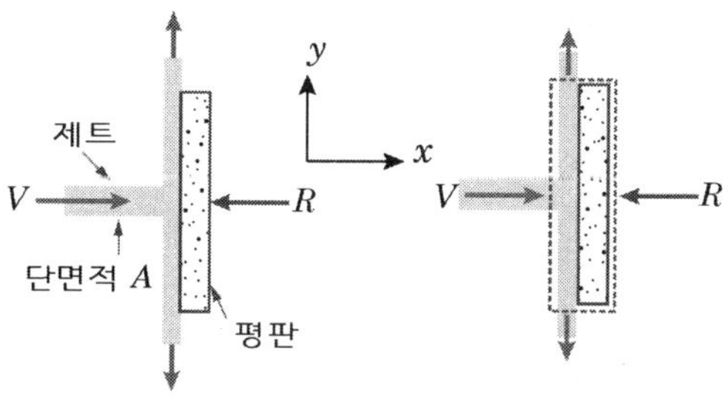

(a) 고정평판에 부딪히는 제트 (b) 검사체적 선택

그림 4.8 평판에 충돌하는 제트

예제 4.5

그림 4.8(a)와 같이 물 제트가 속도 5 m/s로 평판에 부딪힌 다음 수직한 방향으로 사방으로 분출되고 있다. 물 제트의 단면적이 0.002 m^{2}이다. 평판에 작용하는 물 제트에 의해 평판에 추가적으로 작용하는 힘의 크기와 방향을 구하라.

풀이

본문에서도 설명하였듯이 물 제트에 의해 평판에 더해지는 순 힘은 평판을 고정하기 위한 힘과 같은 크기이고 방향은 반대이다. 그림 4.8(b)와 같이 검사체적을 선택하여야 하며, 검사체적에 작용하는 힘은 그림 4.8(b)에 표시된 것과 같이 평판을 고정해야 하는 힘 R뿐이다. 평판을 고정하기 위한 힘은 식 (4.15)로 구할 수 있다.

$$\dot{m} = \rho VA = (1000)(5)(0.002) = 10 \text{ kg/s}$$

$$R = \dot{m} V = (10)(5) = 50 \text{ N}$$

R의 값이 양이므로, 그림에서 가정한 방향과 같은 방향인 왼쪽으로 평판을 고정하기 위한 힘을 작용해야 한다.

따라서 물 제트에 의해 평판에 더해지는 순 힘은 오른쪽으로 50 N이 작용한다.

제트에 의한 힘 - 움직이는 평판

그림 4.9(a)처럼 평판이 일정한 속도 V_{cv}로 움직이는 경우, **제트에 의해 평판에 더해지는 힘**을 구하고자 한다. 앞의 고정 평판처럼 제트에 의한 힘이 움직이는 평판에 작용하므로, **평판이 일정한 속도로 움직이려면(가속도가 0이려면) 외부에서 평판에 항력 R이 왼쪽으로 작용하여야 한다.** 그렇지 않으면 평판은 가속된다.
이 경우 4.1.2절의 등속도로 움직이는 검사체적에 해당되므로 그림 4.9(b)처럼 검사체적을 이용하고, 식 (4.15)에서 속도를 상대속도로 사용하면 된다.
오직 x방향의 운동량 방정식만 필요하고 적용하면 다음과 같다.

$$\sum F_x = \dot{m}_r (u_{r2} - u_{r1}) \Rightarrow -R = \dot{m}_r (0 - V_r) \Rightarrow R = \dot{m}_r V_r \qquad (4.16)$$

여기서

$$V_r = V - V_{cv}$$

$$\dot{m}_r = \rho V_r A = \rho (V - V_{cv}) A$$

이므로, 식 (4.16)은 다음과 같다.

$$R = \rho (V - V_{cv})^2 A \qquad (4.17)$$

제트에 의해 평판에 (추가적으로) 작용하는 힘은 외부에서의 항력 R과 같은 크기이고 방향은 반대(오른쪽)이다.
따라서 위의 두 경우를 종합하면 평판이 일정한 속도 V_{cv}로 움직일 때 다음과 같다.

- **외부에서 작용하는 항력의 크기** : $R = \rho (V - V_{cv})^2 A$, **방향** : ←
- **제트에 의해 평판에 (추가적으로) 작용하는 힘의 크기** : $R = \rho (V - V_{cv})^2 A$, **방향** : →

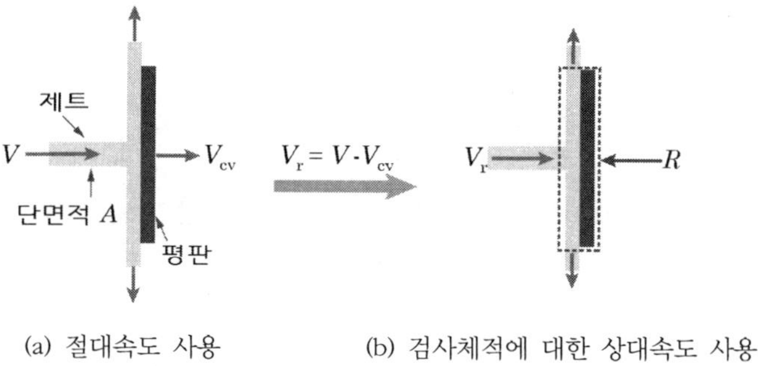

그림 4.9 일정한 속도로 움직이는 평판에 충돌하는 제트

예제 4.6

그림 4.9(a)에서 물 제트의 속도가 4 m/s이고, 평판이 1 m/s의 일정한 속도로 움직이고 있다. 물 제트의 단면적이 0.003 m^{2}이다. 물 제트에 의해 평판에 추가적으로 작용하는 힘의 크기를 구하라.

풀이

이 경우 그림 4.9(b)처럼 검사체적을 사용하여 본문에서처럼 운동량 방정식을 사용하면 식 (4.17)을 얻을 수 있고, $V=4$, $V_{cv}=1$을 대입하면 다음과 같이 구할 수 있다.

$$R=\rho(V-V_{cv})^2A=(1000)(4-1)^2(0.003)=27\,\text{N}$$

보충설명 >> 제트에 의한 힘 – 경사진 평판

그림 4.10(a)처럼 제트가 대기 중에서 경사진 평판에 작용하는 경우 평판을 고정하기 위한 힘의 수직 방향 성분 R_N을 구하고자 한다. 중력의 효과를 무시한다. 즉, 평판은 위에서 연직 아래 방향으로 본 모습(top view)이어서 중력의 효과를 무시한다.

R_N을 구하기 위해서는 그림 4.10(a)에서 주어진 x, y좌표를 이용하기 보다는 그림 4.10(b)처럼 검사체적을 이용하여 표시된 x', y' 좌표를 이용하는 것이 편하다.

평판에 수직한 방향인 x' 방향의 운동량 방정식을 적용하면 다음과 같다.

$$\sum F_{x'}=\dot{m}(u_2-u_1) \tag{4.18}$$

여기서 u_1과 u_2는 검사체적의 입구와 출구에서 x' 방향의 속도성분이다. 따라서

$$u_1=V\sin\theta,\ u_2=0$$

이므로, 식 (4.18)은 다음과 같다.

$$-R_N=\dot{m}(0-V\sin\theta)=-\rho V^2A\sin\theta$$

이고 따라서 다음과 같다.

Tip
식 (4.19)는 물과 평판 사이에 마찰력이 있더라도 성립한다.

$$R_N = \rho V^2 A\sin\theta \tag{4.19}$$

식 (4.19)는 순전히 x' 방향의 운동량방정식을 적용한 것으로 y' 방향으로 작용하는 힘이나 속도성분과는 무관한 것이다. 즉, 평판과 평행한 방향으로 마찰력이 작용하더라도 성립하고, 또한 출구에서의 속도를 모르더라도 적용되는 식이다. 단, 앞에서 주어진 조건만으로는 평판과 평행한 방향으로 작용하는 마찰력 또는 그림에서의 R_P를 구할 수는 없다.

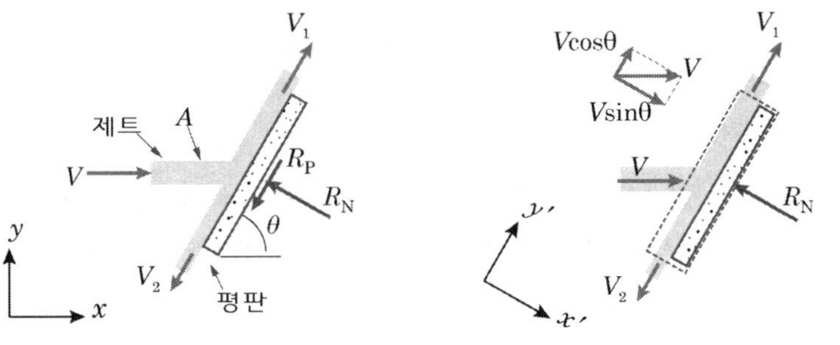

(a) 경사평판에 부딪히는 제트 (b) 검사체적 선택

그림 4.10 경사진 평판에 충돌하는 제트

보충설명 >> 제트에 의한 힘 : 경사진 평판 – 마찰이 없는 경우

Tip
물과 평판 사이에 마찰이 없을 경우 물의 속도는 V로 일정하다.

앞의 경사진 평판에서 물과 평판사이의 마찰이 없는 경우는, 평판과 평행한 방향으로 작용하는 힘은 없다. 따라서 Bernoulli 방정식에 의하여, 제트의 속도는 모두 V로 일정하다.
따라서 그림 4.11과 같이 제트의 속도는 모두 V로 일정하다.
이 경우 그림 4.11에서 보듯이 평판에 부딪힌 제트는 동일한 유량으로 나누어지는 것이 아니라 기울어진 각도에 따라 달라진다. 그림에서 A, A_1과 A_2는 각각 입구와 출구에서의 제트 단면적이고, Q, Q_1과 Q_2는 각각 입구와 출구에서의 유량이다. 출구에서의 유량 Q_1과 Q_2는 연속방정식과 평판에 평행한 방향인 y' 방향의 운동량 방정식을 적용하여 구할 수 있다. 연속방정식은 다음과 같다.

$$Q = Q_1 + Q_2 \;\Rightarrow\; \rho VA = \rho VA_1 + \rho VA_2 \;\Rightarrow\; A = A_1 + A_2 \tag{4.20}$$

정상상태이고 속도분포가 균일한 경우이므로 운동량 방정식은 식 (4.6b)를 사용하면 되고 식에서 y를 y'으로 바꾸면 된다.

$$\sum F_{y'} = \sum_{\text{o}} \dot{m}_{\text{o}} v_{\text{o}} - \sum_{\text{i}} \dot{m}_{\text{i}} v_{\text{i}}$$

평판에 작용하는 마찰을 무시하였을 경우 $\sum F_{y'} = 0$ 이고, 따라서 위의 식은 다음과 같이 된다.

$$\sum_{\text{o}} \dot{m}_{\text{o}} v_{\text{o}} - \sum_{\text{i}} \dot{m}_{\text{i}} v_{\text{i}} = 0$$

여기서 v_i는 입구에서 y' 방향의 속도 성분이므로 그림에서 보듯이 $v_i = V\cos\theta$이므로 앞의 식은 다음과 같다.

$$\rho VA_1 V + \rho VA_2(-V) - \rho VA\, V\cos\theta = 0 \Rightarrow Q_1 - Q_2 - Q\cos\theta = 0 \quad (4.21)$$

따라서 식 (4.20)과 식 (4.21)로부터 다음을 구할 수 있다.

$$Q_1 = \frac{(1+\cos\theta)}{2}Q,\ Q_2 = \frac{(1-\cos\theta)}{2}Q \quad (4.22)$$

식 (4.19)는 앞에서 설명하였듯이 평판에서 마찰이 있더라도 성립하지만, 식 (4.22)를 구할 때 $\sum F_{y'} = 0$을 가정하여 구하였기 때문에, 식 (4.22)는 평판에서 마찰이 있는 경우 성립하지 않는다.

Tip
식 (4.22)는 물과 평판 사이에 마찰력이 있으면 성립하지 않는다.

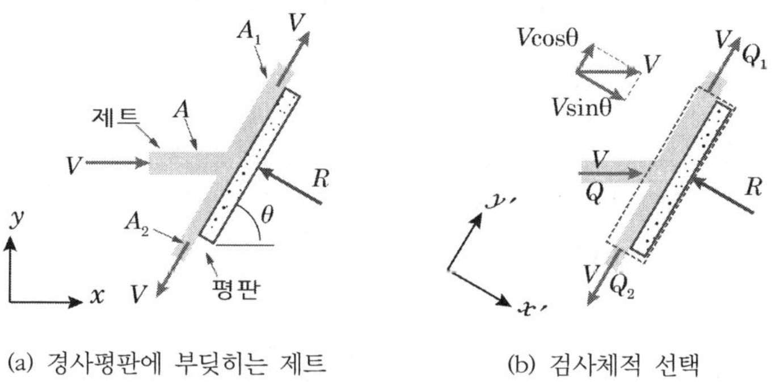

그림 4.11 경사진 평판에 충돌하는 제트 - 마찰력이 없는 경우

예제 4.7

그림 4.11(a)처럼 물 제트가 $\theta = 60^\circ$의 경사진 평판에 작용하는 경우, 평판을 고정하기 위한 힘의 수직 방향 성분 R_N을 구하라. 단, 물 제트의 속도는 2 m/s이고 제트의 단면적은 0.005 m^{2}이다.

풀이

그림 4.11(b)처럼 검사체적을 사용하여 본문에서처럼 운동량 방정식을 적용하면 식 (4.19)를 얻고 다시 쓰면 다음과 같다.

$$R_N = \rho V^2 A\sin\theta = (1000)(2^2)(0.005)\sin 60 = 17.3\,\text{N}$$

보충설명 ›› 수문에 작용하는 힘

그림 4.12(a)처럼 수문을 열어 물이 흐르고 있을 때, 수문을 고정하기 위한 힘을 구하고자 한다. 다음과 같은 가정을 한다.

- 속도분포는 V_1과 V_2로 균일하다.
- 바닥에서의 마찰을 무시한다.

물이 수문에 작용하는 힘과 수문이 물에 작용하는 힘은 크기가 같고 방향이 반대이므로 그림 4.12(b)처럼 물과 수문을 포함한 검사체적을 선택하여, 그림 4.12(c)에 작용하는 힘을 표시한 자유물체도를 나타내었다. 그림에서 R은 수문을 고정하기 위한 힘이고, 검사체적의 왼쪽과 오른쪽에 대기압이 같이 작용하므로 대기압의 효과를 제외하여, F_1은 왼쪽에 작용하는 물만의 정수력을 나타내고, F_2는 오른쪽에 작용하는 물만의 정수력을 나타내고 다음과 같다.

$$F_1 = \rho g \frac{h_1}{2} A_1 = \rho g \frac{h_1}{2}(wh_1) = \frac{\rho g h_1^2 w}{2}$$

$$F_2 = \rho g \frac{h_2}{2} A_2 = \rho g \frac{h_2}{2}(wh_2) = \frac{\rho g h_2^2 w}{2}$$

여기서는 w는 수문의 폭이다. 운동량 방정식 $\sum F_x = \dot{m}(u_2 - u_1)$을 적용하면 다음과 같다.

$$F_1 - F_2 - R = (\rho V_1 h_1 w)(V_2 - V_1)$$

이므로,

$$R = F_1 - F_2 - (\rho V_1 h_1 w)(V_2 - V_1)$$

$$R = \frac{\rho g w}{2}(h_1^2 - h_2^2) - (\rho V_1 h_1 w)(V_2 - V_1) \tag{4.23}$$

이다.

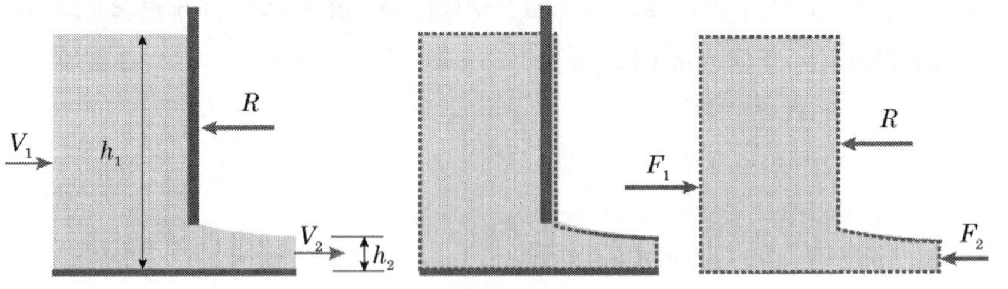

그림 4.12 수문을 고정하기 위한 힘

예제 4.8

그림 4.12(a)처럼 수문을 열어 물이 흐르고 있을 때, 본문에서와 같은 가정을 하여, 수문을 고정하기 위한 힘을 구하라. 단, $h_1 = 10$ m, $h_2 = 1.6$ m, $V_1 = 2$ m/s이고 폭 w는 3 m이다.

풀이

그림 4.12(c)의 자유물체도를 사용하여 본문에서처럼 운동량 방정식을 적용하면, 식 (4.23)을 얻고 다시 쓰면 다음과 같다.

$$R = \frac{\rho g w}{2}(h_1^2 - h_2^2) - (\rho V_1 h_1 w)(V_2 - V_1)$$

여기서 연속방정식을 사용하면 다음처럼 V_2를 구할 수 있다.

$$V_2 = \frac{A_1}{A_2} V_1 = \frac{h_1 w}{h_2 w} V_1 = \frac{10}{1.6}(2) = 12.5 \text{ m/s}$$

따라서,

$$R = \frac{(1000)(9.8)(3)}{2}(10^2 - 1.6^2) - (1000)(2)(10)(3)(12.5 - 2) = 802000\,\text{N}$$

$$= 802\,\text{kN}$$

이다.

보충설명 » 로켓의 추진력

소형 로켓의 추진력을 구할 때, 그림 4.13(a)처럼 실험 장치를 만들어 로켓의 지지대에 작용하는 힘 R을 측정하면 된다. 이론적으로는 운동량 방정식을 적용하기 위해 그림 4.13(b)처럼 검사체적을 선택하여 로켓의 지지대가 로켓에 작용하는 힘의 크기 R을 구하면 된다. 검사체적 내 물체의 속도는 대부분 0이므로, $\frac{\partial(m\vec{V})_{cv}}{\partial t} \simeq 0$이어서 식 (4.6a)을 적용하면 되고 다음과 같다.

$$\sum F_x = \dot{m}(u_2 - u_1)$$

속도 $u_1 = 0$이고 $u_2 = V$이므로

$$R = \dot{m}(V - 0) = \dot{m}V = \rho A V^2 \tag{4.24}$$

이다.

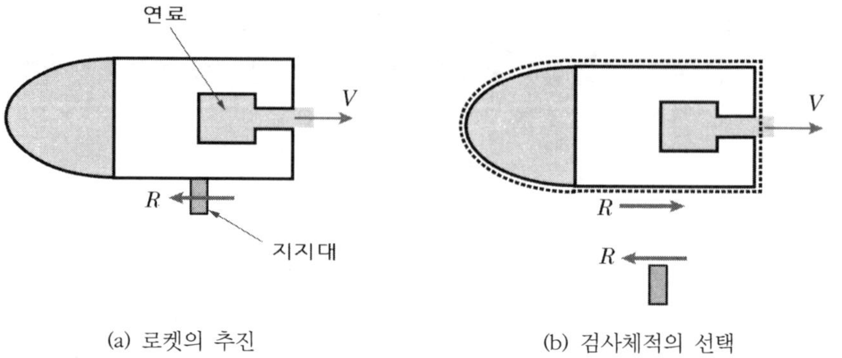

그림 4.13 로켓의 추진력

보충설명 ›› 속도분포가 균일하지 않을 때

검사체적으로 유입 및 유출되는 속도분포가 균일하지 않을 때는, 운동량 수정계수를 사용하여 운동량방정식을 수정하여 사용할 수 있다. 단면에 수직하게 유동하는 경우 운동량 수정계수는 다음과 같다.

$$\beta = \frac{\int V^2 dA}{(\overline{V})^2 A} \tag{4.25}$$

- β : **운동량 수정계수**(보정계수)
- V : 균일하지 않은 속도분포
- $\overline{V}$: 평균속도

정상유동인 경우 운동량 방정식은 다음과 같다.

$$\sum F_x = \dot{m}\,(\beta_2 u_2 - \beta_1 u_1) \tag{4.26a}$$

$$\sum F_y = \dot{m}\,(\beta_2 v_2 - \beta_1 v_1) \tag{4.26b}$$

$$\sum F_z = \dot{m}\,(\beta_2 w_2 - \beta_1 w_1) \tag{4.26c}$$

- $u,\ v,\ w$: 평균속도

예제 4.9

그림 E4.9(a)처럼 반지름 R =10 cm인 원형관에 균일한 속도 U = 4 m/s로 물이 흘러 들어가, 균일하지 않은 속도분포로 관의 끝에서 물이 흘러 나간다. 입구에서의 압력 p_1 = 200 kpa이고 출구에서의 압력 p_2 = 190 kPa일 때, 관 벽에서의 마찰력을 구하라.

$$u = u_0\left[1-\left(\frac{r}{R}\right)^2\right]$$

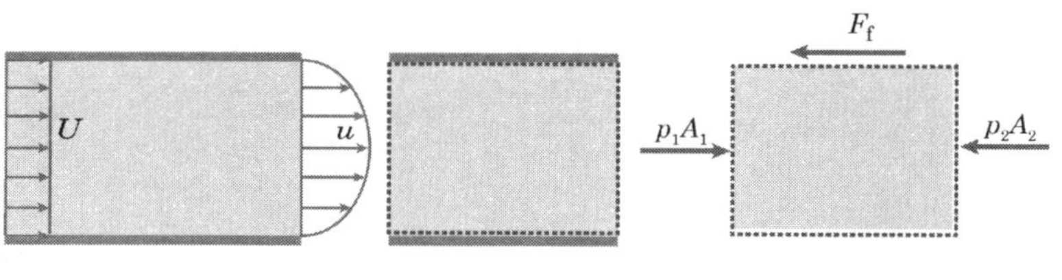

그림 E4.9

풀이

먼저 예제 3.5처럼 연속방정식을 적용하여 u_0를 구하면 다음과 같다.

$$u_0 = 2U = (2)(4) = 8 \text{ m/s}$$

그림 E4.9(b)처럼 원형 관 내의 물만을 검사체적으로 설정하면 검사체적에 작용하는 힘을 표시한 자유물체도는 그림 E4.9(c)와 같다. 그림에 표시한 F_f는 관이 물에 작용하는 마찰력이다.

속도분포가 균일하지 않으므로 식 (4.26a)를 사용하여야 하고, 다시 쓰면 다음과 같다.

$$\sum F_x = \dot{m}\,(\beta_2 u_2 - \beta_1 u_1) \tag{1}$$

여기서 u_1과 u_2는 입구와 출구에서의 평균속도이고, 따라서 $u_1 = u_2 = U = 4$ m/s 이다.

입구에서는 속도분포가 균일하므로 $\beta_1 = 1$이고, 출구에서는 속도분포가 균일하지 않으므로 수정계수를 구하면 다음과 같다.

$$\beta_2 = \frac{\int V_2^2 dA}{\left(\overline{V_2}\right)^2 A} = \frac{\int u^2 dA}{U^2 A}$$

여기서

$$\int u^2 dA = \int_0^R u^2\, 2\pi r dr = 2\pi \int_0^R u^2 r dr$$

$$= 2\pi u_0^2 \int_0^R \left[1-\left(\frac{r}{R}\right)^2\right]^2 r dr = \frac{1}{3}\pi R^2 u_0^2 = \frac{1}{3}\pi R^2 (2U)^2 = \frac{4}{3}\pi R^2 U^2$$

이다. 따라서,

$$\beta_2 = \frac{\int u^2 dA}{U^2 A} = \frac{\frac{4}{3}\pi R^2 U^2}{\pi R^2 U^2} = \frac{4}{3} \tag{2}$$

이고, 식 (1)의 우변은 다음과 같다.

$$\dot{m}\,(\beta_2 u_2 - \beta_1 u_1) = (\pi R^2 \rho U)\left(\frac{4}{3}U - U\right) = \frac{1}{3}\pi R^2 \rho U^2 \tag{3}$$

식 (1)의 좌변은 다음과 같다.

$$\sum F_x = p_1 A_1 - p_2 A_2 - F_f = (p_1 - p_2)(\pi R^2) - F_f \tag{4}$$

따라서 식 (3) = 식 (4)로부터

$$(p_1 - p_2)(\pi R^2) - F_f = \frac{1}{3}\pi R^2 \rho U^2$$

이고, 다음의 결과를 얻을 수 있다.

$$\begin{aligned} F_f &= (p_1 - p_2)(\pi R^2) - \frac{1}{3}\pi R^2 \rho U^2 \\ &= (\pi R^2)\left(p_1 - p_2 - \frac{1}{3}\rho U^2\right) \\ &= \pi(0.1^2)\left[200000 - 190000 - \frac{1}{3}(1000)(4^2)\right] \\ &= 147\,\mathrm{N} \end{aligned}$$

Note

연습문제

문제번호 앞에 * 표시된 문제는 약간 어려운 문제이며 경우에 따라 풀지 않아도 된다.

객관식

4.1

일반적인 운동량 방정식과 관련하여 옳지 않은 것은?

① 외부에서 검사체적 내의 물질에 작용하는 힘의 합은 검사체적 내의 물질의 선형 운동량의 변화율과 검사표면을 통한 선형운동량의 순유동률(유출률과 유입율의 차)과 같다.

② 정상유동인 경우, 외부에서 검사체적 내의 물질에 작용하는 힘의 합은 검사표면을 통한 선형운동량의 순유동률과 같다.

③ 마찰이 없는 경우에만 성립한다.

④ 속도분포가 균일하지 않아도 성립한다.

4.2

다음 중 운동량 방정식 $\sum \vec{F}_{\mathrm{cv}} = \dot{m}\left(\vec{V}_2 - \vec{V}_1\right)$이 성립하는데 필요한 조건을 모두 나타낸 것은?

㉮ 정상유동
㉯ 균일한 속도분포
㉰ 입구와 출구가 각각 하나

① ㉮, ㉯ ② ㉮, ㉰
③ ㉯, ㉰ ④ ㉮, ㉯, ㉰

Note

4.3

그림처럼 면적이 A로 일정한, 90° 굽어진 관에, 입구 계기압력이 p_{1g}인 상태에서 밀도 ρ인 물이 V의 속도로 흐르고 있고, 출구에서의 계기압력은 p_{2g}이다. 이 관을 고정하려면, 가하여야 할 힘의 x 방향 성분 (그림에 표시된) R_x는? (x 및 y 방향은 중력과 무관한 수평 방향이므로 중력은 무시하라)

① $\rho V^2 A + p_{1g} A$　　② $-\rho V^2 A + p_{1g} A$

③ $\rho V^2 A + p_{2g} A$　　④ $-\rho V^2 A + p_{2g} A$

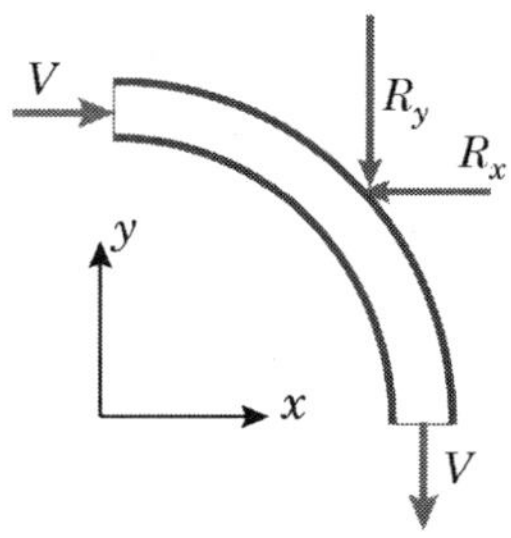

그림 P4.3

4.4

앞의 연습문제 4.3에서 관을 고정하기 위한 힘의 y 방향 성분 (그림에 표시된) R_y는? (x 및 y 방향은 중력과 무관한 수평 방향이므로 중력은 무시하라)

① $\rho V^2 A + p_{1g} A$　　② $-\rho V^2 A + p_{1g} A$

③ $\rho V^2 A + p_{2g} A$　　④ $-\rho V^2 A + p_{2g} A$

4.5

앞의 그림 P4.3에서 보여주고 있듯이, 90° 굽어진 지름이 20 cm인 관에 입구 계기압력이 200 kPa인 상태에서 물이 4 m/s로 흐르고 있고, 출구에서의 계기압력은 195 kPa이다. 이 관을 고정하려면, 가하여야 할 힘의 x 방향 성분 (그림에 표시된) R_x는? (x 및 y 방향은 중력과 무관한 수평 방향이므로 중력은 무시하라)

① 5.62 kN　　② 5.78 kN

③ 6.62 kN　　④ 6.78 kN

Note

4.6

앞의 그림 P4.3에서 보여주고 있듯이, 90° 굽어진 지름이 20 cm인 관에 입구 계기압력이 200 kPa인 상태에서 물이 4 m/s로 흐르고 있고, 출구에서의 계기압력은 195 kPa이다. 이 관을 고정하려면, 가하여야 할 힘의 y 방향 성분 (그림에 표시된) R_y는? (x 및 y 방향은 중력과 무관한 수평 방향이므로 중력은 무시하라)

① 5.62 kN ② 5.78 kN
③ 6.63 kN ④ 6.78 kN

4.7

그림처럼, 면적이 A로 일정한, 180° 굽어진 관에, 입구 계기압력이 p_{1g}인 상태에서 밀도 ρ인 물이 V의 속도로 흐르고 있고, 출구에서의 계기압력은 p_{2g}이다. 이 관을 고정하려면, 가하여야 할 힘의 x 방향 성분 (그림에 표시된) R_x는? (x 및 y 방향은 중력과 무관한 수평 방향이므로 중력은 무시하라)

① $(p_{1g}+p_{2g})A-2\rho A V^2$ ② $(p_{1g}+p_{2g})A+2\rho A V^2$
③ $(p_{1g}-p_{2g})A-\rho A V^2$ ④ $(p_{1g}-p_{2g})A+\rho A V^2$

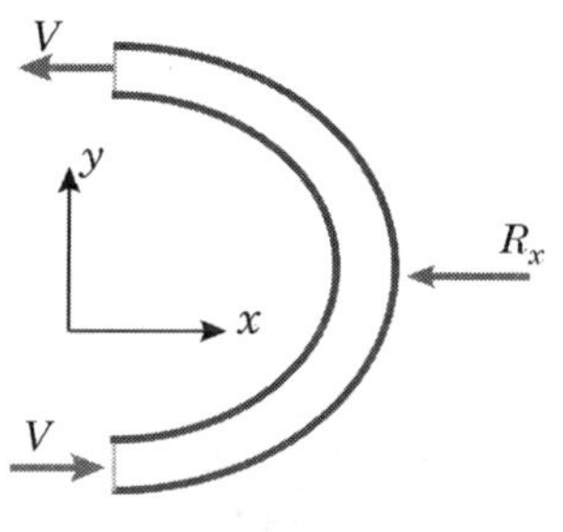

그림 P4.7

4.8

앞의 연습문제 4.7에서 관을 고정하기 위한 힘의 y 방향 성분 (그림에 표시된) R_y는? (x 및 y 방향은 중력과 무관한 수평 방향이므로 중력은 무시하라)

① 0 ② $\rho V^2 A+p_{1g}A$
③ $(p_{1g}+p_{2g})A$ ④ $(p_{1g}+p_{2g})A-2\rho A V^2$

Note

4.9

앞의 그림 P4.7처럼, 180° 굽어진 지름이 20 cm인 관에 입구 계기압력이 200 kPa인 상태에서 물이 4 m/s로 흐르고 있고, 출구에서의 계기압력은 190 kPa이다. 이 관을 고정하려면, 가하여야 할 힘 (그림에 표시된) R_x는? (x 및 y 방향은 중력과 무관한 수평 방향이므로 중력은 무시하라)

① 1.01 kN　　② 11.2 kN

③ 12.2 kN　　④ 13.3 kN

4.10

그림처럼 단면적이 A_1인 원형 관의 끝에 노즐이 부착되어 있다. 노즐과 원형 관은 플랜지와 볼트로 연결되어 있다. 노즐 출구에서의 단면적은 A_2이고 대기에 노출되어 있고, 노즐 입구에서의 절대압력은 p_1이고 대기압은 p_{atm}이다. 유량이 Q일 때 볼트에 작용하는 수평방향의 힘을 구하라.

① $(p_1 - p_{atm})A_1 - \rho Q(\frac{1}{A_2} - \frac{1}{A_1})$

② $(p_1 - p_{atm})A_1 + \rho Q(\frac{1}{A_2} + \frac{1}{A_1})$

③ $(p_1 - p_{atm})A_1 - \rho Q^2(\frac{1}{A_2} - \frac{1}{A_1})$

④ $(p_1 - p_{atm})A_1 + \rho Q^2(\frac{1}{A_2} + \frac{1}{A_1})$

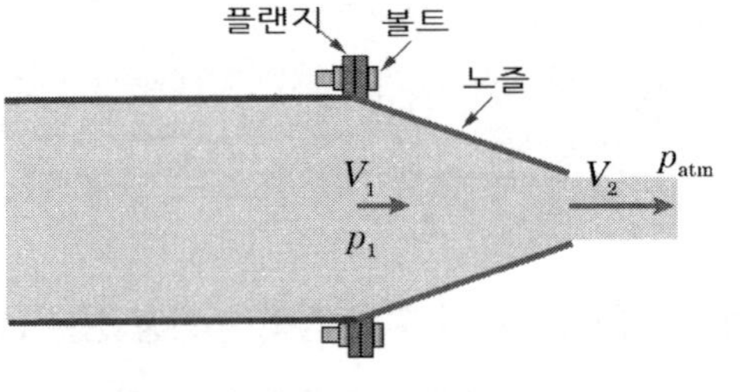

그림 P4.10

Note

4.11

앞의 그림 P4.10처럼 지름이 40 cm인 원형 관의 끝에 노즐이 부착되어 있다. 노즐과 원형 관은 플랜지와 볼트로 연결되어 있다. 노즐 출구에서의 지름은 10 cm이고 노즐 입구에서의 압력(절대압력)은 122 kPa이고 대기압은 101 kPa이다. 유량이 0.05 m^3/s 일 때 볼트에 작용하는 수평방향의 힘을 구하라.

① 1.95 kN ② 2.34 kN

③ 2.64 kN ④ 2.94 kN

*4.12

그림처럼 단면적이 A_1인 원형 관의 끝에 노즐이 부착되어 있다. 노즐과 원형 관은 플랜지와 볼트로 연결되어 있다. 노즐 출구에서의 단면적은 A_2이고 대기에 노출되어 있고, 노즐 입구에서의 절대압력은 p_1이고 대기압은 p_{atm}이다. 유량이 Q일 때 볼트에 작용하는 수직방향의 힘의 크기를 구하라. 노즐 내 물의 무게는 W_w, 노즐의 무게는 W_n이다.

① $(p_1 - p_{atm})A_1 + W_w + W_n - \rho Q(\frac{1}{A_2} - \frac{1}{A_1})$

② $(p_1 - p_{atm})A_1 + W_w + W_n + \rho Q(\frac{1}{A_2} - \frac{1}{A_1})$

③ $(p_1 - p_{atm})A_1 + W_w + W_n - \rho Q^2(\frac{1}{A_2} - \frac{1}{A_1})$

④ $(p_1 - p_{atm})A_1 + W_w + W_n + \rho Q^2(\frac{1}{A_2} - \frac{1}{A_1})$

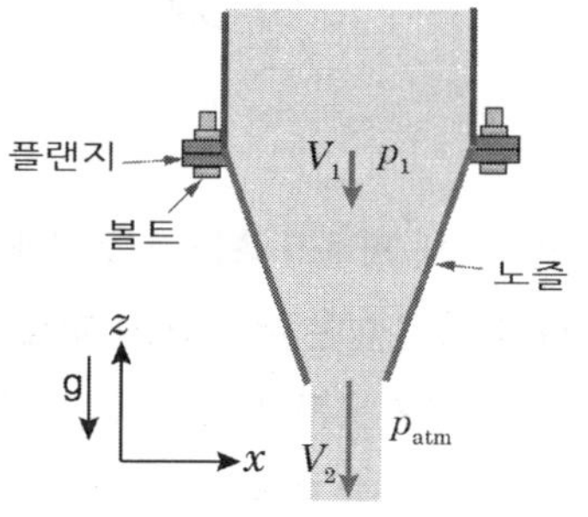

그림 P4.12

Note

4.13

그림처럼 밀도 ρ인 액체 제트가 속도 V로 깃에 부딪혀 θ의 각도로 방향을 바꾸어 같은 속도로 유동한다. 마찰손실은 무시하고, 제트의 단면적은 모든 곳에서 A이다. 제트 및 모든 부분은 대기압이 작용하고, 깃은 수평방향으로 되어있다. 즉 x, y방향은 수평방향이다. 깃을 고정하기 위한 힘의 x방향 성분의 크기는 어느 것인가?

① $\rho A V^2(1+\sin\theta)$ ② $\rho A V^2(1-\sin\theta)$

③ $\rho A V^2(1+\cos\theta)$ ④ $\rho A V^2(1-\cos\theta)$

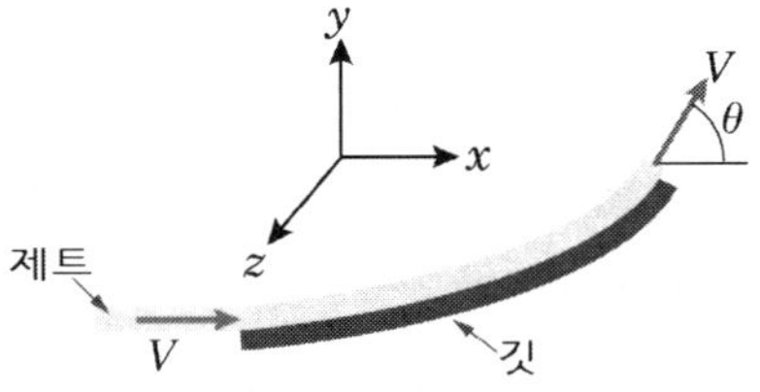

그림 P4.13

4.14

앞의 그림 P4.13처럼 밀도 ρ인 액체 제트가 속도 V로 깃에 부딪혀 θ의 각도로 방향을 바꾸어 같은 속도로 유동한다. 마찰손실은 무시하고, 제트의 단면적은 모든 곳에서 A이다. 제트 및 모든 부분은 대기압이 작용하고, 깃은 수평방향으로 되어있다. 즉 x, y방향은 수평방향이다. 깃을 고정하기 위한 힘의 y방향 성분의 크기는 어느 것인가?

① $\rho A V^2\cos\theta$ ② $\rho A V^2\sin\theta$

③ $\rho A V^2(\cos\theta-1)$ ④ $\rho A V^2(\sin\theta-1)$

4.15

앞의 그림 P4.13처럼 밀도 ρ인 액체 제트가 속도 V로 깃에 부딪혀 θ의 각도로 방향을 바꾸어 같은 속도로 유동한다. 마찰손실은 무시하고, 제트의 단면적은 모든 곳에서 A이다. 제트 및 모든 부분은 대기압이 작용하고, 깃은 수평방향으로 되어있다. 즉 x, y방향은 수평방향이다. 깃을 고정하기 위한 힘은 어느 것인가?

① $\rho A V^2\sqrt{2\cos\theta}$ ② $\rho A V^2\sqrt{2\sin\theta}$

③ $\rho A V^2\sqrt{2(1-\cos\theta)}$ ④ $\rho A V^2\sqrt{2(1+\cos\theta)}$

4.16

그림처럼 밀도 ρ인 액체 제트가 속도 V로 깃에 부딪혀 180°의 각도로 방향을 바꾸어 같은 속도로 유동한다. 마찰손실은 무시하고, 제트의 단면적은 모든 곳에서 A이다. 제트 및 모든 부분은 대기압이 작용하고, 깃은 수평방향으로 되어있다. 즉 x, y방향은 수평방향이다. 깃을 고정하기 위한 힘 (그림에 표시된) R은?

① $\rho A V^2$ ② $\sqrt{2}\rho A V^2$

③ $2\rho A V^2$ ④ $4\rho A V^2$

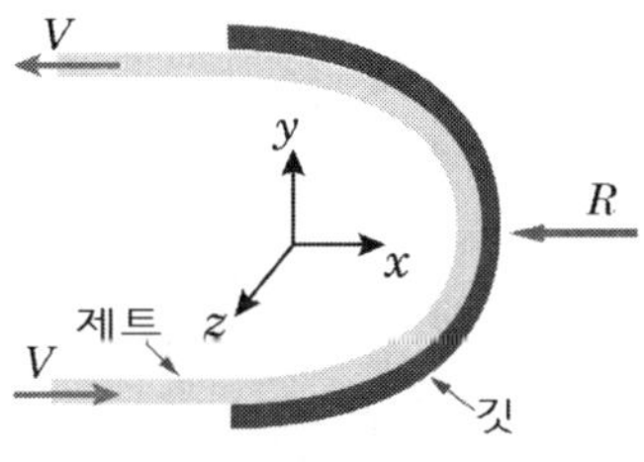

그림 P4.16

4.17

그림처럼 물 제트가 평판에 부딪힌 다음 수직한 방향으로 사방으로 분출되고 있다. 물 제트의 단면적이 0.004 m^2이다. 평판을 고정하기 위하여 100N의 힘이 필요하다면 물 제트의 속도는 얼마인가?

① 0.4 m/s ② 4 m/s

③ 5 m/s ④ 100 m/s

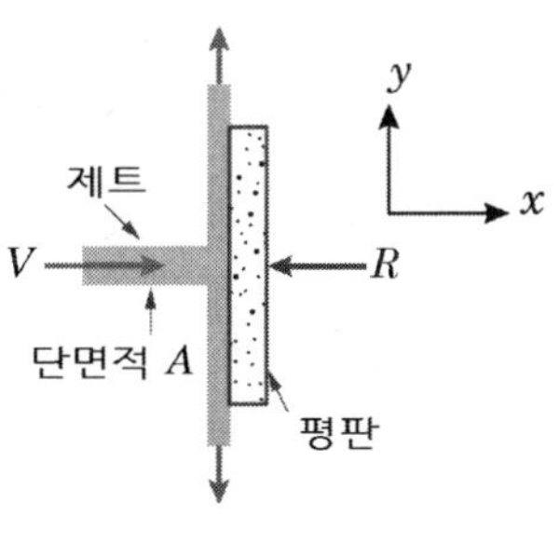

그림 P4.17

Note

4.18

그림처럼 밀도 ρ, 지름 D, 속도 V_1인 유체의 제트가 구멍 뚫린 원판에 부딪힌 다음 사방으로 흘러나가고, 일부는 지름이 d인 구멍을 속도가 V_1인 속도로 흘러나간다. 원판을 고정하기 위한 힘의 크기를 바르게 나타낸 것은? (구멍을 통과한 후의 유체의 지름은 d로 일정하다고 가정하라)

① $\frac{\rho\pi}{4}\left(V_1 D^2 - V_2 d^2\right)$ ② $\frac{\rho\pi}{4}\left(V_1 D^2 + V_2 d^2\right)$

③ $\frac{\rho\pi}{4}\left(V_1^2 D^2 - V_2^2 d^2\right)$ ④ $\frac{\rho\pi}{4}\left(V_1^2 D^2 + V_2^2 d^2\right)$

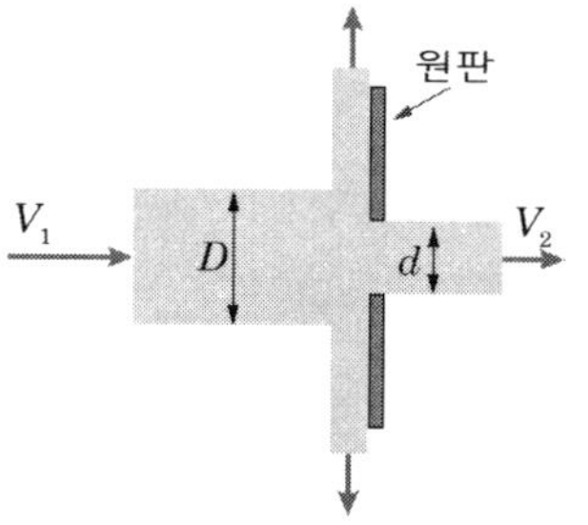

그림 P4.18

4.19

그림처럼 비중이 0.8이고 20 cm×20 cm×2 cm 크기의 평판의 중앙에 물 제트가 부딪혀 사방으로 흘러나간다. 물의 속도가 증가하면 평판은 O점을 중심으로 기울어져서 평판은 쓰러진다. 물 제트의 단면적이 0.001 m^2일 때 평판이 기울어지기 시작할 때의 물 제트 속도를 구하라.

① 0.67 m/s ② 0.82 m/s

③ 0.95 m/s ④ 1.24 m/s

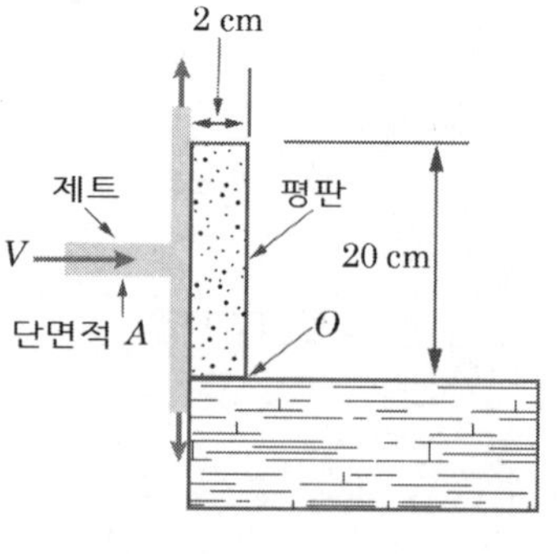

그림 P4.19

Note

4.20

그림처럼 5 m/s의 물 제트가 2 m/s의 일정한 속도로 움직이는 평판에 부딪힌 다음 수직한 방향으로 사방으로 분출되고 있다. 물 제트의 단면적이 0.002 m^2이다. 물 제트가 평판에 추가적으로 작용하는 순 힘의 크기는 얼마인가?

① 8 N ② 18 N

③ 25 N ④ 50 N

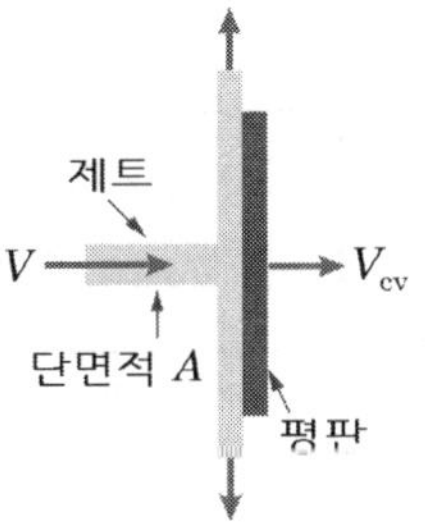

그림 P4.20

4.21

그림처럼 물 제트가 $\theta = 45°$의 경사진 평판에 작용하는 경우, 평판을 고정하기 위하여 20 N의 힘이 필요하였다면, 물 제트의 속도는 얼마인가? (제트의 단면적은 0.004 m^2이다. 평판에서의 마찰은 무시하라)

① 2.66 m/s ② 3.57 m/s

③ 5.25 m/s ④ 7.08 m/s

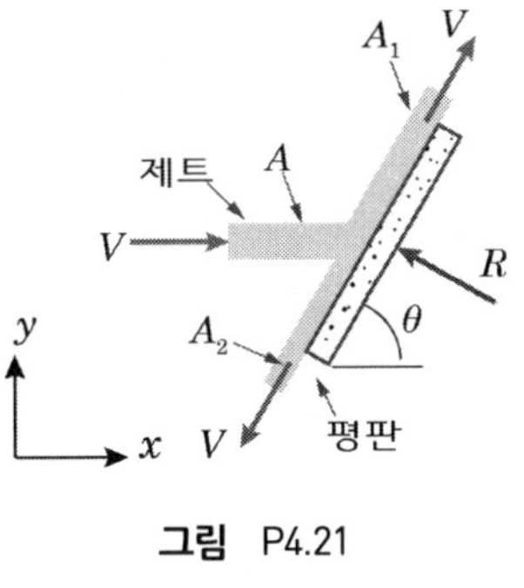

그림 P4.21

Note

4.22

소형 로켓의 추진력을 구할 때, 그림처럼 실험 장치를 만들어 로켓의 지지대에 작용하는 힘 R을 측정하면 된다. 분출 가스의 밀도가 2.5 kg/m^{3}이고, 분출 속도가 100 m/s, 분출 단면적이 0.01 m^{2}일 때, 로켓의 추진력을 구하라.

① 2.5 N　　② 25 N

③ 250 N　　④ 2500 N

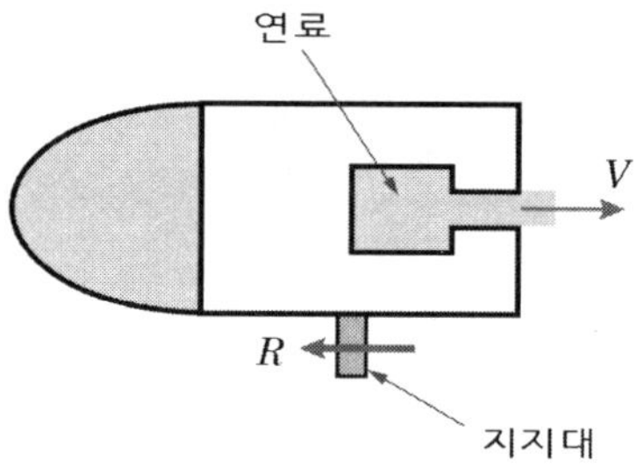

그림 P4.22

4.23

단면에 수직하게 유동하는 경우, 운동량 수정계수(보정계수)를 바르게 나타낸 것은?

(단, V는 균일하지 않은 속도분포이고, $\overline{V}$는 평균속도이다)

① $\dfrac{\int V^3 dA}{(\overline{V})^3 A}$　　② $\dfrac{\int V^2 dA}{(\overline{V})^2 A}$

③ $\dfrac{(\overline{V})^3 A}{\int V^3 dA}$　　④ $\dfrac{(\overline{V})^2 A}{\int V^2 dA}$

Note

주관식

*4.24

그림처럼 지름이 변하며 수평 방향에서 연직 방향으로 90° 굽어진 관에서, 입구에서의 계기압력이 200 kPa인 상태에서 물이 2 m/s로 흐르고 있고, 출구에서의 계기압력은 160 kPa이다. 입구 및 출구 지름은 각각 20 cm, 10 cm이다. 이 관을 고정하려면, 가하여야 할 힘의 크기와 방향을 구하라. 관의 질량은 1.5 kg이고 관내의 유체의 질량은 2.5 kg이다.

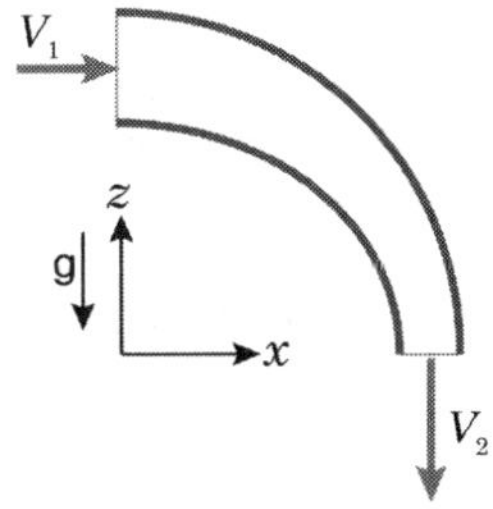

그림 P4.24

*4.25

그림처럼 지름이 변하는 180° 굽어진 관에서, 입구에서의 계기압력이 200 kPa인 상태에서 물이 2 m/s로 흐르고 있다. 출구에서의 계기압력은 160 kPa이다. 입구 및 출구 지름은 각각 20 cm, 10 cm이다. 이 관을 고정하려면, 가하여야 할 힘의 x 및 y 방향 성분의 크기와 방향을 구하라. 그림에서 z 방향이 중력방향이다.

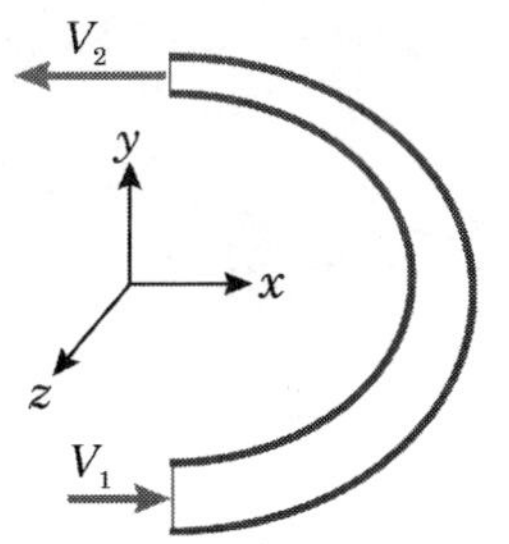

그림 P4.25

Note

*4.26

그림처럼 지름이 변하는 굽어진 관에서, 입구 압력이 200 kPa인 상태에서 물이 2 m/s로 흐르고 있다. 출구에서의 압력은 162 kPa이다. 입구 및 출구 지름은 각각 20 cm, 10 cm이다. 이 관을 고정하려면, 가하여야 할 힘의 x 및 y 방향 성분의 크기와 방향을 구하라. 그림에서 z 방향이 중력방향이다.

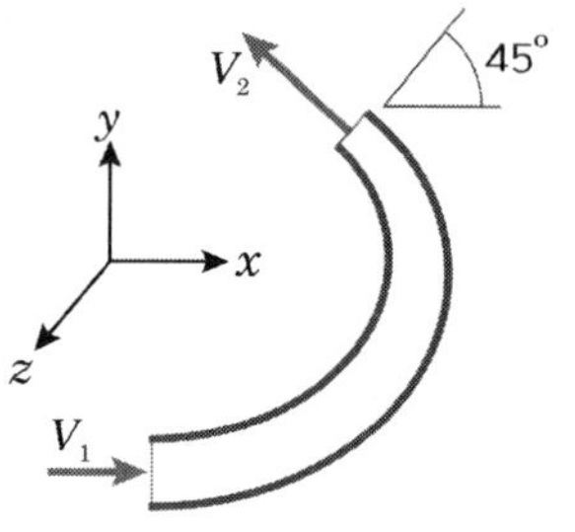

그림 P4.26

*4.27

그림처럼 지름이 40 cm인 원형 관의 끝에 노즐이 부착되어 있고 물이 흐르고 있다. 노즐과 원형 관은 플랜지와 볼트로 연결되어 있다. 노즐 출구에서의 지름은 10 cm이고 노즐 입구에서의 압력(절대압력)은 122 kPa이고 대기압은 101 kPa이다.

(1) 노즐 출구에서의 속도를 구하라.

(2) 플랜지에 작용하는 수평방향의 힘을 구하라. (단, 모든 손실을 무시하라)

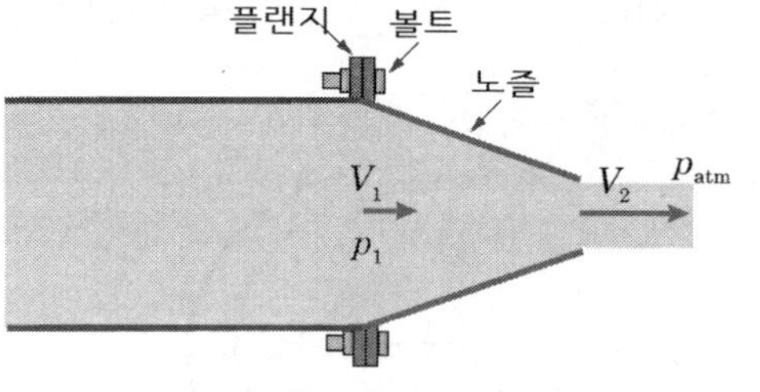

그림 P4.27

Note

*4.28

그림처럼 지름이 40 cm인 원형 관의 끝에 노즐이 부착되어 있다. 노즐과 원형 관은 플랜지와 볼트로 연결되어 있다. 노즐 출구에서의 지름은 10 cm이고 노즐 입구에서의 압력(절대압력)은 122 kPa이고 대기압은 101 kPa이다. 유량이 0.05 m^3/s일 때 노즐에 작용하는 수직방향의 힘을 구하라. 노즐의 무게는 5 N이고 노즐 내의 물의 질량은 0.8 kg이다.

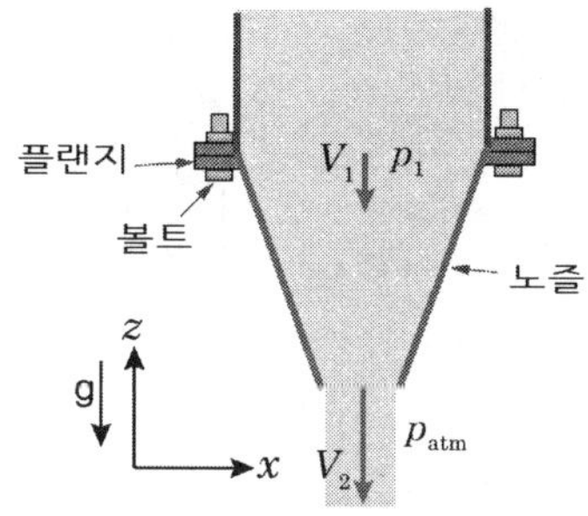

그림 P4.28

4.29

그림처럼 밀도 ρ인 액체 제트가 속도 V로 깃에 부딪혀 방향을 바꾸어 같은 속도로 유동한다. 마찰손실은 무시하고, 제트의 단면적은 모든 곳에서 A이다. 제트 및 모든 부분은 대기압이 작용하고, 깃은 수평방향으로 되어있다. 즉 x, y방향은 수평방향이다. 깃을 고정하기 위한 힘의 x, y방향 성분을 구하라.

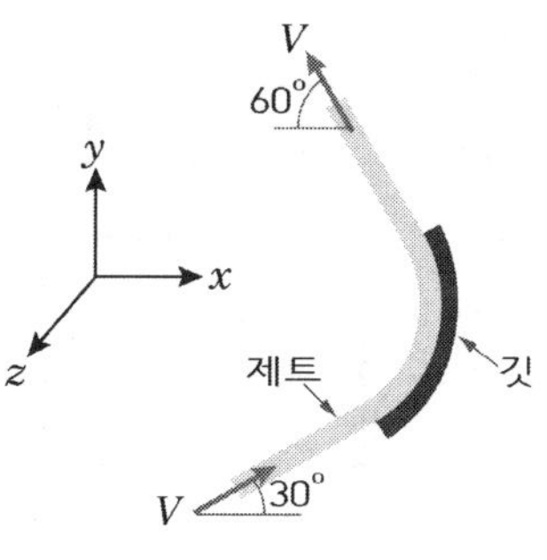

그림 P4.29

Note

4.30

그림처럼 밀도 ρ인 액체 제트가 속도 V로 원추에 부딪혀 사방으로 같은 속도 V로 흘러나간다(즉, 마찰손실을 무시한다). 제트 및 모든 부분은 대기압이 작용하고, 원추는 수평방향으로 되어있다. 즉 x, y방향은 수평방향이다. 원추를 고정하기 위한 힘을 구하라.

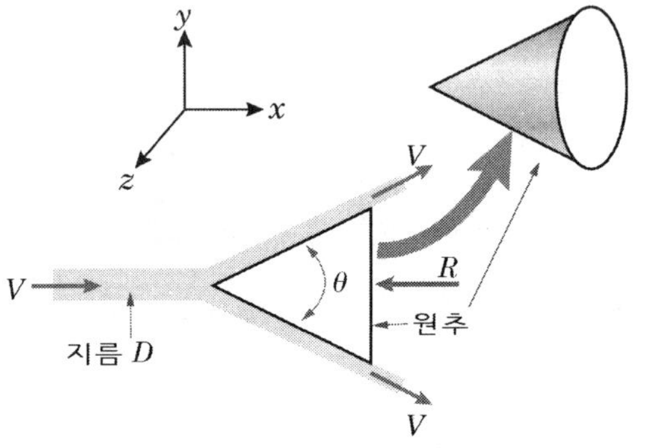

그림 P4.30

4.31

그림처럼 20 cm×20 cm×2 cm 크기의 평판의 중앙에 물 제트가 부딪혀 사방으로 흘러나간다. 물의 속도가 증가하면 평판은 O점을 중심으로 기울어져서 평판은 쓰러진다. 물 제트의 단면적이 0.001 m^2이다. 물 제트의 속도가 0.75 m/s일 때 평판이 기울어지기 시작하였다면, 평판의 비중을 구하라.

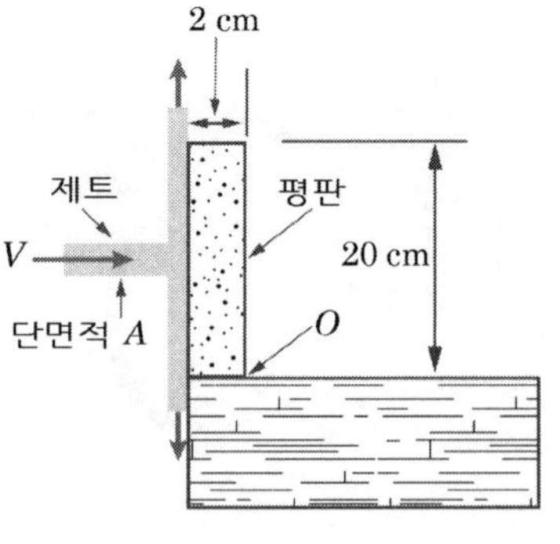

그림 P4.31

Note

4.32

그림처럼 5 m/s의 물 제트가 왼쪽 방향으로 2 m/s의 일정한 속도로 움직이는 평판에 부딪힌 다음 수직한 방향으로 사방으로 분출되고 있다. 물 제트의 단면적이 0.002 m^2이다. 평판을 왼쪽 방향으로 2 m/s의 일정한 속도로 움직이기 위한 힘을 구하라.

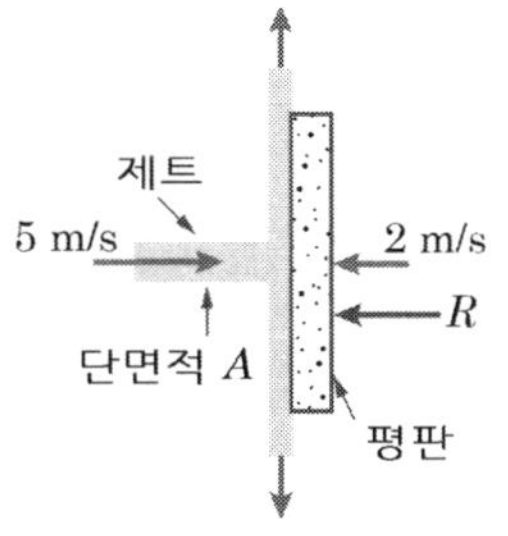

그림 P4.32

*4.33

그림처럼 $V_1 = 2$ m/s의 물 제트와 $V_2 = 4$ m/s의 물 제트가 직각 방향으로 합쳐진다. 두 물 제트의 단면적 $A = 40\ cm^2$이다. 합쳐진 후의

(1) 물 제트의 속도를 구하라.

(2) 물 제트의 단면적을 구하라.

(3) 물 제트의 각도 θ를 구하라. (단, x, y방향은 수평 방향이고 중력효과는 무시하라)

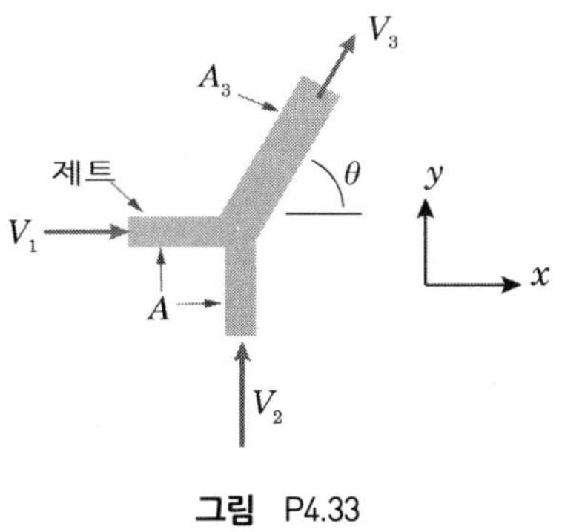

그림 P4.33

Chapter 5

내부유동

Internal Flow

5.1 유동 특성

5.1.1 층류와 난류

일반적으로 유동은 층류와 난류로 구분된다. 영국의 과학자인 Osborne Reynolds가 처음으로 층류와 난류의 개념에 대하여 설명하였다. 그림 5.1에서 보듯이 관에서의 속도가 작을 때 유동은 잔잔히 층을 이루면서 흐르고, 이 유동 형태를 **층류유동(laminar flow)**이라 하고, 속도가 아주 클 때는 불규칙하게 뒤섞이며 흐르고, 이 유동 형태를 **난류유동(turbulent flow)**이라 한다. 그리고 이 두 유동을 구분하기 힘든 중간 형태를 **천이유동(transitional flow)**이라 한다.

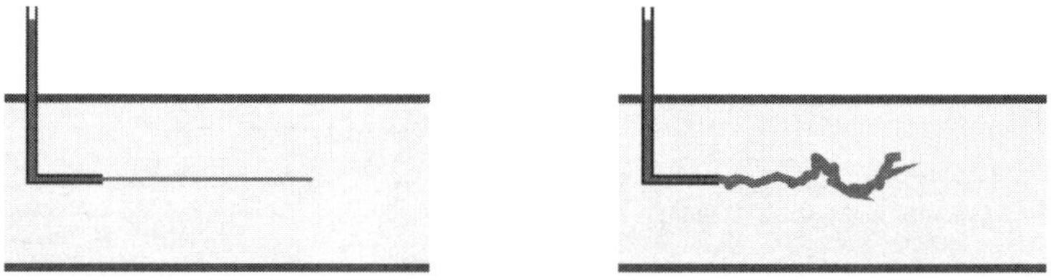

(a) 층류 (b) 난류

그림 5.1 층류와 난류

동일한 속도라도 원형 관의 지름 및 유체의 종류에 따라 층류가 되고 난류가 되는 수가 있어, 유동속도(V)뿐 아니라 유체의 밀도(ρ)와 점성계수(μ) 및 관의 직경(D) 등이 유동이 층류가 되는지 난류가 되는지에 영향을 미친다. 이러한 4개의 물리량들의 적절한 조합으로 표시되는 무차원수가 **Reynolds수(Reynolds number)**이고 Re로 표시하며 다음처럼 정의한다.

$$\mathrm{Re} = \frac{\rho VD}{\mu} = \frac{VD}{\nu} \tag{5.1}$$

Reynolds수는 관성력과 점성력의 상대적인 크기를 나타내는 무차원수이다. 즉,

$$\mathrm{Re} \sim \frac{\text{관성력}}{\text{점성력}} \tag{5.2}$$

이다.

Reynolds의 여러 실험에 의하면, 원형 관에서의 유동은 Re가 2100보다 작으면 층류유동이고, Re가 4000보다 크면 난류유동이 되고 그 사이는 층류, 난류를 구별하기 어려운 천이유동이다. 정리하면 다음과 같다.

- 층류유동 : Re < 2100
- 천이유동 : 2100 < Re < 4000
- 난류유동 : Re > 4000

일반적으로 층류, 난류 및 천이유동은 앞에서 설명한 것과 같이 분류하지만, 유동을 해석할 때 편의상 **임계 Reynolds수(critical Reynolds number)** Re_{cr}을 기준으로 층류와 난류를 구분하기도 한다. 일반적으로 원형 관인 경우 보통 임계 Reynolds수는 2300이다.

보충설명 » 유체역학에서 많이 사용하는 무차원수

앞에서 설명한 무차원수인 Reynolds수 외에 유체역학에서 다음과 같은 무차원수를 자주 사용한다.

- Reynolds수 : $Re = \dfrac{\rho VL}{\mu} = \dfrac{VL}{\nu}$: $\dfrac{\text{관성력}}{\text{점성력}}$
- Froude수 : $Fr = \dfrac{V}{\sqrt{gL}}$: $\dfrac{\text{관성력}}{\text{중력에 의한 힘}}$
- Weber수 : $We = \dfrac{\rho V^2}{\sigma}$: $\dfrac{\text{관성력}}{\text{표면장력에 의한 힘}}$ 여기서, σ = 표면장력
- Euler수 : $Eu = \dfrac{p}{\rho V^2}$: $\dfrac{\text{압력에 의한 힘}}{\text{관성력}}$
- Mach수 : $Ma = \dfrac{V}{a}$: $\dfrac{\text{관성력}}{\text{압축력}}$ 여기서, a = 음속

예제 5.1

지름이 1 cm인 원형 관에 유체가 2 m/s의 속도로 흐르고 있다. 이 유체가 (1) 물일 때, (2) 공기일 때 이 유동은 층류인지 난류인지 판단하라. 물과 공기의 밀도는 각각 1000 kg/m^3, 1 kg/m^{3}이고 물과 공기의 점성계수는 각각 0.001 Pa · s, 2×10^{-5} Pa · s이다.

풀이

(1) 물일 때,

$$Re = \frac{\rho VD}{\mu} = \frac{(1000)(2)(0.01)}{0.001} = 20000 > 4000$$

이므로 난류다.

(2) 공기일 때,

$$\text{Re} = \frac{\rho VD}{\mu} = \frac{(1)(2)(0.01)}{2\times10^{-5}} = 1000 < 2100$$

이므로 층류다.

보충설명

동일한 속도라도 물인 경우는 난류이고 공기인 경우는 층류이다. 따라서 어떤 유체의 속도가 빠르고 느리고의 판단을 단순히 속도의 절대적인 크기로 판단할 수는 없다. 앞에서 물과 공기가 같은 속도이지만, 물의 속도가 공기의 속도보다 훨씬 크게 느껴진다.

5.1.2 완전발달유동

곧은 수평 원형 관 속에서의 유체의 속도분포는 일반적으로 반경방향 r과 축방향 x에 따라 달라진다. 그림 5.2와 같이 여러 위치에서 원형 관 내부 유체의 속도분포를 측정하여 보면 다음과 같은 특성을 가진다.

- 관 입구에서의 속도분포는 균일하다.
- 관을 지나감에 따라, 관의 벽에서 속도는 0이고(점착조건), 점성 때문에 관의 벽에 인접한 유체의 속도는 감속되고 중앙 부분의 속도는 증가된다. 벽 부근에서 속도가 감소하면 중앙 부분에서의 속도가 증가하여야 연속방정식이 성립한다.
- **경계층(boundary layer)**: 벽에서의 마찰로 인한 점성효과가 중요하여 속도분포가 균일하지 않은 벽 부근의 영역을 경계층이라 한다.
- **비점성 중앙부(inviscid core)**: 점성효과가 존재하지 않는 균일한 유동영역을 비점성 중앙부(core)라 한다. 책에 따라 core를 핵으로 번역하기도 한다.
- **완전발달유동(fully developed flow)**: 어떤 길이 이상의 하류에서는 중심부의 균일한 유동영역은 사라지고, 유동은 완전히 점성유동으로 발전하며, 속도분포는 축방향에 따라 더 이상 변하지 않는다. 이러한 유동을 완전발달유동이라 한다.
- **입구길이(Entrance length)**: 완전히 발달한 유동에 도달할 때까지 입구에서의 길이를 입구길이라 하고 L_e로 나타낸다.
- 완전발달유동 영역에서 속도분포는 축방향으로는 변하지 않고 r만의 함수이다. 그렇지만 압력은 축방향에 따라 변하고 일정하게 감소한다.

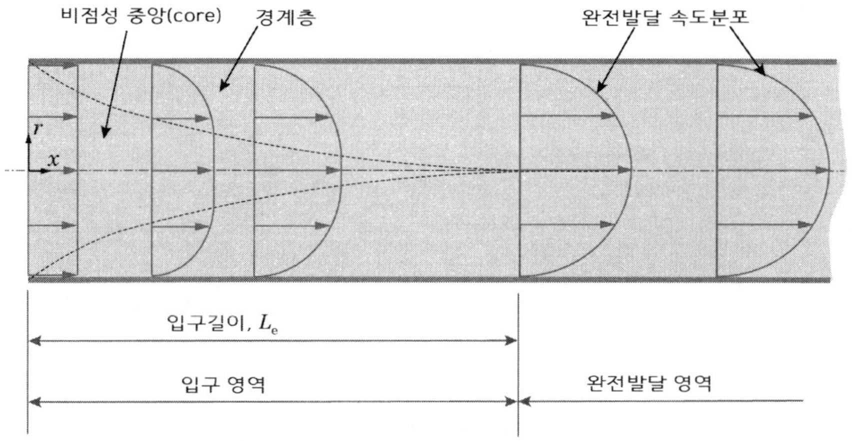

그림 5.2 입구영역과 완전발달 영역

입구길이 L_e는 원형 관의 지름 D, 유동속도 V, 유체의 밀도 ρ와 점성계수 μ에 따라 달라지고, 실험에 의하면 다음과 같다.

$$\text{층류:} \quad \frac{L_e}{D} = 0.06\,\text{Re} \tag{5.3}$$

$$\text{난류:} \quad \frac{L_e}{D} = 4.4\,\text{Re}^{1/6} \quad \text{또는 } 25 \sim 50 \tag{5.4}$$

여기서 Re는 다음으로 정의된다.

$$\text{Re} = \frac{\rho V D}{\mu} \tag{5.5}$$

5.2 완전발달 층류유동

5.2.1 속도분포

입구영역의 일부를 제외하고는 대부분의 원형 관에서의 유동은 완전발달유동이므로 속도는 오직 반경방향으로만 변한다. 원형 관에서의 유동이 층류일 때는 속도분포를 이론적으로 구할 수 있다. 유동이 완전발달하지 않은 입구영역이나, 완전발달 난류유동인 경우는 이론적으로 구하기가 쉽지 않다. 완전발달 층류유동의 속도분포를 이론적으로 구한다면 이 속도분포로부터 유량, 관의 내부 표면에서의 전단응력과 마찰손실로 인한 압력강하 등의 여러 가지를 얻을 수 있다.

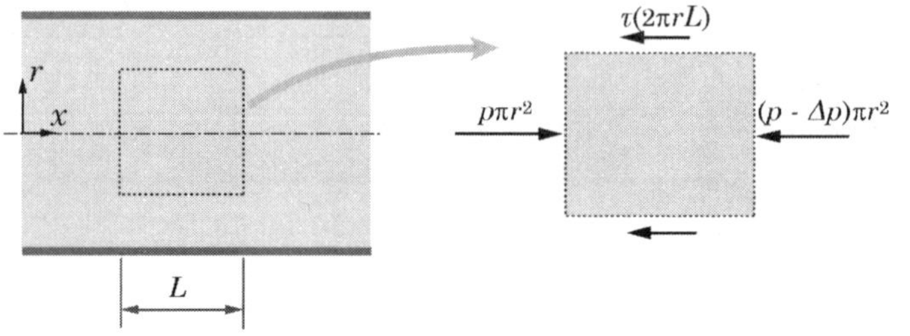

그림 5.3 완전발달 영역에서의 검사체적 해석

수평 원형 관에서 시간에 따라 유동이 바뀌지 않는 정상유동이고 완전발달유동인 경우, 그림 5.3과 같이 반경 r이고 길이 L인 원통형 검사체적을 설정하고 x 방향에 대해 운동량방정식을 적용하면, 완전발달유동에서는 더 이상 속도분포가 변하지 않아 검사체적의 입구 및 출구에서의 속도분포가 같으므로,

$$\sum F_x = 0$$

이다. 검사체적에 작용하는 힘은 압력과 전단응력에 의한 힘이고 일반적으로 중앙부분의 유체의 속도가 빠르므로 외부 유체가 검사체적에 작용하는 전단응력의 방향은 $-x$방향이고, 위의 식은 다음과 같이 표시된다.

$$p\pi r^2 - (p - \Delta p)\pi r^2 - \tau(2\pi rL) = 0$$

즉,

$$\Delta p\pi r^2 = 2\tau\pi rL \tag{5.6}$$

이고, 따라서 다음의 결과를 얻을 수 있다.

$$\tau = \frac{\Delta p}{2L}r \tag{5.7}$$

식 (5.7)을 그래프로 나타낸 것이 그림 5.4이고, 전단응력은 중심($r=0$)에서 0이고 반경 r에 비례한다. 그림에서의 속도분포는 그림에서 나타낸 것처럼 포물선 형태이고 뒤에서 속도분포를 유도한다. 벽면($r=R$)에서 전단응력을 τ_w라고 하면 식 (5.7)에 $r = R$을 대입하여 구할 수 있고 다음과 같다.

$$\tau_w = \frac{\Delta pR}{2L} = \frac{\Delta pD}{4L} \tag{5.8}$$

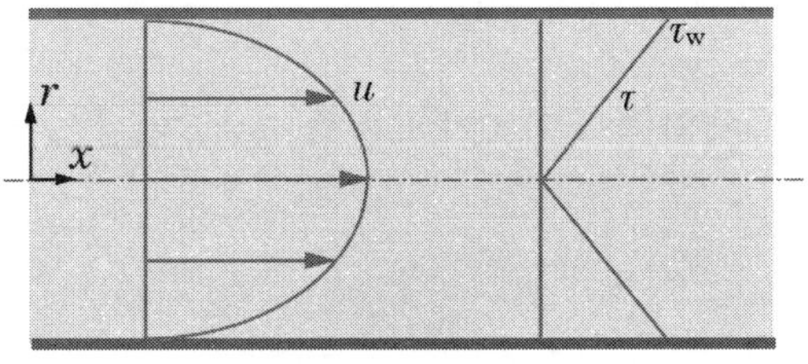

그림 5.4 완전발달 영역에서의 속도 및 전단응력

관의 벽에서, 유체는 관에 대해 유체의 진행방향으로 전단응력을 가하게 되고, 관은 유체의 진행방향의 반대방향으로 전단응력을 가하게 되어, 유체가 흐르는 것을 방해하여 유체에 대한 마찰력으로 작용하게 되고, 압력강하(압력손실)의 원인이 된다. 수평 원형 관에서의 압력강하는 벽면에서의 유체의 점성으로 인한 마찰 전단응력에 의한 것임을 알 수 있다.

예제 5.2

지름이 20 cm인 수평 원형 관에서 유체가 완전발달 상태로 흐르고 있다. 길이 40 cm 하류 지점에서의 압력이 상류 지점보다 50 Pa 감소하였다면, 이 관의 벽에서 작용하는 전단응력은 얼마인가?

풀이

관벽에서의 전단응력은 식 (5.8)로 구할 수 있다.

$$\tau_w = \frac{\Delta pD}{4L} = \frac{(50)(0.2)}{(4)(0.4)} = 6.25 \text{ Pa}$$

완전발달 층류유동인 경우 식 (5.7)로부터 속도분포를 구할 수 있다. Newton의 점성법칙으로부터,

$$\tau = -\mu \frac{du}{dr} \tag{5.9}$$

이고 음의 부호(−)는 du/dr이 음이기 때문에 전단응력의 값을 양으로 만들기 위해 필요하다. 식 (5.7)을 식 (5.9)에 대입하면

$$\frac{du}{dr} = -\frac{1}{\mu}\frac{\Delta p}{2L}r$$

이다. 따라서 r에 대해 적분하면,

$$u = -\frac{\Delta p}{4\mu L}r^2 + C$$

이다. 벽면에서의 유체의 속도가 0이므로(즉, $r=R$에서 $u=0$), 적분상수 C는 다음과 같다.

$$C = \frac{\Delta p R^2}{4\mu L}$$

이를 대입하면 다음과 같은 속도분포를 얻는다.

$$u = \frac{\Delta p R^2}{4\mu L}\left[1-\left(\frac{r}{R}\right)^2\right] \tag{5.10}$$

원형 관의 중심($r=0$)에서의 속도를 V_c라고하면,

$$V_c = \frac{\Delta p R^2}{4\mu L} \tag{5.11}$$

이고 이것은 원형 관에서 최대속도이다. 식 (5.10)은 다시 다음처럼 나타낼 수 있다.

$$u = V_c\left[1-\left(\frac{r}{R}\right)^2\right] \tag{5.12}$$

원형 관에서 완전발달 층류유동의 속도분포는 식 (5.12)에서 보듯이 포물선 형태임을 알 수 있고, 관의 중심부분에서 최고속도 V_c를 가진다.

5.2.2 Hagen-Poiseuille식

일반적으로 유체역학에서 속도분포를 알 수 있다면 여러 가지 사항을 알아낼 수 있다. 먼저 속도분포로부터 유량과 평균속도를 구할 수 있다. 속도분포가 균일하지 않고 포물선 형태이므로 적분하여 구할 수 있다.

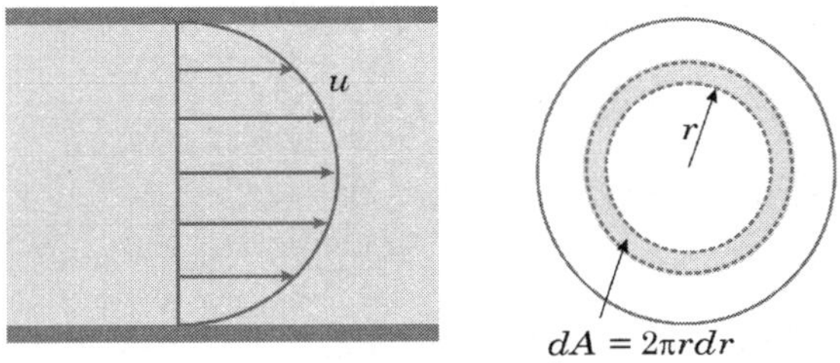

그림 5.5 원형 관에서의 유량

그림 5.5에서 미소면적 $dA = 2\pi r dr$을 지나는 유량 dQ는 다음과 같다.

$$dQ = u dA$$

이를 전체면적에 대해 적분하면 유량을 구할 수 있다.

$$Q = \int_A dQ = \int_A u dA = \int_0^R u(2\pi r)dr = 2\pi \int_0^R u r dr \tag{5.13}$$

식 (5.12)를 식 (5.13)에 대입하면 다음과 같다.

$$Q = 2\pi \int_0^R V_c \left(1 - \frac{r^2}{R^2}\right) r\, dr = 2\pi \int_0^R V_c \left(r - \frac{r^3}{R^2}\right) dr = \frac{\pi R^2 V_c}{2} \tag{5.14}$$

여기에 식 (5.11)을 대입하면,

$$Q = \frac{\pi R^4 \Delta p}{8\mu L}$$

이고 $R = \dfrac{D}{2}$를 대입하면 다음의 결과를 얻는다.

$$Q = \frac{\pi D^4 \Delta p}{128 \mu L} \tag{5.15}$$

Tip
- Hagen : 하겐
- Poiseuille : 푸(포)아죄유 또는 푸(포)아제이유 등으로 읽고 표기하기를 권한다.
  프랑스 사람이므로 미국식으로 하여, 포아셀, 포이실리 등으로 하지 않는 것이 좋다.
- Hagen도 미국식으로 해서 헤이젼 또는 헤이건으로 읽고 나타내는 것은 좋지 않다.

앞의 식을 **Hagen-Poiseuille 식** 또는 **Hagen-Poiseuille법칙**이라 하고 **수평 원형 관에서 완전발달 층류유동에 성립하는** 식이다. 앞의 식으로부터 원형 관의 층류 유동과 관련하여 다음과 같은 사실들을 알 수가 있다. 다른 모든 조건이 일정한 경우,

- 유량은 압력강하에 비례한다. : $Q \propto \Delta p$
- 유량은 관의 길이에 반비례한다. : $Q \propto L^{-1}$
- 유량은 점성계수에 반비례한다. : $Q \propto \mu^{-1}$
- 유량은 관 직경의 4승에 비례한다. : $Q \propto D^4$

Tip
$Q \propto D^4$이므로
$\frac{Q_2}{Q_1} = \left(\frac{D_2}{D_1}\right)^4 = \left(\frac{1}{2}\right)^4 = \frac{1}{16}$

따라서 동일한 압력강하 상태에서 관의 직경이 원래 직경의 1/2이 되면 유량은 원래 유량의 1/16이 된다. 관의 직경이 오직 반으로 줄면 유량이 1/16로 줄게 된다니 놀라운 일이 아닐 수 없다. 식 (5.15)를 다음과 같이 변형할 수가 있다.

$$\Delta p = \frac{128\mu L Q}{\pi D^4} \tag{5.16}$$

식 (5.16)으로부터 수평 원형 관의 층류유동과 관련하여 다음과 같은 사실들을 알 수가 있다. 다른 모든 조건이 일정한 경우,

- 압력강하는 관의 길이에 비례한다. : $\Delta p \propto L$
- 압력강하는 점성계수에 비례한다. : $\Delta p \propto \mu$
- 압력강하는 관 직경의 4승에 반비례한다. : $\Delta p \propto D^{-4}$

Tip
$\Delta p \propto D^{-4}$이므로
$\frac{p_2}{p_1} = \left(\frac{D_1}{D_2}\right)^4 = (2)^4 = 16$

유동이 층류로 유지될 때, 원형 관의 직경이 원래직경의 1/2이 되면, 원래의 유량을 유지하기 위해 필요한 압력차 Δp는 원래 압력차의 16배가 된다. 관의 직경이 오직 반으로 줄면 필요한 압력차가 16배가 된다니 놀라운 일이 아닐 수 없다. 이와 비슷한 원리로, 사람의 혈관이 고지혈증 등으로 혈관의 통로가 좁아지는 경우 필요한 압력이 아주 많이 증가하여 심장에 상당한 무리가 가서, 고혈압이 될 수밖에 없다는 것을 유추해볼 수 있다.

예제 5.3

길이 40 m이고, 지름이 20 cm인 수평 원형 관에 점성계수가 0.0012 Pa · s인 유체가 완전발달 층류로 흐르고 있다. 관 전체에서의 압력차가 10 Pa일 때 유량은 얼마인가?

풀이

완전발달 층류유동이므로 식 (5.15)를 사용하면 된다.

$$Q = \frac{\pi D^4 \Delta p}{128 \mu L} = \frac{\pi (0.2^4)(10)}{(128)(0.0012)(40)} = 0.0082\,\text{m}^3/\text{s}$$

보충설명

완전발달 층류가 아니면 위의 식을 사용할 수 없다. 식에서 지름을 0.2m로 압력차를 50 Pa로 기본 SI단위를 사용하면 답에서도 유량의 SI단위인 m^3/s를 붙이면 된다.

예제 5.4

지름이 D인 수평 원형 관에서 유체가 완전발달 층류로 흐르고 있을 때 유량이 Q이다. 다른 모든 조건이 동일한 상태에서 지름이 $2D$가 된다면 유량은 어떻게 되겠는가? 단, 두 경우 모두 층류이다.

풀이

식 (5.15)로부터 유량은 관 지름의 4제곱에 비례한다. 따라서 유량은 16배가 되어 $16Q$이다.

5.2.3 평균속도와 전단응력

속도분포로부터 유량을 구하였으므로 평균속도 V는 식 (5.14)를 이용하여 다음처럼 쉽게 구할 수 있다.

$$V = \frac{Q}{A} = \frac{\frac{\pi R^2 V_c}{2}}{\pi R^2} = \frac{V_c}{2} \tag{5.17}$$

즉, **원형 관에서의 완전발달 층류유동인 경우 평균속도는 최대속도의 1/2이다.** 속도분포가 식 (5.12)로 주어질 때 속도분포로부터 **벽면에서의 전단응력**을 구할 수 있다.

TIP
원형 관에서의 완전발달 층류유동인 경우 평균속도는 최대속도의 1/2이지만 난류라든지 다른 경우에는 그렇지 않다.

$$\tau_w = -\mu \frac{du}{dr}\bigg|_{r=R} = -\mu \frac{-2rV_c}{R^2}\bigg|_{r=R} = \frac{2\mu V_c}{R} = \frac{4\mu V_c}{D}$$

$V_c = 2V$이므로 벽면에서의 전단응력은 다음과 같다.

$$\tau_w = \frac{8\mu V}{D} \tag{5.18}$$

5.3 완전발달 난류유동

난류유동의 경우 층류유동과는 달리 속도분포를 이론적으로 구하기는 쉽지 않다. 일반적으로 실험을 하거나 컴퓨터를 이용하여 해석하는 방법으로 속도분포를 구한다. 난류유동은 매우 불규칙한 유동 특성을 가지므로 그림 5.6에서 보듯이 어느 한 지점에서의 축방향 속도성분 u는 시간에 따라 일정하지 않은 특성을 가진다.

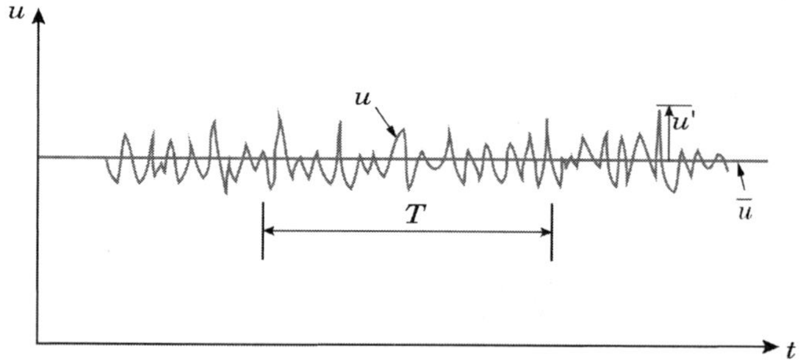

그림 5.6 난류일 때 시간에 따른 속도 변화

시간에 대한 평균속도를 다음과 같이 정의한다.

$$\bar{u} = \frac{1}{T}\int_0^T u\,dt \tag{5.19}$$

여기서 T는 충분히 긴 시간으로 적절히 선택하여야 한다. 그리고 u'를 평균값에 대한 변동속도라고 하면 다음의 관계가 성립한다.

$$u = \bar{u} + u' \tag{5.20}$$

보통 난류유동에 대해 평균속도가 중요한 경우가 많고 따라서 편의상 평균속도를 u로 나타내는 경우가 많으므로 난류인 경우 속도를 u로 나타내었을 때, 시간에 따라 변하는 속도인지 평균속도를 의미하는지 잘 판단하여야 한다.
원형 관에서의 완전발달 난류유동에 대한 속도분포는 실험 등에 의하여 여러 가지가 제안되었지만 현재로 가장 많이 사용되는 것이 다음과 같은 **멱법칙**(power-law) 속도분포이다.

$$\frac{\overline{u}}{V_c} = \left(1 - \frac{r}{R}\right)^{\frac{1}{n}} \tag{5.21}$$

여기서 n은 6 ~ 10의 값을 가지고 일반적으로 Re에 따라 달라진다. 난류와 층류의 속도분포를 그림 5.7에 나타내고 있으며, 난류의 속도분포가 층류의 속도분포에 비해 평평하여(flat) 균일한 속도분포에 가깝다. 멱법칙 속도분포는 관의 대부분에서는 잘 맞지만, 관의 벽 부근에서 전단응력을 계산할 때, 속도기울기가 무한대가 되어 적용하기 어려운 점이 있다.

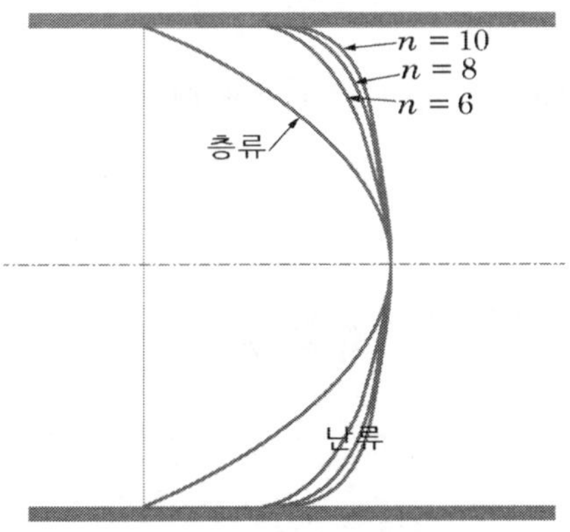

그림 5.7 원형 관에서 층류와 난류일 때의 속도분포

5.4 마찰계수

관 내부의 유동을 다룰 때, 가장 중요한 설계요인 중 하나가 어떠한 유량으로 유체를 흐르게 할 때 필요한 펌프 동력을 구하는 것이다. 유체의 에너지로부터 얼마의 터빈 동력을 얻을 수 있는지 또한 주된 관심사이다. 이러한 것들은 손실수두를 구하면 에너지 방정식으로부터 구할 수 있다. 따라서 관 내부의 유동에서 수두손실 또는 압력손실을 구하는 것이 상당히 중요한 문제이다.
직경 D인 **수평 원형 관**의 **비압축**, **정상유동**에서 마찰에 의한 손실수두 h_L은 관의 직경 D, 관의 길이 L, 유체의 속도 V, 유체의 밀도 ρ와 점성계수 μ 그리고 관의 거칠기(조도) ε에 영향을 받고, 다음처럼 나타낼 수 있다.

$$\Delta p = F(V,\ D,\ \rho,\ L,\ \mu,\ \varepsilon) \tag{5.22}$$

차원해석과 실험에 의하면, 위의 관계식은 다음과 같이 나타낼 수 있다.

Tip
차원해석은 일반적인 여러 유체역학 책에서 한 장(chapter)을 차지하여 설명하고 있으니 관심 있으면 이들을 참조하기 바란다.

$$h_L = f\frac{L}{D}\frac{V^2}{2g} \tag{5.23}$$

위의 식은 **Darcy-Weisbach 식**이고, 마찰에 의한 손실수두를 계산할 때 사용하는 식이다. 이 식은 **마찰에 의한 손실수두만을 나타내는 것이므로 수평관 또는 경사진 관에서 모두 적용할 수 있다.** 여기서 f를 **마찰계수**(friction factor) 또는 Darcy의 마찰계수라고 하고 일반적으로 Re와 $\frac{\varepsilon}{D}$의 함수이다. Reynolds수 Re는 다음과 같다.

Tip
- Darcy-Weisbach: 다르시-바이스바흐

$$\mathrm{Re} = \frac{\rho VD}{\mu} \tag{5.24}$$

마찰계수 f는 실험에 의하여 구할 수 있다. 여러 실험 결과가 있으나 가장 많이 사용되는 것이 Moody 차트이고 그림 5.8에 나타내고 있다.

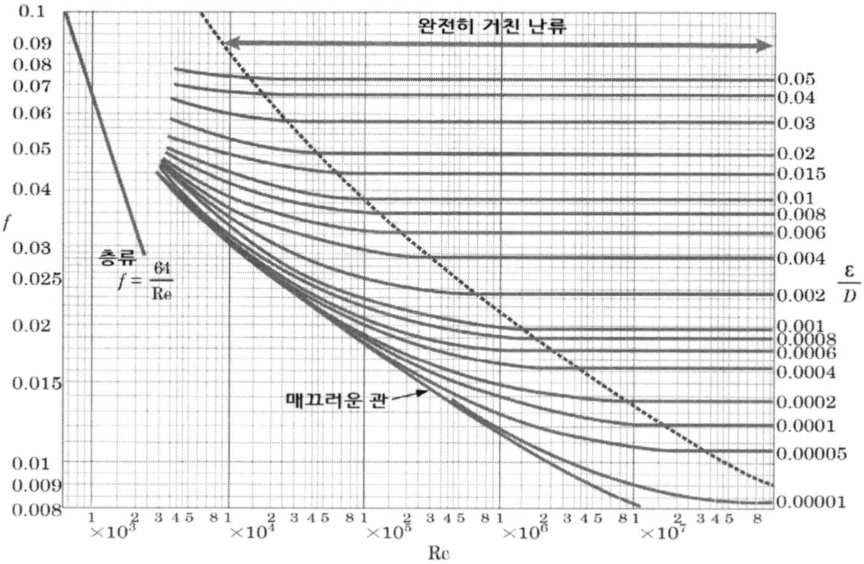

그림 5.8 Moody 차트(참고문헌 14)

Moody 차트에서 마찰계수는 다음과 같은 특징을 가지고 있다.

- 그림에서 알 수 있듯이 마찰계수는 일반적으로 Re와 상대거칠기(ε/D)의 함수이다.
- 층류유동인 경우 마찰계수는 ε/D과는 무관하고 오직 Re만의 함수이다.
- 층류유동인 경우 마찰계수는 다음과 같이 주어진다(보충설명 참조).

> **Tip**
> • ε/D : 상대거칠기 또는 상대조도

$$f = \frac{64}{\text{Re}} \tag{5.25}$$

- Moody 차트가 log-log그래프에 나타낸 것이기 때문에 층류유동인 경우 $f = \frac{64}{\text{Re}}$는 직선으로 표시된다.
- 천이 및 난류유동인 경우 마찰계수는 일반적으로 Re와 ε/D의 함수이다.
- 그림에서 점선으로 표시된 오른쪽 부분인 아주 큰 Re에서, 마찰계수는 Re와 무관하고, 오직 관의 상대거칠기(ε/D)만의 함수이다. 이러한 유동을 **완전히 거친 난류유동**(fully rough turbulent flow)이라 한다.
- 제일 아래의 곡선은 $\varepsilon/D = 0$, 즉 매끄러운(smooth)관에 대한 것이다.
- Darcy의 마찰계수 외에 Fanning의 마찰계수가 있는데, Fanning의 마찰계수 f_F는 Darcy의 마찰계수와 다르고 $f = 4f_F$의 관계가 성립한다.

> **Tip**
> 완전히 거친 난류유동을 다른 책에서 완전 난류유동이라고 표현하기도 한다.

앞의 Moody 차트에서 층류를 제외한 모든 영역에서 마찰계수를 식으로 나타낸 것중 대표적인 것이 Colebrook 공식이고 다음과 같다(참고문헌 9).

$$\frac{1}{\sqrt{f}} = -2\log\left(\frac{\varepsilon/D}{3.7} + \frac{2.51}{\mathrm{Re}\sqrt{f}}\right) \tag{5.26}$$

위의 식은 음함수 형태로 되어 있어 마찰계수를 쉽게 계산하지 못하고, 시행착오(trial and error)법으로 구하거나 수치해석을 이용하여 구하여야 한다.
위의 공식이 대표적이긴 하지만, 쉽게 마찰계수를 구할 수 없기 때문에 Haaland(참고문헌 11)는 계산하기 쉬운 다음과 같은 공식을 제안하였다.

$$\frac{1}{\sqrt{f}} = -1.8\log\left[\left(\frac{\varepsilon/D}{3.7}\right)^{1.1} + \frac{6.9}{\mathrm{Re}}\right] \tag{5.27}$$

마찰계수를 구하면 Darcy-Weisbach식을 사용하여 손실수두를 계산할 수 있다. 그리고 다음과 같이 압력강하를 구할 수 있다.

■ **직경이 일정한 수평원형 관** :

$$\Delta p = p_1 - p_2 = \rho g h_L \Rightarrow \Delta p = f\frac{L}{D}\frac{\rho V^2}{2} \tag{5.28}$$

Tip
$\Delta p = \rho g h_L$
직경이 일정한 수평한 관에서는 압력차(Δp)는 마찰손실(h_L)에 의한 것이다.

■ **직경이 일정한 경사진(높이차가 있는) 원형 관** :

$$\Delta p = p_1 - p_2 = \rho g h_L + \rho g(z_2 - z_1) \Rightarrow \Delta p = f\frac{L}{D}\frac{\rho V^2}{2} + \rho g(z_2 - z_1) \tag{5.29}$$

Tip
$\Delta p = \rho g h_L + \rho g(z_2 - z_1)$
직경이 일정한 경사진 관(높이차가 있는 관) 에서는 압력차 Δp 는 마찰손실(h_L)과 높이차($z_2 - z_1$) 에 의한 것이다.

보충설명 ››

식 (5.8)로부터

$$\Delta p = \frac{4\tau_w L}{D}$$

이고, 층류인 경우 식 (5.18)에서 $\tau_w = 8\mu V/D$를 대입하면,

$$\Delta p = \frac{4\tau_w L}{D} = \frac{32\mu VL}{D^2}$$

이다. 그리고 식 (5.28)과 비교하여 Δp를 같게 두고 f를 구하면,

$$f = \frac{64\mu}{\rho VD} = \frac{64}{\text{Re}}$$

이다.

Hazen-Williams 식

관에 흐르는 유체가 상온의 물일 경우, 수두손실과 물의 속도와의 관계를 실험적으로 구한 것이 다음과 같은 **Hazen-Williams 식**이다.

$$V = kCR_{\text{h}}^{0.63}S^{0.54} \tag{5.30}$$

식 (5.30)과 관련된 사항은 다음과 같다.

- V : 평균속도
- R_{h} : 수력반지름(**반지름** R**과 다르다.** 5.6절의 보충설명을 참조하기 바란다.)
- S : 단위길이당 수두손실, $S = h_{\text{L}}/L$.
- C : 거칠기계수(조도계수; roughness coefficient) 또는 Hazen-Williams 계수라고 한다. 관의 재질에 따라 다른 값을 가진다. 표 5.1에 개략적인 값들이 주어져있다.
- k : 단위에 대한 환산계수, SI단위 : $k = 0.849$, BG단위 : $k = 1.318$

식 (5.30)을 다음과 같이 변환하여 편리하게 사용할 수 있다.

$$h_{\text{L}} = 10.67\frac{LQ^{1.85}}{C^{1.85}D^{4.87}} \tag{5.31}$$

여기서 Q는 유량이고, 식 (5.31)은 SI단위로 되어 있다. 즉, 단위를 따로 외울 필요 없이, h_{L} , L, D의 단위는 모두 m이고, Q의 단위는 m^3/s임을 쉽게 알 수 있다. 식 (5.31)로 수두손실을 구하였다면, 압력강하는 식 (5.28) 또는 식 (5.29)로 계산하면 된다.

Tip

- Hazen-Williams : 헤이즌-윌리암즈
- Allen Hazen이 미국인이므로 하젠-윌리암즈가 아니라 헤이즌-윌리암즈로 발음하는 것이 옳은 것 같다.

Tip

더 정확하게는 $k = 0.84935$

표 5.1 거칠기 계수 C(참고문헌 13)

종류	사용년수	크기(inch)	C
주철	신제품	전체	130
	5년	12 in 이상	120
		8 in 이상	119
		4 in 이상	118
	10년	24 in 이상	113
		12 in 이상	111
		4 in 이상	107
	20년	24 in 이상	100
		12 in 이상	96
		4 in 이상	89
	30년	30 in 이상	90
		16 in 이상	87
		4 in 이상	75
	40년	30 in 이상	83
		16 in 이상	80
		4 in 이상	64
용접된 강	전체	전체	5년 주철과 동일
리벳된 강	전체	전체	10년 주철과 동일
콘크리트			120 – 140

앞의 식의 사용상 특징은 다음과 같다.

- 유량 또는 속도가 주어지면 수두손실 또는 압력손실을 쉽게 계산할 수 있어 소방 배관 등의 손실수두 및 압력손실 계산에 편리하게 사용된다.
- **물에 대해서만 적용**되고 다른 유체에 대해서는 성립하지 않는다.
- 물의 점성계수와 무관한 식으로, **상온 부근** 온도의 물에만 적용가능하다.
- 다양한 관의 거칠기에 적용할 수 없고 **비교적 매끈한 관에 적용**가능하다.
- **제한된 범위의 물의 속도**에서만 사용할 수 있다. 층류 및 완전난류영역(완전히 거친 난류영역)에서는 오차가 너무 많아 사용할 수 없고, 일부 천이영역 또는 저속의 난류 영역에서 사용할 수 있다.

예제 5.5

길이 10 m이고, 지름이 20 cm인 수평 원형 관에 비중이 0.9인 유체가 5 m/s의 속도로 흐를 때 압력차가 16 kPa이다. Darcy의 마찰계수는 얼마인가?

풀이

수평 원형 관이므로 식 (5.28)을 사용하면 된다.

$$\Delta p = f\frac{L}{D}\frac{\rho V^2}{2} \rightarrow f = \frac{2\Delta p D}{L\rho V^2} = \frac{(2)(16\times 1000)(0.2)}{(10)(0.9\times 1000)(5^2)} = 0.0284$$

보충설명

Darcy의 마찰계수는 0.0284이고, Fanning의 마찰계수는 0.0284/4 = 0.0071이다. 보통 기계공학에서 마찰계수라 하면 Darcy의 마찰계수를 의미한다.

예제 5.6

길이 40 m이고, 지름이 20 cm인 원형 관에 비중이 0.85이고, 점성계수가 0.4 Pa · s인 유체가 4 m/s의 속도로 흐르고 있다.
(1) 관 전체에서의 손실수두를 구하라.
(2) 이 원형 관이 수평일 때 압력강하를 구하라.

풀이

(1) 마찰계수를 구하기 위하여 먼저 유동이 층류인지 난류인지 판단하여야 한다.

$$\mathrm{Re} = \frac{\rho VD}{\mu} = \frac{(0.85\times 1000)(4)(0.2)}{0.4} = 1700$$

따라서 유동은 층류이므로 마찰계수는 다음과 같다.

$$f = \frac{64}{\mathrm{Re}} = \frac{64}{1700} = 0.0376$$

손실수두는 다음과 같다.

$$h_{\mathrm{L}} = f\frac{L}{D}\frac{V^2}{2g} = (0.0376)\frac{40}{0.2}\frac{4^2}{2(9.8)} = 6.14\,\mathrm{m}$$

(2) 수평관이므로 압력강하는 식 (5.28)로 구할 수 있다.

$$\Delta p = \rho g h_{\mathrm{L}} = (850)(9.8)(6.14) = 51{,}100\,\mathrm{Pa}$$

보충설명

손실수두는 수평 또는 기울어진 관에서 동일하다. 압력차는 수평이냐 기울어진 관이냐에 따라 달라진다.

예제 5.7

길이 40 m이고, 지름이 20 cm인 강으로 된 원형 관에 상온의 물이 5 m/s의 속도로 흐르고 있다. 물의 점성계수가 0.0011 Pa · s이고 원형 관의 상대거칠기(상대조도) $\varepsilon/D=0.0001$이다.

(1) Darcy–Weisbach 식과 Moody 차트를 사용하여,

(2) Darcy–Weisbach 식과 Haaland 식을 사용하여,

(3) Hazen–Williams식을 사용하여 관 전체에서의 손실수두를 구하라. 단, 거칠기계수 C의 값으로 110, 120과 130을 사용하라.

풀이

(1) 마찰계수를 구하기 위하여 먼저 Re를 구하여여 한다.

$$\mathrm{Re}=\frac{\rho VD}{\mu}=\frac{(1000)(5)(0.2)}{0.0011}=9.1\times10^5$$

$\mathrm{Re}=9.1\times10^5$과 $\varepsilon/D=0.0001$을 이용하여, Moody 차트로부터 마찰계수는 다음과 같다.

$$f\simeq0.014$$

손실수두는 다음과 같다.

$$h_{\mathrm{L}}=f\frac{L}{D}\frac{V^2}{2g}=(0.014)\frac{40}{0.2}\frac{5^2}{2(9.8)}=3.57\ \mathrm{m}$$

(2) $\mathrm{Re}=9.1\times10^5$과 $\varepsilon/D=0.0001$을 이용하여, Haaland식을 사용하여 마찰계수를 구하면 다음과 같다.

$$\frac{1}{\sqrt{f}}=-1.8\log\left[\left(\frac{\varepsilon/D}{3.7}\right)^{1.1}+\frac{6.9}{\mathrm{Re}}\right]$$

$$=-1.8\log\left[\left(\frac{0.0001}{3.7}\right)^{1.1}+\frac{6.9}{9.1\times10^5}\right]$$

$$f=0.0136\approx0.014$$

따라서 Moody 차트로부터 구한 마찰계수와 거의 같고, 따라서 손실수두도 (1)에서 구한 결과와 같다.

$$h_{\mathrm{L}}=f\frac{L}{D}\frac{V^2}{2g}=(0.014)\frac{40}{0.2}\frac{5^2}{2(9.8)}=3.57\,\mathrm{m}$$

(3) $Q=\dfrac{\pi D^2}{4}V=\dfrac{\pi(0.2)^2}{4}(5)=0.1571\,\mathrm{m^3/s}$ 이다. 따라서 식 (5.31)로부터

$$h_{\mathrm{L}}=10.67\frac{LQ^{1.85}}{C^{1.85}D^{4.87}}=10.67\frac{(40)(0.1571^{1.85})}{C^{1.85}0.2^{4.87}}=\frac{35248}{C^{1.85}}$$

이고, 거칠기계수를 대입하여 다음을 얻을 수 있다.

$$C=110:h_{\mathrm{L}}=\frac{35248}{110^{1.85}}=5.90\ \mathrm{m}$$

$$C=120:h_{\mathrm{L}}=\frac{35248}{120^{1.85}}=5.02\ \mathrm{m}$$

$$C = 130 : h_L = \frac{35248}{130^{1.85}} = 4.33 \text{ m}$$

보충설명

(1), (2)의 방법과 (3)의 방법으로 구한 결과 차이가 있음을 알 수 있다. (3)의 Hazen-Williams식을 사용할 때에도, 거칠기 계수를 어떤 값으로 사용하느냐에 따라 값은 많이 달라진다. 일반적으로는 Hazen-Williams식보다는 Darcy-Weisbach 식과 Moody 차트 또는 Haaland 식을 사용하여 손실수두를 구하는 것이 정확하다.

5.5 부차적 손실계수

관으로 이루어진 유동 시스템의 대부분은 곧은 관으로만 이루어지지 않고 밸브(valve), 엘보(elbow), 티(tee) 등의 관 이음부품들로 구성된다. 이때는 곧은 관에서의 마찰손실외에 이러한 부품을 지날 때 손실이 생기게 된다. 이런 모든 수두손실을 **부차적손실(부손실;** minor loss) $h_{L,minor}$로 나타내고, 앞에서 설명한 곧은 관에서의 마찰에 의한 수두손실을 **주손실(major loss)**이라 하고 $h_{L,major}$로 나타내기도 한다. 대개의 경우 주손실이 훨씬 크지만 그렇지 않은 경우도 있다. 부차적 손실수두는 다음의 식으로 구한다.

$$h_{L,minor} = K_L \frac{V^2}{2g} \tag{5.32}$$

여기서 K_L은 **손실계수(loss coefficient)**이다.

관 이음부품과 밸브의 손실계수

관 이음부품과 밸브에 대한 손실계수를 표 5.2와 표 5.3에 나타내고 있다. 이들 값들은 절대적인 것은 아니고 개략적인 것이다. 보다 정확한 값들은 회사 제품마다 다르다.

표 5.2 관 이음부품의 손실계수 K_L(참고문헌 2)

<table>
<tr><th colspan="3" rowspan="2">관 이음부품</th><th colspan="2">K_L</th></tr>
<tr><th>플랜지 연결</th><th>나사연결</th></tr>
<tr><td colspan="2">90° 보통 엘보(elbow)</td><td></td><td>0.3</td><td>1.5</td></tr>
<tr><td colspan="2">180° return bend</td><td></td><td>0.2</td><td>1.5</td></tr>
<tr><td rowspan="2">티(tee)</td><td>line flow</td><td>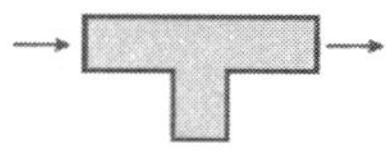</td><td>0.2</td><td>0.9</td></tr>
<tr><td>branch flow</td><td>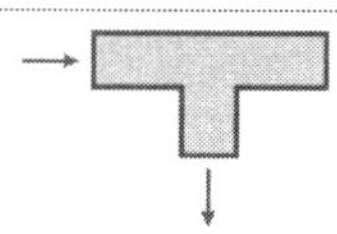</td><td>1.0</td><td>2.0</td></tr>
</table>

표 5.3 밸브의 손실계수 K_L(참고문헌 2)

<table>
<tr><th colspan="2">밸브</th><th>K_L</th></tr>
<tr><td>글로브(glove) 밸브</td><td>완전 개방</td><td>10</td></tr>
<tr><td>앵글(angle) 밸브</td><td>완전 개방</td><td>2</td></tr>
<tr><td rowspan="4">게이트(gate) 밸브</td><td>완전 개방</td><td>0.15</td></tr>
<tr><td>1/4 잠금</td><td>0.26</td></tr>
<tr><td>2/4 잠금</td><td>2.1</td></tr>
<tr><td>3/4 잠금</td><td>17</td></tr>
<tr><td rowspan="3">볼(ball) 밸브</td><td>완전 개방</td><td>0.05</td></tr>
<tr><td>1/3 잠금</td><td>5.5</td></tr>
<tr><td>2/3 잠금</td><td>210</td></tr>
</table>

관입구와 출구에서의 손실계수

부차적 손실은 부품을 지날 때 생길 뿐 아니라, 관이 확대되거나 축소될 때도 생긴다. 관의 입구나 출구 부분도 관이 극단적으로 축소 또는 확대되는 경우와 같으므로 부차적 손실이 생기게 된다. 이러한 경우의 손실계수를 그림 5.9, 그림 5.10에 나타내고 있다.

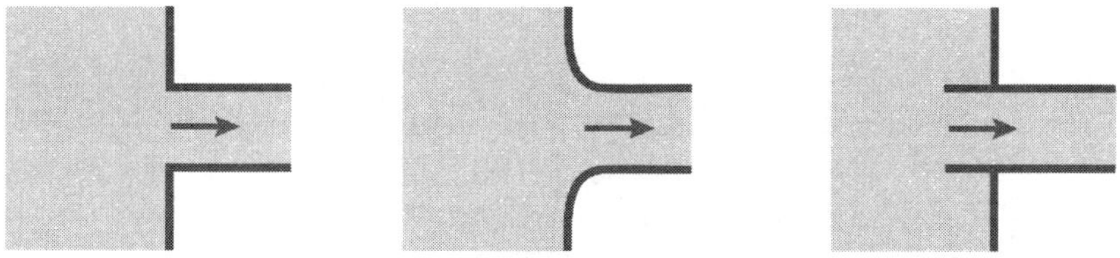

(a) 각진 입구 $K_L = 0.5$

(b) 둥근 입구 둥근 정도에 따라 $K_L = 0.03 \sim 0.5$

(c) 돌출 입구 $K_L = 0.8$

그림 5.9 입구에서의 손실계수

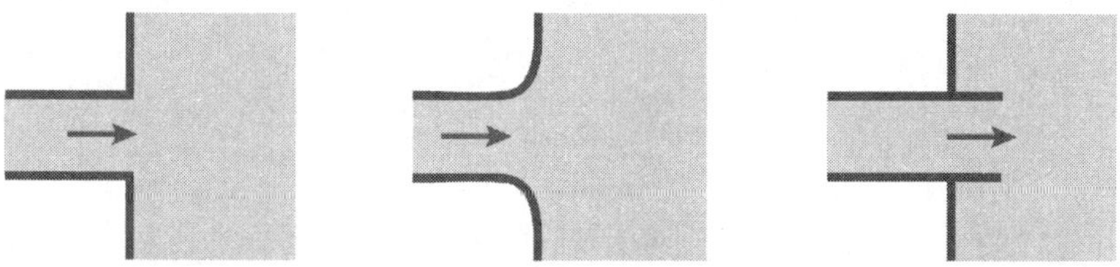

(a) 각진 출구 $K_L = 1$

(b) 둥근 출구 $K_L = 1$

(c) 돌출 출구 $K_L = 1$

그림 5.10 출구에서의 손실계수

급확대관 및 급축소관에서의 손실계수

그림 5.11에서 보는 것과 같은 급확대관과 급축소관에서도 부차적 손실이 생기게 된다.

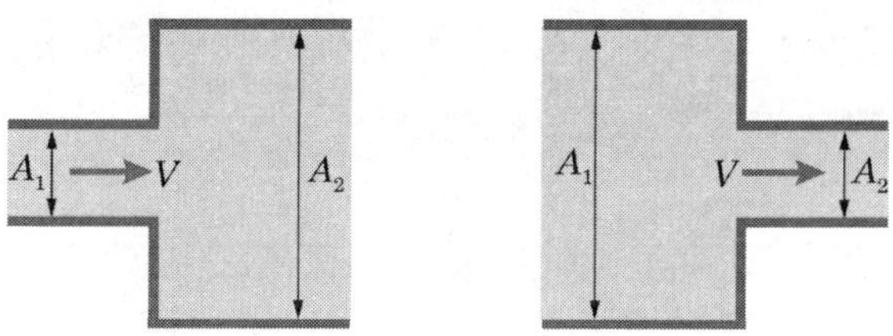

(a) 급확대관 (b) 급축소관

그림 5.11 급확대관 및 급축소관

급확대관에서의 손실계수와 부차적 손실수두는 문제를 단순화하여, 이론적으로 구할 수 있으며 다음과 같다(보충설명 참조).

$$h_{L,\text{minor}} = K_L \frac{V_1^2}{2g}, \quad V_1\text{에 기준}, \quad K_L = \left(1 - \frac{A_1}{A_2}\right)^2 \tag{5.33}$$

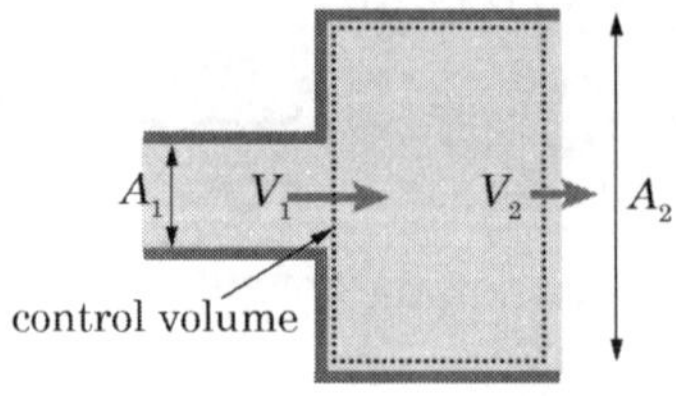

그림 5.12 급확대관에서의 손실수두 계산

보충설명 ›› 급확대관의 손실계수

그림 5.12와 같은 급확대관에서의 손실수두는 각각의 단면에서 균일한 속도분포를 가정하여 다음과 같이 구할 수 있다. 그림에서 검사체적을 점선과 같이 나타내면, 1지점과 2지점에서의 에너지방정식은 다음과 같다.

$$\frac{p_1}{\rho g}+\frac{V_1^2}{2g}-h_L=\frac{p_2}{\rho g}+\frac{V_2^2}{2g}$$

따라서,

$$h_L=\frac{p_1-p_2}{\rho g}+\frac{V_1^2-V_2^2}{2g}$$

이다.

운동량방정식으로부터 다음 식을 구할 수 있다.

$$p_1A_2-p_2A_2=\dot{m}(V_2-V_1)=\rho A_2V_2(V_2-V_1)$$

따라서,

$$p_1-p_2=\rho V_2(V_2-V_1)$$

이다. 관의 길이에 따른 마찰손실은 주손실에서 구하는 것이고, 여기서는 유동에 따른 부차적인 손실만을 고려하는 것이므로, 운동량방정식을 구할 때 관 벽에서의 마찰은 무시하였다. 위의 p_1-p_2를 h_L을 구하는 식에 대입하면 다음을 얻을 수 있다.

$$h_L=\frac{V_2(V_2-V_1)}{g}+\frac{V_1^2-V_2^2}{2g}=\frac{V_1^2-2V_1V_2+V_2^2}{2g}$$

따라서,

$$h_L=\frac{(V_1-V_2)^2}{2g}$$

이고, 이를 Borda-Carnot 수두손실이라 한다.

연속방정식으로부터,

$$A_1V_1=A_2V_2 \Rightarrow V_2=\frac{A_1}{A_2}V_1$$

이고, 이를 대입하면 다음과 같이 된다.

$$h_L = \left(1 - \frac{A_1}{A_2}\right)^2 \frac{V_1^2}{2g}$$

따라서 다음의 관계식을 얻을 수 있다.

$$K_L = \left(1 - \frac{A_1}{A_2}\right)^2$$

급축소관에서의 손실계수와 부차적 손실수두는 완전하게 이론적으로 구할 수는 없고, Weisbash에 의한 다음과 같은 근사적인 이론식과 실험결과를 이용하여 구할 수 있다.

$$h_{L,\text{minor}} = K_L \frac{V_2^2}{2g}, \ V_2\text{에 기준}, \ K_L = \left(\frac{1}{C_c} - 1\right)^2 \tag{5.34}$$

여기서 C_c는 수축계수(coefficient of contraction)이고 다음과 같이 정의된다.

$$C_c = \frac{A_c}{A_2} \tag{5.35}$$

그림 5.13에서 보듯이, 급축소관에서 단면적이 갑자기 축소될 때, 유동은 축소관보다 더 가늘어져서 축소관의 면적 A_2 보다 작은 단면적 A_c가 생기게 된다. 이와 같은 현상을 수축(vena contracta) 현상이라 한다. 표 5.4에 물이 흐르는 경우에 대해 Weisbash가 행한 실험결과를 나타내고 있다.

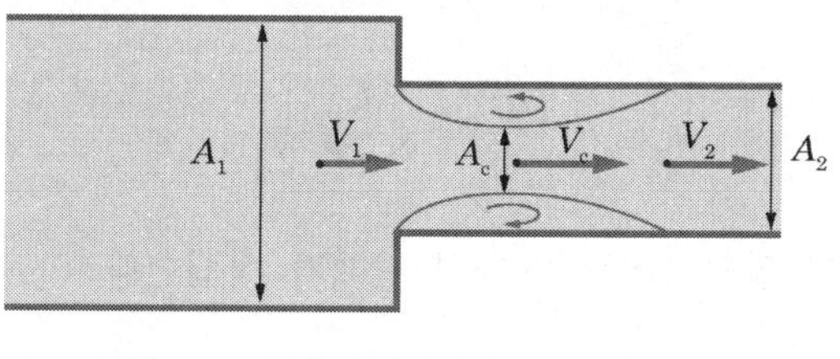

그림 5.13 급축소관에서의 손실수두 계산

표 5.4 급축소관에서의 수축계수 C_c와 손실계수 K_L (참고문헌 15)

A_1/A_2	0	0.1	0.2	0.3	0.4	0.5	0.6	0.7	0.8	0.9
C_c	0.617	0.624	0.632	0.643	0.659	0.681	0.712	0.755	0.813	0.892
K_L	0.50	0.46	0.41	0.36	0.30	0.24	0.18	0.12	0.06	0.02

식 (5.33)과 식 (5.34)에서의 손실계수로부터 부차적 손실수두를 계산할 때 사용하는 속도는 모두 단면적이 작은 관에서의 속도를 사용하여야 한다.

- 급확대관 : V_1을 사용, 급축소관 : V_2를 사용

총손실수두

동일한 지름으로 이루어진 관의 중간에 관 이음부품이 연결되어 있거나 입구 또는 출구가 있는 경우 마찰에 의한 주손실과 부차적 손실을 모두 합한 것이 **총손실수두**이고 다음처럼 나타낼 수 있다.

$$h_{L,\,total} = h_{L,major} + \sum h_{L,minor} = \left(f\frac{L}{D} + \sum K_L\right)\frac{V^2}{2g} \tag{5.36}$$

즉, 다음과 같이 나타낼 수 있다.

총손실수두 = 주손실 + 모든 부차적손실의 합

상당길이

앞에서의 손실계수는 상당길이를 정의하여 나타낼 수 있다. 밸브 같은 부품이 관에 연결되어 있을 때 발생하는 수두손실과 같은 크기의 수두손실을 가지는 관의 길이를 **상당길이(등가길이; equivalent length)** L_e라 한다. 즉, 다음의 식이 성립한다.

$$h_L = K_L\frac{V^2}{2g} = f\frac{L_e}{D}\frac{V^2}{2g}$$

따라서 손실계수와 상당길이는 다음의 관계가 성립한다.

$$L_e = \frac{D}{f}K_L \tag{5.37}$$

그림 5.14(a)처럼 관의 중간에 밸브가 연결되어 있을 때 밸브에서의 손실수두는 그림 5.14(b)처럼 상당길이에 해당되는 관에서의 손실수두와 같다는 것을 의미한다.

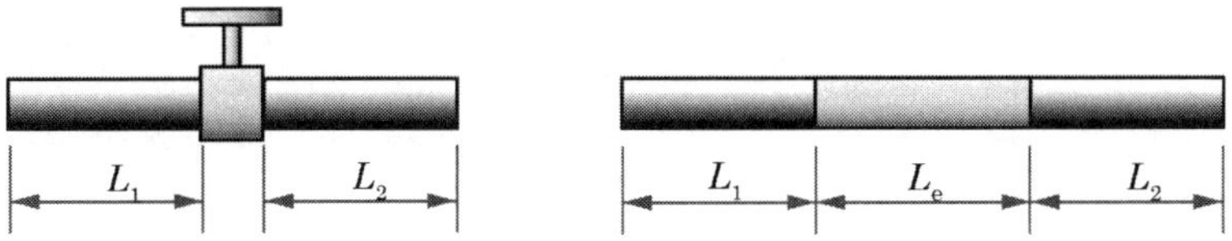

(a) 밸브가 연결　　(b) 상당길이 만큼의 관이 연결

그림 5.14 상당길이의 개념

예제 5.8

지름이 4 cm인 원형 관에 유체가 흐르고 있을 때 관의 마찰계수는 0.02이다. 이 원형 관에 손실계수가 5인 밸브가 연결되어 있다면, 이 밸브의 상당길이(등가길이)는 얼마인가?

풀이

상당길이는 식 (5.37)로 구할 수 있다.

$$L_e = \frac{D}{f} K_L = \frac{0.04}{0.02}(5) = 10\,\mathrm{m}$$

보충설명

상당길이가 10 m라는 것은 이 밸브를 지날 때의 수두손실이 길이가 10 m인 원형 관에서의 수두손실과 같다는 것을 의미한다.

5.6 비원형 관

유체가 흐르는 관이 원형이 아니고 사각형 등의 비원형 관인 경우 관의 직경 대신 다음과 같은 **수력직경(수력지름; hydraulic diameter)** D_h를 사용한다.

$$D_h = \frac{4A}{P} = \frac{4 \times \text{단면적}}{\text{유체와 접하는 둘레(perimeter)}} \tag{5.38}$$

원형관에서 D를 사용하는 모든 식에서 수력직경 D_h를 사용하여 다음처럼 나타낼 수 있다.

$$\mathrm{Re}_h = \frac{\rho V D_h}{\mu} \tag{5.39}$$

$$h_L = f\frac{L}{D_h}\frac{V^2}{2g} \tag{5.40}$$

마찰계수 f는 Re_h와 $\frac{\varepsilon}{D_h}$로 나타낼 수 있으며, 정사각형 단면, 직사각형 단면, 삼각형 단면 등 각각의 단면 모양에 대해 마찰계수 f에 대한 데이터 또는 실험식이 필요하다. 각각의 단면에 대한 데이터를 구할 수 없는 경우는 약간의 오차를 포함하더라도 원형 관에 대한 식 또는 Moody 차트에서 Re와 $\frac{\varepsilon}{D}$ 대신 Re_h와 $\frac{\varepsilon}{D_h}$를 이용하여 근사적으로 마찰계수를 구한 다음, 식 (5.41)로부터 손실수두를 구할 수밖에 없다.

보충설명 ›› 수력반경

책에 따라 수력직경 대신 **수력반경(수력반지름; hydraulic radius)** R_h를 사용하는 경우가 있다. 이때는 주의가 필요하다. 수력반경은 다음처럼 정의된다.

$$R_h = \frac{A}{P} = \frac{\text{단면적}}{\text{유체와 접하는 둘레(perimeter)}} \tag{5.41}$$

상식적으로 생각하면 수력직경은 수력반경의 2배이어야 하나, 식 (5.38)과 식 (5.41)을 비교해보면 **수력직경은 수력반경의 4배이다.** 즉, 다음과 같은 관계가 성립한다.

$$D_h = 4R_h \tag{5.42}$$

지름은 반지름의 두 배이므로, 둘 중의 하나는 이상하게 정의되어 있는 것이 명백해 보인다. 정의된 식으로 보아서는 수력직경의 식에 나타난 4라는 숫자가 이상해 보이지만 실제로는 수력반경이 물리적으로 이상한 것이다.
정의식에 의해 원형 관에 대한 수력직경을 구해보면,

$$D_h = \frac{4A}{P} = \frac{4\times\frac{\pi D^2}{4}}{\pi D} = D$$

이다. 따라서 물리적으로 타당한 결과를 얻지만, 수력반경을 구해보면,

$$R_h = \frac{A}{P} = \frac{\frac{\pi D^2}{4}}{\pi D} = \frac{D}{4} = \frac{R}{2}$$

이다. 따라서 물리적으로 틀린 결과를 얻게 된다. 그러므로 옛날에는 수력반경을 사용하였더라도 수력직경을 사용하는 습관을 가지는 것이 올바르다고 생각한다.

예제 5.9

(1) 직사각 단면을 가지는 덕트에 공기가 흐를 때, 수력지름은 얼마인가? 직사각 단면의 길이는 각각 a, b이다.

(2) 단면의 길이가 a인 정사각 단면을 가지는 덕트에 물이 가득 차 흐를 때, 수력지름은 얼마인가?

풀이

(1) 직사각형의 둘레는 $2(a+b)$이고 단면적은 ab이므로 수력지름은 다음과 같다.

$$D_{\mathrm{h}} = \frac{4A}{P} = \frac{4ab}{2(a+b)} = \frac{2ab}{a+b}$$

(2) 정사각형인 경우 둘레는 $4a$이고 단면적은 a^2이므로 수력지름은 다음과 같다.

$$D_{\mathrm{h}} = \frac{4A}{P} = \frac{4a^2}{4a} = a$$

보충설명

정사각형인 경우 $b=a$이므로 (1)에서 구한 결과에서 $b=a$를 대입해도 상당길이를 구할 수 있다.

5.7 복합관로

실제 유체의 유동에서 단일한 직경의 하나의 관으로 구성되어 있지 않고, 다양한 직경의 관이 직렬 또는 병렬로 연결되어 있는 경우가 있다. 이러한 경우 관로 시스템의 해석은 복잡해 질 수 있다. 여기서는 가장 간단한 직렬 및 병렬 관로 시스템의 특성만 알아보기로 한다.

직렬

그림 5.15(a)에서 보여주고 있듯이 서로 다른 직경의 관이 직렬로 연결되어 있는 경우는 다음과 같은 관계식이 성립한다.

$$Q = Q_1 = Q_2 = Q_3 \tag{5.43a}$$

$$h_{\mathrm{L,total}} = h_{\mathrm{L,1}} + h_{\mathrm{L,2}} + h_{\mathrm{L,3}} \tag{5.43b}$$

$$\Delta p_{\mathrm{total}} = \Delta p_1 + \Delta p_2 + \Delta p_3 \tag{5.43c}$$

다음과 같이 요약할 수 있다.

- 각각의 관에서 흐르는 유량 Q_1, Q_2 및 Q_3는 같다.
- 전체 관에서의 손실수두 $h_{L,total}$은 각각의 관에서의 손실수두 $h_{L,1}$, $h_{L,2}$ 및 $h_{L,3}$의 합과 같다.
- 전체 관에서의 압력강하 Δp_{total}은 각각의 관에서의 압력강하 Δp_1, Δp_2 및 Δp_3의 합과 같다.

병렬

그림 5.15(b)에서 보여주고 있듯이 여러 개의 관이 병렬로 연결되어 있는 경우는 다음과 같은 관계식이 성립한다.

$$Q_{total} = Q_1 + Q_2 + Q_3 \tag{5.44a}$$

$$h_L = h_{L,1} = h_{L,2} = h_{L,3} \tag{5.44b}$$

$$\Delta p_{total} = \Delta p_1 = \Delta p_2 = \Delta p_3 \tag{5.44c}$$

다음과 같이 요약할 수 있다.

- 전체 유량 Q_{total}은 각각의 관에서의 유량 Q_1, Q_2 및 Q_3의 합과 같다.
- 각각의 관에서의 손실수두 $h_{L,1}$, $h_{L,2}$ 및 $h_{L,3}$는 동일하다.
- 각각의 관에서의 압력강하 Δp_1, Δp_2 및 Δp_3는 동일하다.

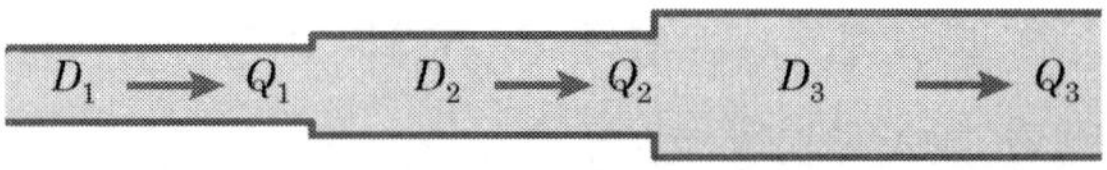

(a) 직렬

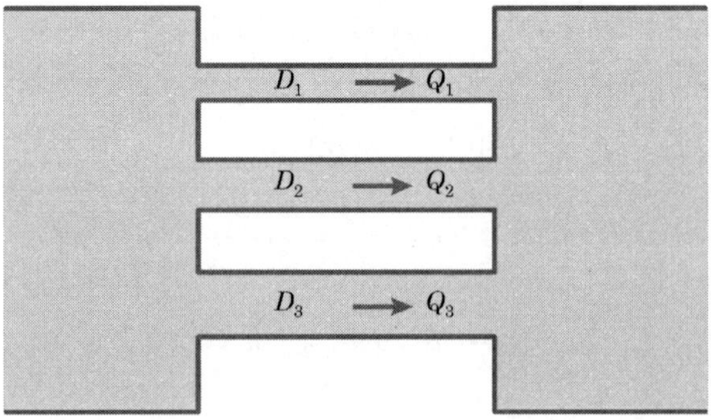

(b) 병렬

그림 5.15 직렬 및 병렬 관로 시스템

Note

연습문제

문제번호 앞에 * 표시된 문제는 약간 어려운 문제이며, 경우에 따라 풀지 않아도 된다.

객관식

5.1

지름이 20 cm인 원형 관에 공기가 6 m/s의 속도로 흐르고 있을 때 이 유동은? 공기의 밀도는 1 kg/m^{3}이고 점성계수는 2×10^{-5} Pa · s이다.

① 층류　② 난류

③ 천이유동　④ 알 수 없다

5.2

수평 원형 관에서 물이 흐르고 있을 때, 완전발달 유동과 관련하여 다음 중 옳은 것을 모두 고른 것은?

> ㉮ 속도는 축방향으로 변하지 않는다.
> ㉯ 속도는 반경방향으로 변하지 않는다.
> ㉰ 압력은 축방향으로 변하지 않는다.
> ㉱ 압력은 반경방향으로 변하지 않는다.

① ㉮　② ㉮, ㉯

③ ㉮, ㉰　④ ㉯, ㉱

5.3

길이 L, 지름 D인 수평 원형 관에서 유체가 완전발달 상태로 흐르고 있을 때, 압력 강하 Δp와 벽면에서의 전단응력 τ 사이의 관계식으로 옳은 것은?

① $\Delta p = \dfrac{2\tau L}{D}$　② $\Delta p = \dfrac{4\tau L}{D}$

③ $\Delta p = \dfrac{2\tau D}{L}$　④ $\Delta p = \dfrac{4\tau D}{L}$

Note

5.4

길이 10 m, 지름 20 cm인 수평 원형 관에서 유체가 완전발달 상태로 흐르고 있을 때, 압력 강하가 40 Pa 일 때, 벽면에서의 전단응력은 얼마인가?

① 0.2 Pa　② 0.4 Pa
③ 20 Pa　④ 40 Pa

5.5

수평 원형 관에서 완전발달 층류유동과 관련하여 다음 중 옳지 않은 것은?

① 다른 모든 조건이 일정한 경우 유량은 압력강하에 비례한다.
② 다른 모든 조건이 일정한 경우 유량은 관의 길이에 반비례한다.
③ 다른 모든 조건이 일정한 경우 유량은 점성계수에 반비례한다.
④ 다른 모든 조건이 일정한 경우 유량은 관 직경의 제곱에 비례한다.

5.6

다음 중 Hagen-Poiseuille식은?

① $Q=\dfrac{\pi D^2 \Delta p}{64\mu L}$　② $Q=\dfrac{\pi D^2 \Delta p}{128\mu L}$
③ $Q=\dfrac{\pi D^4 \Delta p}{64\mu L}$　④ $Q=\dfrac{\pi D^4 \Delta p}{128\mu L}$

5.7

원형 관의 완전발달 층류 유동에서 압력차 Δp에서 유량이 Q이다. 압력차 Δp에서 관의 지름만 1/3로 축소 할 때의 유량은? (단, 모두 층류 유동이다)

① $\dfrac{Q}{3}$　② $\dfrac{Q}{9}$
③ $\dfrac{Q}{27}$　④ $\dfrac{Q}{81}$

5.8

길이 50 m이고, 지름이 40 cm인 수평 원형 관에 점성계수가 0.00024 Pa · s인 유체가 속도 0.5 m/s로 완전발달 층류상태로 흐르고 있다. 관 전체에서의 압력차는 얼마인가?

① 1.2 Pa　② 2.4 Pa
③ 1.2 kPa　④ 2.4 kPa

Note

5.9

길이 20 m이고, 지름이 30 cm인 수평 원형 관에 비중이 0.85인 유체가 5 m/s의 속도로 흐를 때 압력강하는 얼마인가? 마찰계수는 0.02이다.

① 14.2 Pa ② 16.7 Pa
③ 14.2 kPa ④ 16.7 kPa

5.10

길이 30 m이고, 지름이 20 cm인 원형 관에 어떤 유체가 4 m/s의 속도로 흐르고 있다. 관 전체에서의 손실수두가 6 m일 때 마찰계수는 얼마인가?

① 0.035 ② 0.049
③ 0.25 ④ 0.45

5.11

원형 관의 완전발달 층류 유동에서 속도가 V일 때 마찰 마찰계수가 f_1이다. 속도가 1.2 V일 때 마찰 마찰계수는 얼마인가? (단, 속도가 1.2 V일 때도 층류 유동이다)

① $\frac{1}{1.2}f_1$ ② $\frac{1}{1.2^2}f_1$
③ $1.2f_1$ ④ 1.2^2f_1

5.12

원형 관의 완전발달 층류 유동에서 속도가 V일 때 마찰 손실수두가 h_L이다. 속도가 1.2 V일 때 마찰 손실수두는 얼마인가? (단, 속도가 1.2 V일 때도 층류 유동이다)

① $\frac{1}{1.2}h_L$ ② $1.2h_L$
③ 1.2^2h_L ④ 1.2^4h_L

5.13

원형 관의 유동 중 완전히 거친 난류 유동에서 속도가 V일 때 마찰 손실수두가 h_L이다. 속도가 1.2 V일 때 마찰 손실수두는 얼마인가?

① $1.2h_L$ ② $1.2^{1.5}h_L$
③ 1.2^2h_L ④ 1.2^4h_L

Note

5.14

원형 관의 유동에서 마찰계수에 관한 설명으로 다음 중 옳은 것을 모두 고른 것은?

> ㉮ 층류유동에서는 마찰계수는 Re만의 함수이다.
> ㉯ 천이 및 난류유동인 경우 마찰계수는 일반적으로 Re와 관의 상대거칠기(ε/D)의 함수이다.
> ㉰ 완전난류(완전히 거친 난류) 영역에서는 마찰계수는 상대거칠기만의 함수이다.

① ㉮, ㉯
② ㉯, ㉰
③ ㉮, ㉰
④ ㉮, ㉯, ㉰

5.15

그림과 같은 급확대관에서의 부차적 손실을 나타내는 식은 어느 것인가?

① $\left(1-\dfrac{d}{D}\right)^2 \dfrac{V_1^2}{2g}$
② $\left(1-\dfrac{d^2}{D^2}\right)^2 \dfrac{V_1^2}{2g}$
③ $\left(1-\dfrac{D}{d}\right)^2 \dfrac{V_1^2}{2g}$
④ $\left(1-\dfrac{D^2}{d^2}\right)^2 \dfrac{V_1^2}{2g}$

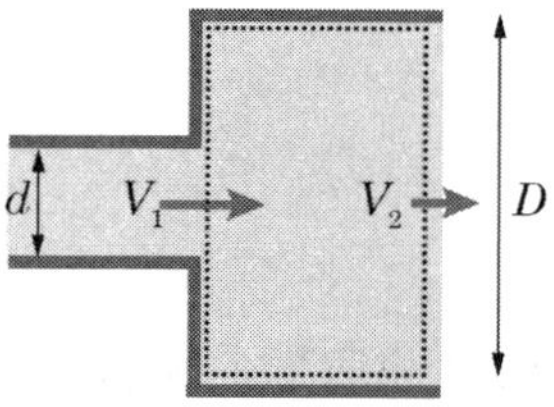

그림 P5.15

5.16

물이 2 m/s의 속도로 원형 관 내를 흐르고 있고, 이 관에 연결된 손실계수가 5인 밸브를 지날 때의 압력손실은 얼마인가?

① 10 pa
② 20 Pa
③ 10 kPa
④ 20 kPa

Note

5.17

지름이 50 cm인 원형 관에 유체가 흐르고 있을 때 관의 마찰계수는 0.025이다. 이 원형 관에 손실계수가 4인 밸브가 연결되어 있다면, 이 밸브의 상당길이(등가길이)는 얼마인가?

① 20 m ② 40 m

③ 60 m ④ 80 m

5.18

지름이 20 cm이고 길이가 80 m인 원형 관의 중간에 손실계수가 4인 밸브가 두 개 부착되어 있고 유체가 3 m/s의 속도로 흐르고 있을 때, 관에서의 마찰계수가 0.022이다. 전체에서의 손실수두는 얼마인가?

① 4.1 m ② 5.2 m

③ 6.5 m ④ 7.7 m

5.19

그림처럼 큰 탱크에 연결된 지름 20 cm인 원형 관에 물이 흐르고 있다. 관의 중간에 손실계수가 4인 밸브와 손실계수가 1.5인 엘보가 연결되어 있다. 관의 입구부터 1지점까지 전체 관의 길이는 50 m이다. 관에서 유속은 2 m/s일 때, 물의 표면부터 1지점까지의 총손실수두는 얼마인가? (단, 관 전체에 걸쳐 마찰계수는 0.03이고 입구에서의 손실계수는 0.5이다)

① 1.53 m ② 1.94 m

③ 2.35 m ④ 2.76 m

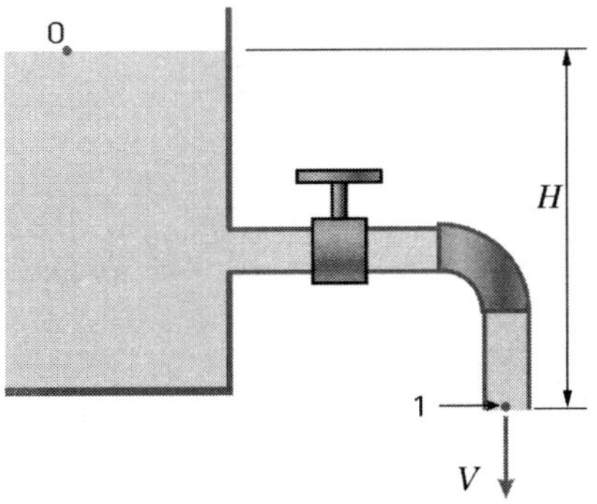

그림 P5.19

Note

5.20

한 변의 길이가 a인 정사각형 단면을 가지는 관에 기체가 흐르고 있을 때 수력지름은?

① a ② $1.1a$

③ $\sqrt{2}\,a$ ④ $2a$

5.21

지름이 각각 D_1과 $D_2(D_1 < D_2)$로 이루어진 두 동심원으로 이루어진 이중관(annular pipe) 사이에 기체가 흐르고 있을 때 수력지름은?

① $D_2 - D_1$ ② $D_2 + D_1$

③ $\sqrt{D_1 D_2}$ ④ $D_1 D_2$

5.22

그림과 같은 사각 단면을 가지는 관에 물이 일부만 찬 상태로 흐르고 있을 때 수력지름은?

① $\dfrac{2ac}{a+c}$ ② $\dfrac{4ac}{a+c}$

③ $\dfrac{2ac}{a+2c}$ ④ $\dfrac{4ac}{a+2c}$

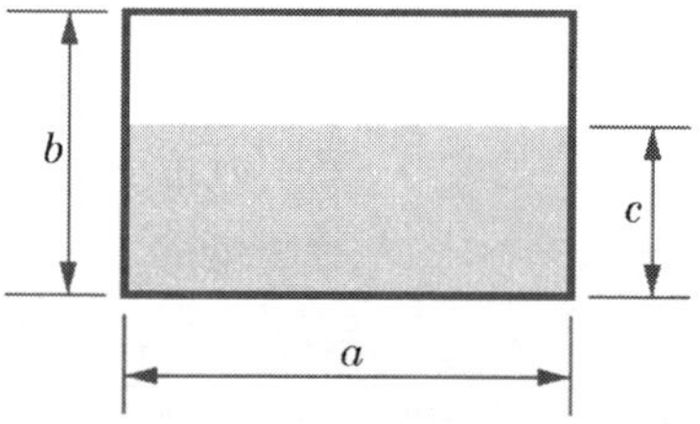

그림 P5.22

5.23

1 m×2 m의 직사각형 단면을 가지는 덕트 20 m에 공기가 10 m/s의 속도로 흐를 때, 손실수두는 얼마인가? (단, 마찰계수는 0.024이다)

① 1.84 m ② 4.25 m

③ 7.44 m ④ 8.31 m

Note

주관식

5.24

동점성계수가 $1.2\times10^{-6}\ m^2/s$인 액체가 지름 20cm인 원형관 속을 6 cm/s의 속도로 흐르고 있을 때 유동은 층류인가 난류인가?

5.25

위 문제와 동일한 상태에서 액체 대신 동점성계수가 $2\times10^{-5}\ m^2/s$인 기체가 흐를 때, 유동은 층류인가 난류인가?

5.26

공기와 물이 각각 동일한 지름의 원형 관 속을 동일한 속도로 흐르고 있을 때, 한 학생이 "만약 공기의 유동이 난류이면 물의 유동은 항상 난류이다."라고 주장한다. 이 주장이 맞는지 틀리는지 설명하라.

5.27

지름이 40 cm인 수평 원형 관에서 유체가 완전발달 상태로 흐르고 있다. 벽면에서의 전단응력이 20 Pa일 때, 길이 50 cm 하류 지점에서 압력은 얼마나 감소하는가?

5.28

원형 관의 완전발달 층류 유동에서 압력차 Δp에서 유량이 Q이다. 관의 지름만 1/2로 축소할 때 동일한 유량 Q를 얻기 위해 필요한 압력차는 원래 압력차의 몇 배인가? (단, 모두 층류 유동이다)

5.29

원형 관의 완전발달 층류 유동에서 압력차 Δp에서 유량이 Q이다. 압력차를 2배로 하였을 때도 층류 유동이라면 유량은?

Note

5.30

앞의 그림 P5.19처럼 큰 탱크에 연결된 지름 20 cm인 원형 관에 물이 흐르고 있다. 관의 중간에 손실계수가 4인 밸브와 손실계수가 1.5인 엘보가 연결되어 있다. 관의 입구부터 1지점까지 전체 관의 길이는 50m 이다. 관에서 유속이 2 m/s일 때, H를 구하라. (단, 이때 관 전체에 걸쳐 마찰계수는 0.03이고, 입구에서의 손실계수는 0.5이다)

*5.31

앞의 그림 P5.19처럼 큰 탱크에 연결된 지름 20 cm인 원형 관에 물이 흐르고 있다. 관의 중간에 손실계수가 4인 밸브와 손실계수가 1.5인 엘보가 연결되어 있다. 관의 입구부터 1지점까지 전체 관의 길이는 50m 이다. 그림에서 $H = 2$ m일 때, 출구에서의 속도를 구하라. (단, 이때의 관 전체에 걸쳐 마찰계수는 0.03으로 가정하고, 입구에서의 손실계수는 0.5이다)

5.32

한 변의 길이가 a인 정삼각형 단면을 가지는 관에 기체가 흐르고 있을 때 수력지름은?

5.33

지름이 각각 30cm, 20cm로 이루어진 길이 10 m인 두 동심원으로 이루어진 이중관(annular pipe) 사이에 공기가 5 m/s의 속도로 흐를 때 손실수두는 얼마인가? (단, 마찰계수는 0.025이다)

*5.34

길이 60 m이고, 지름이 20 cm인 원형 관에 비중 0.9이고 점성계수가 0.0002 Pa · s인 유체가 10 m/s의 속도로 흐르고 있다. 원형 관의 상대거칠기(상대조도)는 0.001이다.

(1) 관 전체에서의 손실수두를 구하라.

(2) 관 전체에서의 압력강하를 구하라.

Chapter 6

펌프 및 송풍기

Pumps & Blowers

6.1 펌프의 종류

펌프(pump)와 송풍기(fan, blower)는 기계적 에너지를 유체의 에너지로 변환하여 유체의 압력을 높이거나 유체를 높은 곳으로 이송하는 역할을 하는 유체기계를 의미한다. 액체를 사용하는 것이 펌프이고, 기체를 사용하는 것을 송풍기라고 한다. 펌프의 종류를 표 6.1에 나타내고 있다.

Tip
- 벌류트 : volute
- 디퓨저 : diffuser
- 일반적으로 벌류트형 원심펌프를 벌류트펌프 디퓨저형 원심펌프를 디퓨저펌프라고 한다.

표 6.1 펌프의 분류(참고문헌 7, 4, 13)

펌프					
터보 펌프			용적 펌프		특수 펌프
원심펌프	사류펌프	축류펌프	회전펌프	왕복펌프	재생펌프 제트펌프 기포펌프 수격펌프 점성펌프
벌류트펌프 디퓨저펌프 (터빈펌프)	볼류트형 사류펌프 디퓨저형 사류펌프		베인펌프 기어펌프 나사펌프 로브펌프	피스톤 펌프 플런저 펌프	

6.2 펌프의 동력

펌프 입구와 출구 기준

그림 6.1처럼 펌프를 이용하여 액체를 이송하는 경우, **펌프의 입구(흡입) 및 출구(송출, 토출) 지점을 1, 2지점으로 정하면** 에너지 방정식은 다음과 같다.

$$\frac{p_1}{\rho g}+\frac{V_1^2}{2g}+z_1+h_\mathrm{p}=\frac{p_2}{\rho g}+\frac{V_2^2}{2g}+z_2$$

에너지 방정식에서의 유체에 전달된 펌프수두 h_p를 H라 표시하고(관례상 이렇게 많이 사용한다) **전양정(total head)**이라고 한다. 전양정 H는 윗식으로부터 다음과 같이 나타낼 수 있다.

Tip
식(6.1)에서
- h_{t1} : 펌프입구에서의 전수두
- h_{t2} : 펌프출구에서의 전수두
- 아래첨자 t는 total을 나타낸다.

$$H=\left(\frac{p_2}{\rho g}+\frac{V_2^2}{2g}+z_2\right)-\left(\frac{p_1}{\rho g}+\frac{V_1^2}{2g}+z_1\right)=h_{t2}-h_{t1} \qquad (6.1)$$

펌프의 전양정(H)은 펌프 입구와 출구에서의 전수두의 차($h_{t2}-h_{t1}$)로 정의되며 펌프에 의해 **유체에 전달된 단위질량당 에너지의 증가**를 의미한다.

입구와 출구에서 관의 직경이 같다면, 유체의 속도가 같으므로($V_1 = V_2$), 식 (6.1)은 다음과 같다.

$$H = \frac{p_2 - p_1}{\rho g} + (z_2 - z_1) \tag{6.2}$$

입구와 출구에서 관의 직경이 같고, 높이차가 없거나, 높이차를 무시할 수 있는 경우라면(실제 대부분의 경우 무시할 수 있다) 다음처럼 나타낼 수 있다.

$$H = \frac{p_2 - p_1}{\rho g} \tag{6.3}$$

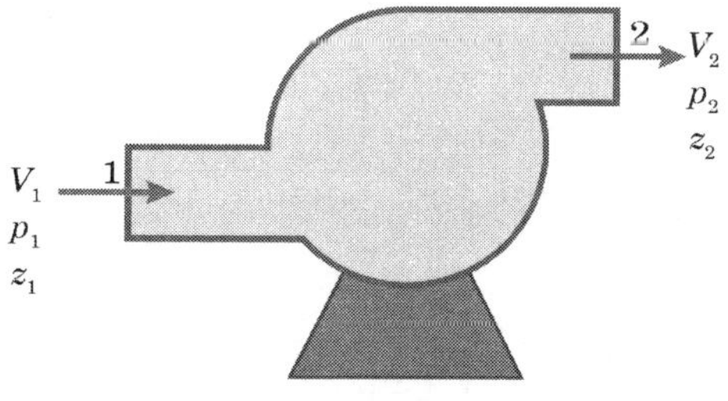

그림 6.1 펌프 입구와 출구

임의의 두 점 기준

펌프의 입구와 출구가 아닌 임의의 두 점 사이의 에너지 방정식에서는 마찰 및 부차적 손실을 포함한 전체 마찰손실 h_L을 고려하여야 한다. 임의의 1, 2점 사이의 에너지 방정식은 다음과 같다.

$$\frac{p_1}{\rho g} + \frac{V_1^2}{2g} + z_1 - h_L + h_p = \frac{p_2}{\rho g} + \frac{V_2^2}{2g} + z_2 \tag{6.4}$$

역시 펌프수두 h_p를 전양정 H라 표시하면 위의 식은 다음처럼 나타낼 수 있다.

$$H = \frac{p_2 - p_1}{\rho g} + \frac{V_2^2 - V_1^2}{2g} + z_2 - z_1 + h_L \tag{6.5}$$

흡입수면과 송출수면 기준

그림 6.2와 같이 1점과 2점을 흡입수면과 송출수면으로 하는 경우, 흡입수면의 하강속도 V_1 및 송출수면의 상승속도 V_2는 상당히 작아($V_1 \simeq 0$, $V_2 \simeq 0$), $\dfrac{V_2^2 - V_1^2}{2g}$ 은 무시할 수 있다. 따라서 식 (6.5)는 다음과 같이 나타낼 수 있다.

$$H = \frac{p_2 - p_1}{\rho g} + z_2 - z_1 + h_L \tag{6.6}$$

위의 식에서 전양정 H에서 손실수두를 제외한 부분을 **실양정(實揚程)** H_a라고 하며 다음과 같다.

$$H_a = (z_2 - z_1) + \frac{p_2 - p_1}{\rho g} = h_a + \frac{p_2 - p_1}{\rho g} \tag{6.7}$$

실양정은 흡입수면과 송출수면의 실제 높이차 $h_a = z_2 - z_1$에 압력수두차를 합한 것이다.

식 (6.6)은 다음처럼 나타낼 수 있다.

$$H = H_a + h_L \tag{6.8}$$

따라서 **펌프의 전양정은 실양정과 손실수두의 합**과 같다. 그림에서의 기호를 요약하면 다음과 같다.

- H_a : 실양정
- h_a : 흡입수면과 송출수면의 높이차
- h_s : 펌프 중심과 흡입수면의 높이차
- h_d : 송출수면과 펌프 중심의 높이차

TIP

실양정을 흡입수면과 송출수면의 실제 높이차(h_a)라고 설명하는 책이 있는데 일반적으로는 옳지 않다. 실양정은 흡입수면과 송출수면의 실제 높이차에 압력수두차를 합한 것이다.
흡입수면과 송출수면에서의 압력이 같은 경우에($p_1 = p_2$) 실양정은 흡입수면과 송출수면의 실제 높이차이다.

TIP

아래첨자는 다음을 나타낸다.

- a : actual(실)
- s : suction(흡입)
- d : discharge(송출)

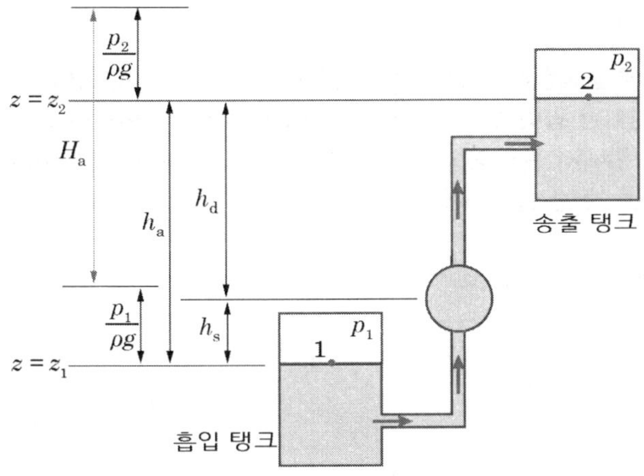

그림 6.2 펌프 시스템에 사용된 기호

흡입수면과 송출수면 기준 - 대기압일 때

흡입수면과 송출수면의 압력이 대기압인 경우가 많다. 그림 6.3에서 보듯이 **흡입수면과 송출수면에서의 압력이 대기압인 경우 두 압력은 같다**($p_1 = p_2$). 이 경우 식 (6.7)은 다음처럼

$$H_a = h_a \tag{6.9}$$

가 되어 **실양정은 흡입수면과 송출수면의 실제 높이차를 나타내게 된다. 흡입수면과 송출수면이 대기 중에 노출되어 있는 경우,** $p_1 = p_2 = p_{atm}$ 이므로 위의 식이 성립한다.

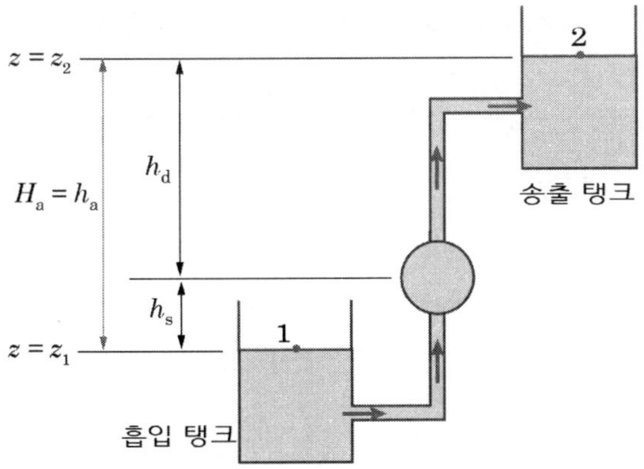

그림 6.3 흡입수면과 송출수면이 대기에 노출된 경우

예제 6.1

원심펌프가 물을 송출하고 있다. 펌프 입구에 설치된 진공압력이 20 kPa이고, 펌프 출구에 설치한 압력계의 계기압력이 300 kPa일 때, 펌프의 전양정을 구하라. 입구 및 출구관에서 관의 지름은 같고 출구에서의 압력계가 입구에서의 압력계보다 40 cm높은 곳에 설치되어 있다.

풀이

이 경우는 식 (6.1)을 이용하여 구할 수 있다.

$$H=\left(\frac{p_2}{\rho g}+\frac{V_2^2}{2g}+z_2\right)-\left(\frac{p_1}{\rho g}+\frac{V_1^2}{2g}+z_1\right)$$

속도가 같으므로 위의 식은

$$H=\frac{p_2-p_1}{\rho g}+z_2-z_1$$

으로 나타낼 수 있다.

압력차가 필요하므로 둘 다 절대압력 또는 둘 다 계기압력으로 계산하면 된다. 둘 다 계기압력으로 사용한다면, 진공 20 kPa은 계기압력 -20 kPa을 의미하여, $p_1=-20\,\text{kPa}=-20000\text{Pa}$이므로, 전부 SI 기본단위를 사용하면,

$$H=\frac{(300+20)\times1000}{(1000)(9.8)}+0.4=33.05$$

로 계산되고, 양정(높이)의 SI 기본 단위는 m이므로, 답은 33.05 m가 된다.

보충설명

압력의 SI의 기본 단위는 Pa이고 높이의 SI단위는 m이다. 따라서 위와 같이 계산하여야 하고, 다음과 같이 계산하면 모두 틀린 결과를 얻게 된다.

$$H=\frac{300+20}{(1000)(9.8)}+0.4$$

$$H=\frac{(300+20)\times1000}{(1000)(9.8)}+40$$

예제 6.2

예제 6.1에서 펌프 입구에 설치된 진공압력이 0.2 kg_f/cm^2이고, 출구에 설치한 압력계의 계기압력이 3 kg_f/cm^2일 때, 예제 6.1을 다시 구하라.

풀이

SI단위로 주어지지 않은 경우, 주어진 단위를 SI단위로 고쳐서 계산하면 된다.

$$1\frac{kg_f}{cm^2}=9.8\frac{N}{cm^2}=9.8\frac{N}{10^{-4}m^2}=98000\text{Pa}$$

이므로 예제 6.1에서와 마찬가지로

$$H=\frac{(3+0.2)\times98000}{(1000)(9.8)}+0.4=32+0.4=32.4$$

이다. 전부 SI 기본단위를 사용하여 계산하였으므로, 답은 32.4 m이다.

보충설명

이 문제처럼 SI단위로 주어지지 않은 경우 SI단위로 고친 다음 계산하는 것이 실수를 줄일 수 있는 방법이다.

수동력

수동력(water power, hydraulic power)은 펌프에서 유체에 전달된 동력을 의미한다.

TIP
- 수동력 = 펌프의 이론 동력

$$\dot{W}_w = \rho g Q H = \dot{m} g H \quad (6.10)$$

여기서 $\dot{W}_w$는 펌프의 수동력, 즉 펌프의 **이론 동력** $\dot{W}_{th}$를 나타내고 펌프에서 실제 유체에 전달된 단위시간당 에너지를 의미한다. ρ는 밀도, Q는 유량, H는 펌프의 전양정을 나타낸다. 여기서 밀도, 유량, 전양정 등을 모두 SI단위로 하여 계산하면, 펌프의 수동력의 단위는 동력의 SI단위인 W이고 이외에 다음과 같은 동력의 단위를 사용하기도 한다. 이들 단위와 SI단위와의 관계는 다음과 같다.

TIP
- 동력 : P, L 또는 $\dot{W}$
- 압력 : p
- 동력의 기호로 저자에 따라 P, L 또는 $\dot{W}$를 사용한다.

$$1\ \mathrm{kg_f \cdot m/s} = 9.81\ \mathrm{W} \quad (6.11)$$

$$1\ \mathrm{HP} = 76\ \mathrm{kg_f \cdot m/s} = 746\ \mathrm{W} \Leftarrow 76 \times 9.81 = 746 \quad (6.12)$$

$$1\ \mathrm{PS} = 75\ \mathrm{kg_f \cdot m/s} = 736\ \mathrm{W} \Leftarrow 75 \times 9.81 = 736 \quad (6.13)$$

그러나 다른 단위계를 사용한다면 다음의 보충설명에서 보듯이 일일이 사용하는 단위와 함께 단위환산인자가 포함된 다음과 같은 식을 별도로 암기하여야만 하므로 바람직하지 않다.

보충설명 » 동력의 다른 단위

펌프의 수동력과 관련된 식은 식 (6.10)이다. 그러나 SI단위를 사용하지 않고 공학단위를 사용하는 경우, 다음과 같은 여러 형태의 식을 사용하기도 하지만 이것은 올바른 방법이 아니다(심지어 이러한 식을 모두 외우도록 강요하는 어리석은 경우도 있다).

$\dot{W}_w = \gamma Q H$: $\dot{W}_w[\mathrm{kg_f \cdot m/s}]$, $\gamma[\mathrm{kg_f/m^3}]$, $Q[\mathrm{m^3/s}]$, $H[\mathrm{m}]$

$\dot{W}_w = \dfrac{\gamma Q H}{60}$: $\dot{W}_w[\mathrm{kg_f \cdot m/s}]$, $\gamma[\mathrm{kg_f/m^3}]$, $Q[\mathrm{m^3/min}]$, $H[\mathrm{m}]$

$\dot{W}_w = \dfrac{\gamma Q H}{102}$: $\dot{W}_w[\mathrm{kW}]$, $\gamma[\mathrm{kg_f/m^3}]$, $Q[\mathrm{m^3/s}]$, $H[\mathrm{m}]$

$\dot{W}_w = \dfrac{\gamma Q H}{6120}$: $\dot{W}_w[\mathrm{kW}]$, $\gamma[\mathrm{kg_f/m^3}]$, $Q[\mathrm{m^3/min}]$, $H[\mathrm{m}]$

$\dot{W}_w = \dfrac{\gamma Q H}{76}$: $\dot{W}_w[\mathrm{HP}]$, $\gamma[\mathrm{kg_f/m^3}]$, $Q[\mathrm{m^3/s}]$, $H[\mathrm{m}]$

$$\dot{W}_w = \frac{\rho g Q H}{746} \ : \ \dot{W}_w[\text{HP}],\ \rho[\text{kg/m}^3],\ Q[\text{m}^3/\text{s}],\ H[\text{m}]$$

$$\dot{W}_w = \frac{\gamma Q H}{75} \ : \ \dot{W}_w[\text{PS}],\ \gamma[\text{kg}_f/\text{m}^3],\ Q[\text{m}^3/\text{s}],\ H[\text{m}]$$

$$\vdots$$

위의 식들을 사용할 때는 반드시 뒤에 나타낸 단위들을 사용하여야만 성립하고, 식이 너무나도 많다. 앞에서도 설명하였듯이 올바른 방법이 아니다.

예를 들어, Newton의 운동법칙을 공식으로 나타내면(한 방향만 생각),

$$F = ma$$

로 나타내야지,

$$F = \frac{ma}{9.8} \ : \ F[\text{kg}_f],\ m[\text{kg}],\ a[\text{m/s}^2]$$

$$F = \frac{ma}{1000} \ : \ F[\text{N}],\ m[\text{g}],\ a[\text{m/s}^2]$$

$$F = \frac{ma}{9800} \ : \ F[\text{kg}_f],\ m[\text{g}],\ a[\text{m/s}^2]$$

처럼 힘, 질량 및 가속도의 단위에 따라 각각의 공식을 식에 나타내고 사용한다는 것은 우스운 일이다.

그런데, 왜 유독 수동력에 대해서는 위의 여러 공식을 사용해야 할까?

수동력에 대한 공식도 오직 $\dot{W}_w = \rho g Q H = \dot{m} g H$ 하나뿐이다. 위에서 설명한 이유로 다른 형태의 수동력에 관련 식을 표현하는 자체가 우스운 일이 아닐 수 없다. 나머지 다른 형태의 식들을 사용하는 것이 아니라, SI단위로 계산하여 단순한 단위환산만 해 주면 된다. 예제 6.3에서도 설명하겠지만, 단순히 단위환산만 필요할 뿐이다.

축동력

Tip
• 축동력 = 실제 펌프의 동력

축동력(shaft power) $\dot{W}_{\text{shaft}}$는 펌프를 회전시키는 축으로부터 펌프에 전달되는 실제 펌프동력을 의미하고 **제동마력**(**제동동력**; brake horse power)이라고도 한다. 펌프로 공급되는 축동력이 전부 수동력으로서 유체에 전달되지 못하고 손실이 발생하여, 유체에 전달된 수동력은 축동력보다 작다. 이 두 동력의 비를 **펌프효율**(pump efficiency)이라고 하고, 펌프에서 유체에 전달된 동력과 펌프에 공급된 동력의 비를 나타고 다음처럼 정의한다.

$$\eta_p = \frac{\dot{W}_w}{\dot{W}_{\text{shaft}}} \tag{6.14}$$

펌프에서의 손실은 다음과 같이 세 가지 손실로 분류할 수 있고 이와 관련된 손실로 인한 효율 또한 다음과 같다.

- 기계손실 – **기계효율**(mechanical efficiency) η_m: 베어링에서의 마찰, 회전차의 마찰 등으로 인한 기계적인 손실 및 이와 관련된 효율.
- 체적손실(누설손실) – **체적효율**(volumetric efficiency) η_v: 고압측으로 이동된 유체가 틈을 통하여 외부 또는 저압측으로 역류하여 생기는 손실 및 이와 관련된 효율
- 수력손실(유체손실) – **수력효율**(hydraulic efficiency) η_h: 펌프에서의 유체와 관련된 수력손실 및 이와 관련된 효율

펌프효율은 이 세 효율의 곱으로 나타낼 수 있다.

$$\eta_p = \eta_m \eta_v \eta_h \tag{6.15}$$

보충설명 ›› 전동기의 동력

펌프에 전동기가 연결되어 있고, (동력)전달계수 k일 때 필요한 전동기의 동력은 다음처럼 나타낼 수 있다. 전동기에서 발생한 동력 100%가 펌프의 축동력이 되지 못하고 역시 일부 손실이 있어, 필요한 전동기의 동력 $\dot{W}_e$는 축동력보다 커서 다음과 같이 나타낼 수 있다.

$$\dot{W}_e = k\dot{W}_{shaft} \tag{6.16}$$

전동기인 경우 $k = 1.1$ 정도이다.

예제 6.3

예제 6.1과 같은 조건에서의 원심펌프가 2 m³/min의 유량으로 물을 펌핑하고 있다. 펌프효율이 90%일 때 수동력 및 필요한 실제 펌프동력(즉, 축동력)을 구하라.

풀이

예제 6.1에서 구한 전양정은 33.05 m이다. 유량을 SI단위로 고치면

$$Q = \frac{2}{60}\ \mathrm{m^3/s}$$

이고, 따라서 수동력은

$$\dot{W}_w = \rho g Q H = (1000)(9.8)(2/60)(33.05) = 10800\ \mathrm{W} = 10.8\ \mathrm{kW}$$

이고, 축동력은 다음과 같다.

$$\dot{W}_{\text{shaft}} = \frac{\dot{W}_{\text{w}}}{\eta_{\text{p}}} = \frac{10.8}{0.9} = 12.0\,\text{kW}$$

보충설명

만약 문제에서 필요한 축동력을 $\text{kg}_\text{f} \cdot \text{m/s}$로 구하라고 하였다면, 앞과 같이 계산한 후 다음처럼 단순히 단위환산을 하면 된다.

$$12000\,\text{W} = \frac{12000}{9.81}\text{kg}_\text{f} \cdot \text{m/s} = 1223\text{kg}_\text{f} \cdot \text{m/s}$$

또는 편의상 9.81 대신 9.8로 나누면 $1224\,\text{kg}_\text{f} \cdot \text{m/s}$을 얻을 수 있다.

6.3 펌프의 성능곡선

펌프가 일정한 회전수로 정상(steady) 작동을 하면, 유량, 양정, 동력 및 효율 등이 결정되게 된다. 양정 H, 동력 $\dot{W}$ 및 효율 η를 유량 Q에 따라 나타낸 것을 **성능곡선**(performance curve)이라 하고 그림 6.4에 일정한 회전수일 때의 원심펌프 성능곡선의 한 예를 보여주고 있다. 일반적으로 효율이 최고인 점이 존재하며 이때가 설계점이 되고 이때의 유량이 설계유량 Q_D이다. 그러나 실제 펌프의 작동점은 펌프의 작동조건에 따라 달라지고 최고 효율보다는 낮은 효율에서 작동하게 된다.

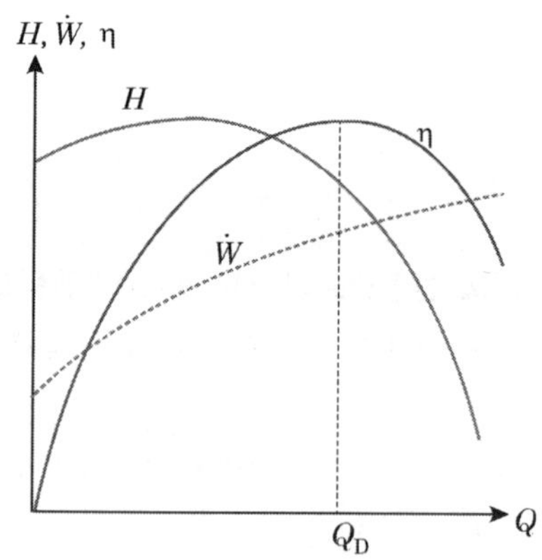

그림 6.4 원심펌프의 성능곡선

6.4 상사(相似)법칙

펌프의 출력 및 유량은 운전 상태에 따라 달라진다. 동일한 펌프일지라도 펌프의 회전수(또는 회전 각속도)에 따라 유량 및 출력이 달라진다. 또한 기하학적으로 유사한 펌프를 제작한 경우에도 펌프의 회전수(또는 회전 각속도) 등에 따라 유량 및 출력이 달라진다. 이 경우 펌프의 유량 및 출력에 대한 관계는 유체역학의 차원해석과 상사법칙에 따라 구해지게 된다. 차원해석 및 상사법칙에 대한 자세한 해석은 대부분의 일반 유체역학 교재에서 다루므로 여기서는 생략하고 펌프에 대해 그 결과만을 적용하기로 한다.

기하학적으로 상사한 2대의 펌프가 완전히 상사한 운전조건에서 작동을 한다면 다음과 같은 관계를 가진다.

$$\frac{Q_1}{D_1^3 N_1} = \frac{Q_2}{D_2^3 N_2} \quad \text{또는} \quad \frac{Q_2}{Q_1} = \left(\frac{D_2}{D_1}\right)^3 \frac{N_2}{N_1} \tag{6.17}$$

$$\frac{H_1}{D_1^2 N_1^2} = \frac{H_2}{D_2^2 N_2^2} \quad \text{또는} \quad \frac{H_2}{H_1} = \left(\frac{D_2}{D_1}\right)^2 \left(\frac{N_2}{N_1}\right)^2 \tag{6.18}$$

$$\frac{\dot{W}_1}{\rho_1 D_1^5 N_1^3} = \frac{\dot{W}_2}{\rho_2 D_2^5 N_2^3} \quad \text{또는} \quad \frac{\dot{W}_2}{\dot{W}_1} = \frac{\rho_2}{\rho_1} \left(\frac{D_2}{D_1}\right)^5 \left(\frac{N_2}{N_1}\right)^3 \tag{6.19}$$

- Q : 유량
- H : 전양정
- N : 회전수
- D : 임펠러 직경
- $\dot{W}$: 펌프동력

예제 6.4

어떤 원심펌프가 2000 rpm으로, 전양정 50 m일 때, 2 m³/min의 유량으로 물을 송출하고 있다. 이 펌프보다 크기가 2배인 상사한 펌프가 1600 rpm으로 완전히 상사한 조건에서 운전된다면 펌프의 유량은?

풀이

$$\frac{Q_2}{Q_1}=\left(\frac{D_2}{D_1}\right)^3\frac{N_2}{N_1}$$

이므로

$$Q_2=Q_1\left(\frac{D_2}{D_1}\right)^3\frac{N_2}{N_1}=2\left(\frac{2}{1}\right)^3\frac{1600}{2000}=12.8\ \mathrm{m^3/min}$$

이다.

예제 6.5

어떤 원심펌프가 2000 rpm으로, 전양정 50 m일 때, 5 m³/min의 유량으로 물을 송출하고 있다. 이 펌프보다 크기가 1.4배인 상사한 펌프가 1600 rpm으로 완전히 상사한 조건에서 운전된다면 펌프의 양정은?

풀이

$$\frac{H_2}{H_1}=\left(\frac{D_2}{D_1}\right)^2\left(\frac{N_2}{N_1}\right)^2$$

이므로

$$H_2=H_1\left(\frac{D_2}{D_1}\right)^2\left(\frac{N_2}{N_1}\right)^2=(50)(1.4)^2\left(\frac{1600}{2000}\right)^2=62.72\,\mathrm{m}$$

이다.

비속도

비속도(비교회전도; specific speed)는 무차원 형태의 비속도 n_s^*와 차원을 가지는 비속도 n_s 두 형태로 다음처럼 정의할 수 있다.

$$n_s^*=\frac{\omega Q^{1/2}}{(gH)^{3/4}} \tag{6.20}$$

$$n_s=\frac{NQ^{1/2}}{H^{3/4}} \tag{6.21}$$

여기서 비속도와 관련하여 다음과 같이 설명할 수 있다.

- ω는 각속도(rad/s)를 나타내고, N은 회전수(rpm)를 나타낸다.
- **다단펌프인 경우**는 위 식의 H 대신에 H/n을 사용하면 된다. n은 단수를 나타낸다.
- 비속도는 원칙적으로 사용하는 단위와 무관한 값을 가지는 무차원 형태의 n_s^*를 사용하는 것이 바람직하나, **차원을 가지는 비속도 n_s를 관습적으로 더 많이 사용하고 있다.**
- 비속도 n_s는 변수의 단위를 반드시 약속된 단위를 사용하여야 할 뿐 아니라, 비속도 값 뒤에 반드시 사용된 단위를 적어야 한다. 단위에 따라 그 값이 달라지기 때문이다.
- 공학단위를 사용할 때, 전양정의 단위가 m, 유량의 단위가 m^3/min, 회전수의 단위가 rpm으로 된 n_s를 가장 많이 사용한다.
- 펌프의 비속도는 보통 펌프가 최고효율에서 운전될 때의 값으로 주어진다.
- 저유량 고수두용 펌프 : 작은 비속도(식 6.21로부터 알 수 있다).
- 대유량 저수두용 펌프 : 큰 비속도(식 6.21로부터 알 수 있다).
- 터보 펌프의 종류와 비속도의 크기를 표 6.2에 나타내고 있다.

Tip

- $1\,\text{rpm} = 1\dfrac{\text{rev}}{\text{min}} = \dfrac{2\pi\,\text{rad}}{60\text{s}} = \dfrac{2\pi}{60}\,\text{rad/s}$
- rev : revolution(회전)

표 6.2 터보 펌프의 종류와 비속도

터보 펌프 종류	비속도
원심펌프	작다
사류펌프(혼합류펌프)	중간
축류펌프	크다

예제 6.6

전양정이 20 m, 유량이 20l/s, 회전수가 1500 rpm일 때,
(1) 비속도(m, l/s, rpm)를 구하라.
(2) 비속도(m, m^3/min, rpm)을 구하라.

풀이

(1) 비속도(m, l/s, rpm)를 구하므로 주어진 수치를 그대로 대입하면 된다.

$$n_s = \frac{NQ^{1/2}}{H^{3/4}} = \frac{(1500)(20)^{1/2}}{20^{3/4}} = 709(\text{m},\ l/\text{s},\ \text{rpm})$$

(2) 비속도(m, m^3/min, rpm)를 구하므로, 유량을 변환하여야 한다.

$$Q = 20l/s = \frac{0.02\text{m}^3}{1/60\,\text{min}} = 1.2\,\text{m}^3/\text{min}$$

따라서

$$n_s = \frac{NQ^{1/2}}{H^{3/4}} = \frac{(1500)(1.2)^{1/2}}{20^{3/4}} = 174 \quad (\text{m, m}^3/\text{min, rpm})$$

이다.

보충설명

앞의 예에서 보듯이 차원을 가지는 비속도는 단위에 따라 달라진다. 무차원 형태의 비속도 n_s^*를 구하면 다음과 같다. 모든 단위를 SI단위로 하면 된다.

$$Q = 20l/\text{s} = 0.02\,\text{m}^3/\text{s}$$

$$\omega = 1500 \times \frac{2\pi}{60}\,\text{rad/s} = 157\,\text{rad/s}$$

$$n_s^* = \frac{\omega Q^{1/2}}{(gH)^{3/4}} = \frac{(157)(0.02)^{1/2}}{(9.8\times 20)^{3/4}} = 0.424$$

무차원 형태의 비속도 n_s^*는 단위와 무관하게 일정하다. 따라서 무차원 형태의 비속도 n_s^*를 사용하는 것이 편리하다.

6.5 펌프의 여러 현상

6.5.1 캐비테이션(공동현상)

Tip
정확하게는 표 6.3에서 보듯이 물은 101.35kPa일 때 100℃에서 끓는다.

물은 1기압일 때 100℃에서 끓는다(비등한다). 어떤 압력에서 비등이 일어나는 온도를 **포화온도**(saturation temperature)라고 한다. 압력에 따라 물이 끓는 온도를 측정하여 나타낸 것이 표 6.3이다. 1기압에서의 포화온도는 100℃이고 이보다 낮은 압력에서의 포화온도는 100℃보다 낮다. 높은 산 위에 올라가면 기압이 낮아져서, 물은 100℃보다 낮은 온도에서 끓는다. 극단적으로 압력이 4.31 kPa 이하가 되면 상온인 30℃에서도 물이 끓는다.

표 6.3 물의 포화온도 및 포화압력(참고문헌 5)

포화압력 (kPa)	1.23	2.34	4.25	7.38	12.35	19.94	31.19	47.39	70.14	101.35
포화온도 (℃)	10	20	30	40	50	60	70	80	90	100

펌프를 이용하여 물을 펌핑하는 경우 압력이 가장 낮은 곳인 펌프의 입구(실제로는 임펠러 부분에서 압력이 가장 낮다)에서의 **압력(정압)이 작동온도(위의 예에**

서 30℃)에서의 **포화증기압**(앞의 예에서 4.25 kPa)**보다 낮으면 물이 비등하여 수증기가 발생하는 현상을 캐비테이션**(공동현상; cavitation)이라 한다. **압력이 가장 낮은 곳에서** $p > p_v$**이면 캐비테이션이 발생하지 않는다.**

캐비테이션이 발생하게 되면 다음과 같은 현상이 생긴다.

- 진동과 소음
- 임펠러 또는 케이싱의 부식
- 양정과 효율이 감소하여 흡입력이 떨어지고 결국 펌프의 동작을 멈춘다.
- 발생한 기포가 파괴될 때의 충격으로 피팅(점부식; pitting)이 발생한다.

유효흡입수두

유효흡입수두(NPSH; Net Positive Suction Head)의 일반적인 정의는 다음과 같다.

$$\text{NPSH} = \left(\frac{p}{\rho g} + \frac{V^2}{2g}\right)_{\text{Pump입구}} - \frac{p_v}{\rho g} \qquad (6.22)$$

여기서 p_v는 펌프 입구에서 유체의 온도에 해당하는 포화압력이다. 위와 같이 정의되는 NPSH는 **펌프 입구에서의 압력 및 속도수두의 합이 캐비테이션이 발생하는 포화압력수두보다 얼마나 더 큰가를 나타내는 수치**이다.

에너지 방정식을 흡입수면 1과 펌프입구 2사이에 적용하면

$$\left(\frac{p_1}{\rho g} + \frac{V_1^2}{2g} + z_1\right) - h_L = \left(\frac{p_2}{\rho g} + \frac{V_2^2}{2g} + z_2\right)$$

이고, 각각은 다음과 같다.

- p_1, p_2 : 흡입수면 1과 펌프입구 2에서의 압력
- V_1, V_2 : 흡입수면 1과 펌프입구 2에서의 평균속도
- z_1, z_2 : 흡입수면 1과 펌프입구 2에서의 높이
- h_L : 흡입수면 1과 펌프입구 2사이에서의 손실수두

$V_1 \approx 0$이므로 위의 식은 다음과 같다.

$$\frac{p_2}{\rho g} + \frac{V_2^2}{2g} = \frac{p_1}{\rho g} + (z_1 - z_2) - h_L \qquad (6.23)$$

흡입수면이 펌프보다 아래에 위치한 경우, 즉 흡상하는 경우는 $z_2 - z_1 = h_s$ 라 두고 앞의 식 (6.23)을 식 (6.22)에 대입하면, NPSH는 다음과 같다.

$$\mathrm{NPSH} = \left(\frac{p}{\rho g} + \frac{V^2}{2g}\right)_2 - \frac{p_v}{\rho g} = \frac{p_1 - p_v}{\rho g} - h_s - h_L \tag{6.24}$$

흡입수면이 펌프보다 위에 위치하고 있을 때, 즉 가압이 되는 경우는 $z_1 - z_2 = h_s$ 라 두면 NPSH는 다음과 같다.

$$\mathrm{NPSH} = \frac{p_1 - p_v}{\rho g} + h_s - h_L \tag{6.25}$$

캐비테이션을 NPSH와 연관하여 설명하면 다음과 같다.

- 위의 식으로 계산한 흡입수두를 보통 **유효 NPSH**($NPSH_{av}$ 또는 $NPSH_{available}$)라 한다.
- **필요 NPSH**(또는 요구NPSH ; $NPSH_{re}$ 또는 $NPSH_{required}$)는 펌프가 캐비테이션이 일어나지 않기 위한 최소의 NPSH를 의미하며 펌프 생산업체에서 발표하는 값이다.
- $NPSH_{av} > NPSH_{re}$일 때 캐비테이션이 발생하지 않는다.

캐비테이션 방지 방법

캐비테이션 방지 방법으로 $NPSH_{av}$를 크게 하면 되고, 이를 위해서는 다음과 같은 방법들이 사용된다.

- 펌프의 설치위치를 낮추어 흡입양정을 작게 한다.
- 흡입관 직경을 크게 하여 흡입관 손실수두를 줄인다.
- 펌프의 회전수를 낮춘다.
- 양흡입펌프를 사용한다.

6.5.2 수격작용

펌프를 운전하다가 갑자기 정지하거나 밸브를 갑자기 닫으면, 운동하던 물이 갑자기 정지하여 물의 운동에너지가 높은 압력으로 바뀌게 되고 상승한 압력파가 관을 전파해가면서 마치 망치(hammer)로 관을 때릴 때 나는 소리와 같은 소리가 생기는 현상을 **수격작용**(water hammering)이라 한다. 수격작용이 발생하면 소음뿐 아니라 관 또는 밸브를 손상시킬 수 있다. 수격작용은 물이 빠를 때, 밸브를 급격하게 닫을 때 발생하기 쉽다.

수격작용을 방지하기 위하여 다음과 같이하여야 한다.

- 속도를 작게 한다(관의 직경을 크게 한다).
- 밸브를 천천히 닫는다.
- 밸브를 펌프 송출구 가까운 곳에 설치한다.
- 서지탱크(surge tank) 또는 완충장치(accumulator)를 설치한다.
- 플라이 휠(fly wheel)을 설치하여 속도변화를 천천히 일어나게 한다.

6.5.3 서징(맥동현상)

펌프의 운전 중 생기는 이상 현상의 하나로 펌프 입구 및 출구압력이 변하고, 따라서 압력계의 바늘이 흔들리고, 송출유량이 주기적으로 변하는 현상을 **서징**(**맥동현상**; surging)이라 한다. 서징은 펌프의 양정곡선($H-Q$곡선)이 앞의 그림 6.4처럼 오른쪽으로 올라가는 부분이 있고, 즉 산 모양이고(책에 따라 산고(山高)곡선이라고도 함), 특성곡선의 오른쪽으로 올라가는 부분에서 펌프를 운전할 때 발생할 수 있다. 또한 관로 중간에 공기탱크가 있을 때 발생하기 쉽다.

서징을 방지하기 위하여 다음과 같이하여야 한다.

- 회전차 깃 각도와 안내깃 각도를 조절한다.
- 공기탱크를 될 수 있으면 설치하지 않는다.
- 밸브는 펌프 송출구 가까운 곳에 설치한다.

6.6 송풍기의 동력[2)]

앞에서 이미 설명하였지만, **펌프(pump)와 송풍기(fan, blower)는 기계적 에너지를 유체의 에너지로 변환하여 유체의 압력을 높이거나 유체를 높은 곳으로 이송하는 역할을 하는 유체기계를 의미한다.** 액체를 사용하는 것이 펌프이고, 기체를 사용하는 것을 송풍기라고 한다. 이 책에서는 홴(또는 팬; fan)과 블로어(blower)를 통칭하여 송풍기라 한다. Fan과 blower는 사용압력에 따라 구분하나 작동원리는 동일하기 때문에 다음에 사용하는 모든 설명은 동일하게 적용된다.

Tip
- 펌프 : 액체
- 송풍기 : 기체를 이송하는 장치

2) 이 절은 교수나 강사의 판단에 의해 생략할 수 있다.

송풍기의 입구(흡입) 및 **출구**(송출, 토출)**지점을 1, 2지점으로 정하면** 에너지 방정식은 다음과 같다.

$$\frac{p_1}{\rho g}+\frac{V_1^2}{2g}+z_1+h_\mathrm{f}=\frac{p_2}{\rho g}+\frac{V_2^2}{2g}+z_2$$

여기서 h_f는 송풍기수두이고, 윗식을 정리하면 다음과 같다.

$$h_\mathrm{f}=\frac{p_2-p_1}{\rho g}+\frac{V_2^2-V_1^2}{2g}+(z_2-z_1)$$

송풍기 입구와 출구에서는 같은 높이($z_2-z_1=0$)이므로,

$$h_\mathrm{f}=\frac{p_2-p_1}{\rho g}+\frac{V_2^2-V_1^2}{2g}$$

이고, ρg를 곱하면 다음과 같이 송풍기전압을 구할 수 있다.

$$p_\mathrm{ft}=\rho g h_\mathrm{f}=(p_2+\frac{\rho V_2^2}{2})-(p_1+\frac{\rho V_1^2}{2})=p_\mathrm{t2}-p_\mathrm{t1} \quad (6.26)$$

여기서 p_ft를 **송풍기전압**(fan total pressure)이라하고 **송풍기 출구에서의 전압** p_t2**와 입구에서의 전압** p_t2**의 차를 의미**한다. 즉 송풍기 **입구와 출구에서의 전압상승**을 의미한다. Bernoulli방정식에서도 설명하였듯이, $\frac{1}{2}\rho V^2$을 동압이라 하고, p_d로 나타내기로 한다.

송풍기정압(fan static pressure) p_fs는 다음처럼 **송풍기전압에서 송풍기 출구에서의 동압을 뺀 것**으로 정의한다.

$$p_\mathrm{fs}=p_\mathrm{ft}-p_\mathrm{d2}=p_\mathrm{ft}-\frac{\rho V_2^2}{2}=p_\mathrm{t2}-p_\mathrm{t1}-\frac{\rho V_2^2}{2} \quad (6.27)$$

따라서 다음과 같다.

$$p_\mathrm{fs}=p_2-p_1-\frac{\rho V_1^2}{2} \quad (6.28)$$

Tip

- p_ft : 송풍기 전압
- p_fs : 송풍기 정압
- p_t : (유체의) 전압
- p : (유체의) 압력(정압)
- p_d : (유체의) 동압

  즉, $p_\mathrm{d}=\frac{\rho V^2}{2}$

아래첨자는 다음을 나타낸다.

- ft : fan total
- fs : fan static
- t : total
- d : dynamic
- 책에 따라 p_ft를 p_t로 p_{fs}를 p_s로 나타낸 곳이 있는데 이렇게 하면 다음의 보충설명에서 보듯이 송풍기 전압과 유체의 전압을 구별하기 어렵고 또한 송풍기정압과 유체의 정압을 구별하기 어렵다.

보충설명 » 송풍기 전압

일반적으로 유체의 전압은 다음과 같이 정의한다.

$$p_t = p + \frac{\rho V^2}{2} + \rho g z$$

여기서 p는 보통 말하는 유체의 압력(정압을 의미한다)이고, 기준점과의 높이가 같다면($z=0$), 유체의 전압은

$$p_t = p + \frac{\rho V^2}{2}$$

로 나타낼 수 있다. 그러나 송풍기 전압은 식 (6.26)처럼 송풍기 입구와 출구에서의 유체의 전압 차로 정의된다. 송풍기전압과 일반적인 유체의 전압을 혼동하지 말아야 한다. 또한 송풍기정압도 일반적으로 말하는 유체의 정압과는 달리 식 (6.27)처럼 **송풍기전압에서 송풍기 출구에서의 동압을 뺀 것**을 나타낸다.

송풍기에서의 동력은 **밀도가 일정한 경우**(또는 밀도의 변화가 작은 경우이고, 송풍기 **입구와 출구의 압력비가 1.03 이하인 경우**), 송풍기전압과 송풍기정압을 사용하여 다음처럼 두 가지로 나타낸다.

- **전압이론공기동력** $\dot{W}_{tp}$는 다음과 같다.

$$\dot{W}_{tp} = \rho g Q h_f = p_{ft} Q \qquad (6.29)$$

- **정압이론공기동력** $\dot{W}_{sp}$는 다음과 같다.

$$\dot{W}_{sp} = p_{fs} Q \qquad (6.30)$$

Tip

아래첨자는 다음을 나타낸다.

- tp : total pressure(전압)
- sp : static pressure(정압)

보충설명 » 송풍기 동력의 다른 단위

펌프에서와 마찬가지로 송풍기의 전압 및 정압동력과 관련된 식은 식 (6.29), 식 (6.30)이다. 그러나 SI단위를 사용하지 않고 공학단위를 사용하는 경우, 다음과 같은 여러 형태의 식을 사용하기도 하지만 이것은 올바른 것이 아니다.

$$\dot{W}_{tp} = \frac{p_{ft} Q}{102} \ : \ \dot{W}_{tp}[\mathrm{kW}],\ p_{ft}[\mathrm{kg_f/m^2}],\ Q[\mathrm{m^3/s}]$$

$$\dot{W}_{tp} = \frac{p_{ft} Q}{0.0102} \ : \ \dot{W}_{tp}[\mathrm{kW}],\ p_{ft}[\mathrm{kg_f/cm^2}],\ Q[\mathrm{m^3/s}]$$

$\dot{W}_{tp} = \dfrac{p_{ft}Q}{102 \times 60}$ 또는 $\dot{W}_{tp} = \dfrac{p_{ft}Q}{6120}$: $\dot{W}_{tp}$[kW], p_{ft}[kg_f/m^2 또는 $mmAq$], Q[m^3/min]

$\dot{W}_{tp} = \dfrac{p_{ft}Q}{76 \times 60}$: $\dot{W}_{tp}$[HP], p_{ft}[kg_f/m^2], Q[m^3/min]

$\dot{W}_{tp} = \dfrac{p_{ft}Q}{75 \times 60}$: $\dot{W}_{tp}$[PS], p_{ft}[kg_f/m^2], Q[m^3/min]

위의 식들을 사용할 때는 반드시 뒤에 나타낸 단위들을 사용하여야만 성립하고, 앞에서도 설명하였듯이 올바른 방법이 아니다. 얼마나 어리석은 방법인지 알아야 한다.
펌프동력을 구할 때와 마찬가지로, 전압이론공기동력에 관계되는 식은 식 (6.29) 하나뿐이고, 나머지 다른 형태의 식들을 사용하는 것이 아니라, SI단위로 계산하여 단순한 단위환산만 해 주면 된다. 즉 1.2.1절에서 설명하였듯이 다음과 같은 단위환산만 필요할 뿐이다.

$$1\,kg_f \cdot m/s \equiv 9.81\,W$$

$$1\,HP = 76\,kg_f \cdot m/s = 746\,W \Leftarrow 76 \times 9.81 = 746$$

$$1\,PS = 75\,kg_f \cdot m/s = 736\,W \Leftarrow 75 \times 9.81 = 736$$

송풍기의 **축동력** $\dot{W}_{shaft}$는 다음과 같이 송풍기의 **전압효율**과 **정압효율**을 이용하여 구할 수 있다.

$$\text{전압효율} : \eta_{tp} = \frac{\dot{W}_{tp}}{\dot{W}_{shaft}} \tag{6.31}$$

$$\text{정압효율} : \eta_{sp} = \frac{\dot{W}_{sp}}{\dot{W}_{shaft}} \tag{6.32}$$

예제 6.7

송풍기 전후의 전압력이 각각 120 kPa, 122 kPa이고, 유량이 5 m^3/s인 송풍기에서
(1) 전압이론공기동력을 구하고,
(2) 송풍기 전압효율이 90%일 때, 송풍기에 필요한 축동력을 구하라.

풀이

(1) 이 경우 모든 것이 SI단위로 주어져 있으므로 단위 환산 없이 식 (6.26)과 식 (6.29)를 적용하면 쉽게 구할 수 있다.

$$p_{\rm ft}=(122-120)=2\,\rm kPa=2000\,Pa$$

$$\dot{W}_{\rm tp}=p_{\rm ft}Q=(2000)(5)=10000$$

이고, SI단위를 사용하였으므로 동력의 단위는 W이고 따라서 답은 10000 W 또는 10 kW이다.

(2) 식 (6.31)로부터 축동력을 구할 수 있다.

$$\dot{W}_{\rm shaft}=\frac{\dot{W}_{\rm tp}}{\eta_{\rm tp}}=\frac{10}{0.9}=11.1\,\rm kW$$

예제 6.8

송풍기 전후의 전압력이 각각 1.22 kg_f/cm^2, 1.24 kg_f/cm^2이고, 유량이 300 m^3/min인 송풍기에서 전압이론공기동력을 구하라.

풀이

이 경우 SI단위로 주어져 있지 않은 것을 SI단위로 바꾸어 식 (6.26)과 식 (6.29)를 적용하면 된다.

$$p_{\rm tf}=(1.24-1.22)\frac{\rm kg_f}{\rm cm^2}=0.02\frac{9.8\,\rm N}{10^{-4}\,\rm m^2}=1960\frac{\rm N}{\rm m^2}=1960\,\rm Pa$$

$$\dot{W}_{\rm tp}=p_{\rm ft}Q=(1960)\left(\frac{300}{60}\right)=9800$$

이고, SI단위를 사용하였으므로 동력의 단위는 W이고 따라서 답은 9800 W 또는 9.8 kW이다.

보충설명

위와 같이 계산하는 것이 올바른 방법이나, 다음과 같이 계산할 수도 있다.

$$\dot{W}_{\rm tp}=\frac{p_{\rm ft}Q}{0.0102}=\frac{(1.24-1.22)\left(\frac{300}{60}\right)}{0.0102}=9.80\,\rm kW$$

그러나 이 방법은 다른 단위가 주어지면, 그 단위에 맞는 식을 또 외우고 있어야 하기 때문에 좋은 방법은 아니다.

Note

연습문제

문제번호 앞에 * 표시된 문제는 약간 어려운 문제이며, 경우에 따라 풀지 않아도 된다.

객관식

6.1

다음 중 펌프의 종류가 다른 것은?

① 원심펌프　② 사류펌프
③ 축류펌프　④ 기어펌프

6.2

다음 중 용적형 펌프가 아닌 것은?

① 기어펌프　② 나사펌프
③ 로브펌프　④ 제트펌프

6.3

기계효율이 95%, 체적효율이 94%, 펌프효율이 85%라면 펌프에서의 수력효율은 약 몇 %인가?

① 78%　② 83%
③ 89%　④ 95%

6.4

원심펌프가 물을 송출하고 있다. 펌프 입구에서의 압력은 80 kPa이고, 펌프 출구에서의 압력이 400 kPa일 때, 펌프의 전양정은 얼마인가? 입구 및 출구에서 관의 지름은 같고 출구에서의 압력계가 입구에서의 압력계보다 20 cm높은 곳에 설치되어 있다.

① 16.4 m　② 30.5 m
③ 30.7 m　④ 32.9 m

Note

6.5

앞의 연습문제 6.4에서 1 m^3/min의 유량으로 물을 펌핑하고 있다. 필요한 수동력은 얼마인가?

① 5.37 W ② 322 W
③ 5.37 kW ④ 322 kW

6.6

앞의 연습문제 6.4에서 1 m^3/min의 유량으로 물을 펌핑하고 있다. 펌프효율이 85%일 때 필요한 펌프동력(즉, 축동력)은 몇 kW인가?

① 4.56 W ② 5.37 kW
③ 5.94 kW ④ 6.31 kW

6.7

펌프를 이용하여 한 탱크에서 다른 탱크로 그림처럼 물을 펌핑하고 있다. 두 탱크의 수면은 대기에 노출되어 있고, 두 수면의 높이차는 20 m이다. 유량이 0.02 m^3/s일 때, 관로 전체에서의 총 손실수두가 10 m이면 펌프의 실양정은 얼마인가?

① 10 m ② 20 m
③ 30 m ④ 40 m

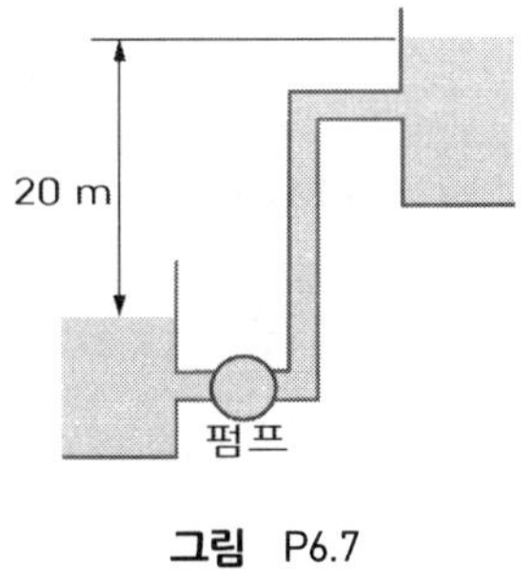

그림 P6.7

6.8

앞의 연습문제 6.7에서 펌프의 전양정은 얼마인가?

① 10 m ② 20 m
③ 30 m ④ 40 m

Note

6.9

앞의 연습문제 6.7에서 펌프가 물에 가해야 하는 수동력은 얼마인가?

① 3.9 W　② 5.9 W
③ 3.9 kW　④ 5.9 kW

6.10

앞의 연습문제 6.7에서 펌프의 효율이 90%라면 필요한 펌프동력(펌프의 축동력)은 얼마인가?

① 4.8 kW　② 5.3 kW
③ 5.9 kW　④ 6.5 kW

6.11

그림처럼 펌프를 사용하여 아래 수면에서 20 m 높은 수면의 탱크로 4.5 m/s의 속도로 물을 송출하고 있다. 관의 지름은 10cm이고 관로 전체에서의 총 손실수두가 10 m일 때, 펌프의 전양정은 얼마인가?

① 10 m　② 20 m
③ 30 m　④ 31 m

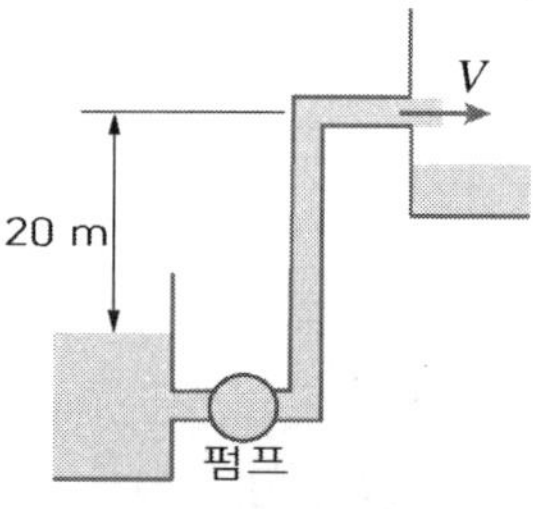

그림 P6.11

6.12

앞의 연습문제 6.11에서 이론적인 펌프의 동력은 얼마인가?

① 1.1 kW　② 9.5 kW
③ 10.7 kW　④ 12.1 kW

Note

6.13

앞의 연습문제 6.11에서 펌프의 효율이 90%라면 필요한 펌프동력(펌프의 축동력)은 얼마인가?

① 1.2 kW ② 9.6 kW

③ 10.7 kW ④ 11.9 kW

6.14

기하학적으로 상사한 2대의 펌프가 완전히 상사한 운전조건에서 작동을 할 때의 상사 법칙의 관계식으로 옳은 식은? 유량 Q, 전양정 H, 회전수 N, 펌프동력 $\dot{W}$이다.

① $\dfrac{Q_1}{D_1^2 N_1} = \dfrac{Q_2}{D_2^2 N_2}$ ② $\dfrac{Q_1}{D_1^3 N_1} = \dfrac{Q_2}{D_2^3 N_2}$

③ $\dfrac{Q_1}{D_1^2 N_1^2} = \dfrac{Q_2}{D_2^2 N_2^2}$ ④ $\dfrac{Q_1}{D_1^3 N_1^2} = \dfrac{Q_2}{D_2^3 N_2^2}$

6.15

원심펌프가 1200 rpm으로 회전할 때 0.025 m^3/s의 유량과 50 m의 전양정을 가진다. 회전속도가 1400 rpm으로 증가하였을 경우 유량은 얼마인가? (단, 펌프는 완전히 상사한 조건에서 작동한다고 가정하라)

① 0.025 m^3/s ② 0.029 m^3/s

③ 0.034 m^3/s ④ 0.039 m^3/s

6.16

원심펌프가 1200 rpm으로 회전할 때 0.025 m^3/s의 유량과 50 m의 전양정을 가진다. 회전속도가 1400 rpm으로 증가하였을 경우 전양정은 얼마인가? (단, 펌프는 완전히 상사한 조건에서 작동한다고 가정하라)

① 50 m ② 58 m

③ 68 m ④ 79 m

Note

6.17

원심펌프가 1200 rpm으로 회전할 때 0.02 m^3/s의 유량과 40 m의 전양정을 가진다. 유량이 0.024 m^3/s가 되도록 회전속도를 증가시켰을 경우 전양정을 구하라. 펌프는 완전히 상사한 조건에서 작동한다.

① 40 m　　② 48 m
③ 54 m　　④ 58 m

6.18

임펠러의 지름이 D인 원심펌프가 1400 rpm으로 회전할 때 펌프동력이 50 kW이다. 임펠러의 지름이 1.2D인 원심펌프가 회전속도가 1600 rpm으로 완전히 상사한 조건에서 작동할 때, 펌프 동력은 얼마인가? 동일한 액체를 펌핑한다.

① 50 kW　　② 78 kW
③ 125 kW　　④ 186 kW

6.19

다음 중 펌프의 비속도를 바르게 나타낸 것은? N : 회전수, Q : 유량, H : 양정을 나타낸다.

① $\frac{NQ^{1/2}}{H^{3/4}}$　　② $\frac{NH^{1/2}}{Q^{3/4}}$
③ $\frac{NQ^{1/4}}{H^{3/2}}$　　④ $\frac{NH^{1/4}}{Q^{3/2}}$

6.20

전양정 20 m, 유량 1500l/min, 회전수 1200 rpm일 때, 펌프의 비속도(m, m^3/min, rpm)는 얼마인가?

① 30　　② 155
③ 254　　③ 355

6.21

다음 중 비속도가 큰 순으로 바르게 나타낸 것은?

① 원심펌프 - 사류펌프 - 축류펌프　　② 원심펌프 - 축류펌프 - 사류펌프
③ 축류펌프 - 원심펌프 - 사류펌프　　④ 축류펌프 - 사류펌프 - 원심펌프

Note

6.22

어떤 펌프가 전양정이 H, 유량이 Q, 회전수가 N일 때 비속도가 2000(m, m^3/min, rpm)이다. 다른 펌프가 동일한 회전수일 때, 유량은 1.5Q, 전양정이 0.9H라면 다른 펌프의 비속도(m, m^3/min, rpm)는 얼마인가?

① 1800 ② 2000

③ 2340 ④ 2650

6.23

펌프 입구에서 압력이 40 kPa이고 속도는 5 m/s이다. 이때의 포화증기압이 2.2 kPa일 때, 유효흡입수두는 얼마인가?

① 5.13 m ② 6.25 m

③ 7.44 m ④ 10.25 m

*6.24

흡입수면은 대기압에 노출되어 있고 펌프 입구는 흡입수면보다 2 m 높은 곳에 있다. 흡입수면에서 펌프 입구까지의 손실수두가 1.2 m이고, 이때의 포화증기압이 2.2 kPa일 때, 유효흡입수두는 얼마인가? 대기압은 101.3 kPa이다.

① 5.13 m ② 6.25 m

③ 6.91 m ④ 8.34 m

6.25

다음 중 원심펌프를 직렬로 연결할 때의 주된 목적으로 제일 적합한 것은?

① 양정의 증가 ② 유량의 증가

③ 효율 상승 ④ 비속도의 증가

6.26

다음 중 캐비테이션 현상과 관련이 없는 것은?

① 진동과 소음이 발생한다.

② 임펠러 또는 케이싱의 부식이 생긴다.

③ 양정과 효율이 감소한다.

④ 송출유량이 주기적으로 변한다.

Note

6.27

다음 중 캐비테이션 방지법은?

① 펌프의 설치위치를 낮추어 흡입양정을 작게 한다.
② 흡입관 직경을 작게 한다.
③ 펌프의 회전수를 올린다.
④ 밸브를 펌프 송출구 가까운 곳에 설치한다.

6.28

펌프를 운전하다가 갑자기 정지하거나 밸브를 갑자기 닫으면, 운동하던 물이 갑자기 정지하여 물의 운동에너지가 높은 압력으로 바뀌게 되고 상승한 압력파가 관을 전파해가면서 마치 망치(hammer)로 관을 때릴 때 나는 소리와 같은 소리가 생기는 현상은 무엇인가?

① 수격현상
② 서징
③ 캐비테이션
④ 부식

6.29

다음 중 수격현상의 방지법이 아닌 것은?

① 속도를 작게 한다(관의 직경을 크게 한다).
② 밸브를 천천히 닫는다.
③ 밸브를 펌프 송출구 가까운 곳에 설치한다.
④ 양흡입펌프를 사용한다.

6.30

다음 중 서징(맥동현상)을 가장 바르게 나타낸 것은?

① 압력계의 바늘이 흔들리고, 송출유량이 주기적으로 변하는 현상
② 압력파가 관을 전파해가면서 마치 망치(hammer)로 관을 때릴 때 나는 소리와 같은 소리가 생기는 현상
③ 물이 비등하여 수증기가 발생하는 현상
④ 진동과 소음이 일어나는 현상

Note

6.31

송풍기 전후의 전압력이 각각 118 kPa, 120 kPa이고, 유량이 4 m^3/s인 송풍기에서 송풍기 전압효율이 90%일 때, 송풍기에 필요한 축동력은 얼마인가?

① 7.2 kW ② 8.0 kW

③ 8.9 kW ④ 9.8 kW

주관식

*6.32

그림 P6.32처럼 펌프를 이용하여 한 탱크에서 다른 탱크로 물을 펌핑하고 있다. 아래 탱크의 수면은 대기에 노출되어 있고 위 탱크의 압력(절대압력)은 150 kPa이고, 두 수면의 높이차는 20 m이다. 유량이 0.02 m^3/s일 때, 관로 전체에서의 총 손실수두가 10 m이다.

(1) 펌프의 실양정은 얼마인가?

(2) 펌프의 전양정은 얼마인가?

(3) 펌프가 물에 가해야 하는 수동력은 얼마인가?

(4) 펌프의 효율이 90%라면 필요한 펌프동력(펌프의 축동력)은 얼마인가? 대기압은 101.3 kPa이다.

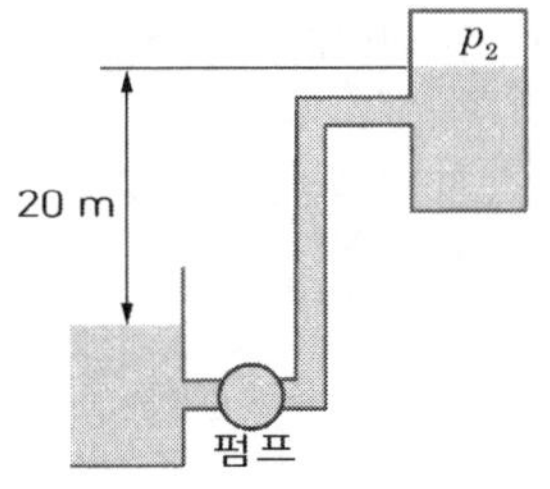

그림 P6.32

6.33

원심펌프가 1200 rpm으로 회전할 때 0.025 m^3/s의 유량과 50 m의 전양정을 가진다. 이 펌프와 완전히 상사하고 임펠러의 지름이 1.2배인 원심펌프가 1400 rpm으로 회전할 때, (1) 유량과 (2) 전양정을 구하라. (단, 두 펌프는 완전히 상사한 조건에서 작동한다)

Note

6.34

원심펌프가 1200 rpm으로 회전할 때 0.025 m^3/s의 유량과 50 m의 전양정을 가진다. 이 펌프와 완전히 상사하고 임펠러의 지름이 큰 새 펌프를 만들어 동일한 회전수에서 유량이 0.036 m^3/s을 얻으려면,

(1) 임펠러의 지름은 원래 펌프의 몇 배가 되어야 하는가?

(2) 새 펌프의 전양정을 구하라. (단, 두 펌프는 완전히 상사한 조건에서 작동한다)

*6.35

유량이 1.5 m^3/min, 회전수가 1200 rpm일 때, 비속도가 155(m, m^3/min, rpm)인 펌프를 사용하여 양정 120 m를 얻으려면 이론적으로 최소한 몇 단의 다단펌프를 사용하여야 하는가?

*6.36

원심펌프가 물을 송출하고 있다. 펌프 입구에서의 압력은 80 kPa이고, 펌프 출구에서의 압력이 400 kPa이고, 입구 및 출구관에서 관의 지름은 같고 출구에서의 압력계가 입구에서의 압력계보다 20 cm높은 곳에 설치되어 있다. 1 m^3/min의 유량으로 물을 펌핑하고 있고 펌프효율이 85%일 때 펌프의 축동력을 $kg_f \cdot m/s$와 HP단위로 구하라.

6.37

송풍기 전후의 전압력이 각각 1.21 kg_f/cm^2, 1.23 kg_f/cm^2이고, 유량이 36 m^3/min인 송풍기에서 필요한 축동력이 1.22kW이다. 이 송풍기의 전압효율을 구하라.

Chapter 7

열역학의 기초 및 법칙

Fundamentals and Laws of Thermodynamics

7.1 열역학의 기본개념

열역학에서 에너지의 평형 및 에너지의 변환 등을 다룬다. 열역학을 이해하려면 먼저 기본적인 용어에 대한 이해가 필요하다.

- **시스템(계; system)**: 어떤 경계(boundary)에 의해 외부와 분리된, 관심의 대상이 되는 물질들의 집합
- **밀폐시스템(밀폐계; closed system)**: 경계를 통하여 물질 이동이 없는 시스템
- **개방시스템(개방계; open system)**: 경계를 통하여 물질 이동이 있는 시스템
- **주위(surrounding)**: 시스템 밖의 물질들의 집합
- **고립시스템(고립계; isolated system)**: 주위와 물질의 이동, 열 및 일 등의 교환이 전혀 없고, 주위로부터 어떠한 영향도 전혀 받지 않는 시스템

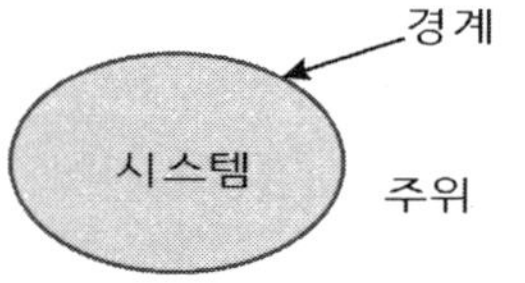

그림 7.1 시스템, 주위, 경계

(a) 밀폐시스템 (b) 개방시스템

그림 7.2 밀폐계와 개방계

- 열역학적 **성질(thermodynamic property)**: 물질의 상태를 나타낼 수 있는 측정 가능한 값, 물질의 상태를 규정할 수 있는 일정한 값을 가져야 한다. 온도, 압력, 체적, 내부에너지, 엔탈피, 엔트로피 등이 열역학적 성질이다.
- 열역학적 **상태(thermodynamic state)**: 시스템에서 열역학적 성질이 일정한 값을 가질 때 시스템은 어떠한 상태에 있다고 한다.
- **상태량(quantity of state)**: 상태에서 물질이 가지는 열역학적 성질을 말하며, 온도, 압력, 체적, 내부에너지, 엔탈피, 엔트로피 등이 상태량이다. 즉, **열역학적 성질과 같은 의미**이다.

- **과정(process)**: 한 상태에서 다른 상태로 변화할 때의 연속적인 경로이다. 그림 7.3(a)에서 상태 1에서 상태2로 변화하는 과정 A를 나타낸다.
- **사이클(cycle)**: 한 상태에서 어떤 과정을 거쳐 원상태로 다시 돌아갈 때 사이클이라 한다. 그림 7.3(b)에서 상태 1에서 상태2를 거쳐 다시 원래 상태 1로 돌아오는 사이클이다. 즉 과정 A와 과정 B가 합쳐지면 사이클이 된다.

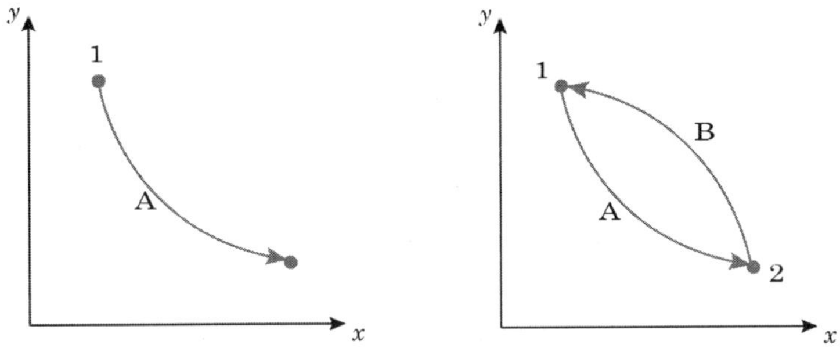

(a) 과정 (a) 과정

그림 7.3 과정과 사이클

- **평형상태(equilibrium state)**: 외부에서 별다른 자극이 없을 때, 시간이 지남에 따라 더 이상 변하지 않을 때 평형상태라 한다.
- **열역학적 평형상태(thermodynamic equilibrium state)**: 물질의 내부온도가 균일한 열적평형(thermal equilibrium), 물질의 압력이 균일한 기계적평형(mechanical equilibrium), 물질의 화학적 성분이 더 이상 변화가 없는 화학적평형(chemical equilibrium)을 이룰 때 열역학적 평형상태라 한다.
- **크기성질(종량적 성질; extensive property)**: 물질의 질량에 따라 값의 크기가 변하는 성질을 크기성질 또는 종량적 성질이라 한다. 체적, 내부에너지, 엔탈피, 엔트로피 등이 크기성질이다.
- **세기성질(강성적 성질; intensive property)**: 물질의 질량과 관계없는 성질을 세기성질 또는 강성적 성질이라 한다. 온도, 압력, 비체적, 밀도, 비내부에너지, 비엔탈피, 비엔트로피 등이 세기성질이다.

Tip

- 크기성질 : 종량적 성질
- 세기성질 : 강성적 성질
- 크기 성질은 물질의 질량(즉 크기)에 따라 그 값이 정해진다.
- 세기성질은 물질의 질량(크기)과 무관하게 값을 가진다.
- 종량적 또는 강성적이란 용어 대신 크기, 세기를 사용하면 이해하기가 쉽다.

7.2 열역학 제0법칙 및 온도

열적 평형(thermal equilibrium)은 두 물체 사이에 열전달이 전혀 없고 더 이상 온도 변화가 없을 때를 의미한다. **열역학 제0법칙**(zeroth law of thermodynamics)은 다음과 같다.

두 시스템이 다른 시스템과 열적 평형상태에 있다면 두 시스템은 열적 평형상태에 있다.

이를 다시 표현하면 다음과 같다.

물체 A와 C, B와 C가 열적평형이라면 A와 B도 열적 평형상태에 있다.

열역학 제0법칙은 온도측정의 기초가 된다. 온도계로 어떤 물체의 온도를 측정할 때 온도계와 물체는 열적 평형에 도달하였을 때 온도를 측정하게 된다.

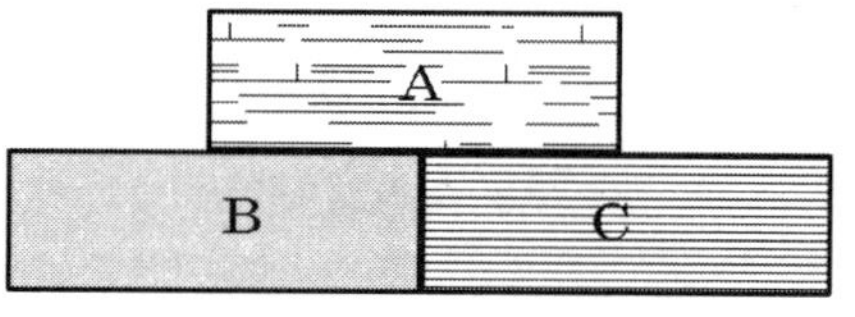

그림 7.4 열적평형

온도는 물체가 얼마나 따뜻한지 차가운지를 나타내는 척도이고, 온도와 관련된 중요한 사항은 다음과 같다.

- **온도의 기준점은 하나이며, 물의 삼중점**(triple point)**에서의 온도를 273.16 K로 정의한다.** 삼중점은 물질이 고체, 액체와 기체로 공존하는 상태이다.
- 온도의 SI단위는 kelvin이고 기호로 나타낸 것이 K이다. 주의해야 할 것은 Kelvin이라는 학자의 이름에서 따온 것이지만 SI단위는 kelvin 또는 K이지, Kelvin은 아니다. 또한 °K로 표시하면 안 된다. K는 **절대온도**(absolute temperature)를 나타낸다.
- SI단위는 아니지만 일상생활에서 많이 사용하는 온도의 단위로 섭씨(Celsius) 온도를 나타내는 ℃와 화씨(Fahrenheit) 온도를 나타내는 °F가 있다.
- 예전에는 표준대기압에서 물의 어는점과 끓는점을 각각 0℃ 및 100℃로 정의하고, 또는 32°F 및 212°F 로 정의하였다. 섭씨온도와 화씨온도는 2개의 온도 기준점을 가졌다. 그러나 지금은 온도의 기준점이 앞에서 설명한대로 하나임을 명심하여야 한다.

■ 절대온도와 섭씨온도사이에는 다음의 관계가 성립한다.

$$K = ℃ + 273.15 \tag{7.1}$$

■ 섭씨온도와 절대온도의 관계는 위와 같지만 온도차를 나타낼 때는 동일하다. 즉, 온도차 1 K는 온도차 1℃와 같다. 이와 같은 이유로, ℃는 SI단위는 아니지만 온도차를 나타낼 때 K대신에 사용되기도 한다.

7.3 일, 열, 에너지의 기본개념

7.3.1 에너지

에너지에 대해서는 이미 잘 알고 있는 내용이긴 하지만, 정확하게 정의하기는 쉽지 않고, 일을 할 수 있는 능력을 에너지라고 설명할 수 있다. 시스템이 가지는 에너지를 보통 E로 나타내며 에너지는 내부에너지 U, 위치에너지 E_p, 운동에너지 E_k의 합으로 표시된다(화학에너지 등 다른 에너지를 무시하였을 경우).

$$E = U + E_p + E_k \tag{7.2}$$

열역학에서 사용하는 여러 형태의 에너지가 있으며 다음에 요약하여 나타내고 있다.

■ **위치에너지**(potential energy) E_p는 보통 지구상에서의 높이차에 의한 에너지를 의미하며 일반적으로 절대값이 중요한 것은 아니고 차이가 중요하므로, 기준 높이를 z_0로 하였을 경우, $E_p = mg(z - z_0)$로 나타낼 수 있다.

■ **운동에너지**(kinetic energy) E_k는 물질의 운동과 관련되고, $E_k = \frac{1}{2}mV^2$으로 나타낼 수 있다.

■ **내부에너지**(internal energy) U는 거시적으로는 측정되지 않는 분자의 운동이나 진동 등의 분자 차원에서 가지는 모든 에너지의 집합적 효과로 나타나는, 주어진 상태에서 시스템이 원래 내부적으로 가지는 에너지를 나타낸다.

■ **엔탈피**(enthalpy) H는 다음처럼 내부에너지와 유동일(pV)의 합으로 정의된다.

$$H = U + pV \tag{7.3}$$

■ **역학적 에너지(mechanical energy)**: 위치에너지와 운동에너지의 합을 역학적 에너지 또는 기계적 에너지라 한다.

■ **비내부에너지(specific internal energy)** u와, **비엔탈피(specific enthalpy)** h는 다음 식처럼 단위질량당 내부에너지 및 단위질량당 엔탈피를 나타낸다.

$$u = \frac{U}{m}, \ h = \frac{H}{m} \tag{7.4}$$

■ 비내부에너지 u와 비엔탈피(specific enthalpy) h는 다음의 관계가 성립한다.

$$h = u + pv \tag{7.5}$$

예제 7.1

용기 속 기체의 부피가 2 m^3이고, 기체의 내부에너지와 엔탈피가 각각 200 kJ, 150 kJ이다. 이 기체의 압력을 구하라.

풀이

내부에너지와 엔탈피가 주어졌으므로, $H = U + pV$로부터 구할 수 있다.

$$p = \frac{H - U}{V} = \frac{200000 - 150000}{2} = 25000\,\text{Pa} = 25\,\text{kPa}$$

보충설명

내부에너지와 엔탈피의 SI 기본단위로 하여 200000 J, 150000 J로 하여 계산하면, 답도 압력의 SI 기본단위인 Pa이 된다.

7.3.2 일

일정한 힘이 작용할 때는 물체에 가해진 힘 F와 이동한 거리 S의 곱으로 일을 정의한다. 힘이 일정하지 않은 경우를 포함한 일반적인 경우의 일을 다음 식으로 정의한다.

$$W = \int_1^2 \overrightarrow{F} \cdot \overrightarrow{dS} \tag{7.6}$$

힘의 작용방향과 이동 방향이 같다면 다음과 같다.

$$W = \int_1^2 F dS \tag{7.7}$$

열역학에서 관심을 가지는 주된 일은 시스템이 팽창 또는 압축할 때 관계되는 일이다. 그림 7.5처럼 피스톤이 장치된 실린더가 외부에 일을 하는 경우, $F = pA$ 이므로

$$W = \int_1^2 pA\, dS$$

이고, $A\, dS = d\mathrm{V}$ 이므로, 시스템이 한 일은

$$W = \int_1^2 p d\mathrm{V} \tag{7.8}$$

로 나타낼 수 있다. 이 일은 시스템이 팽창하면서 하는 일이므로 **팽창일**이라고도 한다. 압력이 일정(p = constant)한 경우 팽창일은

$$W = \int_1^2 p d\mathrm{V} = p\int_1^2 d\mathrm{V} = p(\mathrm{V}_2 - \mathrm{V}_1) = p\Delta \mathrm{V} \tag{7.9}$$

로 나타낼 수 있다.

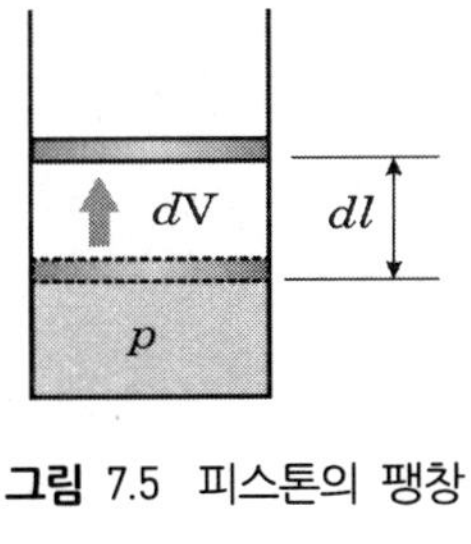

그림 7.5 피스톤의 팽창

위의 식에서 일을 구할 때는 외부에서의 압력도 실린더 내부의 압력과 거의 동일하다고, 즉 $p_{\mathrm{in}} = p_{\mathrm{out}}$ 이라고 생각하고 계산한 것이다. 이렇게 내부압력이 외부압력과 평형을 이루면서 변하는 과정을 준평형(quasi-equilibrium) 과정이라고 한다. 실제 외부의 압력 p_{out} 이 알려진 경우에 시스템이 외부에 한 일은 실린

TIP
식 (7.8)은 이상적인 과정(가역과정)이라 가정하여 구한 식이다. 특별히 이상과정이라고 언급하지 않더라도 식 (7.8)을 이용하여 일의 크기를 구한다.
가역과정은 뒤에서 설명한다.

더 내부의 압력을 사용하기 보다는 실린더 외부의 압력을 사용하여 다음과 같이 계산하여야 한다.

$$W = \int_1^2 p_{\text{out}}\, dV \tag{7.10}$$

예제 7.2

실린더의 부피가 3 m³에서 5 m³으로 팽창할 때 주위에 한 일은 얼마인가? 주위의 압력은 200 kPa로 일정하다.

풀이

압력이 일정하므로 $W = p\Delta V$이다.

$$W = p\Delta V = (200000)(5-3) = 400000\,\text{J} = 400\text{kJ}$$

보충설명

압력을 SI 기본단위인 Pa로, 부피를 m^3으로 계산하면 답은 일의 SI 기본단위인 J이 된다.

7.3.3 열

시스템이 팽창 또는 압축되면서 일의 형태로 경계를 통하여 에너지를 교환할 수 있다. 그러나 시스템이 팽창 또는 수축하지 않고서도 주위와 에너지를 교환할 수 있다. 시스템이 주위와 에너지를 교환하는 또 다른 형태가 열이다.

시스템이 주위와 **온도차에 의해 에너지가 전달될 때 열의 형태로 전달**한다고 정의한다. **온도차가 아닌 다른 형태로 에너지가 전달될 때(변환될 때) 일의 형태로 에너지가 전달**된다고 일을 정의한다. 따라서 피스톤의 팽창에 의해 주위에 에너지를 전달할 때 이 전달되는(변환되는) 에너지의 형태는 일임이 명백하다. 그러나 경우에 따라 일과 열을 구분하기 애매한 경우도 있다.

그림 7.6과 같이 전기히터로 물을 가열하는 경우를 생각해 보자. 먼저 그림 7.6(a)처럼 용기와 물만을 시스템으로 설정하는 경우이다. 이 경우 전기히터로부터 시스템으로 전달되는 것이 열이라는 것을 쉽게 알 수 있다. 다음에 그림 7.6(b)처럼 전기가열기가 물속에 담겨져 있고, 시스템에 포함된 경우이다. 이 때 외부에서 시스템으로 에너지가 전달되는 것은 분명한데 열의 형태인지 일의 형태인지 판단하기가 쉽지 않을 수 있다. 이 경우 전선을 통하여 경계에서 전류가 흘러 에너지가 전달되는데, 온도차에 의해 에너지가 전달되는 것이 아니므로 열의 형태가 아니라 일의 형태로 에너지가 전달된다.

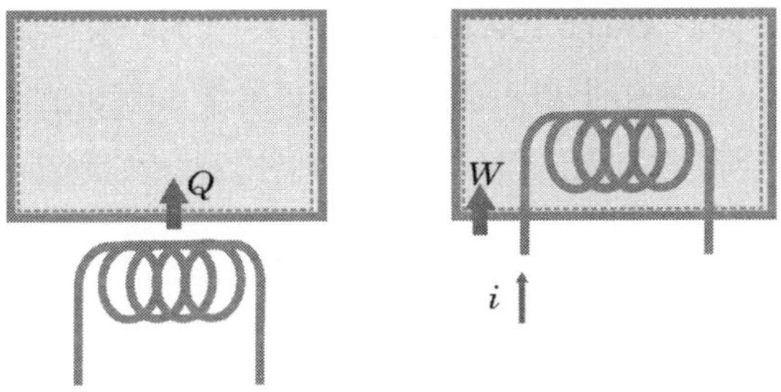

(a) 열 (b) 일

그림 7.6 열과 일

일과 열은 다음과 같은 특성이 있다.

- 일과 열은 경계를 통하여 에너지가 전달되는 형태이다
- 일과 열은 열역학적 성질(상태량)이 아니다. 즉, 주어진 상태에서 값을 가지는 것이 아니라 상태가 변화하는 과정 중에서 전달된다.
- 열역학에서는 시스템이 외부에 일을 하는 경우 양(+)으로 정의하고 외부에서 계에 일을 한 경우 음(−)으로 정의한다(그림 7.7).
- 열역학에서는 외부에서 시스템으로 열이 전달될 때 양(+)으로 정의하고 계에서 외부로 열이 전달될 때 음(−)으로 정의한다.
- 뒤에서 설명하겠지만 일과 열은 경로함수이다.

그림 7.7 일과 열의 부호

7.3.4 비열

에너지 또는 열과 관련된 사항으로 비열이 있으며 비열과 관계되는 중요한 사항을 정리하면 다음과 같다.

- **비열**(specific heat) c는 물질의 온도를 1 K(1℃) 올릴 때 필요한 단위 질량당 에너지를 의미한다. 비열의 기호는 일반적으로 소문자 c로 나타낸다. 비열은 정적비열과 정압비열로 구별할 수 있다.

- **정적비열**(constant-volume specific heat) c_v 는 정적과정으로 물질의 온도를 1 K(1℃) 올릴 때 필요한 단위 질량당 에너지를 의미하고 다음과 같이 정의한다.

$$c_v = \left(\frac{\partial u}{\partial T}\right)_v \tag{7.11}$$

- **정압비열**(constant-pressure specific heat) c_p 는 정압과정으로 물질의 온도를 1 K(1℃) 올릴 때 필요한 단위 질량당 에너지를 의미하고 다음과 같이 정의한다.

$$c_p = \left(\frac{\partial h}{\partial T}\right)_p \tag{7.12}$$

- **비열비**(ratio of specific heats) k는 정압비열과 정적비열의 비이다.

$$k = \frac{c_p}{c_v} \tag{7.13}$$

- **정압비열과 정적비열도 열역학적 성질이고 모두 세기성질(강성적 성질)이다.**

7.4 이상기체

이상기체에 대하여 앞의 1장에서 설명하였으나, 여기서 다시 이상기체를 설명한다.

- **이상기체**(ideal gas): 분자가 차지하는 부피를 무시할 수 있고, 분자 사이에 작용하는 힘을 무시할 수 있는 가상적인 기체를 이상기체라 한다.
- 온도가 높을수록, 압력이 낮을수록 이상기체에 가깝다.
- 대기압, 상온에서 공기를 포함한 대부분의 기체는 이상기체 취급할 수 있다.
- 이상기체의 **상태방정식**은 다음과 같다.

$$pV = n\overline{R}\,T \tag{7.14}$$

여기서 V는 부피, n은 기체의 몰량, T는 절대온도를 나타내고 SI단위에서는 각각 m^3, kmol, K를 사용한다.

- $\overline{R}$: **일반기체상수(universal gas constant)**이며 기체의 종류와 무관하게 다음과 같이 일정한 값을 가진다. SI단위에서는 kg이 기본단위이므로 mol 대신 kmol을 사용한다.

$$\overline{R} = 8314 \frac{\mathrm{J}}{\mathrm{kmol \cdot K}} = 8.314 \frac{\mathrm{kJ}}{\mathrm{kmol \cdot K}}$$

보충설명 »

SI단위가 아닌 일반기체상수의 값을 나타낸 것으로 대표적인 것이 0.082라는 것이 있는데 이것을 사용할 때는 주의가 필요하다. 이 값을 사용할 때는 일반기체상수의 단위를 제대로 이해하고 있어야 한다.

$$\overline{R} = 0.082 \frac{l \cdot \mathrm{atm}}{\mathrm{mol \cdot K}}$$

위의 값으로 계산할 때는 압력의 단위로 atm, 부피의 단위로 l, 몰의 단위로 반드시 mol을 사용하여야만 한다.

M을 분자량이라고 하면,

$$n = \frac{m}{M} \tag{7.15}$$

이므로

$$p\mathrm{V} = \frac{m}{M}\overline{R}\,T = m\frac{\overline{R}}{M}T \tag{7.16}$$

이다.

기체상수(gas constant) R을 다음처럼 정의한다.

$$R = \frac{\overline{R}}{M} \tag{7.17}$$

- R의 단위는 $\frac{\mathrm{J}}{\mathrm{kg \cdot K}}$이다.

■ 이것을 식 (7.16)에 대입하면 이상기체의 **상태방정식**은 다음과 같이 나타낼 수도 있다.

$$pV = mRT \tag{7.18}$$

■ 일반기체상수는 기체의 종류와 무관하게 일정하지만, 기체상수는 기체의 종류에 따라 다른 값을 가진다. 기체상수는 분자량에 반비례하고, 따라서 수소의 경우 기체상수가 가장 크다.

■ 식 (7.18)의 양변을 m으로 나누어 상태방정식을 다음처럼 나타낼 수 있다.

$$pv = RT \tag{7.19}$$

여기서 v는 비체적을 나타낸다.

■ 유체역학에서는 비체적 대신 밀도를 주로 사용하기 때문에 위의 식에 $v = 1/\rho$을 대입하면 상태방정식을 다음처럼 나타낼 수도 있다.

$$p = \rho RT \tag{7.20}$$

■ **이상기체의 비내부에너지와 비엔탈피는 온도만의 함수이다.** 또는 **일정한 질량의 이상기체의 내부에너지와 엔탈피는 온도만의 함수이다.** 즉, 온도가 동일하면 압력이 다르더라도 내부에너지와 엔탈피는 동일하다.

$$u = u(T), \;\; h = h(T) \tag{7.21}$$

■ **이상기체의 경우** 다음의 관계가 성립한다.

$$c_p - c_v = R \tag{7.22}$$

■ 식 (7.13)과 식 (7.22)로부터 이상기체의 경우 정적비열과 정압비열은 다음과 같다.

$$c_v = \frac{R}{k-1} \tag{7.23}$$

$$c_p = \frac{kR}{k-1} \tag{7.24}$$

■ 정적비열과 정압비열의 단위는 J/kg · K이다.

보충설명 >> 보일의 법칙 샤를의 법칙

이상기체의 상태방정식으로부터 일정한 질량을 가지는 기체의 경우 다음과 같다.

$$\frac{pV}{T} = mR = \text{일정} \Rightarrow \frac{pV}{T} = \text{일정} \tag{7.25}$$

온도가 일정하면(그림 7.8(a)), 다음의 **보일의 법칙**(Boyle's law)이 된다.

$$pV = \text{일정} \tag{7.26}$$

압력이 일정하면(그림 7.8(b)), 다음의 **샤를의 법칙**(Charles' law)이 된다.

$$\frac{V}{T} = \text{일정} \tag{7.27}$$

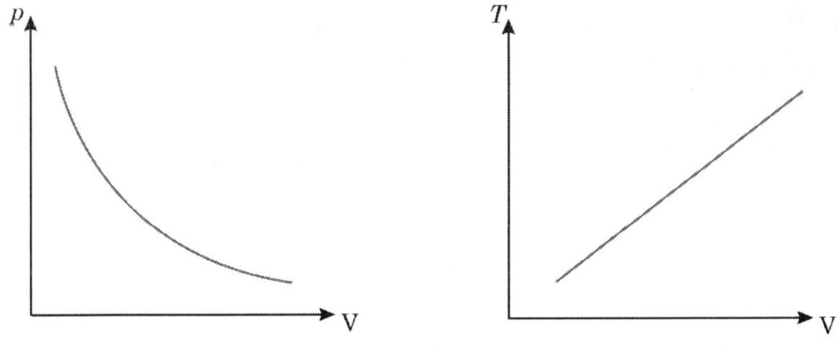

(a) 보일의 법칙 (b) 샤를의 법칙

그림 7.8 보일의 법칙과 샤를의 법칙

예제 7.3

수소, 산소 및 질소의 기체상수를 일반기체상수를 이용하여 대략 계산해 보라.

풀이

$R = \frac{\overline{R}}{M}$ 이므로,

- 수소 : $R = \frac{8314}{2} = 4157 \frac{J}{kg \cdot K}$
- 질소 : $R = \frac{8314}{28} = 297 \frac{J}{kg \cdot K}$

• 산소 : $R = \frac{8314}{32} = 260 \frac{J}{kg \cdot K}$

보충설명

일반기체상수는 하나의 값을 가지고 기체상수는 위의 예에서 보듯이 분자량이 작을수록 큰 값을 가진다. 따라서 수소의 경우 기체상수가 가장 크다.

예제 7.4

질소 2 kg이 온도 30℃이고 부피가 5 m^3인 용기에 있을 때, 이 용기의 압력은 얼마인가? 질소의 분자량은 28이다.

풀이

질소의 분자량은 28이므로, 질소의 기체상수는 다음과 같다.

$$R = \frac{\overline{R}}{M} = \frac{8314}{28} = 296.9$$

따라서 압력은 다음과 같다.

$$p = \frac{mRT}{V} = \frac{(2)(296.9)(30+273.15)}{5} = 36000 \text{ Pa} = 36 \text{ kPa}$$

보충설명

질소 2 kg은 2/28 kmol이므로 다음처럼 구할 수도 있다.

$$p = \frac{n\overline{R}T}{V} = \frac{(\frac{2}{28})(8314)(30+273.15)}{5} = 36000 \text{ Pa} = 36 \text{ kPa}$$

7.5 물질의 상태 및 상태량

7.5.1 순수물질과 상

순수물질

일정 화학성분으로 이루어지고 균일한 상태를 유지하는 물질을 **순수물질**(pure substance)이라 한다. 물, 산소, 질소, 이산화탄소 등은 전부 순수물질이다. 이와 같은 물질은 고체, 액체 또는 기체 상태에서도 성분이 달라지지 않는다. **공기**는 질소와 산소 등 여러 기체의 혼합물이고 액체 상태에서는 온도에 따라 일부 성분은 액체로 일부 성분은 기체로 존재할 수 있어 엄밀하게 말하면 순수물질이 아니지만 기체상태의 공기는 일정 화학성분으로 이루어지고 균일한 상태를 유지하므로 순수물질로 취급할 수 있다. 순수물질은 주어진 압력과 온도에 따라 고체(solid), 액체(liquid), 기체(gas)의 상(phase)으로 존재하고 어떤 온도와 압력에서는 상이 변할 수 있다.

포화온도와 포화압력

물은 1기압일 때 100℃에서 끓는다(비등한다). 높은 산 위에 올라가면 기압이 낮아져서, 물은 100℃보다 낮은 온도에서 끓는다. 이렇게 어떤 압력에서 비등이 일어나는 온도를 **포화온도**(saturation temperature)라고 한다. 1기압에서의 포화온도는 100℃이고 이보다 낮은 압력에서의 포화온도는 100℃보다 낮다. 압력에 따라 물이 끓는 온도를 측정하여 나타낸 것이 표 7.1이고 그림으로 나타낸 것이 그림 7.9이다. 이 곡선의 왼쪽은 물(액체)이고 오른쪽은 수증기(기체) 상태를 나타낸다.

TIP 정확하게는 표 7.1에서 보듯이 물은 101.35kPa일 때 100℃에서 끓는다.

표 7.1 물의 포화온도 및 포화압력(참고문헌 5)

포화압력 (kPa)	1.23	2.34	4.25	7.38	12.35	19.94	31.19	47.39	70.14	101.35
포화온도 (℃)	10	20	30	40	50	60	70	80	90	100

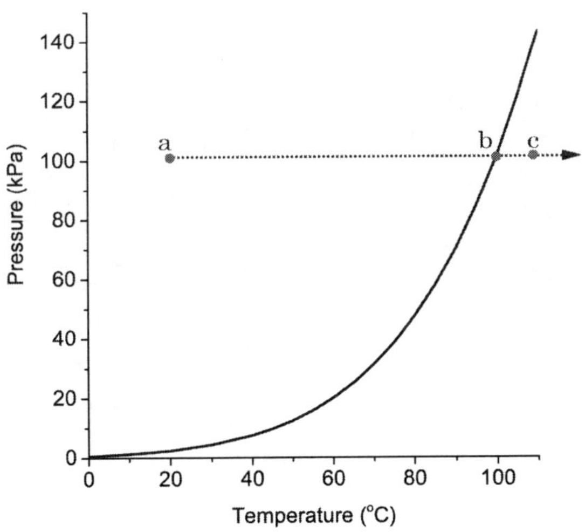

그림 7.9 물의 포화압력-포화온도

그림 또는 표에서 압력이 주어지면 물이 끓는 온도(포화온도)가 정해진다. 마찬가지로 그림에서 보면 온도가 주어지면 물이 끓는 압력이 정해지고 이것을 **포**

화압력(saturation pressure)이라고 한다. 표 7.1에서 보면 100℃에서의 포화압력은 101.35 kPa이고 90℃에서의 포화압력은 70.14 kPa이다. 앞에서도 언급하였듯이 압력 101.35 kPa에서의 포화온도는 100℃이고, 압력 170.14 kPa에서의 포화온도는 90℃이므로 포화압력과 포화온도는 서로 연관되어 있고, 그림 7.9는 물의 포화압력-포화온도 선도(포화증기압곡선)를 나타내는 것이다. 그림에서 보듯이 101.35 kPa, 20℃에서 정압과정으로 가열하면 물(a) → 물과 수증기(b) → 수증기(c)로 바뀌게 된다. 그림에서의 곡선 위 상태(예를들어 101.35 kPa, 100℃)에서는 물과 수증기가 같이 존재하는 상태이다.

상태도

앞의 포화압력-포화온도 선도($p-T$선도)는 물이 액체에서 기체로 되는 과정을 나타내었지만 물이 얼음이 되는 과정까지 확장하여 나타낸 것이 그림 7.10(a)이고 이를 **상태도(상평형도; phase diagram)**라고 한다. 그림 7.10(a)는 물처럼 얼 때(응고할 때) 부피가 증가하는 물질을 나타내고, 그림 7.10(b)는 응고할 때 부피가 감소하는 물질의 상태도이다. 곡선 (2)의 방향이 다르다는 것을 알 수 있다. 대부분의 물질은 여기에 속한다.

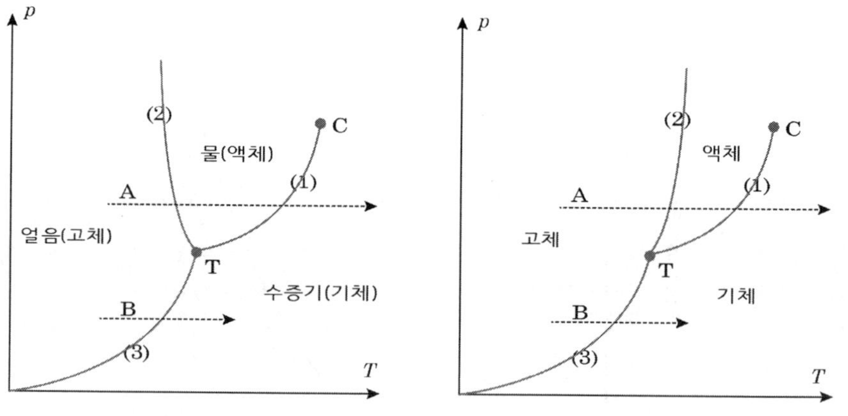

(a) 물(얼때 팽창하는 물질) (b) 얼때 수축하는 물질

그림 7.10 순수물질의 상태도

- 곡선 (1) : 앞의 그림 7.9의 곡선과 동일하며 물(액체)이 비등하는 **증발곡선**(vaporization line)
- 곡선 (2) : 물(액체)이 얼음(고체)으로 응고 또는 얼음(고체)이 물로 융해되는 **융해곡선**(melting line 또는 fusion line)

- 곡선 (3) : 얼음(고체)에서 직접 수증기(기체)로 승화하는 **승화곡선**(sublimation line)
- C : **임계점(critical point)**을 나타내며 액체와 기체의 상태가 같아져, 액체와 기체를 구분할 수 없는 점이다. 임계점에서의 압력, 온도, 비체적을 임계압력, 임계온도, 임계비체적이라 한다. 물의 임계압력과 임계온도는 각각 22.06 MPa, 647.1 K(373.9℃)이다.
- T : **삼중점(triple point)**을 나타내며 고체, 액체와 기체가 공존하는 상태이다. 물의 삼중점에서의 압력과 온도는 612 Pa, 273.16 K(0.01℃)이다.
- 앞의 세 곡선에 의하여 각각의 영역에서는 고체, 액체, 기체로 존재한다.
- 각각의 곡선에서는 이웃하는 두 상이 같이 존재한다. 즉, 곡선 (1)에서는 액체와 기체가 같이 존재하고, 곡선 (2)에서는 고체와 액체가 같이 존재하고, 곡선 (3)에서는 고체와 기체가 같이 존재한다.
- 임계압력과 임계온도보다 높은 상태, 즉 **초임계**(supercritical) 상태에서는 액체와 기체를 구분할 수 없고 따라서 상이 변하지 않는다.
- 삼중점에서의 압력보다 높고, 임계압력보다 낮은 일정압력에서 가열하면 온도가 높아지고(그림에서 A의 화살표 방향), 얼음(고체) → 물(액체) → 수증기(기체)로 바뀐다.
- 삼중점에서의 압력보다 낮은 일정압력에서 가열하면 온도가 높아지고 (그림에서 B의 화살표 방향), 얼음(고체) → 수증기(기체)로 바뀐다. 이 경우 액체 상태를 거치지 않는다.

7.5.2 수증기의 상태량

앞의 그림 7.9에서 물이 비등하는 포화압력-포화온도 곡선에 대하여 설명하였으며 이는 단순히 비등이 일어나는 온도와 압력의 관계를 나타낸 것이고, 곡선 위의 상태에서는 액체상태의 물과 기체 상태의 수증기가 같이 존재하는 상태이다. 그림 7.11처럼 1기압에서 물 1 kg을 가열하면서 온도에 따른 물의 체적(결과적으로 비체적)을 측정하여 그래프로 나타낸 것이 그림 7.12의 곡선 A이다. 그림 7.11 및 그림 7.12에서의 각각의 상태는 다음과 같다.

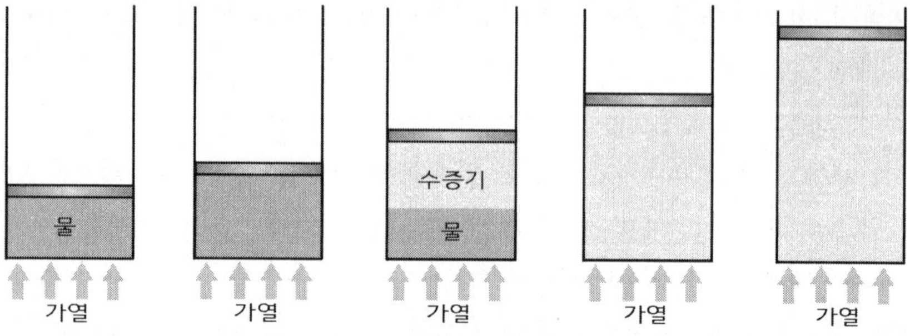

(a) 1기압, 15℃ (b) 1기압, 100℃ (c) 1기압, 100℃ (d) 1기압, 100℃ (e) 1기압, 200℃

그림 7.11 일정압력(1기압)에서 물의 가열

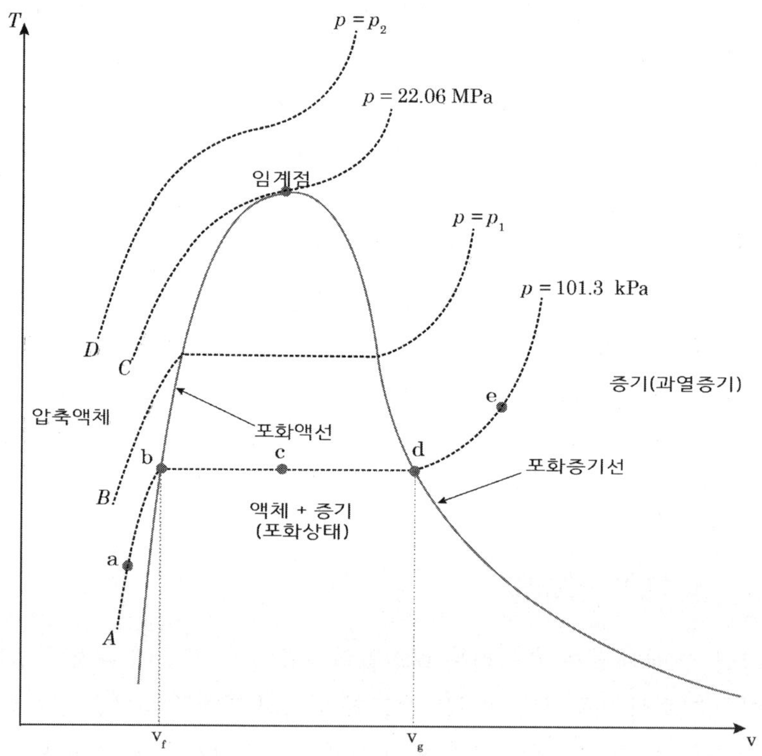

그림 7.12 물의 T-v선도

- 상태 a : 1기압 15℃에서의 물은 전부 액체이다.
- a → b : 1기압에서 계속 가열하면 온도가 상승하고 물의 비체적은 증가한다.
- 상태 b : 1기압 100℃에서의 물의 비등이 시작되는 점이고 물은 전부 액체이다. 이때의 물은 **포화액(saturated liquid)** 상태이고, 비체적은 그림에 표시된 v_f 이다.

- b → c → d : 계속 가열하면 100℃의 일정온도에서 증발이 계속되고, 액체와 증기가 혼합되어 있는 상태이다. 이때를 **포화**(saturation) 상태라 한다.
- 이때 가열하여도 온도는 상승하지는 않지만 물의 에너지는 증가한다. 이렇게 온도 변화 없이 상변화가 일어날 때 필요한 열을 **잠열**(latent heat)이라 한다.
- 반면 그림의 a → b 또는 d → e과정에서 가열하면 온도가 상승한다. 이때 가열된 열을 **현열**(sensible heat)이라 한다.
- 상태 d : 1기압 100℃에서 물이 전부 비등하여 비등이 끝나는 점이고 전부 수증기로만 이루어진 상태이다. 이때의 물은 전부 **포화증기**(saturated vapor) 상태이고 비체적은 그림에 표시된 v_g이다.
- d → e : 1기압에서 계속 가열하면 수증기의 온도는 100℃ 이상의 온도로 계속 증가하고 비체적 또한 증가한다.
- 상태 e : 1기압에서 100℃보다 높은 온도에서는 물은 **과열**(superheated) 상태이다.

이제 1기압보다 높은 압력(p_1)에서 가열하여 나타내면 1기압에서 얻은 곡선과 유사한 형태의 곡선 B를 얻을 수 있다. 압력이 22.06 MPa(임계압력)일 때, 같은 실험을 하여 비체적을 구하여 그림에 나타내면 곡선 C이고, 임계점을 지나게 되고 물이 액체에서 기체로 증발하는 경우가 없다. 임계압력보다 높은 압력(p_2)에서 가열한 경우 곡선 D이다.

- 그림에서 포화액 상태를 연결한 것이 **포화액선**이고 포화증기 상태를 연결한 선이 **포화증기선**이다.
- 압축액체 : 포화액선의 왼편에 위치한 영역의 액체를 압축액체라 한다.
- 과열증기 : 포화증기선의 오른편에 위치한 영역의 증기를 과열증기라 한다.
- 포화상태 : 포화액선과 포화증기선 사이의 영역을 포화상태라고 하며 포화액과 포화증기가 혼합되어 있고 이를 **습증기**라고 한다.

그림 7.12는 $T-\mathrm{v}$선도이고, 이와 비슷하게 압력과 비체적의 관계로 나타낸 것이 그림 7.13의 $p-\mathrm{v}$선도이고, $p-\mathrm{v}$선도에서도 포화액선과 포화증기선을 나타낼 수 있다. 일정온도에서 압력과 비체적의 관계를 그림의 점선으로 나타내고 있다.

그림 7.12 또는 그림 7.13로부터 **포화상태가 아닐 때**에는 온도, 압력, 비체적 중 **두 개의 상태량이 주어지면 다른 하나의 상태량을 알 수 있다**. 즉, 1기압, 200℃에서의 비체적을 그림에서 구할 수 있다. 온도와 비체적이 주어져도 그 때의 압력을 그림에서 구할 수 있다.

그러나 **포화상태일 때는 압력과 온도가 서로 독립이지 않아, 포화온도와 포화압력이 주어지면 비체적을 구할 수 없다**. 즉, 1기압, 100℃에서의 비체적을 구할 수 없다. 포화온도가 주어지면 포화압력이 주어진 것과 마찬가지고, 반대로 포화압력이 주어지면 포화온도가 주어진 것과 마찬가지여서 두 개의 독립적인 상태량이 주어진 것이 아니고 하나의 독립적인 상태량이 주어진 것이기 때문에 상태가 정해지지 않고 비체적을 알 수 없다.

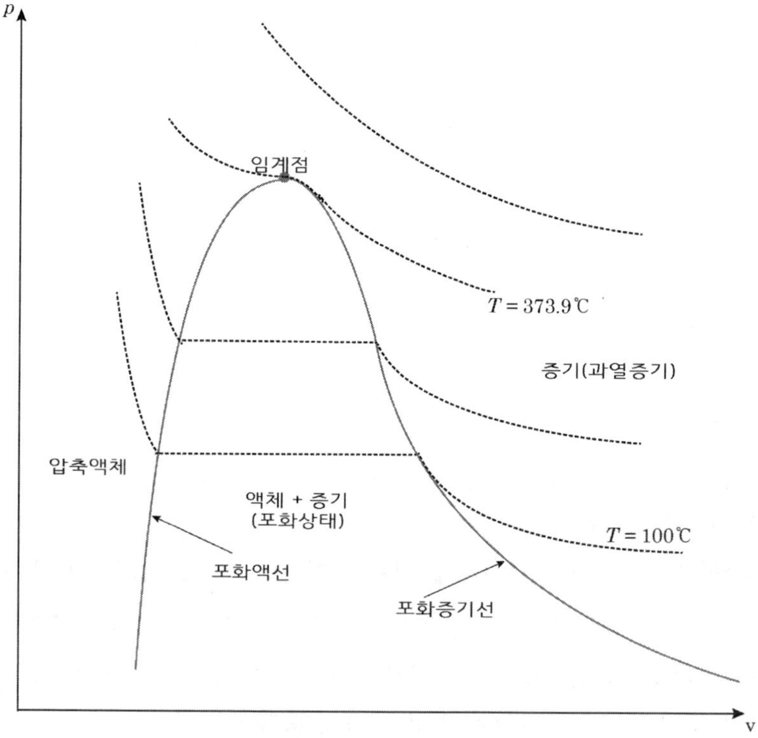

그림 7.13 물의 p-v선도

포화상태에서의 상태량

포화상태에서 습증기는 포화액과 포화증기가 섞여있으며, **건도**(dryness) 또는 질(quality) x를 습증기 전체의 질량 중 포화증기의 질량의 비율로 나타내고 다음과 같다.

$$x = \frac{m_g}{m} \tag{7.28}$$

여기서 m은 습증기 전체의 질량이고, m_g는 포화증기의 질량이다. 건도 1이면 포화증기를 의미하며, 건도 0은 포화액을 의미한다. 아래 첨자 f는 포화액을 나타내고, g는 포화증기를 나타낸다. 포화액의 질량을 m_f라 하면,

$$m = m_f + m_g \tag{7.29}$$

이므로,

$$\frac{m_f}{m} = \frac{m - m_g}{m} = 1 - x \tag{7.30}$$

이다. 습증기 전체의 부피를 V, 포화액의 부피를 V_f, 포화증기의 부피를 V_g라 하면,

$$V = V_f + V_g \tag{7.31}$$

이고, $V = m\mathrm{v}$이므로

$$m\mathrm{v} = m_f \mathrm{v}_f + m_g \mathrm{v}_g$$

이다. 질량 m으로 나누면,

$$\mathrm{v} = \frac{m_f}{m}\mathrm{v}_f + \frac{m_g}{m}\mathrm{v}_g$$

이고, 따라서 습증기의 비체적은 다음처럼 계산한다.

$$\mathrm{v} = (1 - x)\mathrm{v}_f + x\mathrm{v}_g \tag{7.32}$$

위의 식은 다음처럼 나타낼 수 있다.

$$\mathrm{v} = \mathrm{v}_f + x(\mathrm{v}_g - \mathrm{v}_f) \tag{7.33}$$

또한 다음처럼 나타낼 수 있다.

TIP

- $x = \frac{m_g}{m}$
- $x \neq \frac{V_g}{V}$

예제 7.5 참조하라.

$$v = v_f + xv_{fg} \tag{7.34}$$

여기서 v_{fg}는 다음과 같다.

$$v_{fg} = v_g - v_f \tag{7.35}$$

다음 장에서 정의되는 내부에너지 u, 엔탈피 h 등도 같은 방법으로 계산할 수 있으며, 다른 상태량도 또한 같은 방식으로 계산된다.

$$u = (1-x)u_f + xu_g, \quad u = u_f + xu_{fg}, \quad u_{fg} = u_g - u_f \tag{7.36}$$

$$h = (1-x)h_f + xh_g, \quad h = h_f + xh_{fg}, \quad h_{fg} = h_g - h_f \tag{7.37}$$

여기서 h_{fg}를 **증발잠열**이라고 한다.

예제 7.5

부피 V가 2 m^{3}인 용기 속에 건도 0.1인 물(습증기)이 있다. 물의 $v_f = 0.0011$ m^3/kg, $v_g = 1.1591$ m^3/kg일 때 (1) 물(습증기) 전체의 질량, (2) 포화증기의 질량과 포화액의 질량을 구하라. (3) 포화액의 부피 V_f와 포화증기의 부피 V_g를 구하라.

풀이

(1) $v = v_f + x(v_g - v_f) = 0.0011 + (0.1)(1.1591 - 0.0011) = 0.1169$

$m = \dfrac{V}{v} = \dfrac{2}{0.1169} = 17.11$ kg

(2) $x = \dfrac{m_g}{m}$ ⇨ $m_g = xm = (0.1)(17.11) = 1.711$ kg

$m_f = m - m_g = 17.11 - 1.711 = 15.399$

(3) $V_f = m_f v_f = (15.399)(0.0011) = 0.0169 \text{m}^3$

$V_g = V - V_f = 2 - 0.0169 = 1.9831 \text{ m}^3$

보충설명

V_g/V를 구해보면, $V_g/V = 1.9831/2 = 0.9916$ 이다. 건도는 0.1이지만 전체부피 중 포화증기가 차지하는 부피의 비율은 0.9916이다. 즉, 건도는 V_g/V가 아니고, m_g/m이다.

7.6 이상기체의 혼합[3)]

서로 반응하지 않는 여러 순수물질이 혼합되어 있는 혼합기체와 관련된 여러 사항을 설명하고자 한다. 여기서는 모두 이상기체의 혼합물에 대해 다룬다. 그림 7.14처럼 모두 k개의 이상기체 G_1, G_2, $\cdots$, G_k가 혼합되어 있는 경우를 생각해 보자. 혼합기체 전체의 질량 m은 다음과 같다.

$$m = m_1 + m_2 + \cdots + m_k = \sum_{i=1}^{k} m_i \tag{7.38}$$

혼합기체 전체의 몰 n은 다음과 같다.

$$n = n_1 + n_2 + \cdots + n_k = \sum_{i=1}^{k} n_i \tag{7.39}$$

몰분율(mole fraction) y_i를 다음과 같이 정의한다.

$$y_i = \frac{n_i}{n} \tag{7.40}$$

식 (7.39)와 식 (7.40)으로부터 다음의 관계가 성립한다.

$$\sum_{i=1}^{k} y_i = 1 \tag{7.41}$$

혼합기체를 해석할 때 주로 다음과 같은 Dalton의 모델을 사용한다.

Dalton의 모델

Dalton의 모델(Dalton's model) 또는 **Dalton의 법칙**(Dalton's law)은 다음과 같다.
서로 반응하지 않는 여러 이상기체가 혼합되어 있는 경우, 혼합기체의 압력은 각각 기체의 분압의 합과 같다.

기체의 **분압**(partial pressure)은 **혼합기체가 차지하는 전체부피를 그 기체만 있다고 했을 때 가지는 압력**을 나타낸다. 그림 7.14에서 이상기체 G_1, G_2, $\cdots$, G_k가 혼합되어 있는 경우 압력, 부피 및 온도가 p, V, T인 경우, 오른쪽 그림처럼 각각의 이상기체만이 부피 V를 차지했을 때 나타내는 압력이 각 기체의 분압이

Tip
- Amagat 모델 : 분체적의 개념을 사용한 Amagat 모델 또는 Amagat 법칙이 있으나 Dalton의 모델이 더 많이 사용된다.

3) 이 절은 교수나 강사의 판단에 의해 생략할 수 있다.

고 p_1, p_2, $\cdots$, p_k로 나타낸다. 그러면 Dalton의 법칙을 식으로 나타내면 다음과 같다.

$$p = p_1 + p_2 + \cdots + p_k = \sum_{i=1}^{k} p_i \tag{7.42}$$

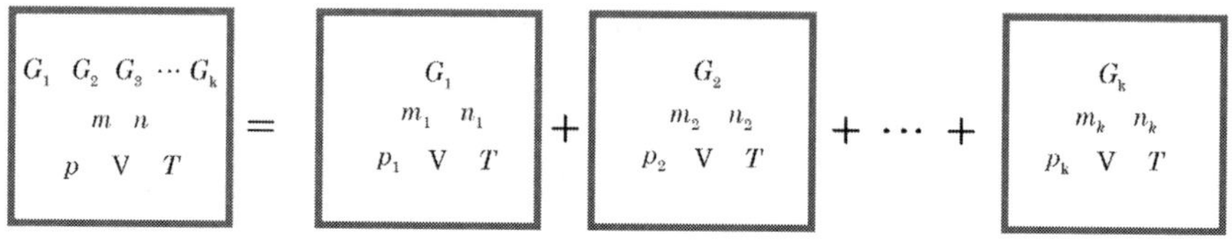

그림 7.14 Dalton의 모델

그림에서 부피 V를 차지하는 것은 모두 이상기체이므로 다음처럼 이상기체의 상태방정식이 모두 성립한다.

$$p\mathrm{V} = n\overline{R}\,T \tag{7.43}$$

$$p_1\mathrm{V} = n_1\overline{R}\,T \tag{7.44}$$

$$p_2\mathrm{V} = n_2\overline{R}\,T \tag{7.45}$$

$$\vdots$$

$$p_k\mathrm{V} = n_k\overline{R}\,T \tag{7.46}$$

식 (7.44)를 식 (7.43)으로 나누면 다음을 얻는다.

$$\frac{p_1}{p} = \frac{n_1}{n} = y_1 \Rightarrow p_1 = y_1 p$$

따라서 일반적으로 이상기체 G_i의 분압은 다음과 같다.

$$p_i = y_i p \tag{7.47}$$

혼합기체의 분자량 M은 다음처럼 혼합기체 전체의 질량 m을 혼합기체 전체 몰 n으로 나눈 것으로 정의한다.

$$M = \frac{m}{n} \Rightarrow M = \frac{\sum_{i=1}^{k} m_i}{n} \Rightarrow M = \frac{\sum_{i=1}^{k} n_i M_i}{n} \tag{7.48}$$

혼합기체의 **등가기체상수(상당기체상수;** equivalent gas constant) R은 다음과 같다.

$$R = \frac{\overline{R}}{M} \tag{7.49}$$

예제 7.6

분자량 32인 산소 2 kmol과 분자량 44인 이산화탄소 3 kmol이 온도가 20℃이고 부피 20 m³인 용기에 섞여 있다.

(1) 이 혼합기체의 압력을 구하라.

(2) 등가기체상수(상당기체상수)를 구하라.

(3) 산소와 이산화탄소의 몰분율을 구하라.

(4) 산소와 이산화탄소의 분압을 구하라.

풀이

(1) 혼합기체의 전체 몰수는 2 + 3 = 5 kmol이다. 압력은 식 (7.43)으로 구할 수 있다.

$$p = \frac{n\overline{R}T}{V} = \frac{(5)(8314)(20+273.15)}{20} = 609000\,\mathrm{Pa} = 609\,\mathrm{kPa}$$

(2) 혼합기체의 분자량과 등가기체상수(상당기체상수)는 식 (7.48)과 식 (7.49)로 구할 수 있다.

$$M = \frac{\sum_{i=1}^{k} m_i}{n} = \frac{\sum_{i=1}^{k} n_i M_i}{n} = \frac{(2)(32)+(3)(44)}{5} = 39.2$$

$$R = \frac{\overline{R}}{M} = \frac{8314}{39.2} = 212.1\,\frac{\mathrm{J}}{\mathrm{kg \cdot K}}$$

(3) 산소와 이산화탄소의 몰분율은 다음과 같다.

$$y_{O_2} = \frac{2}{5} = 0.4,\quad y_{CO_2} = \frac{3}{5} = 0.6$$

(4) 산소와 이산화탄소의 분압은 다음과 같다.

$$p_{O_2} = y_{O_2} p = (0.4)(609) = 243.6\,\mathrm{kPa}$$

$$p_{CO_2} = y_{CO_2} p = (0.6)(609) = 365.4\,\mathrm{kPa}$$

보충설명

(1)번 문제에서 압력을 계산할 때 ,몰의 단위로 mol이 아닌 kmol을 사용하였다. SI단위에서 질량의 기본단위가 g이 아닌 kg이고 따라서 SI단위에서 몰의 기본단위는 kmol을 사용한다.

7.7 열역학 제1법칙

에너지는 다른 형태로 변환될 수는 있어도 없어지거나 만들어지지는 않는다는 것을 인류는 경험으로 알아내었으며 이를 **에너지보존법칙**(law of conservation of energy)이라고 한다. 즉 고립시스템에서 에너지는 변환될 수 있어도, 전체의 에너지는 일정하다는 것을 나타낸다. 이와 같은 에너지보존법칙을 기초로 한 법칙이 열역학 제1법칙이다. 열역학 제1법칙은 기본적으로는 밀폐시스템에 대한 것이지만 개방시스템에 대해서도 열역학 제1법칙을 나타낼 수 있다.

7.7.1 밀폐시스템에 대한 열역학 제1법칙

열역학 제1법칙(first law of thermodynamics)은 **시스템으로 전달된 열과 시스템이 한 일의 차이는 시스템의 에너지 증가와 같다**는 것이다. 열역학 제 1법칙과 관련된 중요한 사항은 다음과 같다. 모두 같은 의미이긴 하지만, 세 가지 경우로 나누어 열역학 제1법칙을 나타낸다.

미소한 상태변화할 때 열역학 제1법칙

그림 7.15처럼 미소한 상태변화할 때, 시스템으로 전달된 열을 δQ, 시스템이 한 일을 δW, 이때 시스템의 에너지 증가를 dE로 나타내면, 열역학 제1법칙은 다음과 같이 표현된다.

$$\delta Q - \delta W = dE$$

위의 식은 가장 기본적인 열역학 제1법칙이고, 다음과 같이 표현할 수 있다.
시스템으로 전달된 열과 시스템이 한 일의 차이는 시스템의 에너지 증가와 같다.
많은 경우 위의 식을 사용하기 보다는 다음의 식을 더 많이 사용한다.

$$\delta Q = dE + \delta W \tag{7.50}$$

위의 식은 다음과 같이 표현할 수 있다.
시스템으로 전달된 열은 시스템이 한 일과 시스템의 에너지 증가의 합과 같다.

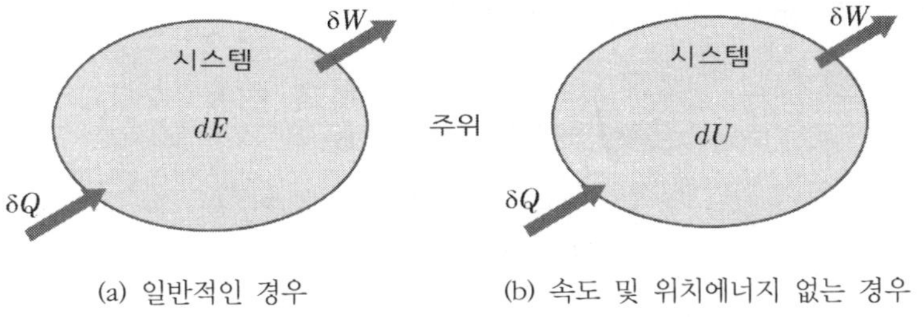

그림 7.15 열역학 제1법칙(미소한 상태변화)

미소한 상태변화할 때 열역학 제1법칙과 관련하여 다음과 같이 정리할 수 있다.

- 시스템으로 들어오는 열량(δQ)은 시스템이 외부에 하는 일(δW)과 시스템의 내부에너지 상승(dE)의 합과 같다는 것으로 에너지 보존을 나타내고 있다.
- 일, 열과 에너지는 서로 대등한 관계로서 서로 변환이 가능하다는 것을 나타낸다.
- 열역학 제1법칙에서는 에너지 변환의 방향성을 나타내지는 않는다. 열역학 제2법칙에서 에너지 변환의 방향성을 나타낸다.
- 미소한 에너지를 나타낼 때 d를 사용하고, 열 및 일에서는 각각 δ를 사용한 것에 주의하라. 이는 일과 열이 상태량이 아니라 경로에 의존하는 것임을 나타내기 위함이다(보충설명 참조).
- 시스템의 에너지는 앞에서도 설명하였듯이 내부에너지, 위치에너지 및 운동에너지로 구성된다($E = U + E_p + E_k$).

위치에너지, 운동에너지를 무시할 수 있는 경우는 에너지 E 대신에 내부에너지 U를 사용하면 되고, **미소한 상태변화할 때 열역학 제1법칙**은 다음처럼 나타낼 수 있다.

$$\delta Q = dU + \delta W \tag{7.51}$$

상태 1에서 상태 2로 변할 때 열역학 제1법칙

그림 7.16처럼 상태 1에서 상태2로 변하는 경우의 열역학 제1법칙은 위의 식을 적분함으로써 구할 수 있다. 즉,

$$\int_1^2 \delta Q = \int_1^2 dE + \int_1^2 \delta W \tag{7.52}$$

앞의 식의 각 항들은 다음과 같이 표현된다.

$$\int_1^2 dE = E_2 - E_1$$

$$\int_1^2 \delta Q = Q_{12}$$

$$\int_1^2 \delta W = W_{12}$$

여기서 E_1과 E_2는 상태 1과 상태 2에서 시스템이 가지는 에너지, Q_{12}는 상태 1에서 상태2로 변하는 과정에서 시스템이 받는 열, W_{12}는 상태1에서 상태2로 변하는 과정에서 시스템이 하는 일을 나타낸다. 위의 각 항을 대입하여 정리하면 **상태 1에서 상태 2로 변할 때 열역학 제1법칙**은 다음과 같다.

$$Q_{12} = E_2 - E_1 + W_{12} \tag{7.53}$$

$\Delta E = E_2 - E_1$으로 두면, 다음처럼 나타낼 수 있다.

$$Q_{12} = \Delta E + W_{12} \tag{7.54}$$

역시 **위치에너지, 운동에너지를 무시할 수 있는 경우**는 에너지 E대신에 내부에너지 U를 사용하면 되고, **상태 1에서 상태 2로 변할 때 열역학 제1법칙**은 다음처럼 나타낼 수 있다.

$$Q_{12} = U_2 - U_1 + W_{12} \tag{7.55}$$

$$Q_{12} = \Delta U + W_{12} \tag{7.56}$$

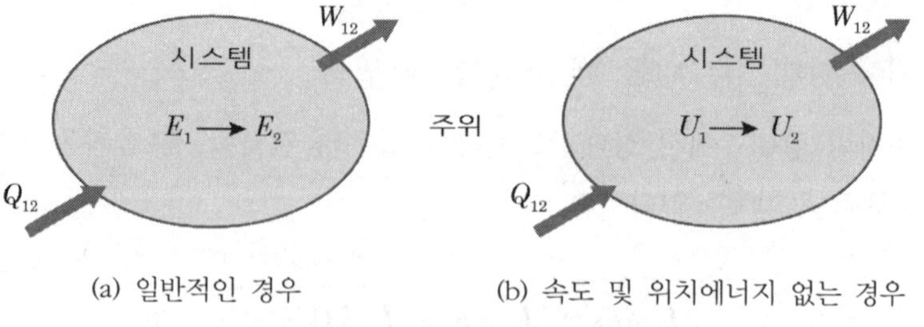

그림 7.16 열역학 제1법칙(상태변화)

보충설명 >> 경로함수와 점함수

앞에서 식을 적분할 때, $\int_1^2 dE$을 적분하면 $E_2 - E_1$으로 쓸 수 있지만, $\int_1^2 \delta W$를 적분하면 $W_2 - W_1$으로 표시할 수가 없고 W_{12}로 표시해야 한다. 왜냐하면 상태 1 및 상태 2에서 시스템이 가지고 있는 일이 각각 W_1, W_2라고 할 수 없기 때문이다. 즉, 일은 상태량(열역학적 성질)이 아니라, 어떠한 과정으로 상태 1에서 상태 2로 바뀌는가에 따라 달라진다. 즉, 그림 7.17에서 경로 A와 경로 B를 따른 일은 다르고, 경로에 따라 값이 달라진다(경로에 의존한다). 열도 마찬가지로 경로에 따라 달라지는 것으로 상태량이 아니다. 이와 같이 경로에 의존하는 경우 **경로함수**(path function)라고 한다. 따라서 열과 일은 경로함수이다.

이에 반해 온도, 압력, 체적, 내부에너지, 엔탈피, 엔트로피 등의 상태량은 주어진 상태에서 어떤 값을 가진다. 즉 상태 1에서 T_1, p_1, V_1, U_1, H_1, S_1 등과 같이 나타낼 수 있고, 이와 같이 주어진 상태에서 양(값)이 정해지는 경우 **점함수**(point function)라고 한다. 따라서 상태 1에서 상태 2로 바뀌는 경우 경로 A와 경로 B와는 무관하게 상태 2에서 T_2, p_2, V_2, U_2, H_2, S_2 등과 같이 나타낼 수 있다. 수학적으로 점함수는 완전미분이고 미분기호 d를 사용한다. 그러나 경로함수의 경우 불완전미분이고 δ를 사용한다. 이를 정리하면 표 7.2와 같다.

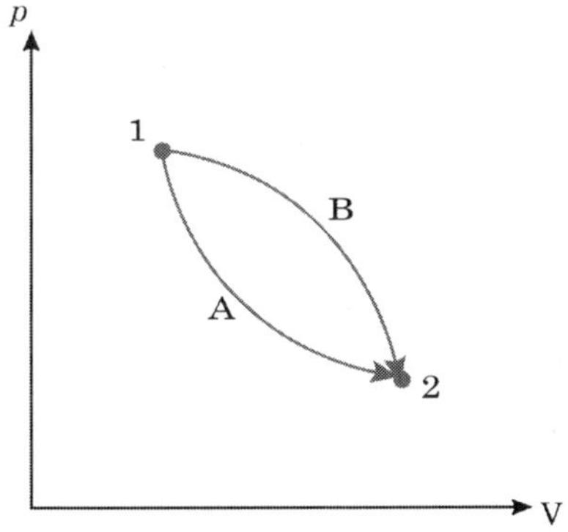

그림 7.17 점함수와 경로함수

표 7.2 점함수와 경로함수

물리량	상태량 (또는 열역학적 성질)	함수	미분
온도, 압력, 체적, 내부에너지, 엔탈피, 엔트로피	상태량 (열역학적 성질)	점함수	완전미분 d 사용
일, 열	상태량 아님	경로함수	불완전미분 δ 사용

사이클에서의 열역학 제1법칙

시스템이 사이클을 이룰 때는 식 (7.50)을 사이클 적분하면 다음과 같다.

$$\oint \delta Q = \oint dE + \oint \delta W$$

그런데, 에너지는 상태량이기 때문에 사이클 적분은 다음처럼 0이다.

$$\oint \delta E = E_1 - E_1 = 0$$

따라서 시스템이 사이클을 이룰 때 열역학 제1법칙은 다음과 같다.

$$\oint \delta Q = \oint \delta W \tag{7.57}$$

위의 식은 다음과 같이 표현할 수 있다.

사이클을 이룰 때, 시스템으로 전달된(공급 – 방출) 열은 시스템이 한 일과 같다.

열기관과 냉동기

열기관(heat engine)은 그림 7.18(a)에서 보듯이 주위의 고온 열원에서 열을 받고 저온 열원으로 열을 전달하면서, 사이클을 이루어 일을 하는 장치를 말한다. 다시 말하면 전체적으로는 사이클을 이루면서 열을 일로 변환하는 장치이다. 열기관의 예로는 자동차의 엔진을 들 수 있고, 보일러를 포함한 증기원동소가 이에 속한다.

냉동기(refrigerator)는 그림 7.18(b)에서 보듯이 일을 공급받아 사이클을 이루면서 저온의 열원으로부터 고온의 열원으로 열을 이동시키는 장치이다. 압축기(compressor)를 통하여 일을 해주어, 저온인 냉장고의 냉동실 또는 냉장실에서 열을 받아 냉장고 뒤에 위치한 응축기에서 고온부분인 외부로 열을 방출하는 것이다. 전체적으로 보면 일을 받아 저온부(냉동실)에서 고온부(외부)로 열을 이동시키게 되는 것이다. 일반적으로 열기관과는 반대의 사이클을 이루게 된다.

냉동기와 같은 원리로 일을 받아 저온부에서 고온부로 열을 이동시키는 장치이지만 이용하는 부분이 고온부일 때 이 장치를 **열펌프**(heat pump)라고 한다. 냉동기는 저온부를 이용하여 음식을 냉동 보관하지만 열펌프는 고온부를 이용하여 난방 등에 사용한다.

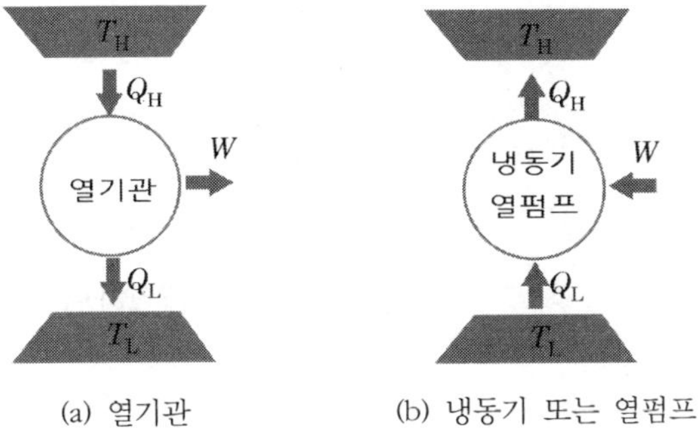

그림 7.18 열기관과 냉동기의 개념도

예제 7.7

시스템에 전달된 열이 100 kcal이고 시스템이 한 일이 500 kJ일 때 시스템의 내부 에너지는 어떻게 되는가?

풀이

시스템에 대한 다음과 같은 열역학 제 1법칙을 적용하면 된다.

$$Q_{12} = \Delta U + W_{12}$$

1 cal = 4.2 J이므로, 100 kcal = 420 kJ이다. 따라서,

$$\Delta U = Q_{12} - W_{12} = 500 - 420 = -80\,\text{kJ}$$

따라서 내부에너지는 80 kJ감소한다.

7.7.2 개방시스템(검사체적)에 대한 열역학 제1법칙

개방시스템(검사체적)에 대한 열역학 제1법칙은 기본적으로는 에너지 보존을 나타내기는 하지만 검사체적의 입구와 출구에서 물질이 이동하므로 밀폐시스템에 대한 열역학 제1법칙과는 약간 다르게 표현된다. 공학적인 응용에서, 개방시스템 내부의 상태가 시간에 따라 바뀌지 않는 정상상태(steady state)이고 또한 시스템으로 유입 및 유출되는 물질의 유동이 시간에 따라 바뀌지 않는 정상유동(steady flow)인 경우가 거의 대부분이다.

정상상태, 정상유동인 경우 검사체적(개방계)에 대한 열역학 제1법칙은 다음과 같다(보충설명 참조).

$$\dot{Q} + \dot{m}\left(h_1 + \frac{1}{2}V_1^2 + gz_1\right) = \dot{W}_s + \dot{m}\left(h_2 + \frac{1}{2}V_2^2 + gz_2\right) \tag{7.58}$$

또는 $\dot{m}$ 으로 나누어, 다음처럼 나타내기도 한다.

$$q + h_1 + \frac{1}{2}V_1^2 + gz_1 = w_s + h_2 + \frac{1}{2}V_2^2 + gz_2 \tag{7.59}$$

식 (7.58)은 그림 7.19를, 식 (7.59)는 그림 7.20을 참조하면 이해하기 쉽고, 다음과 같이 설명할 수 있다.

- $\dot{Q}$: 검사체적을 통한 열전달률, 단위는 W
- $\dot{W}_s$: 검사체적을 통한 동력(일률), 단위는 W
- q : 단위질량유량당 열전달률, $q = \dfrac{\dot{Q}}{\dot{m}}$, 단위는 J/kg
- w_s: 단위질량유량당 동력(또는 단위질량당 일), $w_s = \dfrac{\dot{W}_s}{\dot{m}}$, 단위는 J/kg
- 아래첨자 1은 유입되는 곳을 2는 유출되는 곳을 각각 나타낸다.
- 열역학 제 1법칙은 에너지 보존법칙을 의미하고 유체역학에서는 검사체적에 대한 열역학 제1법칙을 **에너지 방정식(energy equation)**이라고도 한다.

위의 식들은 다음처럼 표현할 수 있다.

검사표면을 통해 유입되는 열전달률과 유체가 가지고 들어오는 에너지 유입률의 합은 검사표면을 통해 유출되는 동력(일률)과 유체가 가지고 나가는 에너지 유출률의 합과 같다.

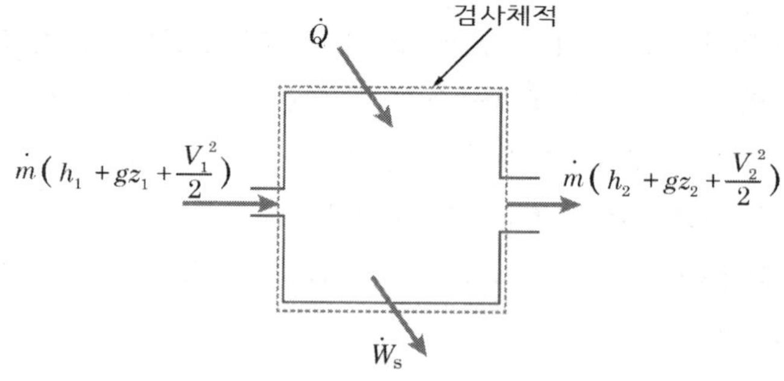

그림 7.19 검사체적에서의 에너지 유입 및 유출

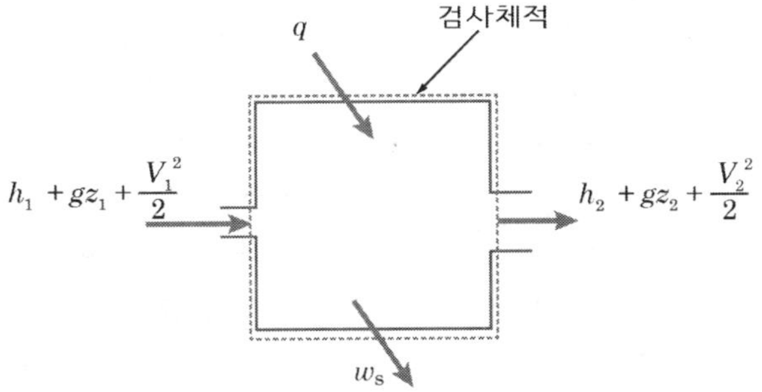

그림 7.20 검사체적에서의 단위질량당 에너지 유입 및 유출

운동에너지와 위치에너지를 무시할 수 있는 경우 식 (7.59)는 다음과 같이 나타낼 수 있다.

$$q + h_1 = w_s + h_2 \tag{7.60}$$

그림 7.21을 참조하면, 윗식은 검사체적으로 유입되는 에너지의 합($q+h_1$)은 검사체적에서 유출되는 에너지의 합($w_s + h_2$)과 같다는 것을 쉽게 이해할 수 있을 것이다.

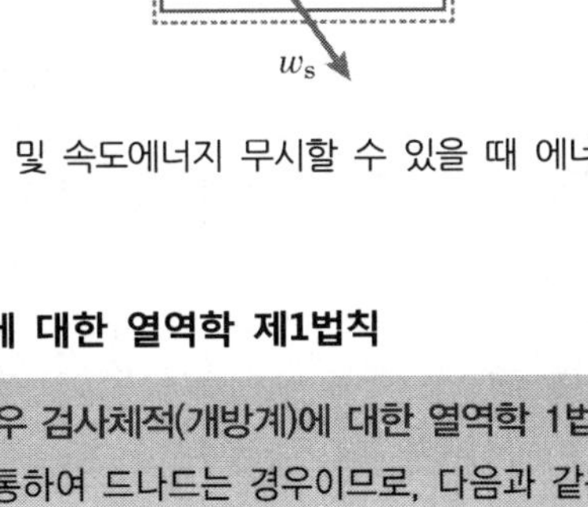

그림 7.21 위치 및 속도에너지 무시할 수 있을 때 에너지 유입 및 유출

보충설명 ›› 검사체적에 대한 열역학 제1법칙

정상상태, 정상유동인 경우 검사체적(개방계)에 대한 열역학 1법칙(에너지 보존법칙)은 물질이 검사체적의 경계면을 통하여 드나드는 경우이므로, 다음과 같은 에너지 평형으로 나타낼 수 있다.

에너지 유입률 = 에너지 유출률

검사체적(개방계)에서는 경계면을 통한 일이나 열의 이동 이외에, 물질이 경계면을 통하여 들어오고 나가므로 이 때 에너지를 가지고 들어오거나 가지고 나간다. 이 때의 에너지는 내부에너지, 운동에너지, 위치에너지 이외에 유동일(팽창 및 압축과 관련된 일)을 포함하게 된다. 그림 7.19에서 입구에서 유체가 압력 p_1의 상태로 밀고 들어올 때 일을 하게 되고 이 일을 유동일이라 한다. 단위 질량당 내부에너지 즉, 비내부에너지는 u이고 단위 질량당 유동일은 pv이다. 이 둘을 합한 것 $u+pv$가 비엔탈피 h이다. 따라서 경계면을 통하여 물질이 검사체적(개방계)으로 들어오고 나갈 때의 에너지는 엔탈피, 운동에너지 및 위치에너지 형태라고 생각하면 된다.

그림 7.19에서 보듯이 에너지 유입률은 검사표면을 통해 유입되는 열전달률 $\dot{Q}$와 물질이 흘러 들어오면서 가지고 들어오는 에너지 유입률의 합이다. 즉,

$$\text{에너지 유입률} = \dot{Q} + \dot{m}\left(h_1 + \frac{1}{2}V_1^2 + gz_1\right)$$

이고, 에너지 유출률은 검사표면을 통해 전달되는 동력(일률) $\dot{W}_s$와 물질이 흘러 나가면서 가지고 나가는 에너지 유출률의 합이다. 즉,

$$\text{에너지 유출률} = \dot{W}_s + \dot{m}\left(h_2 + \frac{1}{2}V_2^2 + gz_2\right)$$

이다. 따라서 개방시스템(검사체적)에 대한 열역학 제1법칙은 다음과 같다.

$$\dot{Q} + \dot{m}\left(h_1 + \frac{1}{2}V_1^2 + gz_1\right) = \dot{W}_s + \dot{m}\left(h_2 + \frac{1}{2}V_2^2 + gz_2\right) \tag{7.58}$$

아래첨자 1은 유입되는 곳을 2는 유출되는 곳을 각각 나타낸다.
식 (7.58)에서 질량유량으로 나누면 다음과 같다.

$$\frac{\dot{Q}}{\dot{m}} + \left(h_1 + \frac{1}{2}V_1^2 + gz_1\right) = \frac{\dot{W}_s}{\dot{m}} + \left(h_2 + \frac{1}{2}V_2^2 + gz_2\right) \tag{7.61}$$

단위질량유량당 열전달률 q와 단위질량유량당 동력(또는 단위질량당 일) w_s를 다음과 같이 정의한다.

$$q = \frac{\dot{Q}}{\dot{m}}, \quad w_s = \frac{\dot{W}_s}{\dot{m}} \tag{7.62}$$

그러면 식 (7.61)은 다음과 같이 나타낼 수 있고, 역시 개방시스템(검사체적)에 대한 열역학 제1법칙의 한 형태이다.

$$q + h_1 + \frac{1}{2}V_1^2 + gz_1 = w_s + h_2 + \frac{1}{2}V_2^2 + gz_2$$

위의 식에서 q와 w_s를 포함한 각 항의 단위는 J/kg이고 단위질량당 에너지이고 위의 식은 그림 7.20을 참고하면 이해하기 쉽다.

스로틀링과정(교축과정)

개방시스템에서의 열역학 제1법칙과 관련하여 특별한 경우 중의 하나가 **스로틀링과정(교축과정; throttling process)**이다. 스로틀링과정은 유체가 모세관이나 다공성물질을 통과하면서 일어나는 과정을 의미한다. 이 경우 외부로의 열손실을 무시할 수 있고, 일도 없고 높이차도 없으며, 또한 입구와 출구에서의 속도가 같거나 거의 비슷하여 식 (7.60)은 다음과 같이 나타낼 수가 있다.

$$h_1 = h_2 \tag{7.63}$$

위의 식이 스로틀링과정(교축과정)에 대한 열역학 제1법칙이고, 스로틀링과정과 관련하여 정리하면 다음과 같다.

- 스로틀링과정에서 입구와 출구에서의 엔탈피가 동일하다. 즉, 스로틀링과정에서는 엔탈피가 일정하다.
- 유체가 좁은 관을 지나가므로 압력은 줄어든다. 즉, $p_1 > p_2$이다.
- 엔탈피가 일정한데 압력이 바뀌므로 온도는 변할 수 있다.
- Joule-Thomson 계수를 다음과 같이 정의하고 스로틀링과정에서 압력변화에 대한 온도 변화율을 나타낸다.

$$\mu = \left.\frac{\partial T}{\partial p}\right)_h \tag{7.64}$$

- $\mu > 0$이면 스로틀링과정에서 온도가 낮아진다. 왜냐하면 스로틀링과정에서 압력은 항상 감소하므로 온도가 감소하여야 $\mu > 0$이다. 이 경우 단열을 유지하면서 압력을 낮추면(즉, 단열팽창시키면) 유체의 온도를 낮출 수 있다.
- $\mu < 0$이면 스로틀링과정에서 온도가 높아진다. 왜냐하면 스로틀링과정에서 압력은 항상 감소하므로 온도가 증가하여야 $\mu < 0$이다.
- 이상기체의 경우 $\mu = 0$이다. 왜냐하면, 이상기체의 경우 엔탈피가 온도만의 함수이며, 스로틀링과정에서 엔탈피가 같고, 이상기체에서 엔탈피가 같으려면 온도가 같아야하고 따라서 $\mu = 0$이라야 한다.

노즐

개방시스템에서의 열역학 제1법칙과 관련하여 특별한 경우 중의 또 하나가 노즐(nozzle)이다. 노즐에서도 외부로의 열손실을 무시할 수 있고, 축일도 없고, 높이차도 없으므로 열역학 제1법칙은 다음과 같이 나타낼 수가 있다.

$$h_1 + \frac{1}{2} V_1^2 = h_2 + \frac{1}{2} V_2^2 \tag{7.65}$$

예제 7.8

Joule-Thomson 계수가 음일 때, 스로틀링과정(교축과정)에서 압력, 온도, 엔탈피는 어떻게 되는가?

풀이

스로틀링과정(교축과정)은 모세관 또는 다공성 물질을 통과하므로

(1) 압력은 항상 감소한다.

(2) 엔탈피는 항상 일정하다(식 (7.63)참조).

(3) 온도는 변하는데, 식 (7.64)로부터 Joule-Thomson 계수가 음일 때는 온도는 높아진다.

예제 7.9

노즐에서 어떤 유체가 흐르고 있다. 입구와 출구에서의 비엔탈피는 각각 3000 kJ/kg, 2990 kJ/kg이다. 입구에서의 속도는 5 m/s이다. 노즐 출구에서의 속도를 구하라.

풀이

노즐에서의 열역학 제1법칙은 식 (7.65)이다.

$$h_1 + \frac{1}{2} V_1^2 = h_2 + \frac{1}{2} V_2^2$$

$$3000 \times 10^3 + \frac{5^2}{2} = 2990 \times 10^3 + \frac{V_2^2}{2}$$

따라서 $V_2 = 141.5\ \mathrm{m/s}$ 이다.

7.8 열역학 제2법칙

열역학 제2법칙과 관련하여 여러 가지 서술이 있으나, 열역학적으로 다음의 두 서술이 유명하다. Rudolf Clausius의 **Clausius 서술**(Clausius statement)과 Lord Kelvin과 Max Planck의 **Kelvin–Planck 서술**(Kelvin-Planck statement)이 가장 많이 사용되는 열역학 제2법칙에 관한 서술이다.

7.8.1 Clausius 서술

열역학 제2법칙과 관련하여 Rudolf Clausius가 다음과 같이 서술하였다.

동시에 주변에 아무른 다른 변화 없이, 열은 찬 물체에서 더운 물체로 절대로 이동하지 않는다.

위의 Clausius 서술과 관련하여 다음과 같이 표현할 수도 있다.

주위의 아무른 영향 없이 열은 찬 물체에서 더운 물체로 절대 이동하지 않는다.

또 달리 서술하면 다음과 같다.

열은 저절로 찬 물체에서 더운 물체로 절대 이동하지 않는다.

조금 더 이해를 돕기 위하여 다음과 같이 상세히 설명할 수 있다.

- 자연 상태에서 외부에 아무런 영향 없이, 즉 외부의 도움(일) 없이, 열이 온도가 낮은 곳에서 높은 곳으로 이동할 수 없다.
- 일반적으로 열은 온도가 높은 곳에서 낮은 곳으로 흐르고 있으며, 온도가 낮은 곳에서 높은 곳으로 흐르기 위해서는 일이 필요하다는 의미이다.
- 식탁 위에 놓아둔 뜨거운 커피는 시간이 지나면서 뜨거워지지 않고 식는다. 즉, 자연 상태에서 온도가 높은 곳에서 낮은 곳으로 열이 전달되지 온도가 낮은 곳에서 온도가 높은 곳으로 열이 저절로 전달되지는 않는다.
- 냉장고 등을 이용하여 온도가 낮은 곳에서 높은 곳으로 강제적으로 열을 이동시킬 수는 있다. 즉, 주위에서 일을 받으면(즉, 주위의 영향을 받는다) 온도가 낮은 곳(냉장고 안)에서 높은 곳(냉장고 밖)으로 열을 이동시킬 수 있다.

7.8.2 Kelvin–Planck 서술

열역학 제2법칙과 관련하여 Kelvin이 서술하고 Planck가 다음과 같이 수정하였다.

단일 열원으로부터 열을 받아 같은 크기의 일을 하는, 사이클로 작동하는 장치를 만드는 것은 불가능하다.

앞의 Kelvin-Planck 서술과 관련하여 다음과 같이 설명할 수 있다.

- Joule의 실험을 생각해 보자. 단, 용기가 외부와 단열이 되어 있지 않은 경우를 생각하자. 외부에서 물체의 무게를 떨어뜨려 용기에 일을 가하면 용기 속의 물의 온도는 올라간다. 단열이 되어 있지 않으므로 물의 온도가 올라가면 주위와의 온도차로 인하여 주위로 열이 전달된다. 이렇게 시스템에 가해진 일은 전부 열로 변환된다.
- 반대로 용기에 열을 가하여도 떨어뜨려진 물체는 다시 올라가지는 않는다. 이렇게 일은 쉽게 전부 열로 바꿀 수 있지만, 열을 저절로 일로 바꿀 수는 없다.
- 열기관을 사용하여 열을 일로 변환할 수 있지만, 열을 전부 일로 변환할 수는 없다.
- 즉, 효율이 100%인 열기관을 만들 수 없다.

위의 두 가지 서술은 열역학 2법칙에 대한 기본적인 서술로서 종합하면 다음과 같다.

- 열역학 제2법칙은 모두 부정적인 서술로 불가능하다는 것에 대한 서술이다.
- 열역학 제1법칙은 에너지의 보존과 관련된 것으로 방향성을 설명하지는 못한다. 즉, 열역학 제 1법칙에 의하면 열기관을 사용하여 열을 전부 일로 변환할 수 있는 것처럼 보인다.
- 열역학 제2법칙은 에너지 변환의 방향성을 나타낸다. 즉, 한쪽 방향으로는 쉽게 일어나지만(고온 → 저온, 일 → 열), 그 반대 방향으로는 자연적으론 잘 일어나지 않는다(저온 → 고온, 열 → 일).
- Clausius 서술은 하나의 열원에 대한 것이고, 냉동사이클과 관련된 서술이다.
- Kelvin-Planck 서술은 두 개의 열원에 대한 것이고, 열기관과 관련된 서술이다.
- 두 개의 서술은 실제로는 같은 의미이고 동일한 것으로 간주된다. 이에 대한 증명은 하나의 서술이 틀리면 다른 하나의 서술도 틀리다는 것을 증명하는 것으로 대부분의 열역학 책에서 증명하고 있다.
- 열역학 제1법칙에 위반되는 장치가 **1종 영구기관** 또는 1종 영구운동기관(perpetual motion machine)이다. 1종 영구기관이 가능하다면 에너지를 창조하여 작동하는 것이므로 에너지 없이도 일을 할 수 있으므로 불가능하다.

- 열역학 제2법칙에 위반되는 장치가 2종 영구기관이다. 역시 **2종 영구기관**이 가능하면, 저온에서 쉽게 고온으로 열을 흐르게 하여 그 열로 일을 할 수 있으므로 에너지 없이도 일을 할 수 있으므로 불가능하다.
- 지금까지 두 법칙을 어기는 현상을 단 한번도 찾아내지 못했다는 사실이 두 법칙이 타당하다는 증명으로 인정된다.

7.8.3 가역과정과 비가역과정

열역학을 다루다 보면 가역과정과 비가역과정에 대한 개념이 상당히 중요하다. 다음에 가역과정과 비가역과정에 대하여 설명한다.

- **가역과정**(reversible process): 한 상태에서 다른 상태로 바뀐 후 그 역으로 원래 상태로 되돌아 온 후 주위에 아무런 영향을 미치지 않는 과정을 가역과정 또는 이상과정이라 한다.
- **비가역과정**(irreversible process): 한 상태에서 다른 상태로 바뀐 후 그 역의 과정으로 원래 상태로 되돌아 온 후 주위에 영향을 미치는 과정을 비가역과정이라 한다. 실제과정은 비기역과정이다.

다음은 모두 비가역과정이고, 비가역과정이 일어나게 하는 원인이다.

- **마찰** : 물체를 1지점에서 2지점으로 움직인 후 반대방향의 힘을 작용하여 원래 지점에 돌아왔을 때, 마찰에 의하여 마찰열이 발생하여 주위에 열전달이 일어난다(주위에 영향을 미친다). 따라서 이 과정은 비가역과정이다.
- **자유팽창** : 한 쪽에 기체로 차 있고 다른 한 쪽이 진공으로 되어 있다가 구멍이 뚫리면 일부 기체는 진공 쪽으로 이동하여 전체에 꽉 차게 된다. 이 이동한 기체를 자연적으로 원래 상태로 되돌릴 수 없고, 진공펌프를 사용하여 원래의 상태로 돌릴 수 있지만 외부에서 일이 필요하다(주위에 영향을 미친다). 따라서 이 과정도 비가역과정이다. 이와 비슷하게 **두 기체가 혼합하는 경우도 비가역과정이다.**
- **온도차에 의한 열전달** : 고온 물체에서 저온 물체로 열이 흐르는 경우, 저온에서 고온으로 그 열이 자연적으로 다시 흐를 수는 없고, 냉동기를 이용하여야(즉, 외부에서 일을 해 주어야) 저온 물체에서 고온물체로 열이 흘러 원래의 상태로 되돌릴 수 있다. 하지만 이 과정에서 주위에서 일이 필요하므로 이 과정도 비가역과정이다.

이와 같이 실제 현상에서는 비가역과정이 아닌 것이 없다. 그러나 단진자 운동은 가역과정과 상당히 가깝다. 진자가 1지점에서 출발하여 2지점까지 갔다가 다시 1지점으로 되돌아오면서 주위에 거의 영향을 미치지 않아 가역과정에 상당히 가깝지만, 진자와 공기의 마찰로 1지점에 조금 못 미치게 돌아와 결국에는 진자는 멈추게 된다. 진자가 움직이는 공간을 진공으로 만든다고 하여도, 진자를 매달은 줄과 지지점 사이에서 약간의 마찰과 실제적으로 절대 진공은 불가능하므로 진자와 공기의 마찰로, 아주 미세하지만 원래 지점보다는 조금 못 미치게 돌아와 결국에는 진자는 멈추게 된다. 그렇지만 진공 중의 진자운동은 가역과정에 아주 가까운 것이 분명하다.

실제 열역학에서도 완전한 가역과정은 없지만, 가역과정에 가깝다고 가정하고 해석하는 경우가 많다. 가역과정이라 생각하고 해석을 한 후 효율 등을 고려하여 실제상황에 적용시킨다.

실린더의 피스톤이 팽창하면서 주위에 일을 한 후, 외부에서 일을 하여 압축하면 원래의 상태로 돌아 올 수 있다. 그러나 이러한 과정에서 피스톤이 움직이면서 마찰로 인하여 주위에 열이 전달되어 영향을 주게 되고, 또한 실제 과정에서는 팽창할 때보다 더 큰 일을 해 주어야 원래 상태로 돌아올 수 있다. 따라서 원래 상태로 돌아오려면 주위에 열을 전달하고 주위에 해준 일보다 더 큰 일을 받아야 하기 때문에 이 또한 주위에 영향을 미치기 때문에 비가역과정이다.

Note

연습문제

문제번호 앞에 * 표시된 문제는 약간 어려운 문제이며, 경우에 따라 풀지 않아도 된다.

객관식

7.1

물체 A와 C, 물체 B와 C가 열적평형이라면 A와 B도 열적 평형상태에 있다."라는 표현은 다음의 어느 법칙인가?

① 열역학 제0법칙 ② 열역학 제1법칙
③ 열역학 제2법칙 ④ 열역학 제3법칙

7.2

온도측정과 관련이 있는 법칙은?

① 열역학 제0법칙 ② 열역학 제1법칙
③ 열역학 제2법칙 ④ 열역학 제3법칙

7.3

에너지 보존과 관련이 있는 법칙은?

① 열역학 제0법칙 ② 열역학 제1법칙
③ 열역학 제2법칙 ④ 열역학 제3법칙

7.4

다음 중 크기성질(종량적성질)이 아닌 것은?

① 체적 ② 내부에너지
③ 엔탈피 ④ 온도

7.5

다음 중 세기성질(강성적성질)이 아닌 것은?

① 압력 ② 비체적
③ 온도 ④ 엔트로피

Note

7.6

용기 속 기체의 부피가 2 m^3이고, 압력이 22 kPa이다. 용기 속 기체의 내부에너지가 200 kJ이다. 용기 속 기체의 엔탈피는 얼마인가?

① 200 kJ ② 220 kJ
③ 244 kJ ④ 440 kJ

7.7

다음 중 열역학적 성질(상태량)이 아닌 것은?

① 온도 ② 엔탈피
③ 엔트로피 ④ 일

7.8

다음 중 정적비열을 바르게 나타낸 것은? (u : 비내부에너지, h : 비엔탈피, T : 온도, v : 비체적, p : 압력)

① $\left(\frac{\partial u}{\partial T}\right)_v$ ② $\left(\frac{\partial h}{\partial T}\right)_v$
③ $\left(\frac{\partial u}{\partial T}\right)_p$ ④ $\left(\frac{\partial h}{\partial v}\right)_T$

7.9

다음 중 정압비열을 바르게 나타낸 것은? (u : 비내부에너지, h : 비엔탈피, T : 온도, v : 비체적, p : 압력)

① $\left(\frac{\partial u}{\partial T}\right)_v$ ② $\left(\frac{\partial h}{\partial T}\right)_p$
③ $\left(\frac{\partial u}{\partial T}\right)_p$ ④ $\left(\frac{\partial h}{\partial v}\right)_p$

7.10

정적비열이 841.8 J/kg · K이고 정압비열이 652.9 J/kg · K인 이상기체의 기체상수는 얼마인가?

① 188.9 J/kg · K ② 841.8 J/kg · K
③ 652.9 J/kg · K ④ 1494.7 J/kg · K

Note

7.11

정적비열이 841.8 J/kg · K이고 정압비열이 652.9 J/kg · K인 이상기체의 분자량은 얼마인가?

① 4
② 29
③ 32
④ 44

7.12

분자량이 28이고 비열비가 1.4인 이상기체의 정압비열은 얼마인가?

① 297 J/kg · K
② 594 J/kg · K
③ 743 J/kg · K
④ 1040 J/kg · K

7.13

온도 100℃의 이상기체 3kg이 어떤 과정을 거쳐 200℃가 되었다. 이 기체의 내부에너지 변화량은 얼마인가? (단, 이 기체의 정적비열은 4 kJ/kg · K, 정압비열은 5 kJ/kg · K이다)

① 압력이 주어지지 않아 알 수 없다.
② 0
③ 1200 kJ
④ 1500 kJ

7.14

온도 100℃의 이상기체 3kg이 어떤 과정을 거쳐 200℃가 되었다. 이 기체의 엔탈피 변화량은 얼마인가? (단, 이 기체의 정적비열은 4 kJ/kg · K, 정압비열은 5 kJ/kg · K이다)

① 압력이 주어지지 않아 알 수 없다.
② 0
③ 1200 kJ
④ 1500 kJ

7.15

어떤 기체 2 kg이 온도 50℃이고 부피가 4 m^3이고 압력이 42 kPa인 용기에 있을 때, 이 기체의 분자량은 얼마인가?

① 2
② 16
③ 28
④ 32

Note

7.16

어떤 기체가 온도 100℃이고 부피가 5 m^3이고 압력이 120 kPa인 용기에 있을 때, 용기 속 기체의 질량은 얼마인가? (단, 기체상수는 287 J/kg · K이다)

① 2.4 kg
② 4.5 kg
③ 5.6 kg
④ 6.4 kg

7.17

다음의 기체들 중 기체상수가 가장 큰 기체는?

① 수소
② 헬륨
③ 질소
④ 산소

7.18

다음의 기체들이 각각 동일한 온도, 압력, 부피 상태에 있다면, 기체의 질량이 가장 큰 기체는?

① 수소
② 헬륨
③ 질소
④ 산소

7.19

다음의 각각 일정한 질량의 기체들이 동일한 온도, 압력 상태에 있다면, 기체의 부피가 가장 큰 기체는?

① 수소
② 헬륨
③ 질소
④ 산소

7.20

어떤 온도와 압력에서 수소 1 kg의 부피가 4 m^3일 때, 동일한 온도와 압력에서 산소 1 kg의 부피는 얼마인가?

① 0.25 m^3
② 1 m^3
③ 16 m^3
④ 64 m^3

7.21

다음 중 보일의 법칙을 나타내는 그래프는?

①
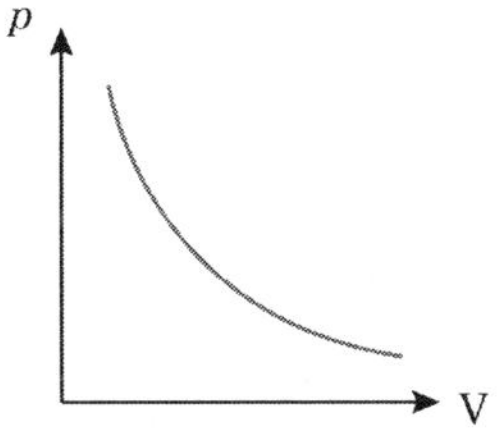

②
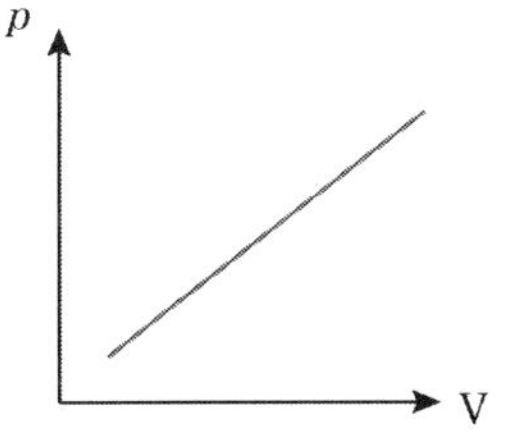

③
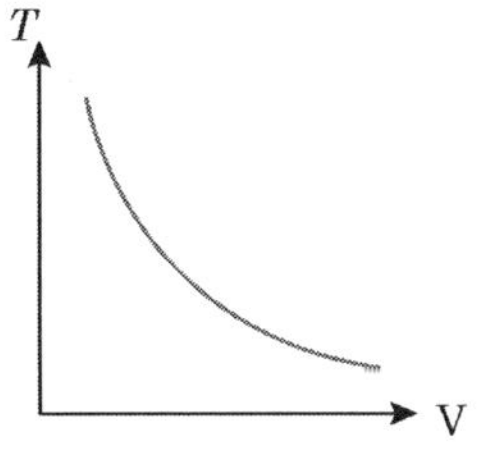

④
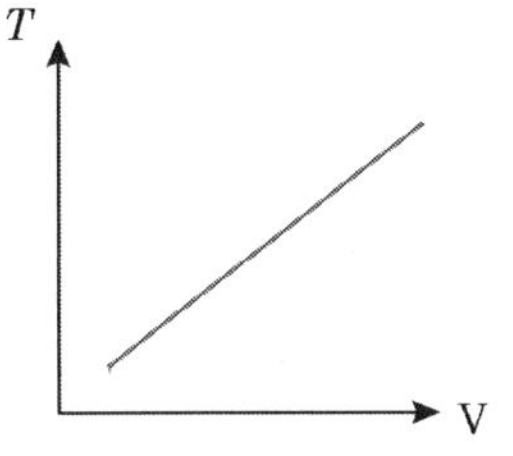

7.22

다음 중 샤를의 법칙을 나타내는 그래프는?

①
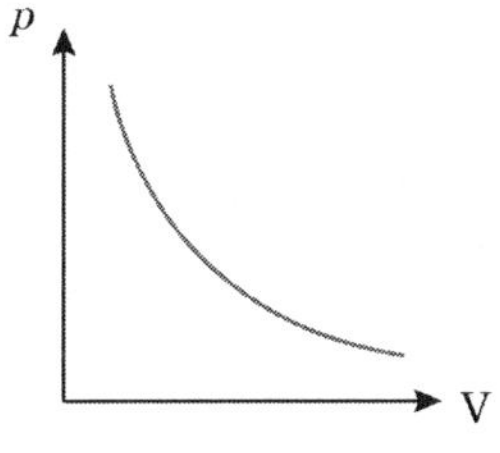

②
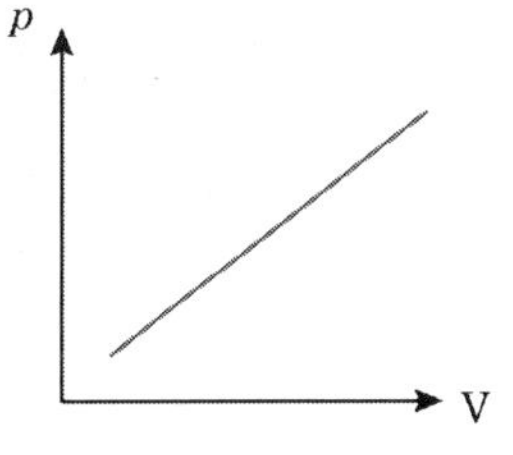

③
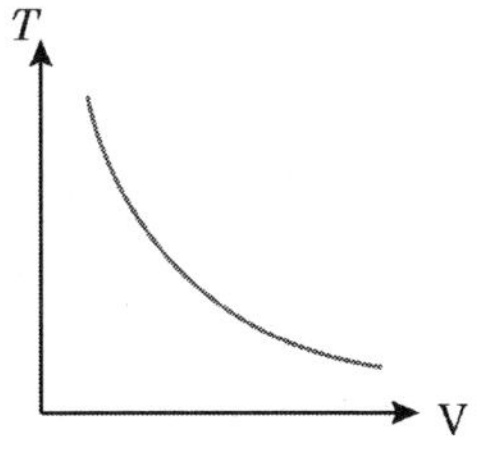

④
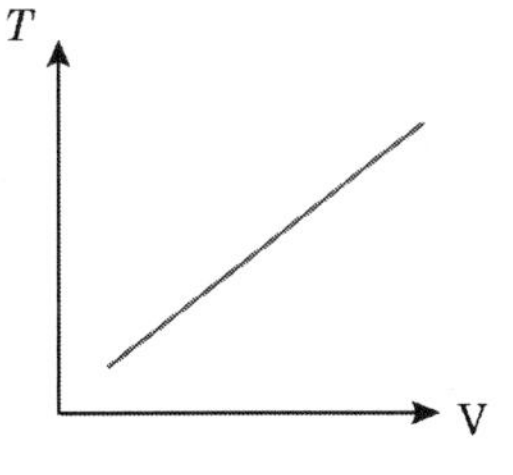

7.23

액체와 기체의 상태가 같아져, 액체와 기체를 구분할 수 없는 점을 무엇이라 하는가?

① 임계점 ② 삼중점

③ 빙점 ④ 비등점

Note

Note

7.24

임계점보다 높은 상태에 대한 설명으로 옳은 것은?

① 액체와 기체를 구분할 수 없고 따라서 상이 변하지 않는다.
② 일정압력에서 가열하면 고체 → 액체 → 기체로 바뀐다.
③ 일정압력에서 가열하면 고체 → 기체로 바뀐다.
④ 고체, 액체와 기체가 공존한다.

7.25

삼중점에 대한 설명으로 옳지 않은 것은?

① 고체, 액체와 기체가 공존하는 상태이다.
② 물의 삼중점에서의 온도는 273.16 K(0.01℃)이다.
③ 삼중점에서의 압력보다 높고, 임계압력보다 낮은 일정압력에서 가열하면 고체 → 액체 → 기체로 바뀐다.
④ 삼중점에서의 압력보다 낮은 일정압력에서 가열하면 온도가 높아지고 고체 → 액체로 바뀐다.

7.26

용기 속의 습증기 2.2 kg이 어떤 압력에서 부피가 1.32 m^3이다. 이 압력에서 물의 $v_f = 0.001\ m^3/kg$, $v_g = 1.159\ m^3/kg$일 때 습증기의 건도는 얼마인가?

① 0.022 ② 0.112
③ 0.483 ④ 0.517

7.27

시스템에 전달된 열이 100 kcal이고 내부에너지가 100 kJ 증가하였다며, 시스템이 한 일은?

① 100 kJ ② 200 kJ
③ 320 kJ ④ 420 kJ

Note

7.28

이상기체 0.5 kg으로 이루어진 밀폐 시스템이 40 kJ의 열을 받아 일을 하고, 이 기체의 온도가 5℃ 상승하였다면, 이 시스템이 한 일은 몇 kJ인가? (단, 이 기체의 정적비열은 4 kJ/kg · K, 정압비열은 5 kJ/kg · K이다)

① 10 kJ ② 12.5 kJ
③ 27.5 kJ ④ 30 kJ

7.29

그림처럼 시스템이 상태 1에서 상태 2로 변하는 가역과정 아래의 면적은 무엇을 나타내는가?

① 일 ② 열
③ 내부에너지 변화량 ④ 엔탈피 변화량

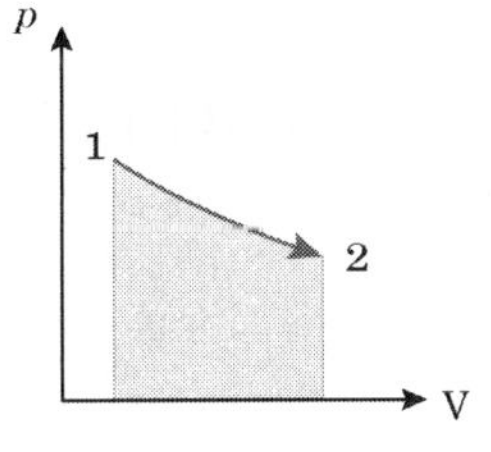

그림 P7.29

7.30

그림처럼 시스템이 상태 1에서 상태 2로 변하는 가역과정 아래의 면적은 무엇을 나타내는가?

① 일 ② 열
③ 내부에너지 변화량 ④ 엔탈피 변화량

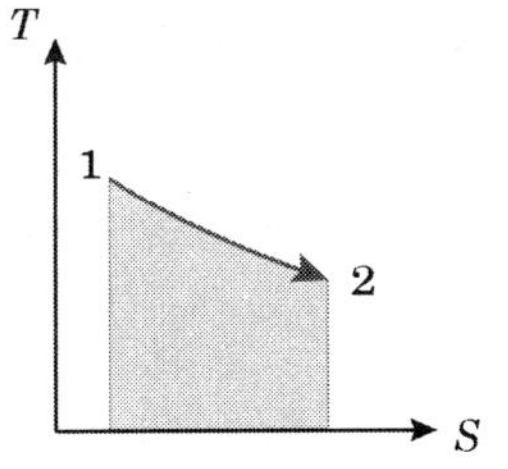

그림 P7.30

Note

7.31

일을 받아 저온부에서 열을 고온부로 이동하는 장치며, 이용하는 부분이 고온부일 때 이러한 장치를 무엇이라 하는가?

① 열펌프 ② 냉동기
③ 열기관 ④ 영구기관

7.32

스로틀링 과정(교축과정) 중 옳지 않은 것은?

① 압력은 항상 감소한다.
② 엔탈피는 일정하다.
③ 온도는 항상 내려간다.
④ 이상기체의 경우 Joule-Thomson 계수는 0이다.

7.33

이상기체가 아닌 어떤 유체가 스로틀링 과정에서 온도가 올라갔다면 Joule-Thomson 계수의 값은 다음 중 어느 것인가?

① 양 ② 음
③ 영 ④ 양 또는 음

7.34

노즐에서 어떤 기체가 흐르고 있다. 입구와 출구에서의 속도가 5 m/s, 140 m/s일 때 노즐 입구와 출구에서의 비엔탈피 차는 얼마인가?

① 25 J/kg ② 135 J/kg
③ 9788 J/kg ④ 9823 J/kg

7.35

다음 중 열역학 2법칙과 관련하여 옳지 않은 것은?

① 효율이 100%인 열기관을 만들 수 없다.
② 단일 열원으로부터 열을 받아 같은 크기의 일을 하는, 사이클로 작동하는 장치를 만드는 것은 불가능하다.
③ 주위의 아무른 영향 없이 열은 찬 물체에서 더운 물체로 절대 이동하지 않는다.
④ 어떠한 경우에도 열은 찬 곳에서 더운 곳으로 절대 이동하지 않는다.

Note

주관식

7.36

온도 100℃의 이상기체 3kg이 어떤 과정을 거쳐 200℃로 증가하였다. 이 기체의 엔탈피 변화량은 얼마인가? (단, 이 기체의 정적비열은 4 kJ/kg · K이고 분자량은 44이다)

7.37

부피가 4 m^3인 용기 속에 포화액의 부피가 0.2m^3이고 포화증기의 부피가 3.8m^3이다. 이 용기의 압력에서 $v_f = 0.001$ m^3/kg, $v_g = 1.159$ m^3/kg일 때,

(1) 건도는 얼마인가?

(2) 비체적은 얼마인가?

7.38

어떤 압력에서 용기 속의 습증기 2 kg의 부피가 1 m^3이다. 이 압력에서 물의 $v_f =$ 0.001 m^3/kg, $v_g = 1.159$ m^3/kg, $h_f = 460$ kJ/kg, $h_{fg} = 2220$ kJ/kg이다.

(1) 비체적을 구하라.

(2) 건도를 구하라.

(3) 포화증기와 포화액의 질량을 구하라.

(4) 습증기의 비엔탈피와 엔탈피를 구하라.

*7.39

분자량 32인 산소 4.8 kg과 분자량 44인 이산화탄소 4.4 kg이 온도가 20℃이고 부피 20 m^3인 용기에 섞여 있다.

(1) 이 혼합기체의 압력을 구하라.

(2) 등가기체상수(상당기체상수)를 구하라.

(3) 산소와 이산화탄소의 몰분율을 구하라.

(4) 산소와 이산화탄소의 분압을 구하라.

Note

*7.40

분자량 32인 산소 4.8 kg과 분자량 M인 기체A 5.6 kg이 온도가 100℃이고 부피 20 m^3인 용기에 섞여 있을 때의 압력이 54.29 kPa이다.

(1) 기체A의 분자량을 구하라.

(2) 혼합기체의 등가기체상수(상당기체상수)를 구하라.

7.41

시스템이 사이클을 이룰 때 외부로부터 시스템으로 전달된 순(net) 열이 100 KJ일 때, 이 사이클 동안 시스템이 외부에 한 순(net)일은 얼마인가? 설명하라.

7.42

이상기체 0.5 kg으로 이루어진 밀폐 시스템이 50 kJ의 열을 받아 일을 하고, 이 시스템이 한 일이 35 kJ이다.

(1) 시스템의 내부에너지 변화량은 얼마인가?

(2) 이 기체의 온도 변화량은 얼마인가? (단, 이 기체의 정적비열은 4 kJ/kg · K, 정압비열은 5 kJ/kg · K이다)

Chapter 8

사이클, 과정 및 열전달

Cycle, Process and Heat Transfer

8.1 Carnot 사이클

열역학 제2법칙에 의하면 열을 전부 일로 바꾸는 100%의 열기관을 만드는 것은 불가능하다고 하였다. 그러면 **"얼마나 높은 효율의 열기관을 만들 수 있을까?"**하는 의문을 가지게 된다. 이 물음에 대한 해답을 Sadi Carnot가 제시하였다. 실제로는 만들 수 없지만 가장 이상적인 **Carnot 사이클**(Carnot cycle)로 작동하는 **Carnot 기관**(Carnot engine)을 제안하였다. Carnot 사이클은 다음과 같이 **이상적인 두개의 등온과정과 두개의 단열과정으로 구성**되고 그림 8.1에 나타내고 있다.

- 고온(T_H)에서의 **가역 등온 팽창** : 그림 (8.1)의 1 → 2 과정으로 가역등온 팽창하면서 고온열원으로부터 열(Q_H)을 받는다.
- **가역 단열 팽창**(**등엔트로피 팽창**) : 그림의 2 → 3 과정으로 가역단열 팽창하면서 주위에 일(W_1)을 하게 된다.
- 저온(T_C)에서의 **가역 등온 압축** : 그림의 3 → 4 과정으로 가역등온 압축되면서 저온열원으로 열(Q_C)을 방출한다.
- **가역 단열 압축**(등엔트로피 압축) : 그림의 3 → 4 과정으로 가역단열 압축과정으로 외부에서 일(W_2)을 받는다.

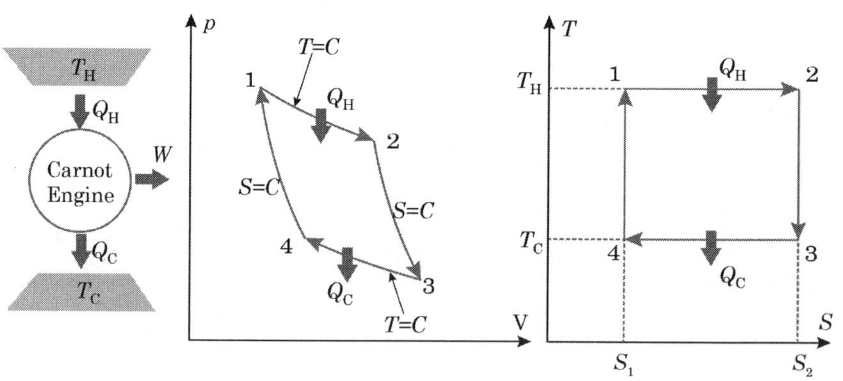

그림 8.1 Carnot 기관 및 사이클

Carnot 사이클과 관련된 중요한 사항은 다음과 같다.

- **Carnot 사이클은 모두 가역과정으로 이루어진다.**
- 열교환은 고온 및 저온의 열원과 아주 **미소한 온도차에서 이루어진다**고 가정한다(외부 열원과 같은 온도라고 가정한다).
- 고온과 저온에서 전달된 **열의 비는 온도의 비와 같다.**

$$\frac{Q_C}{Q_H} = \frac{T_C}{T_H} \tag{8.1}$$

여기서, 온도는 절대온도이다.

■ Carnot 사이클의 **효율은 온도만의 함수**이고 다음과 같다.

$$\eta_C = 1 - \frac{Q_C}{Q_H} = 1 - \frac{T_C}{T_H} \tag{8.2}$$

■ 팽창과정에서 한 일이 W_1이고 압축과정에 필요한 일이 W_2이므로 순(net)일은 $W = W_1 - W_2$이다. 사이클에 대한 열역학 제1법칙에 의하면 다음과 같은 식이 성립한다.

$$W = Q_H - Q_C \tag{8.3}$$

■ 식 (8.2)로부터 **고온열원의 온도 T_H가 높을수록, 저온열원의 온도 T_C가 낮을수록 Carnot 사이클의 효율은 높아진다**는 것을 알 수 있다.

8.2 Carnot 정리

Carnot 사이클과 관련하여 Carnot는 다음과 같은 Carnot 정리(Carnot theorem) 또는 Carnot 법칙(Carnot rule)을 발표하였다.

두 열원에서 작동하는 모든 비가역 열기관은 동일 열원에서 작동하는 Carnot 기관보다 효율이 낮다.

두 열원에서 작동하는 모든 Carnot 기관의 효율은 같다.

이 정리는 두 가지로 구성되어 있는데, 사이클에서의 작동유체와 상관없이 Carnot 기관의 효율이 가장 높다는 것을 나타내고 그 효율은 식 (8.2)에 주어진 것과 같다. 따라서 Carnot 기관의 효율은 온도만의 함수라는 것도 내포하고 있다. 사실 이 두 정리로부터 열역학적 온도가 정해지고 그것이 절대온도이다. 위 정리의 증명은 여기서는 생략하며, 대부분의 열역학 책에서 다루고 있으니 참고하기 바란다.

예제 8.1

고온 열원의 온도는 300℃이고 저온 열원의 온도는 30℃이다. 이 두 열원에서 작동하는 Carnot 기관에서,

(1) 효율을 구하라.

(2) 저온열원으로 전달된 열이 100 kJ이라면 이 기관이 한 일은 얼마인가?

풀이

(1) Carnot 기관의 효율은 식 (8.2)로 주어진다.

$$\eta_C = 1 - \frac{T_C}{T_H} = 1 - \frac{30 + 273.15}{300 + 273.15} = 0.471 = 47.1\%$$

(2) $W = Q_H - Q_C$인데, 먼저 다음처럼 식 (8.1)을 이용하여 Q_H를 구하여야 한다.

$$\frac{Q_C}{Q_H} = \frac{T_C}{T_H} \Rightarrow Q_H = Q_C \frac{T_H}{T_C} = (100)\frac{573.15}{303.15} = 189 \text{ kJ}$$

따라서

$$W = Q_H - Q_C = 189 - 100 = 89 \text{ kJ}$$

이다.

보충설명

효율을 구할 때 온도는 절대온도를 사용하여야 한다.

8.3 Clausius 부등식

Clausius 정리(Clausius theorem) 또는 **Clausius 부등식**(Clausius inequality)은 다음과 같다.

$$\oint \frac{\delta Q}{T} \le 0 \tag{8.4}$$

역시 위의 정리의 증명은 여기서는 다루지 않는다. 위의 정리가 갖는 의미는 다음과 같다.

- 어떠한 사이클에 대해서도 $\frac{\delta Q}{T}$를 적분하면 0보다 작거나 같다.
- 가역사이클 : $\oint \frac{\delta Q}{T} = 0$
- 비가역사이클 : $\oint \frac{\delta Q}{T} < 0$

8.4 엔트로피

상태량 **엔트로피(entropy)** S는 다음처럼 정의한다(보충설명 참조).

$$dS = \left.\frac{\delta Q}{T}\right)_{\text{rev}} \tag{8.5}$$

여기서 아래첨자 rev는 가역과정을 나타낸다.

보충설명 >> 엔트로피의 정의

Clausius 부등식(Clausius inequality)에 따르면, 어떠한 가역사이클에 대해서도 다음의 식이 성립한다.

$$\oint \frac{\delta Q}{T} = 0$$

위의 식을 그림 8.2에 나타낸 가역사이클에 대하여 적용해 보면,

$$\oint \frac{\delta Q}{T} = \int_{1,\text{A}}^{2} \frac{\delta Q}{T} + \int_{2,\text{B}}^{1} \frac{\delta Q}{T} = 0$$

이다. 여기서 $\int_{1,\text{A}}^{2} \frac{\delta Q}{T}$는 A 경로를 통하여 상태 1에서 상태 2로 적분하는 것을 나타내고 $\int_{2,\text{B}}^{1} \frac{\delta Q}{T}$는 B 경로를 통하여 상태 2에서 상태 1로 적분하는 것을 나타낸다.

위의 식으로부터

$$\int_{1,\text{A}}^{2} \frac{\delta Q}{T} = -\int_{2,\text{B}}^{1} \frac{\delta Q}{T} = \int_{1,\text{B}}^{2} \frac{\delta Q}{T}$$

이다. 위의 식에서 $\frac{\delta Q}{T}$를 적분하면 가역과정의 경로에 무관하게 일정하다는 것을 알 수 있다. 따라서 다음과 같은 결론을 내릴 수 있다.

가역과정에서 $\frac{\delta Q}{T}$는 점함수이고, 따라서 열역학적 성질(상태량)이고, 완전미분으로 나타낼 수 있다.

따라서 다음처럼 상태량 **엔트로피(entropy)** S를 정의할 수 있다.

$$dS = \left.\frac{\delta Q}{T}\right)_{\text{rev}}$$

여기서 아래첨자 rev는 가역과정을 나타낸다.

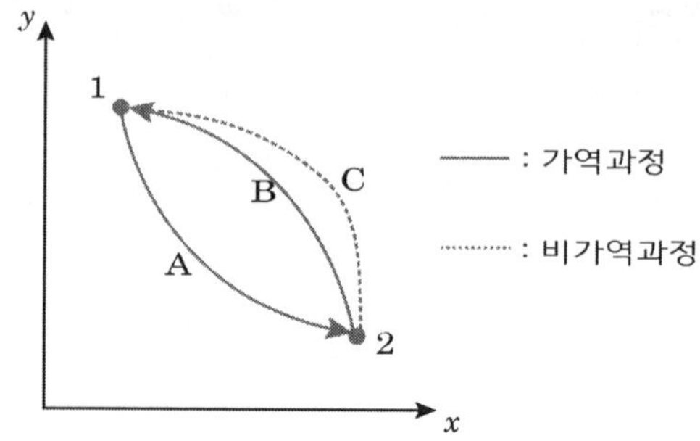

그림 8.2 가역 및 비가역 사이클

Clausius 부등식을 이용하면 다음과 같이 가역 및 비가역 전체에 대한 식을 얻을 수 있다. 유도과정은 대부분의 열역학 책에서 참조할 수 있으며 여기서는 생략한다.

$$dS \geq \frac{\delta Q}{T} \tag{8.6}$$

여기서 **등호(=)는 가역과정**에 대해, **부등호(>)는 비가역과정**에 대해 성립한다.
위의 식을 상태 1에서 상태 2까지 적분하면,

$$\int_1^2 dS = S_2 - S_1 \geq \int_1^2 \frac{\delta Q}{T} \tag{8.7}$$

이고, 역시 **등호(=)는 가역과정**에 대해, **부등호(>)는 비가역과정**에 대해 성립한다.
단열된 시스템에 대해 $\delta Q = 0$이므로 식 (8.6)과 식 (8.7)은 다음과 같다.

$$dS \geq 0 \tag{8.8}$$

$$S_2 - S_1 \geq 0 \tag{8.9}$$

역시 **등호(=)는 가역과정**에 대해, **부등호(>)는 비가역과정**에 대해 성립하고, 실제 과정(비가역과정)에서 **단열시스템의 엔트로피는 증가한다**. 이를 **엔트로피 증가 원리(principle of increase of entropy)**라고 한다.
시스템이 단열이 되어 있지 않고 주위와 열전달이 이루어진다고 하면, 주위를 포함한 더 큰 시스템을 생각하면 이 더 큰 시스템에 대해서 앞의 식이 성립한다. 즉, 그림과 같이 아주 커다란 전체시스템을 생각하면, 전체시스템은 그 주위와 단열되었다고 생각하면 된다. 따라서 **전체 시스템**에 대해, $S_{total} = S_{system} + S_{surrounding}$ 이라 하면,

$$S_{total,2} - S_{total,1} \geq 0 \tag{8.10}$$

이 성립하여 실제 과정의 엔트로피는 증가한다.

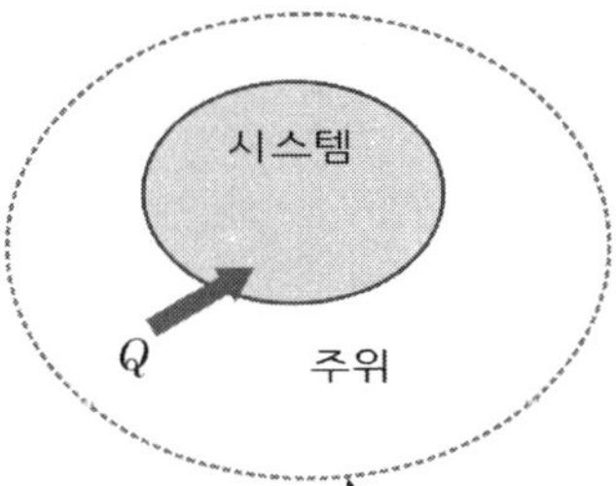

그림 8.3 전체 시스템

단열시스템 또는 위와 같은 전체시스템은 주위와 아무른 물질이나 열교환을 하지 않는 시스템을 **고립계**(isolated system)이라 하고, **고립계의 엔트로피는 증가한다.**

8.5 상태 변화에 따른 일, 열, 에너지

시스템이 한 상태에서 다른 상태로 바뀌면 그 과정에서 일과 열이 관계될 수 있고, 압력, 온도, 부피 등의 상태량뿐 아니라 내부에너지, 엔탈피, 엔트로피 등의 상태량도 변하게 된다.

8.5.1 상태 변화에 따른 일

시스템의 상태가 변화할 때 체적 변화가 있으며, 체적 변화와 관련된 일은 앞에서 설명하였고 다시 정리하면 다음과 같다.

$$W = \int_1^2 p dV \tag{8.11}$$

일에 대한 중요한 사항은 다음과 같다.

- 식 (8.11)로 정의된 일은 시스템이 팽창 또는 압축과 관계되는 일이므로 **팽창일** 또는 **압축일**이라고도 한다.
- 식 (8.11)로 정의된 일을 $p-V$ 선도에 나타내면 일의 크기는 $p-V$ 선도 아래 부분의 면적이다.
- 따라서 그림 8.4(a)의 1-2과정인 경우 일은 $p-V$ 선도 아래 부분의 면적을 나타낸다.
- 8.4(b)의 2-1과정(압축과정)인 경우, 일(즉 압축일)의 크기는 $p-V$ 선도 아래 부분의 면적이지만 일의 부호가 음(−)이고 외부에서 시스템에 일을 하는 경우이다. 열역학에서는 시스템이 외부에 일을 하는 경우 양(+)으로 정의하고 외부에서 시스템으로 일을 하는 경우 음(−)으로 정의한다.
- 일의 단위는 1장에서 설명한 것처럼 SI단위계에서는 J를 사용한다. 공학단위계에서는 $kg_f \cdot m$를 사용하기도 한다.

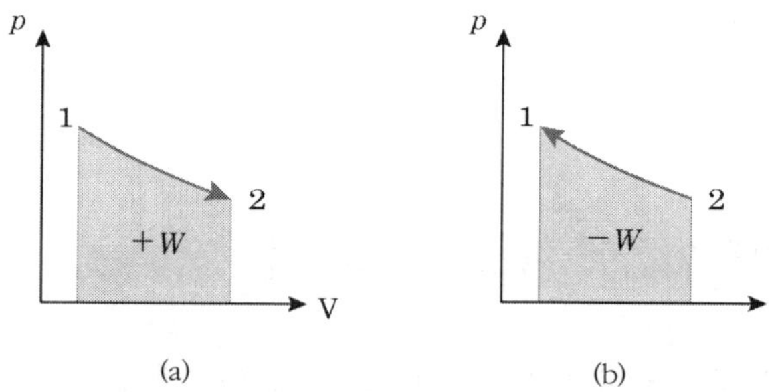

그림 8.4 일과 $p-V$ 선도

여러 과정에서의 일

다음과 같은 여러 과정에 대한 일은 다음과 같다.

- $p = c$ (**정압과정**) :

$$W = \int_1^2 p dV = p\int_1^2 dV = p(V_2 - V_1) = p\Delta V \tag{8.12}$$

■ $\mathrm{V} = c$(**정적과정**) : $d\mathrm{V} = 0$이므로

$$W = 0 \tag{8.13}$$

이다.

■ $p\mathrm{V} = c$(이상기체인 경우 $T=c$ 즉, **등온과정**) :

$$W = \int_1^2 p d\mathrm{V} = \int_1^2 \frac{c}{\mathrm{V}} d\mathrm{V} = c \ln \frac{\mathrm{V}_2}{\mathrm{V}_1} = p_1 \mathrm{V}_1 \ln \frac{\mathrm{V}_2}{\mathrm{V}_1} \tag{8.14}$$

■ $p\mathrm{V}^n = c$(**폴리트로픽 과정**) :

$$W = \int_1^2 p d\mathrm{V} = \int_1^2 \frac{c}{\mathrm{V}^n} d\mathrm{V} = \frac{1}{1-n} c \left(\mathrm{V}_2^{1-n} - \mathrm{V}_1^{1-n}\right) \tag{8.15}$$

여기서 $c = p\mathrm{V}^n = p_1 \mathrm{V}_1^n = p_2 \mathrm{V}_2^n$ 이므로 각각의 항에 따로 대입하면 다음과 같다.

$$W = \frac{1}{1-n} \left(p_2 \mathrm{V}_2^n \mathrm{V}_2^{1-n} - p_1 \mathrm{V}_1^n \mathrm{V}_1^{1-n}\right) = \frac{p_2 \mathrm{V}_2 - p_1 \mathrm{V}_1}{1-n} \tag{8.16}$$

이상기체의 경우 $p\mathrm{V} = mRT$이므로 다음처럼 나타낼 수도 있다.

$$W = \frac{mR(T_2 - T_1)}{1-n} \tag{8.17}$$

■ $p\mathrm{V}^k = c$(이상기체인 경우 $S=c$, 즉 **등엔트로피 과정**) : k는 비열비이고, 폴리트로픽과정에서 n 대신 k를 대입하면 다음과 같다.

$$W = \frac{p_2 \mathrm{V}_2 - p_1 \mathrm{V}_1}{1-k} \tag{8.18}$$

이상기체의 경우 $p\mathrm{V} = mRT$이므로 다음처럼 나타낼 수도 있다

$$W = \frac{mR(T_2 - T_1)}{1-k} \tag{8.19}$$

위의 모든 과정은 폴리트로픽 과정($p\mathrm{V}^n = c$)에서의 지수 n이 다음과 같은 경우이고, 그림 8.5에 이 과정을 나타내고 있다.

■ $p = c$(정압과정) : $n = 0$

■ $\mathrm{V} = c$(정적과정) : $n = \infty$

Tip

- 폴리트로픽 과정(polytropic process) : $p\mathrm{V}^n = c$의 관계를 가지면서 변하는 과정

Tip

- 등엔트로피 과정(isentropic process) : 가역 단열과정이 등엔트로피 과정이다.
  $p\mathrm{V}^k = c$의 관계를 가지면서 변하는 과정

- $pV = c$(이상기체인 경우 $T=c$ 즉, 등온과정) : $n=1$
- $pV^k = c$(이상기체인 경우 $S=c$ 즉, 등엔트로피 과정) : $n=k$

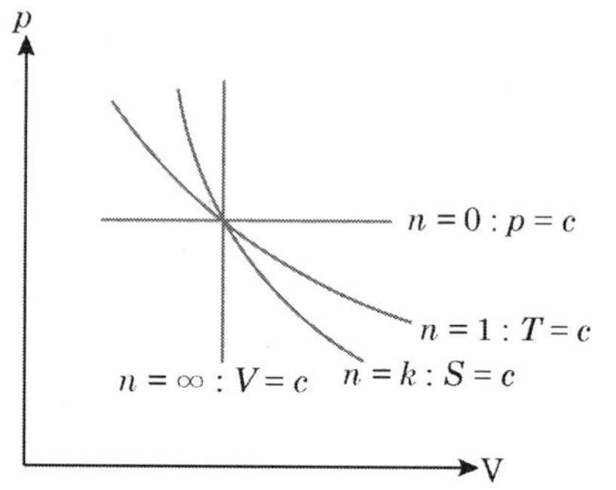

그림 8.5 여러 가지 과정

보충설명 ›› 외부압력과 일

앞에서 일을 구할 때는 외부에서의 압력도 실린더 내부의 압력과 거의 동일하다고, 즉 $p_{\text{in}} = p_{\text{out}}$이라고 생각하고 계산한 것이다. 이렇게 내부압력이 외부압력과 평형을 이루면서 변하는 과정을 준평형(quasi-equilibrium)과정이라고 한다.
실제 외부의 압력 p_{out}이 알려진 경우에 시스템이 외부에 한 일은 실린더 내부의 압력을 사용하기 보다는 실린더 외부의 압력을 사용하여 다음과 같이 계산하여야 한다.

$$W = \int_1^2 p_{\text{out}}\, dV$$

예제 8.2

압력 200 kPa, 부피 4 m^{3}인 기체를 포함하고 있는 시스템이 등온과정으로 부피가 2배로 팽창할 때 시스템이 한 일은 얼마인가?

풀이

$V_2/V_1 = 2$이다. 등온과정이므로 시스템이 한 일은 식 (8.14)로 주어진다.

$$W = p_1 V_1 \ln\frac{V_2}{V_1} = (200000)(4)\ln 2 = 554500\,\text{J} = 554.5\,\text{kJ}$$

보충설명

압력을 SI단위의 기본인 200000Pa을 사용하였고, 계산 결과에 역시 일의 기본단위인 J을 붙였다. 등온과정에 대한 식 (8.14)의 결과를 외우고 있다면, 위처럼 바로 계산하면 되지만, 모르는 경우 식 (8.14)에서 유도하듯이 다음처럼 계산하여야 한다.

$$W = \int_1^2 p dV = \int_1^2 \frac{c}{V} dV = c\int_1^2 \frac{dV}{V} = c\ln\frac{V_2}{V_1} = p_1 V_1 \ln\frac{V_2}{V_1}$$

예제 8.3

압력 200 kPa, 부피 4 m^{3}인 기체를 포함하고 있는 시스템이 n = 1.2인 폴리트로픽 과정으로 부피가 2배로 팽창할 때 (1) 팽창 후의 압력은 얼마인가? (2) 시스템이 한 일은 얼마인가?

풀이

$V_2/V_1 = 2$이다.

(1) p_2를 다음처럼 구한다.

$$pV^n = c \Rightarrow p_1V_1^n = p_2V_2^n$$

$$\Rightarrow p_2 = p_1\left(\frac{V_1}{V_2}\right)^n = (200)(0.5^{1.2}) = 87.1\,\text{kPa}$$

(2) 폴리트로픽 과정이므로 시스템이 한 일은 식 (8.16)으로 주어진다.

$$W = \frac{p_2V_2 - p_1V_1}{1-n} = \frac{(87.1)(8) - (200)(4)}{1-1.2} = 516\text{ kJ}$$

보충설명

압력을 SI단위의 기본인 Pa을 사용한 것이 아니라 kPa을 사용하였기 때문에 계산 결과에 kJ을 붙였다. 단위에 익숙하지 않다면 압력의 단위로 Pa을 사용하여 다음처럼 차근차근 구하면 된다.

$$W = \frac{p_2V_2 - p_1V_1}{1-n} = \frac{(87100)(8) - (200000)(4)}{1-1.2} = 516000\,\text{J} = 516\,\text{kJ}$$

8.5.2 상태 변화에 따른 열

시스템의 상태가 가역과정으로 변화할 때 시스템으로 전달된 열은 식 (8.5)로부터 $\delta Q = TdS$이므로 다음처럼 나타낼 수 있다.

$$Q = \int_1^2 TdS \tag{8.20}$$

열과 관련된 중요한 사항은 다음과 같다.

- 식 (8.20)으로 정의된 열을 $T-S$선도에 나타내면 열의 크기는 $T-S$선도 아래 부분의 면적이다.
- 따라서 그림 8.6(a)의 1-2과정인 경우 열은 $T-S$선도 아래 부분의 면적을 나타내고 외부에서 시스템으로 전달된 열이다.
- 그림 8.6(b)의 2-1과정인 경우, 열의 크기는 $T-S$선도 아래 부분의 면적이지만 열의 부호가 음(−)이고 시스템에서 외부로 전달된 열이다.

- 열역학에서는 외부에서 시스템으로 열이 전달되는 경우 양(+)으로 정의하고 시스템에서 외부로 열이 전달되는 경우 음(−)으로 정의한다.
- 열의 단위는 1장에서 설명한 것처럼 SI단위계에서는 J를 사용한다. 공학단위계에서는 cal를 사용하기도 한다.

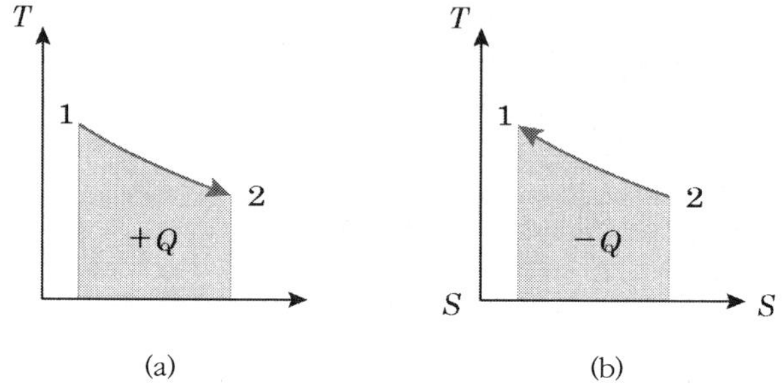

그림 8.6 열과 $T-S$선도

정적과정과 정압과정에서의 열

위치에너지와 운동에너지를 무시할 수 있을 때 시스템으로 전달되는 **열은 정적과정일 때는 내부에너지 변화량과 같고, 정압과정일 때는 엔탈피 변화량과 같다**(보충설명 참조).

$$\text{정적과정 : } Q_{12} = \Delta U = U_2 - U_1 \tag{8.21}$$

$$\text{정압과정 : } Q_{12} = \Delta H = H_2 - H_1 \tag{8.22}$$

이상기체의 온도변화에 따른 열

이상기체의 경우 내부에너지와 엔트로피는 앞에서도 설명하였듯이 온도만의 함수이고, 정적비열과 정압비열의 정의식으로부터 다음의 관계식이 성립한다.

$$du = c_v dT, \quad dh = c_p dT \tag{8.23}$$

적분하면 다음과 같다.

$$\Delta u = u_2 - u_1 = \int_1^2 c_v dT, \quad \Delta h = h_2 - h_1 = \int_1^2 c_p dT \tag{8.24}$$

정적비열과 정압비열이 일정한 경우는 다음과 같다.

$$\Delta u = u_2 - u_1 = c_v (T_2 - T_1) \tag{8.25}$$

$$\Delta h = h_2 - h_1 = c_p (T_2 - T_1) \tag{8.26}$$

위의 식으로 Δu와 Δh가 구해지면 ΔU와 ΔH는 질량을 곱하여 쉽게 구할 수 있다.

$$\Delta U = m\Delta u, \quad \Delta H = m\Delta h \tag{8.27}$$

고체나 액체의 온도변화에 따른 열

고체나 액체의 경우 정적비열과 정압비열의 차는 없고 그냥 비열이라고 하고 c로 나타낸다.

$$c = c_p = c_v$$

온도차에 의한 열량은 다음과 같다.

$$\delta Q = mc\,dT \tag{8.28}$$

$$Q = \int_1^2 mc\,dT \tag{8.29}$$

비열이 일정한 경우는 다음과 같다.

$$Q = mc(T_2 - T_1) = mc\Delta T \tag{8.30}$$

보충설명 >> 정적과정과 정압과정에서의 열

미소한 상태변화에 대한 열역학 제1법칙은 다음과 같다.

$$\delta Q = dU + \delta W$$

팽창일은 식 (7.8)로 나타낼 수 있으므로 위의 식은 다음처럼 된다.

$$\delta Q = dU + p\,dV \tag{8.31}$$

또한 시스템에 관계되는 일이 체적의 변화에 관계되는 일만 존재하는 경우,

$$H = U + pV$$

이므로,

$$dH = dU + p\,dV + V\,dp \Rightarrow dU = dH - p\,dV - V\,dp$$

를 식 (8.31)에 대입하면,

$$\delta Q = dH - V\,dp \tag{8.32}$$

이다. 따라서 정적과정과 정압과정에서 시스템에 전달된 열은 다음과 같다.

$$\delta Q = dU + p\,dV \Rightarrow \text{정적과정}(V = c \rightarrow dV = 0) : \delta Q = dU \tag{8.33}$$

$$\delta Q = dH - V\,dp \Rightarrow \text{정압과정}(p = c \rightarrow dp = 0) : \delta Q = dH \tag{8.34}$$

식 (8.33)와 식 (8.34)를 적분한 형태는 다음과 같다.

$$\text{정적과정} : Q_{12} = \Delta U = U_2 - U_1 \tag{8.21}$$

$$\text{정압과정} : Q_{12} = \Delta H = H_2 - H_1 \tag{8.22}$$

즉, 위치에너지와 운동에너지를 무시할 수 있을 때 시스템으로 전달되는 열은 **정적과정일 때는 내부에너지 변화량과 같고, 정압과정일 때는 엔트로피 변화량과 같다.**

8.5.3 사이클에서의 일과 열

시스템의 상태변화가 사이클을 이룰 때 열역학 제1법칙은 식 (7.57)과 같고 다시 적으면 다음과 같다.

$$\oint \delta Q = \oint \delta W \tag{8.35}$$

위의 식은 다음과 같이 표현할 수 있다.

사이클을 이룰 때, 시스템으로 전달된 열은 시스템이 한 일과 같다.

앞에서 설명하였지만 일은 $p-V$ 선도에서의 면적이고, 열은 $T-S$선도에서의 면적이므로, 시스템이 사이클을 이룰 때 그림 8.7에서 $p-V$ 선도의 면적(즉, W)과 $T-S$선도에서의 면적(즉, Q)이 같다.

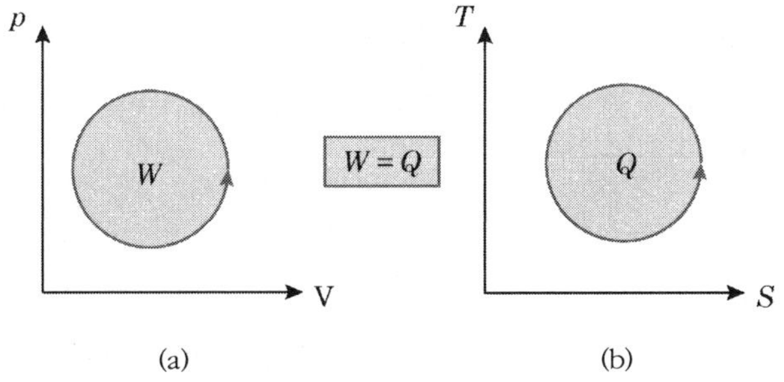

그림 8.7 사이클에서의 일과 열

예제 8.4

정압비열이 14.2 kJ/kg · K이고 정적비열이 10.1 kJ/kg · K인 이상기체 4 kg으로 채워진 시스템이 온도 20℃에서 90℃로 변하였다.

(1) 이 과정이 정적과정일 때 시스템으로 전달된 열량을 구하라.

(2) 정압과정일 때 시스템으로 전달된 열량을 구하라.

풀이

(1) 정적과정일 때는 다음과 같다.

$$Q=\Delta U=m\Delta u=mc_v\Delta T=(4)(10.1)(90-20)=2828\,\text{kJ}$$

(2) 정압과정일 때는 다음과 같다.

$$Q=\Delta H=m\Delta h=mc_p\Delta T=(4)(14.2)(90-20)=3976\,\text{kJ}$$

보충설명

비열의 단위로 J이 아니라 kJ을 사용하였으므로 계산결과 열의 단위에 kJ을 붙였다. 역시 단위에 익숙하지 않다면 비열의 단위로 J을 사용하여 다음처럼 차근차근 구하면 된다.

$$Q=mc_v\Delta T=(4)(10100)(90-20)=2828000\,\text{J}=2828\,\text{kJ}$$

기체의 경우 동일한 온도변화에 대해, 정압과정 또는 정적과정이냐에 따라 시스템에 전달된 열은 다르다.

8.6 열전달의 종류

온도차가 있을 때, 자연 상태에서는 온도가 높은 쪽에서 온도가 낮은 쪽으로 에너지가 이동하게 되고 이러한 현상을 열전달(heat transfer)이라 한다. 열전달은 다음과 같이 전도, 대류, 복사의 세 형태로 구분한다.

- **전도**(conduction) : 고체나 정지 상태의 유체를 통하여 열이 전달될 때 전도에 의해 열이 전달된다.
- **대류**(convection) : 움직이는 유체를 통하여 열이 전달될 때 대류에 의해 열이 전달된다.
- **복사**(radiation) : 전자기파 또는 광자의 형태로 열이 전달될 때 복사에 의해 열이 전달된다.

8.7 전도 열전달

전도는 고체나 정지 상태의 유체를 통하여 물체 입자들의 상호 작용에 의해 에너지가 전달되는 과정이다. 그림 8.8에서 두께가 Δx인 평판에서의 온도차가 $\Delta T = T_1 - T_2$일 때, 평판을 통한 전도열전달은 다음과 같은 Fourier의 열전도 법칙(Fourier's law of heat conduction)으로부터 구할 수 있다.

$$\dot{Q} = kA\frac{\Delta T}{\Delta x} \tag{8.36}$$

- $\dot{Q}$: 열전달률, 단위는 W
- k : 열전도율(열전도도; thermal conductivity), 단위는 $\frac{\text{W}}{\text{m}\cdot\text{K}}$ 또는 $\frac{\text{W}}{\text{m}\cdot℃}$
- A : 평판의 단면적

전도 열전달과 관련하여 다음과 같이 요약할 수 있다.

- 전도열전달은 식 (8.36)에서 보듯이 열전도율, 온도차 및 단면적에 비례하고, 두께에 반비례한다.
- 열전도율이 클수록 열전달이 잘 된다. 열전도율이 큰 물질은 금, 은, 구리, 알루미늄 등의 금속이다.

■ 열전도율이 아주 작으면 전도 열전달이 아주 작으며, 이와 같은 물질을 단열재(insulator)라고 한다.

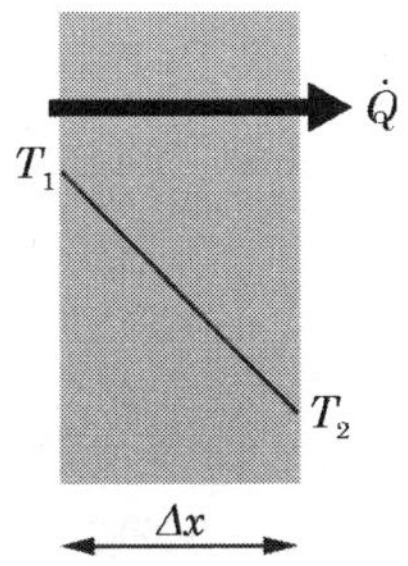

그림 8.8 전도 열전달

예제 8.4

두께가 20 cm이고 단면적이 100 cm^{2}인 평판의 온도차가 40℃일 때 전도에 의한 열전달률이 200 W이다. 이 평판의 열전도율은 얼마인가?

풀이

식 (8.36)을 이용하여 구할 수 있다. 20 cm = 0.2 m이고, 100 cm^2 = 0.01 m^{2}이다.

$$\dot{Q} = kA\frac{\Delta T}{\Delta x} \rightarrow k = \frac{\dot{Q}\,\Delta x}{A\Delta T} = \frac{(200)(0.2)}{(0.01)(40)} = 100\,\frac{\text{W}}{\text{m}\cdot\text{K}}$$

보충설명

위의 식을 사용할 때 $\Delta T = 40\,℃ = 40\,\text{K}$이다. 온도차를 나타낼 때는 절대온도를 사용하나 섭씨온도를 사용하나 동일하다. 예를 들어 50℃ − 10℃ = 40℃ 이고, 절대온도로 나타내어, $(50+273.15)\,\text{K} - (10+273.15)\,\text{K} = 40\,\text{K}$로 동일하다는 것을 알 수 있다. 따라서 위에서 답을 $k = 100\,\frac{\text{W}}{\text{m}\cdot℃}$ 라고 구해도 동일한 것이다.

8.8 대류 열전달

그림 8.9와 같이 벽면으로부터 유체로 전달되는 열은 대류에 의한 것이고, 다음과 같은 Newton의 냉각법칙(Newton's law of cooling)으로 구할 수 있다.

$$\dot{Q} = hA(T_w - T_\infty) \tag{8.37}$$

- T_w : 표면의 온도
- T_∞ : 표면에서 멀리 떨어진 유체의 온도
- h : 대류 열전달계수(convection heat transfer coefficient),

  단위는 $\frac{\text{W}}{\text{m}^2 \cdot \text{K}}$ 또는 $\frac{\text{W}}{\text{m}^2 \cdot ℃}$
- A : 표면의 면적

앞의 식은 그림 8.9처럼 고체 표면의 온도가 표면에서 멀리 떨어진 유체의 온도보다 높을 때(즉, 고체가 유체에 의해 냉각될 때) 성립한다. 반대로 고체 표면의 온도가 멀리 떨어진 유체의 온도보다 낮을 때(즉, 고체가 유체에 의해 가열될 때), 다음식이 성립한다.

$$\dot{Q} = hA(T_\infty - T_w) \tag{8.38}$$

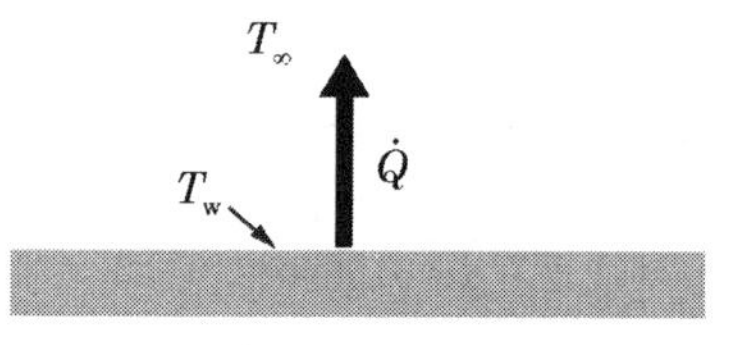

그림 8.9 대류 열전달

예제 8.5

단면적이 100 cm²인 평판의 표면 온도가 65℃이고, 평판에서 멀리 떨어진 곳의 유체 온도가 25℃일 때 대류에 의한 열전달률이 200 W이다. 대류 열전달계수는 얼마인가?

풀이

식 (8.37)을 이용하여 구할 수 있다. $100\text{ cm}^2 = 0.01\text{ m}^2$이다.

$$\dot{Q} = hA(T_w - T_\infty)$$

$$\Rightarrow h = \frac{\dot{Q}}{A(T_w - T_\infty)} = \frac{200}{(0.01)(65-25)} = 500\frac{\text{W}}{\text{m}^2 \cdot \text{K}}$$

보충설명

예제 8.4와 마찬가지로 온도차를 계산할 때는 섭씨온도를 사용해도 된다.

8.9 복사 열전달

절대 온도가 영이 아닌 모든 물체는 복사 에너지를 방출한다. 동일한 온도에서 최대로 에너지를 방출하는 물질을 **흑체**(black body)라고 하고, 또한 흑체는 그 물체에 도달하는 복사에너지를 모두 흡수하는 물질이다.

Stefan-Boltzmann 법칙

흑체인 경우 방출하는 복사에너지는 다음과 같은 **Stefan-Boltzmann 법칙**이 성립한다.

$$E_b = \sigma T^4 \tag{8.38}$$

- E_b : 흑체의 방사강도(복사 에너지율; emissive power)를 나타내며 단위 면적당 복사 에너지 방출률이고 단위는 W/m^2이다.
- σ : Stcfan-Boltzmann 상수이고, $\sigma = 5.67 \times 10^{-8} \dfrac{W}{m^2 \cdot K^4}$ 이다.
- 여기서 사용되는 온도는 절대온도이다.

방사율

흑체가 아닌 물체의 경우 방출하는 복사 에너지는 흑체보다 작으며 다음과 같이 **방사율**(emissivity)을 정의한다.

$$\epsilon = \frac{E}{E_b} \tag{8.39}$$

흑체의 경우 $\epsilon = 1$이고 일반적인 물체의 경우 $0 < \epsilon < 1$이다. 따라서 일반적인 물체가 방출하는 복사에너지는 다음과 같다.

$$E = \epsilon \sigma T^4 \tag{8.40}$$

복사 열전달

그림 8.10과 같이 온도가 T_1인 어떤 한 물체가 그 물체를 완전히 둘러싸고 있는 벽의 온도가 T_2일 때 물체에서의 복사 열전달은 다음과 같다.

$$\dot{Q} = \epsilon \sigma A \left(T_1^4 - T_2^4 \right) \tag{8.41}$$

- A : 물체의 표면적
- 여기서 사용되는 온도는 절대온도이다.
- 물체는 복사에너지를 방출하기도 하지만 둘러싸고 있는 벽으로부터 방출된 복사에너지를 흡수한다. 식 (8.41)은 순(net) 열전달률을 나타내고 방출된 에너지와 흡수된 에너지의 차를 나타낸다.
- 중간 매체가 없이 진공인 경우도 복사 열전달은 일어난다. 태양에서 지구로 에너지가 전달되는 경우 여기에 해당된다.

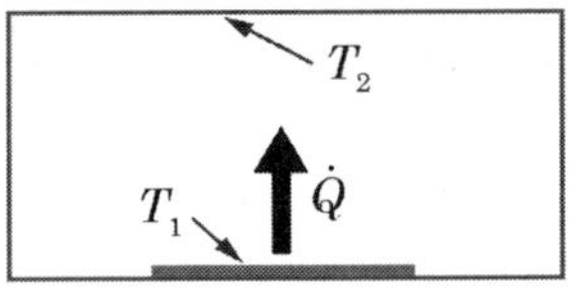

그림 8.10 복사 열전달

예제 8.6

온도가 20℃이고 표면적이 2 m²인 평판이 표면 온도가 200℃인 공간으로 둘러 싸여 있다. 평판의 방사율이 0.8일 때, 평판에서의 복사 열전달률을 구하라.

풀이

식 (8.41)을 이용하여 구할 수 있다.

$$\dot{Q} = \epsilon \sigma A \left(T_1^4 - T_2^4 \right)$$
$$= (0.8)(5.67 \times 10^{-8})(2)(473.15^4 - 293.15^4) = 3877 \text{ W}$$

보충설명

이 경우 온도는 반드시 절대온도를 사용하여야 한다.

8.10 복합 열전달

그림 8.11과 같이 평판을 통한 전도 열전달은 오른쪽 면에서 대류와 복사에 의해 주위로 열이 전달되고 시간에 따라 온도가 변하지 않는 **정상상태**, 즉 평형상태를 이루고 있을 때는 다음과 같은 식이 성립한다.

$$\dot{Q}_{cond} = \dot{Q}_{conv} + \dot{Q}_{rad} \tag{8.42}$$

여기서 $\dot{Q}_{cond}$는 평판을 통한 전도 열전달, $\dot{Q}_{conv}$는 표면에서의 대류 열전달, $\dot{Q}_{rad}$는 표면에서의 복사 열전달을 나타낸다. 만약 복사 열전달을 무시할 수 있을 경우는 다음과 같다.

$$\dot{Q}_{cond} = \dot{Q}_{conv} \tag{8.43}$$

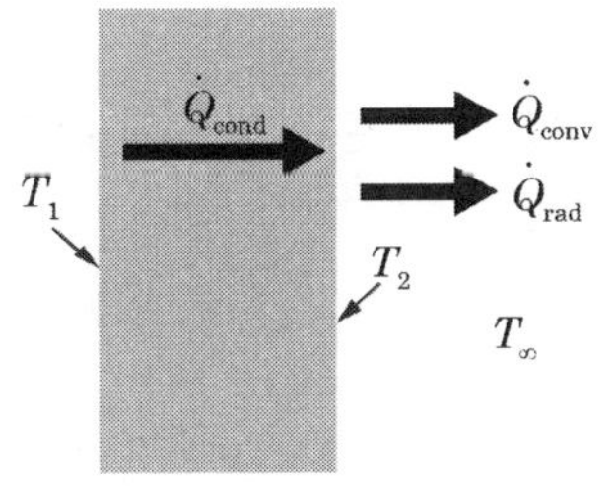

그림 8.11 복합 열전달

예제 8.7

그림 8.11과 같은 평판에서 온도 T_1이 40℃이고 주위 온도 T_∞가 10℃이다. 평판의 두께는 20 cm, 열전도율은 $80\dfrac{W}{m \cdot K}$, 주위로의 대류 열전달계수가 $50\dfrac{W}{m^2 \cdot K}$이고, 복사 열전달을 무시할 수 있을 때 온도 T_2를 구하라.

풀이

복사 열전달을 무시할 수 있을 때 식 (8.43)이 성립한다.

$$\dot{Q}_{cond} = \dot{Q}_{conv} \rightarrow kA\frac{T_1 - T_2}{\Delta x} = hA(T_2 - T_\infty)$$

$$80A\frac{40 - T_2}{0.2} = 50A(T_2 - 10)$$

$$T_2 = 36.7\,℃$$

Note

연습문제

문제번호 앞에 * 표시된 문제는 약간 어려운 문제이며, 경우에 따라 풀지 않아도 된다.

객관식

8.1

Carnot 사이클은 어떤 과정으로 이루어져 있는가?

① 두 개의 정압과정과 두 개의 등엔트로피과정
② 두 개의 정압과정과 두 개의 등엔트로피과정
③ 두 개의 등온과정과 두 개의 등엔탈피과정
④ 두 개의 등온과정과 두 개의 등엔트로피과정

8.2

다음 중 Carnot 사이클과 관련하여 옳은 것을 전부 나타낸 것은?

㉮ $\dfrac{Q_C}{Q_H} = \dfrac{T_C}{T_H}$

㉯ $\eta_C = 1 - \dfrac{Q_C}{Q_H}$

㉰ $\eta_C = 1 - \dfrac{T_C}{T_H}$

① ㉮, ㉯
② ㉯, ㉰
③ ㉮, ㉰
④ ㉮, ㉯, ㉰

8.3

Carnot 기관에의 효율을 높이는 방법을 모두 나타낸 것은?

㉮ 고온 열원의 온도를 높인다.
㉯ 저온 열원의 온도를 높인다.
㉰ 고온 열원의 온도를 낮춘다
㉱ 저온 열원의 온도를 낮춘다.

① ㉮, ㉯
② ㉮, ㉱
③ ㉯, ㉰
④ ㉯, ㉱

Note

8.4

Carnot 기관에서 고온 열원과 저온 열원의 온도가 각각 400℃, 100℃이다. 효율은 얼마인가?

① 45.0% ② 33.3%

③ 44.6% ④ 54.4%

8.5

Carnot 기관에서 고온 열원과 저온 열원의 온도가 각각 400℃, 100℃이다. 고온 열원에서 전달된 열이 200 kJ이라면, 저온 열원으로 방출된 열은 얼마인가?

① 50 kJ ② 89 kJ

③ 111 kJ ④ 200 kJ

8.6

Carnot 기관에서 고온 열원과 저온 열원의 온도가 각각 400℃, 100℃이다. 고온 열원에서 전달된 열이 200 kJ이라면, 이 기관이 한 일은 얼마인가?

① 50 kJ ② 89 kJ

③ 111 kJ ④ 200 kJ

8.7

다음 중 Carnot 기관의 효율이 가장 큰 것은?

① $T_H = 200$ ℃, $T_C = 100$ ℃ ② $T_H = 400$ ℃, $T_C = 100$ ℃

③ $T_H = 200$ K, $T_C = 100$ K ④ $T_H = 400$ K, $T_C = 100$ K

8.8

압력 400 kPa, 부피 5 m^3인 이상기체를 포함하고 있는 시스템이 정적과정으로 압력이 200 kPa로 줄 때 시스템이 한 일은 얼마인가?

① 0 kJ ② 100 kJ

③ 200 kJ ④ 400 kJ

Note

8.9

압력 400 kPa, 부피 5 m^3인 이상기체를 포함하고 있는 시스템이 정압과정으로 부피가 8 m^3으로 팽창할 때 시스템이 한 일은 얼마인가?

① 1200 kJ ② 2000 kJ
③ 3200 kJ ④ 9400 kJ

8.10

압력 400 kPa, 부피 5 m^3인 이상기체를 포함하고 있는 시스템이 등온과정으로 부피가 8 m^3으로 팽창할 때 시스템이 한 일은 얼마인가?

① 120 kJ ② 200 kJ
③ 320 kJ ④ 940 kJ

8.11

압력 400 kPa, 부피 5 m^3인 이상기체를 포함하고 있는 시스템이 가역단열(등엔트로피) 과정으로 부피가 8 m^3으로 팽창할 때, 팽창 후의 압력은 얼마인가? (단, 이 기체의 비열비는 1.4이다)

① 200 kPa ② 207 kPa
③ 250 kPa ④ 640 kPa

8.12

압력 400 kPa, 부피 5 m^3인 이상기체를 포함하고 있는 시스템이 가역단열(등엔트로피) 과정으로 부피가 8 m^3으로 팽창할 때 , 시스템이 한 일은 얼마인가? (단, 이 기체의 비열비는 1.4이다)

① 356 kJ ② 425 kJ
③ 856 kJ ④ 940 kJ

8.13

질량 5 kg의 이상기체가 압력 400 kPa, 200 ℃에서 가역단열(등엔트로피) 과정으로 온도가 100 ℃까지 팽창할 때 시스템이 한 일은 얼마인가? (단, 이 기체의 비열비는 1.4이고 기체상수는 200 J/kg · K이다)

① 50 kJ ② 250 kJ
③ 450 kJ (5) 650 kJ

Note

8.14

압력 200 kPa, 부피 4 m^3인 이상기체를 포함하고 있는 시스템이 폴리트로픽 과정(n=2)으로 부피가 6 m^3으로 팽창할 때, 팽창 후의 압력은 얼마인가?

① 89 kPa ② 133 kPa

③ 300 kPa ④ 450 kPa

8.15

압력 200 kPa, 부피 4 m^3인 이상기체를 포함하고 있는 시스템이 폴리트로픽 과정(n=2)으로 부피가 6 m^3으로 팽창할 때, 시스템이 한 일은 얼마인가?

① 267 kJ ② 425 kJ

③ 856 kJ ④ 940 kJ

8.16

질량 5 kg의 이상기체가 압력 200 kPa, 400℃에서 폴리트로픽 과정(n=2)으로 온도가 100℃까지 팽창할 때 시스템이 한 일은 얼마인가? (단, 이 기체의 기체상수는 200 J/kg · K이다)

① 50 kJ ② 250 kJ

③ 300 kJ (5) 450 kJ

8.17

이상기체 5 kg으로 채워진 시스템이 정적과정으로 온도 100℃에서 200℃로 변하였다. 이 때 시스템으로 전달된 열량을 구하라. 정적비열은 10 kJ/kg · K이고, 정압비열은 13 kJ/kg · K이다.

① 5 kJ ② 6.5 kJ

③ 10 kJ ④ 13 kJ

8.18

이상기체 5 kg으로 채워진 시스템이 정압과정으로 온도 100℃에서 200℃로 변하였다. 이 때 시스템으로 전달된 열량을 구하라. 정적비열은 10 kJ/kg · K이고, 비열비는 1.3이다.

① 5 kJ ② 6.5 kJ

③ 10 kJ ④ 13 kJ

Note

8.19

두께가 20cm이고 단면적이 100 cm^2인 평판의 온도차가 40℃일 때 전도에 의한 열전달률이 200 W이다. 동일한 단면적의 이 평판이 두께가 10cm이고 온도차가 80℃일 때 열전달률은 얼마인가?

① 200 W ② 400 W
③ 800 W ④ 1200 W

8.20

열전도율이 50 W/m · K, 두께가 20cm이고 단면적이 A 인 평판 a의 온도차가 40℃일 때 전도에 의한 열전달률과, 열전도율이 100 W/m · K이고 단면적이 A인 평판 b의 온도차가 60℃일 때 전도에 의한 열전달률이 같을 때, 평판 b의 두께는 얼마인가?

① 0.2 m ② 0.4 m
③ 0.6 m ④ 0.8 m

8.21

열전도율이 50 W/m · K, 두께가 20 cm이고 단면적이 A인 평판 a의 온도차가 40℃일 때 전도에 의한 열전달률과, 두께가 40 cm이고 단면적이 A인 평판 b의 온도차가 20℃일 때 전도에 의한 열전달률이 같을 때, 평판 b의 열전도율은 얼마인가?

① 50 W/m · K ② 100 W/m · K
③ 150 W/m · K ④ 200 W/m · K

8.22

평판에서 전도에 의한 열전달률에서 두께, 단면적, 온도차 모두가 2배가 되면 전도에 의한 열전달률은 몇 배가 되는가?

① 2 ② 4
③ 8 ④ 16

8.23

지름이 20 cm인 원형 관의 외부 표면온도가 50℃이고 주위 공기의 온도가 10℃이다. 대류 열전달계수가 40 W/m^2 · K일 때, 원형 관 1m 당 대류에 의한 열전달률을 구하라.

① 40 W ② 405 W
③ 542 W ④ 1005 W

Note

8.24

지름이 40 cm인 원형 관의 외부 표면온도가 60℃이고 주위 공기의 온도가 20℃이다. 원형 관 1m 당 대류에 의한 열전달률이 2000 W일 때, 대류 열전달계수를 구하라.

① 39.8 W/m² · K ② 45.3 W/m² · K
③ 52.5 W/m² · K ④ 62.4 W/m² · K

8.25

지름이 20 cm인 구의 표면온도가 50℃이고 주위 공기의 온도가 10℃이다. 대류 열전달계수가 40 W/m² · K일 때, 대류에 의한 열전달률을 구하라.

① 102 W ② 201 W
③ 305 W ④ 404 W

8.26

지름이 40 cm인 구의 표면온도가 60℃이고 주위 공기의 온도가 10℃이다. 대류에 의한 열전달률이 500 W일 때, 대류 열전달계수를 구하라.

① 19.9 W/m² · K ② 25.4 W/m² · K
③ 34.5 W/m² · K ④ 42.3 W/m² · K

8.27

같은 재질이고 반지름이 각각 R, 2R인 두 금속 공이 동일한 표면온도와 동일한 공기온도에서 냉각되고 있다. 대류열전달계수가 동일할 때, 이 순간 두 금속 공의 열전달률의 비는 얼마인가?

① 1 : 2 ② 1 : 4
③ 2 : 1 ④ 4 : 1

8.28

온도가 100℃인 흑체(black body)의 방사강도(단위 면적당 복사 에너지 방출률)를 구하라. Stefan-Boltzmann 상수 $\sigma = 5.67 \times 10^{-8} \frac{W}{m^2 \cdot K^4}$이다.

① 5.67 W/m² ② 567 W/m²
③ 1099 W/m² ④ 3045 W/m²

Note

8.29

방사율은 0.7이고 온도가 200℃인 고체의 방사강도(단위 면적당 복사 에너지 방출률)는 얼마인가? Stefan-Boltzmann 상수 $\sigma = 5.67 \times 10^{-8} \dfrac{\text{W}}{\text{m}^2 \cdot \text{K}^4}$ 이다.

① 1392 W/m^2 ② 1989 W/m^2
③ 2842 W/m^2 ④ 3654 W/m^2

8.30

표면온도가 150℃인 경우 단위 면적당 복사 에너지 방출률은 표면온도가 100℃인 경우의 몇 배인가?

① 1.5 ② 1.65
③ 2.25 ④ 5.06

8.31

온도가 200℃이고 표면적이 2 m^{2}인 평판이 표면 온도가 20℃인 공간으로 둘러 싸여 있을 때, 평판에서의 복사 열전달률이 4000 W이다. 이 평판의 방사율은 얼마인가?

① 0.175 ② 0.425
③ 0.825 ④ 0.921

8.32

그림에서 평판의 온도 T_1이 50℃이고 주위 온도 T_∞가 20℃이다. 평판의 두께는 40 cm, 열전도율은 100 W/m · K, 온도 T_2가 40℃일 때, 대류 열전달계수를 구하라. (단, 복사 열전달을 무시하라)

① 100 W/m^2 · K ② 125 W/m^2 · K
③ 150 W/m^2 · K ④ 175 W/m^2 · K

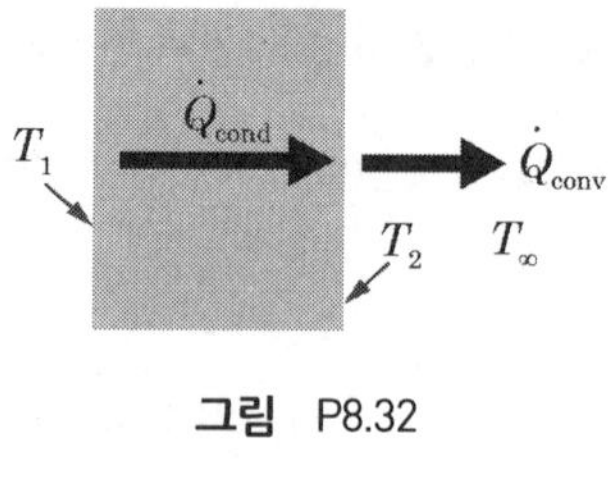

그림 P8.32

Note

8.33

앞의 그림 P8.32에서 평판의 온도 T_1이 50℃이고 주위 온도 T_∞가 20℃이다. 평판의 두께는 40 cm, 온도 T_2가 40℃이고 대류 열전달계수가 200 W/m^2 · K일 때, 평판의 열전도율을 구하라. (단, 복사 열전달을 무시하라)

① 40 W/m · K ② 160 W/m · K
③ 200 W/m · K ④ 240 W/m · K

주관식

8.34

Carnot 기관에서 고온 열원과 저온 열원의 온도가 각각 400℃, 200℃이다. 고온 열원에서 전달된 열이 200 kJ이라면,

(1) 저온 열원으로 방출된 열은 얼마인가?

(2) 이 기관이 한 일은 얼마인가?

(3) 효율은 얼마인가?

8.35

고온 열원과 저온 열원의 온도가 각각 400℃, 200℃일 때, 어떤 엔지니어가 고온 열원에서 400 kJ의 열을 공급 받아 200 kJ의 일을 하고, 저온 열원으로 200 kJ을 방출하는 열기관을 개발하였다고 주장한다. 열역학 1법칙의 관점과 2법칙의 관점에서 가능한지 설명하라.

8.36

연습문제 8.35와 같은 열기관을 만드는 것이 불가능한데 만약 존재한다면 이와 같은 열기관을 무엇이라 하는가?

8.37

어떤 이상기체의 정압비열이 $c_p = 1.68 + 0.002\,T$이다. 식에서 계산한 c_p의 단위는 kJ/kg · K이고 T는 절대온도이다. 이 기체 0.4 kg이 100℃에서 200℃로 증가할 때 엔탈피 변화량은 얼마인가?

Note

8.38

앞의 연습문제 8.37에서 평균 정압비열은 얼마인가?

8.39

압력 p 부피 V_1인 이상기체를 포함하고 있는 시스템이 부피 $2V_1$인 상태까지, 정압과정, 등온과정, 등엔트로피 과정으로 팽창하면서 일을 할 때, 시스템이 한 일의 크기순으로 나열하라. (단, 이 기체의 비열비는 1.4이다)

8.40

그림처럼, 시스템이 ABCDA의 경로를 통하여 한 사이클을 이루고 있다.

(1) 각 과정에서의 일을 구하라 이 일들은 시스템이 한 일인가? 시스템이 받은 일인가?

(2) 한 사이클 동안 일을 구하라. 이 일은 시스템이 한 일인가? 시스템이 받은 일인가?

(3) 한 사이클 동안 전달된 열을 구하라. 이 전달된 열은 시스템으로 전달된 것인가? 시스템에서 주위로 전달된 것인가? (단, p_A = 200 kPa, p_C = 100 kPa, V_A =2 m^3, V_C = 6 m^3이다)

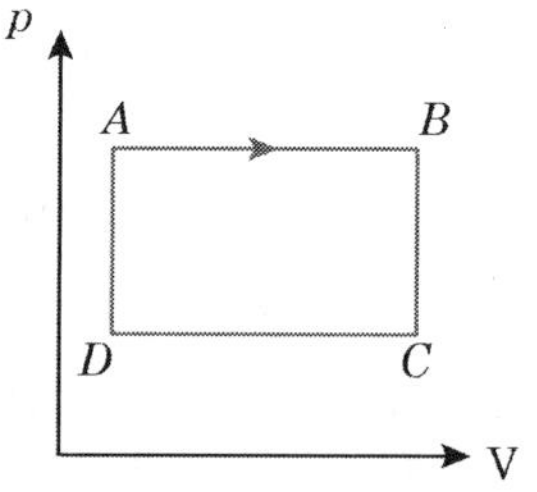

그림 P8.40

8.41

앞의 그림 P8.40에서 사이클의 방향이 반대일 때

(1) 한 사이클 동안 일을 구하라. 이 일은 시스템이 한 일인가? 시스템이 받은 일인가?

(2) 한 사이클 동안 전달된 열을 구하라. 이 전달된 열은 시스템으로 전달된 것인가? 시스템에서 주위로 전달된 것인가?

Note

8.42

그림처럼, 시스템이 ABCA의 경로를 통하여 한 사이클을 이루고 있다.

(1) 한 사이클 동안 일을 구하라. 이 일은 시스템이 한 일인가? 시스템이 받은 일인가?

(2) 한 사이클 동안 전달된 열을 구하라. 이 전달된 열은 시스템으로 전달된 것인가?

(3) 한 사이클 동안 시스템의 내부에너지, 엔탈피와 엔트로피의 변화량은 어떻게 되겠는가? (단, $p_A = 200$ kPa, $p_B = 100$ kPa, $\mathrm{V}_A = 2\ \mathrm{m}^3$, $\mathrm{V}_B = 6\ \mathrm{m}^3$이다)

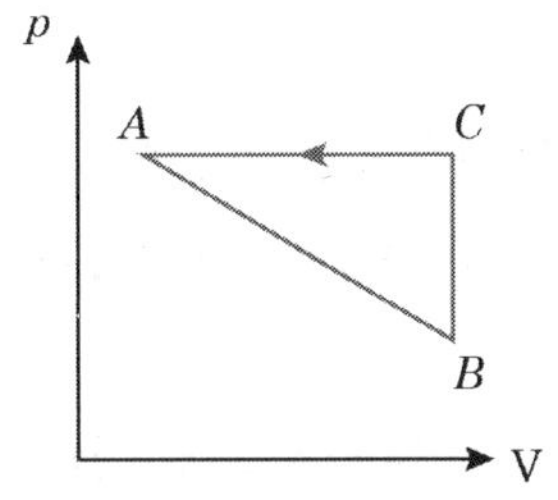

그림 P8.42

8.43

앞의 그림 P8.42에서 사이클의 방향이 반대일 때

(1) 한 사이클 동안 일을 구하라. 이 일은 시스템이 한 일인가? 시스템이 받은 일인가?

(2) 한 사이클 동안 전달된 열을 구하라. 이 전달된 열은 시스템으로 전달된 것인가? 시스템에서 주위로 전달된 것인가?

8.44

그림 P8.44처럼, 시스템이 ABCDA의 경로를 통하여 한 사이클을 이루고 있다.

(1) 각 과정에서의 열을 구하라 이 열들은 시스템으로 전달된 것인가? 시스템에서 주위로 전달된 것인가?

(2) 한 사이클 동안 열을 구하라. 이 열들은 시스템으로 전달된 것인가? 시스템에서 주위로 전달된 것인가?

(3) 한 사이클 동안 일을 구하라. 이 일은 시스템이 한 일인가? 시스템이 받은 일인가? (단, $T_A = 500$ K, $T_C = 300$ K, $S_A = 200$ J/K, $S_C = 300$ J/K이다)

Note

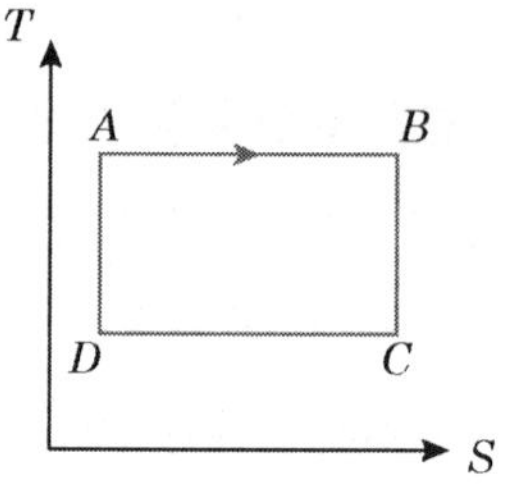

그림 P8.44

8.45

앞의 그림 P8.44에서 사이클의 방향이 반대일 때

(1) 한 사이클 동안 열을 구하라. 이 열들은 시스템으로 전달된 것인가? 시스템에서 주위로 전달된 것인가?

(2) 한 사이클 동안 일을 구하라. 이 일은 시스템이 한 일인가? 시스템이 받은 일인가?

8.46

그림처럼, 시스템이 ABCA의 경로를 통하여 한 사이클을 이루고 있다.

(1) 한 사이클 동안 열을 구하라. 이 열들은 시스템으로 전달된 것인가? 시스템에서 주위로 전달된 것인가?

(2) 한 사이클 동안 일을 구하라. 이 일은 시스템이 한 일인가? 시스템이 받은 일인가?

(단, $T_A = 500$ K, $T_C = 300$ K, $S_A = 200$ J/K, $S_C = 300$ J/K이다)

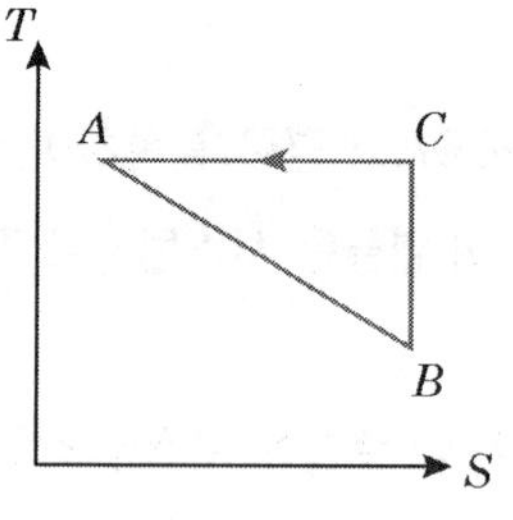

그림 P8.46

Note

8.47

앞의 그림 P8.46에서 사이클의 방향이 반대일 때

(1) 한 사이클 동안 열을 구하라. 이 열들은 시스템으로 전달된 것인가? 시스템에서 주위로 전달된 것인가?

(2) 한 사이클 동안 일을 구하라. 이 일은 시스템이 한 일인가? 시스템이 받은 일인가?

8.48

압력 400 kPa, 부피 5 m^3인 이상기체를 포함하고 있는 시스템이 등온과정으로 부피가 8 m^3으로 팽창할 때,

(1) 팽창 후의 압력은 얼마인가?

(2) 시스템으로 전달된 열은 얼마인가?

8.49

압력 200 kPa, 온도 500℃, 부피 4 m^3 상태의 이상기체 2 kg을 포함하고 있는 시스템이 정압과정으로 부피 8 m^3으로 팽창할 때,

(1) 팽창 후의 온도는 얼마인가?

(2) 시스템에 전달된 열은 얼마인가? 이 기체의 비열비는 1.2이고, 기체상수는 0.45 kJ/kg · K이다.

참고문헌

1. 강신형, 유체기계, 희중당, 1971.
2. 고형종외 공역, 쉽게배우는 유체역학, 5판, 홍릉과학출판사, 2015.
3. 권오붕외 공역, 쉽게배우는 열전달, 2판, 맥그로힐 코리아, 2010.
4. 김춘종, 임광빈, 유체기계, 보성각, 1996.
5. 노승탁, 공업열역학, 문운당, 1993.
6. 최창민, 열역학, 시그마프레스, 2004.
7. 펌프핸드북, 현대중공업주식회사, 2000.
8. Y. A. Cengel, and J. M. Cimbala, *Fluid Mechanics*, Mcgraw-Hill, 2006.
9. C. F. Colebrook, "Turbulent Floow in Pipes, with Particular Reference to the Transition between the Smooth and Rough Pipe Laws," *Journal of the Institute of Civil Engineers London*, vol. 11, 1939
10. J. F. Douglas, J. M. Gasiorek, and J. A. Swaffield, *Fluid Mechanics*, 3rd ed. Longman Group Limited, 1995
11. S. E. Haaland, "Simple and Explicit Formula for Friction in Turbulent Pipe Flow," *Transactions of The ASME, J. of Fluid Engineering*, Vol. 105, 1983.
12. W. S. Janna, *Introduction to Fluid Mechanics*, 3rd ed., PWS Publishing Company, Boston, 1993.
13. I. J. Karassik, et al., *Pump Handbook*, 2nd ed., Mcgraw-Hill, New York, 1986
14. L. Moody, "Friction factors for Pipe Flow," *Transactions of the ASME*, vol. 66, 1944
15. R. L. Street, et al., *Elementary Fluid Mechanics*, John Wiley & Sons, 1996.
16. F. M. White, *Fluid Mechanics*, 5th ed., Mcgraw-Hill, New York, 1986.

정답 및 간편풀이

Chapter 1

1.1 ①

1.2 ①

1.3 ③

1.4 ④

$\frac{mV}{F}$: T 차원을 가진다.

1.5 ①

$\rho = \frac{m}{V} = \frac{W}{gV} = \frac{40}{(9.8)(2)} = 2.04\,\frac{\mathrm{kg}}{\mathrm{m}^3}$

1.6 ④

$W = mg = \rho Vg = (4 \times 1000)(3)(9.8) = 117600\,\mathrm{N}$

1.7 ④

고체보다 액체가 압축하기 쉬우므로 액체의 체적탄성계수가 작다.

1.8 ①

$\Delta p = E\frac{\Delta \mathrm{V}}{V} = (900\,\mathrm{MPa})(\frac{0.2-0.198}{0.2}) = 9\,\mathrm{MPa}$

1.9 ②

등온과정 : $E = p = 200\,\mathrm{kPa}$

1.10 ①

$1\,\mathrm{atm} = 101.3\,\mathrm{kPa} = 1.033\,\frac{\mathrm{kg_f}}{\mathrm{cm}^2} = 760\,\mathrm{mmHg}$이므로 1 atm이 가장 압력이 높다.

1.11 ④

$E = \rho\frac{dp}{d\rho}$: 체적탄성계수를 나타낸다.

1.12 ④

$a = \sqrt{kRT}$이므로 ④가 틀렸다.

1.13 ③

$a = \sqrt{kRT} = \sqrt{(1.4)(287)(373.15)} = 387\,\mathrm{m/s}$

1.14 ①

$a=\sqrt{kRT}=\sqrt{(1.4)(287)(263.15)}=325\,\text{m/s}$

$V=0.6a=(0.6)(325)=195$ m/s

1.15 ③

$a=\sqrt{kRT}$

$\frac{a_2}{a_1}=\sqrt{\frac{T_2}{T_1}}=\sqrt{\frac{80+273.15}{20+273.15}}=1.1$

1.16 ②

음속 $a=\sqrt{\frac{E}{\rho}}$ 이므로 체적탄성계수의 제곱근에 비례하고 밀도의 제곱근에 반비례한다.

1.17 ②

$h=\frac{2\sigma\cos\theta}{\rho g R}$ 이므로 ①, ③, ④는 옳고, 표면장력이 작을수록 상승 또는 하강 길이는 작아진다.

1.18 ④

$\nu=\frac{\mu}{\rho}=\frac{0.02}{(0.9)(1000)}=2.22\times10^{-5}\,\text{m}^2/\text{s}$

1.19 ②

$\tau=\mu\frac{du}{dy}=(0.04)\frac{2}{0.005}=16$ Pa

1.20 ④

$\tau=\mu\frac{du}{dy}=(0.8)\frac{5}{0.0002}=20000\,\text{N/m}^2$

$F=\tau A=(20000)(2\pi\times0.01\times0.4)=503\,\text{N}$

1.21 ③

$\tau=\mu\frac{du}{dy}=\mu A\left(2-2\frac{y}{h}\right)$ 이므로

전단응력의 크기는 y=h에서 0이다.

1.22 280 kPa

등엔트로피 과정 : $E=kp=(1.4)(200\,\text{kPa})=280\,\text{kPa}$

1.23 666.7 m/s

$a=\sqrt{\frac{E}{\rho}}=\sqrt{\frac{4\times10^8}{(0.9)(1000)}}=666.7\,\text{m/s}$

1.24 2

$$a = \sqrt{kRT} = \sqrt{\frac{k\overline{R}}{M}}$$

$$a_A/a_B = \sqrt{\frac{k_A M_B}{k_B M_A}} = \sqrt{\frac{k(8M)}{(2k)(M)}} = 2$$

1.25 0.612 Pa · s

$$\mu = \rho\nu = \frac{\gamma}{g}\nu = \frac{1200}{9.8}(0.005) = 0.612 \text{ Pa} \cdot \text{s}$$

1.26 2.8 Pa

$$(p_i - p_o) = \frac{2\sigma}{R} = \frac{(2)(0.07)}{0.05} = 2.8 \text{ Pa}$$

1.27 5.6 Pa

$$(p_i - p_o) = \frac{4\sigma}{R} = \frac{(4)(0.07)}{0.05} = 5.6 \text{ Pa}$$

1.28 $1.6\dfrac{\mu U}{H}$

$$\tau = \left|\mu\frac{du}{dy}\right| = 8\mu U\frac{0.2H}{H^2} = 1.6\frac{\mu U}{H}$$

1.29 $0.8\dfrac{\mu U}{R}$

$$\tau = \mu\frac{du}{dr}\bigg|_{r=0.4R} = 2\mu U\frac{0.4}{R} = 0.8\frac{\mu U}{R}$$

1.30 (1) 2094 N/m^2 (2) 0.526 N · m

(1) $\omega = 500\,\text{rpm} = 500 \times \dfrac{2\pi}{60} = 52.36\,\text{rad/s}$

$u = R\omega = (0.01)(52.36) = 0.5236\,\text{m/s}$

$\tau = \mu\dfrac{du}{dy} = (0.8)\dfrac{0.5236}{0.0002} = 2094.4\,\text{N/m}^2$

(2) $T = RF = R\tau A = (0.01)(2094.4)(2\pi \times 0.01 \times 0.4) = 0.526\,\text{N} \cdot \text{m}$

1.31 3.04 Pa · s

$\omega = 500\,\text{rpm} = 500 \times \dfrac{2\pi}{60} = 52.36\,\text{rad/s}$

$u = R\omega = (0.01)(52.36) = 0.5236\,\text{m/s}$

$\tau = \mu\dfrac{du}{dy} = \mu\dfrac{0.5236}{0.0002} = 2618\mu$

$T = RF = R\tau A = 2618\mu RA$

$\mu = \dfrac{T}{2618RA} = \dfrac{2}{(2618)(0.01)(2\pi \times 0.01 \times 0.4)} = 3.04\,\text{Pa} \cdot \text{s}$

Chapter 2

2.1 ①

2.2 ①

$$2\frac{\text{kg}_\text{f}}{\text{cm}^2}=2\frac{9.8\,\text{N}}{10^{-4}\,\text{m}^2}=196000\,\text{Pa}=196\,\text{kPa}$$

계기압력 = 절대압력 - 국소 대기압 = 196 - 99 = 97 kPa

2.3 ②

진공 40 kPa = 대기압 - 절대압력

절대압력 = 대기압 - 진공 = 100 - 40 = 60 kPa

2.4 ③

$$p=100000+(1.2)(1000)(9.8)(5)=158800\ \text{Pa}$$

2.5 ②

$$p=101000+(0.9)(1000)(9.8)(4)=136280\ \text{Pa}$$

2.6 ②

$$p_\text{A}=p_\text{atm}+\rho_2 gh_2-\rho_1 gh_1=104.1\,\text{kPa}$$

2.7 ①

$$p_\text{B}=p_\text{A}+\rho_1 gh_1-\rho_2 gh_2-\rho_3 gh_3$$

$$p_\text{B}-p_\text{A}=\rho_1 gh_1-\rho_2 gh_2-\rho_3 gh_3=\rho_w g(S_1h_1-S_2h_2-S_3h_3)$$

2.8 ①

$$p_\text{gc}=\rho gh_\text{c}=(1000)(9.8)(4)=39200\ \text{Pa}$$

$$F_\text{g}=p_\text{gc}A=(39200)(2\times4)=313600\,\text{N}$$

2.9 ③

$$I_{xc}=\frac{ab^3}{12}=\frac{(4)(2^3)}{12}=2.667$$

$$y_\text{p}=4+\frac{2.667}{(4)(2\times4)}=4.083\,\text{m}$$

2.10 ④

$$p_\text{gc}=(1000)(9.8)(2)+(1100)(9.8)(1.5)=35770\,\text{Pa}$$

$$F_\text{g}=p_\text{gc}A=(35770)(3\times2)=214620\,\text{N}$$

2.11 ④

도심까지의 깊이는 $3\sin60^\circ=2.6$ m이다.

$$p_\text{gc}=\rho gh_\text{c}=(1.1\times1000)(9.8)(2.6)=28030\ \text{Pa}$$

$$F_\text{g}=p_\text{gc}A=(28030)(2\times5)=280300\,\text{N}=280.3\,\text{kN}$$

2.12 ④

$F_{gh} = p_{gc}A = (1000)(9.8)(2)(4\times 5) = 392000\,N = 392\,kN$

2.13 ①

$F_{gv} = W = \rho g V = (1000)(9.8)(\frac{\pi\times 2^2}{2})(5) = 307700\,N = 307.7\,kN$

방향은 아래 방향

2.14 ①

물에 잠긴 부피를 V_i라 하면, $V_i = 1000\,cm^3 = 0.001\,m^3$

$W = F_B \Rightarrow mg = \rho_f g V_i \Rightarrow m = \rho_f V_i = (1000)(0.001) = 1\,kg$

2.15 ③

물체의 부피를 V, 물에 잠긴 부피를 V_i라 하면,

$W = F_B \Rightarrow \rho_s g V = \rho_w g V_i \Rightarrow V = \frac{\rho_w V_i}{\rho_s} = \frac{V_i}{S} = \frac{1000}{0.8} = 1250\,cm^3$

2.16 ④

물체의 부피를 V, 물에 잠긴 부피를 V_i라 하면,

$W = F_B \Rightarrow \rho_s g V = \rho_w g V_i \Rightarrow \rho_s = \rho_w \frac{V_i}{V} = (1000)(0.6) = 600\,kg/m^3$

2.17 ④

물체의 부피를 V, 물에 잠기 부피를 V_i라 하면,

$W = F_B \Rightarrow \rho_s g V = \rho_f g V_i$이므로, $\frac{V_i}{V} = S = 0.8 \Rightarrow \frac{V - V_i}{V} = 1 - 0.8 = 0.2$

2.18 96.7 kPa

$1000\,mmHg = \frac{1000}{760}\,atm = 133.3\,kPa$

국소대기압 = 230 - 133.3 = 96.7 kPa

2.19 1.02 m

$h = \frac{\Delta p}{\rho g} = \frac{10000}{(2)(1000)(4.9)} = 1.02\,m$

2.20

$p = p_0 + \rho_0 g(h + \frac{a}{2}h^2)$

$p = -\int \rho g dz$

$z = -h$이다. 따라서 $dz = -dh$이다.

$p = \int \rho g dh = \int \rho_0(1 + ah) g dh = \rho_0 g(h + \frac{a}{2}h^2) + C$

$h = 0$일 때 $p = p_0$이므로 $C = p_0$이다. 따라서

$p = p_0 + \rho_0 g(h + \frac{a}{2}h^2)$ 이다.

2.21 150.2 kPa

연습문제 2.20의 풀이에서 $p = p_0 + \rho_0 g\left(h + \frac{a}{2}h^2\right) = 150225\ \text{pa} = 150.225\ \text{kPa}$

2.22 $\frac{D_2}{D_1} = 4.43$

$$\frac{D_2}{D_1} = \sqrt{\frac{F_2}{F_1}} = \sqrt{\frac{mg}{F_1}} = \sqrt{\frac{(100)(9.8)}{50}} = 4.43$$

2.23 2.53

$$p_A = p_{atm} + \rho_2 g h_2 - \rho_1 g h_1 = p_{atm} + S_2 \rho_w g h_2 - S_1 \rho_w g h_1$$

$$S_2 = \frac{p_A - p_{atm}}{h_2 \rho_w g} + \frac{h_1}{h_2} S_1 = 2.525$$

2.24 0.81

$$p_A = p_{atm} + \rho_1 g h_1 - \rho_2 g h_2 = p_{atm} + S_1 \rho_w g h_1 - S_2 \rho_w g h_2$$

$$S_2 = \frac{p_{atm} - p_A + S_1 \rho_w g h_1}{h_2 \rho_w g} = 0.81$$

2.25 0.98

$$p_A - p_B = \rho_3 g h_3 + \rho_2 g h_2 - \rho_1 g h_1 = \rho_w g\left(S_3 h_3 + S_2 h_2 - S_1 h_1\right)$$

$$S_2 = \frac{p_A - p_B}{\rho_w g h_2} + \frac{S_1 h_1 - S_3 h_3}{h_2} = 0.98$$

2.26 0.70 m

$$p_A = p_{atm} + \rho_2 g h_2 - \rho_1 g h_1$$

$$h_2 = \frac{p_A - p_{atm}}{\rho_2 g} + \frac{\rho_1 h_1}{\rho_2} = 0.352\ \text{m}$$

$$l = \frac{h_2}{\sin\theta} = \frac{0.352}{\sin 30^\circ} = 0.704$$

2.27 267.5 kN

$$p_{gc} = (900)(9.8)(1) + (1000)(9.8)(2) + (1100)(9.8)(1.5) = 44590\ \text{Pa}$$

$$F_g = p_{gc} A = (44590)(3 \times 2) = 267540\ \text{N}$$

2.28 124.6 N

도심까지의 깊이 $h_c = 3\sin 60^\circ = 2.6$ m이다.

$$p_{gc} = \rho g h_c = (1.1 \times 1000)(9.8)(2.6) = 28030\ \text{Pa}$$

$$F_g = p_{gc} A = (28030)(2 \times 5) = 280300\ \text{N} = 280.3\ \text{kN}$$

$$I_{xc} = \frac{ab^3}{12} = \frac{(5)(2^3)}{12} = 3.333$$

$$y_p = 3 + \frac{3.333}{(3)(2 \times 5)} = 3.111$$

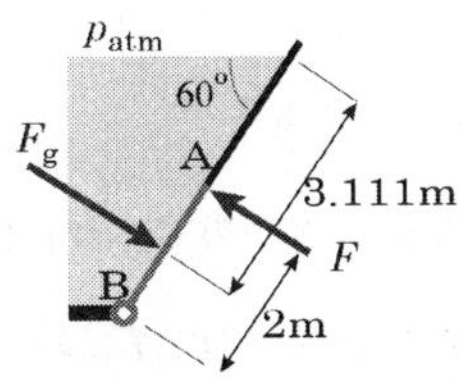

$F_g \times (4-3.111) = F \times 2$

$F = \dfrac{280.3 \times (4-3.111)}{2} = 124.6\,N$

2.29 (1) 156.8 kN (2) 246.3 kN (3) 292 kN

(1) $F_{gh} = p_{gc}A = (1000)(9.8)(2)(4\times 2) = 156800\,N = 156.8\,kN$

(2)

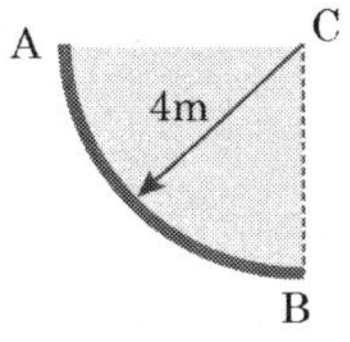

$F_{gv} = W = \rho g V = (1000)(9.8)(\dfrac{\pi\times 4^2}{4}\times 2) = 246300\,N = 246.3\,kN$

(3) $F_g = \sqrt{F_{gh}^2 + F_{gv}^2} = \sqrt{156.8^2 + 246.3^2} = 292\,kN$

2.30 (1) 314 kN (2) 403 kN (3) 511 kN

(1) $F_{gh} = p_{gc}A = (1000)(9.8)(4)(4\times 2) = 313600\,N = 313.6\,kN$

(2) $V = (\dfrac{\pi\times 4^2}{4} + 2\times 4)(2) = 41.13$

$F_{gv} = W = \rho g V = (1000)(9.8)(41.13) = 403100\,N = 403.1\,kN$

(3) $F_g = \sqrt{F_{gh}^2 + F_{gv}^2} = \sqrt{313.6^2 + 403.1^2} = 510.7\,kN$

2.31 588 kN

$F_{gh} = p_{gc}A = (1000)(9.8)(3)(4\times 5) = 588000\,N = 588\,kN$

2.32 308 kN, 아래 방향. 연습문제 2.13과 동일하다.

$F_{gv} = W = \rho g V = (1000)(9.8)(\dfrac{\pi\times 2^2}{2})(5) = 307700\,kN = 307.7\,kN$

2.33 392 kN, 연습문제 2.12와 동일하다.

$F_{gh} = p_{gc}A = (1000)(9.8)(2)(4\times 5) = 392000\,N = 392\,kN$

2.34 308 kN, 연습문제 2.13의 경우와 크기는 동일하고 방향은 반대이다.

$F_{gv} = W = \rho g V = (1000)(9.8)(\dfrac{\pi\times 2^2}{2})(5) = 307700\,kN = 307.7\,kN$

방향은 위 방향이다.

2.35 588 kN, 연습문제 2.31과 동일하다.

$F_{gh} = p_{gc}A = (1000)(9.8)(3)(4\times 5) = 588000\,\text{N} = 588\text{ kN}$

2.36 308 kN, 연습문제 2.32와는 방향이 반대이고, 연습문제 2.34와 동일하다.

$F_{gv} = W = \rho g\text{V} = (1000)(9.8)(\frac{\pi\times 2^2}{2})(5) = 307700\,\text{kN} = 307.7\text{ kN}$

2.37 1.41

$W = \rho_s g\text{V} = \text{S}\rho_w g\text{V},\ F_B = \rho_w g\text{V},\ T = 400$이므로

$S(1000)(9.8)(0.1) = (1000)(9.8)(0.1) + 400$

$S = 1.41$

2.38 33.3%

물체의 부피를 V, 물에 잠긴 부피를 V_i라 하면,

$W = F_B \Rightarrow \rho_s g\text{V} = \rho_f g\text{V}_i$이므로,

$\frac{\text{V}_i}{\text{V}} = \frac{S_s}{S_f} = \frac{0.8}{1.2} = 0.667 \Rightarrow \qquad \frac{\text{V}-\text{V}_i}{\text{V}} = 1-0.667 = 0.333$

2.39 1.25

물 및 이 액체에 잠긴 부분의 부피를 V_1, V_2라고 하면,

$W = mg = \rho_w g\text{V}_1 = \rho g\text{V}_2$,

$\text{V}_1 = \frac{\text{m}}{\rho_w},\ \text{V}_2 = \frac{\text{m}}{\rho}$

$\text{V}_1 - \text{V}_2 = m\left(\frac{1}{\rho_w} - \frac{1}{\rho}\right) = \frac{m}{\rho_w}\left(1-\frac{1}{S}\right) = Ah$에서

$S = 1.25$

Chapter 3

3.1 ①

3.2 ②

3.3 ①

3.4 ③

3.5 ④

$\frac{dx}{u} = \frac{dy}{v} = \frac{dz}{w}$: 유선을 나타낸다.

3.6 ④

$$V_2 = \frac{A_1}{A_2} V_1 = \left(\frac{D_1}{D_2}\right)^2 V_1 = \left(\frac{1}{2}\right)^2 (4) = 1$$

3.7 ①

$$V = \frac{\dot{m}}{\rho A} = \frac{40/60}{(1000)(\pi)(0.1^2)} = 0.021\, m/s$$

3.8 ③

$$Q = VA = (2)(\frac{\pi \times 0.1^2}{4}) = 0.01571$$

따라서 걸리는 시간은 $t = \dfrac{2}{0.01571} = 127\,\mathrm{s}$이다.

3.9 ④

$$\rho = \frac{p}{RT} = \frac{200000}{(287)(100+273.15)} = 1.868$$

$$V = \frac{\dot{m}}{\rho A} = \frac{2}{(1.868)(\pi)(0.2^2)} = 8.52 \text{ m/s}$$

3.10 ②

$$V_1 A_1 + V_2 A_2 = V_3 A_3, \quad V_3 = \frac{V_1 D_1^2 + V_2 D_2^2}{D_3^2}$$

3.11 ④

$$A_1 V_1 = A_2 V_2 + A_3 V_3$$

$$V_3 = \frac{D_1^2 V_1 - D_2^2 V_2}{D_3^2} = \frac{(0.2^2)(5) - (0.1^2)(10)}{0.05^2} = 40$$

3.12 ②

$$\frac{\partial m_{cv}}{\partial t} = \dot{m}_1$$

$$\frac{\partial m_{cv}}{\partial t} = \frac{\partial(\rho A h)}{\partial t} = \rho A \frac{\partial h}{\partial t} = \rho \frac{\pi D_2^2}{4} \frac{\partial h}{\partial t}$$

$$\dot{m}_1 = \rho \frac{\pi D_1^2}{4} V$$

$$\rho \frac{\pi D_2^2}{4} \frac{\partial h}{\partial t} = \rho \frac{\pi D_1^2}{4} V$$

$$\frac{\partial h}{\partial t} = \left(\frac{D_1}{D_2}\right)^2 V$$

3.13 ③

$$\frac{\partial m_{cv}}{\partial t} = \dot{m}_1 - \dot{m}_2 = \rho A_1 V_1 - \rho A_2 V_2 = 35.3\,\mathrm{kg/s}$$

3.14 ②

$$Q=\int_{-H}^{H} u_0\left[1-\left(\frac{y}{H}\right)^2\right]bdy = bu_0\left[y-\frac{y^3}{3H^2}\right]_{-H}^{H} = \frac{4bHu_0}{3}$$

3.15 ②

$$Q=u_0\int_{-H}^{H}\left[1-\left(\frac{y}{H}\right)^2\right]bdy = bu_0\left[y-\frac{y^3}{3H^2}\right]_{-H}^{H} = \frac{4bHu_0}{3}$$

$$V=\frac{Q}{A}=\frac{\frac{4bHu_0}{3}}{2bH}=\frac{2}{3}u_0$$

3.16 ④

$$A_0V_0 = A_LV_L$$

$$V_L=\frac{A_0}{A_L}V_0=\left(\frac{D_0}{D_L}\right)^2V_0=\left(\frac{1}{1+aL}\right)^2V_0$$

3.17 ②

$$V=\frac{\dot{m}}{\rho A}=\frac{\dot{m}}{\rho\pi(R_2^2-R_1^2)}$$

3.18 ③

환형 : $Q_1=\pi(R_2^2-R_1^2)V=\pi[(2R_1)^2-R_1^2]V=3\pi R_1^2V$

원형 관 $Q_2=\pi R_1^2V$ 이므로 3배이다.

3.19 ②

3.20 ①

에너지선과 수력기울기선의 차는 속도수두를 나타낸다.

3.21 ③

$$\frac{1}{2}\rho V_1^2=\rho g z_2$$

$$V_1=\sqrt{2gH}=\sqrt{(2)(9.8)(1)}=4.43\text{m/s}$$

3.22 ②

$V=\sqrt{2gh}$ ⇨ $h\propto V^2$ ⇨ 1:4

3.23 ②

$$\frac{1}{2}\rho V^2=\frac{1}{2}\rho(0.5V)^2+\rho gH$$

$$V=\sqrt{\frac{2gH}{1-0.5^2}}=\sqrt{\frac{2}{0.75}}\sqrt{gH}=1.633\sqrt{gH}$$

3.24 ③

$V=\sqrt{2gh} \Rightarrow h \propto V^2$

***3.25** ①

연습문제 3.66으로부터

$L=2\sqrt{h_1 h_2}$

$\sqrt{h_1 h_2}$가 가장 큰 경우 즉, $h_1 h_2$가 가장 큰 경우이다.

***3.26** ④

두 액체의 경계면을 1지점이라 하면, 1지점과 출구지점인 2 사이에 베르누이방정식은 다음과 같다.

$$p_{atm}+\rho_1 g H_1+\rho_2 g z_1=p_{atm}+\frac{1}{2}\rho_2 V_2^2+\rho_2 g z_2$$

$$\rho_1 g H_1+\rho_2 g H_2=\frac{1}{2}\rho_2 V_2^2$$

$$V_2=\sqrt{\frac{2g(\rho_1 H_1+\rho_2 H_2)}{\rho_2}}$$

3.27 ④

$$p+\frac{1}{2}\rho V^2=p_0 \Rightarrow V=\sqrt{\frac{2(p_0-p)}{\rho}}=\sqrt{\frac{(2)(10\times 10^3)}{1000}}=4.472\text{ m/s}$$

3.28 ④

$$V=\sqrt{\frac{2\Delta p}{\rho}}=\sqrt{\frac{(2)(10000)}{(0.9)(1000)}}=4.71\text{ m/s}$$

3.29 ①

$$p_{atm}+\rho g h+\frac{1}{2}\rho V_1^2=p_{atm}+\rho g(h+H)$$

$$V_1=\sqrt{2gH}$$

3.30 ④

물의 표면을 1, 출구를 2라 하면,

$\rho g z_1=\frac{1}{2}\rho V_2^2+\rho g z_2$이고, 따라서 $V_2=\sqrt{2g(z_1-z_2)}=\sqrt{2gh_2}$

3.31 ①

$$A_1 V_1=A_2 V_2 \rightarrow V_2=\frac{A_1}{A_2}V_1=\left(\frac{D_1}{D_2}\right)^2 V_1=(2)^2(2)=8$$

$$p_2=p_1+\frac{1}{2}\rho(V_1^2-V_2^2)+\rho g(z_1-z_2)=168040\text{ Pa}=168.04\text{ kPa}$$

3.32 ①

- Bernoulli 방정식 : $p_1+\frac{1}{2}\rho V_1^2=p_2+\frac{1}{2}\rho V_2^2$

• 연속방정식 : $A_1 V_1 = A_2 V_2$ ⇨ $V_2 = \frac{A_1}{A_2} V_1 = \left(\frac{d}{D}\right)^2 V_1$

위의 두 식으로부터 다음과 같이 목에서의 이론적인 유량 Q_{th}는 $A_2 V_2$이므로

$$Q_{\text{th}} = A_2 \sqrt{\frac{2(p_1 - p_2)}{\rho\left[1-(A_2/A_1)^2\right]}} = A_2 \sqrt{\frac{2(p_1 - p_2)}{\rho\left[1-(d/D)^4\right]}}$$

이다.

실제 유량 Q_{actual}은 다음과 같다.

$$Q_{\text{actual}} = C_{\text{d}} A_2 \sqrt{\frac{2(p_1 - p_2)}{\rho\left[1-(d/D)^4\right]}}$$

$$Q_{\text{actual}} = C_{\text{d}} \frac{\pi d^2}{4} \sqrt{\frac{2gH}{1-(d/D)^4}}$$

3.33 ①

연습문제 3.32에서 $Q_{\text{actual}} = C_{\text{d}} \frac{\pi d^2}{4} \sqrt{\frac{2gH}{1-(d/D)^4}} = 0.0187\,\text{m}^3/\text{s}$

3.34 ③

• Bernoulli 방정식 : $p_1 + \frac{1}{2}\rho V_1^2 = p_2 + \frac{1}{2}\rho V_2^2$

• 연속방정식 : $V_2 = \frac{A_1}{A_2} V_1 = \left(\frac{d}{D}\right)^2 V_1$

위의 두 식으로부터 다음과 같이 목에서의 이론적인 유량 Q_{th}는 $A_2 V_2$

$$Q_{\text{th}} = A_2 \sqrt{\frac{2(p_1 - p_2)}{\rho\left[1-(A_2/A_1)^2\right]}} = A_2 \sqrt{\frac{2(p_1 - p_2)}{\rho\left[1-(d/D)^4\right]}}$$

이다. 실제 유량 Q_{actual}은 다음과 같다.

$$Q_{\text{actual}} = C_{\text{d}} A_2 \sqrt{\frac{2(p_1 - p_2)}{\rho\left[1-(d/D)^4\right]}}$$

$p_1 - p_2 = (\rho_2 - \rho_1)gH = (S-1)\rho g H$이다. 대입하면

$$Q_{\text{actual}} = C_{\text{d}} A_2 \sqrt{\frac{2(S-1)\rho g H}{\rho\left[1-(d/D)^4\right]}} = C_{\text{d}} \frac{\pi d^2}{4} \sqrt{\frac{2(S-1)gH}{\left[1-(d/D)^4\right]}}$$

3.35 ①

연습문제 3.34에서

$$Q_{\text{actual}} = C_{\text{d}} \frac{\pi d^2}{4} \sqrt{\frac{2(S-1)gH}{\left[1-(d/D)^4\right]}} = 0.055\,\text{m}^3/\text{s}$$

3.36 ②

$$h_{\text{tb}} = \frac{p_1 - p_2}{\rho g} + z_1 - z_2 = 47.9\,\text{m}$$

$$\dot{W}_{\text{tb,id}} = (1000)(9.8)(5)(47.9) = 2347000\,\text{W}$$

3.37 ②

$$\dot{W}_{tb} = \eta_{tb}\dot{W}_{tb,id} = (0.9)(2347) = 2112\,\text{kW}$$

3.38 ②

$$h_{tb} = z_1 - z_2 - \frac{V_2^2}{2g} = 100 - \frac{6^2}{(2)(9.8)} = 98.2\text{ m}$$

$$\dot{W}_{tb,id} = (1000)(9.8)(\pi \times 0.6^2 \times 6)(98.2) = 6527000\,\text{W}$$

3.39 ①

$$\frac{\int_A v^3 dA}{V^3}$$: 운동에너지 수정계수

3.40 $\dfrac{dx}{u} = \dfrac{dy}{v} = \dfrac{dz}{w}$

3.41 $\dfrac{\partial m_{cv}}{\partial t} + \dot{m}_2 - \dot{m}_1 = 0$

3.42 -0.693

$xy = 1 \rightarrow y = \dfrac{1}{x} \rightarrow$ 유선의 기울기 : $\dfrac{dy}{dx} = \ln x = \ln 0.5 = -0.693$

***3.43** $y = \dfrac{C}{x^{1/3}}$

$$\frac{dx}{u} = \frac{dy}{v} \Rightarrow \frac{dx}{3xy^2} = \frac{dy}{-y^3} \Rightarrow \frac{1}{3}\frac{dx}{x} = -\frac{dy}{y}$$

$$\frac{1}{3}\int\frac{dx}{x} = -\int\frac{dy}{y} \Rightarrow \frac{1}{3}\ln x = -\ln y + C_1$$

$x^{1/3}y = C \Rightarrow y = \dfrac{C}{x^{1/3}}$ 이다.

3.44 1.02 m/s

$$\frac{\partial m_{cv}}{\partial t} = \dot{m}_1 = \rho A_1 V_1$$

$$\frac{\partial m_{cv}}{\partial t} = \frac{\partial(\rho A h)}{\partial t} = \rho A\frac{\partial h}{\partial t}$$

$$\rho A\frac{\partial h}{\partial t} = \rho A_1 V_1$$

$$V_1 = \frac{A}{A_1}\frac{\partial h}{\partial t} = \frac{0.2}{\pi(0.05^2)}(0.04) = 1.02\text{ m/s}$$

3.45 수면은 내려간다. 수면이 내려가는 속도는 -0.02 m/s이다.

$$\frac{\partial m_{cv}}{\partial t} = \dot{m}_1 - \dot{m}_2$$

$$\rho A\frac{\partial h}{\partial t}=\rho A_1V_1-\rho A_1V_1$$

$$\frac{\partial h}{\partial t}=\frac{A_1V_1-A_2V_2}{A}=\frac{D_1^2V_1-D_2^2V_2}{D^2}=-0.02\text{ m/s}$$

3.46 $V_0(1+aL)^2$

$$V_L=\frac{A_0}{A_L}V_0=\left(\frac{D_0}{D_L}\right)^2V_0=(1+aL)^2V_0$$

3.47 M/LT^2

3.48 $z=0.375\frac{V^2}{g}$

$$\frac{1}{2}\rho V_1^2=\frac{1}{2}\rho(V_2)^2+\rho g z_2$$

$$z_2=\frac{V_1^2-V_2^2}{2g}=\frac{V_1^2-(0.5V_1)^2}{2g}=0.375\frac{V_1^2}{g}$$

3.49 0.612 m

$$V_2=V_1\cos 60^\circ=2\text{ m/s}$$

$$z_2=\frac{V_1^2}{2g}-\frac{V_2^2}{2g}=\frac{4^2-2^2}{(2)(9.8)}=0.612\text{ m}$$

3.50 $d=D\left(\frac{H}{H+h}\right)^{\frac{1}{4}}$

$$V_1=\sqrt{2gH},\ V=\sqrt{2g(H+h)}$$

$$A_1V_1=AV\Rightarrow D^2\sqrt{2gH}=d^2\sqrt{2g(H+h)}$$

$$d=D\left(\frac{H}{H+h}\right)^{\frac{1}{4}}$$

3.51 72 s

$$V_1=\sqrt{2gH}=\sqrt{(2)(9.8)(2)}=6.26\text{ m/s}$$

$$V_2=\sqrt{2gh}=\sqrt{(2)(9.8)(1.2)}=4.85\text{ m/s}$$

$$V_{\text{avg}}=\frac{6.26+4.85}{2}=5.555\text{ m/s}$$

흘러나가는 평균유량은 $Q_{\text{avg}}=(5.555)(0.004)=0.02222$

흘러 나간 전체 물의 부피 는 $(2-1.2)(2)=1.6\text{m}^3$이고 따라서

$$t=\frac{1.6}{0.02222}=72.0\text{ s}$$

3.52 3.13 m/s

앞의 연습문제 3.29에서 $V_1=\sqrt{\frac{2(p_2-p_1)}{\rho}}=\sqrt{2gH}$

따라서 $V_1 = \sqrt{(2)(9.8)(0.5)} = 3.13$ m/s

***3.53** $H = \dfrac{V^2}{2g}\left(1 - \dfrac{d^4}{16D^2h^2}\right)$

- 베르누이 방정식 : $p_1 + \dfrac{1}{2}\rho V_1^2 + \rho g z_1 = p_2 + \dfrac{1}{2}\rho V_2^2 + \rho g z_2$

- 연속방정식 : $A_1 V_1 = A_2 V_2 \Rightarrow \dfrac{\pi d^2}{4} V_1 = \pi D h V_2$

$V_2 = \dfrac{d^2}{4Dh} V$이므로,

$$\frac{1}{2}\rho V^2 = \frac{1}{2}\rho\left(\frac{d^2}{4Dh}\right)V^2 + \rho g H$$

$$H = \frac{V^2}{2g}\left(1 - \frac{d^4}{16D^2h^2}\right)$$

3.54 139 kPa

$$V_1 = \frac{A_2}{A_1}V_2 = \left(\frac{d_2}{d_1}\right)^2 V_2 = \left(\frac{10}{30}\right)^2(9) = 1$$

$$p_1 = p_2 + \frac{1}{2}\rho(V_2^2 - V_1^2) - \rho g(z_1 - z_2)$$

$$= p_{atm} + \frac{1}{2}\rho(V_2^2 - V_1^2) - \rho g L\sin\theta = 138760\ \text{Pa} = 138.8\ \text{kPa}$$

3.55 (1) $(\rho_1 - \rho_2)gH_2$ (2) $\sqrt{\dfrac{2(\rho_1 - \rho_2)gH_2}{\rho_1}}$

(1) $p_1 - \rho_1 g H_1 - \rho_2 g H_2 = p_2 - \rho_1 g(H_1 + H_2)$

$p_2 - p_1 = (\rho_1 - \rho_2)gH_2$

(2) $p_2 - p_1 = \dfrac{1}{2}\rho V_1^2 \Rightarrow (\rho_1 - \rho_2)gH_2 = \dfrac{1}{2}\rho_1 V^2$

$$V = \sqrt{\frac{2(\rho_1 - \rho_2)gH_2}{\rho_1}}$$

3.56 (1) 588 Pa (2) 0.99 m/s

(1) 앞의 연습문제 3.55에서 $p_2 - p_1 = (\rho_1 - \rho_2)gH_2 = (S_1 - S_2)\rho_w g H_2 = 588$ pa 이다.

(2) $V = \sqrt{\dfrac{2(\rho_1 - \rho_2)gH_2}{\rho_1}} = 0.99$ m/s

3.57 $Q_{\text{actual}} = C_d \dfrac{\pi d^2}{4}\sqrt{\dfrac{2(S_2 - S_1)gH}{S_1[1 - (d/D)^4]}}$

- Bernoulli 방정식 : $p_1 + \dfrac{1}{2}\rho V_1^2 = p_2 + \dfrac{1}{2}\rho V_2^2$

• 연속방정식 : $A_1 V_1 = A_2 V_2 \Rightarrow V_1 = \frac{A_2}{A_1} V_2 = \left(\frac{d}{D}\right)^2 V_2$

위의 두 식으로부터 다음과 같이 목에서의 실제 유량 Q_{actual}은 다음과 같다.

$$Q_{\text{actual}} = C_d A_2 \sqrt{\frac{2(p_1 - p_2)}{\rho\left[1 - (A_2/A_1)^2\right]}} = C_d A_2 \sqrt{\frac{2(p_1 - p_2)}{\rho\left[1 - (d/D)^4\right]}}$$

$p_1 - p_2 = (\rho_2 - \rho_1) gH = (S_2 - S_1)\rho_w gH$이다.

여기서 ρ_w는 물의 밀도이다.

대입하면 다음과 같다.

$$Q_{\text{actual}} = C_d A_2 \sqrt{\frac{2(S_2 - S_1)\rho_w gH}{S_1 \rho_w\left[1 - (d/D)^4\right]}} = C_d \frac{\pi d^2}{4} \sqrt{\frac{2(S_2 - S_1) gH}{S_1\left[1 - (d/D)^4\right]}}$$

3.58 0.0329 m^3/s

연습문제 3.57의 풀이에서 $Q_{\text{actual}} = C_d \frac{\pi d^2}{4} \sqrt{\frac{2(S_2 - S_1) gH}{S_1\left[1 - (d/D)^4\right]}} = 0.0329 \text{ m}^3/\text{s}$

3.59 0.379 m^3/s

$$V_2 = \frac{A_1}{A_2} V_1 = \left(\frac{D_1}{D_2}\right)^2 V_1 = (2)^2 V_1 = 4 V_1$$

$$p_1 + \frac{1}{2}\rho V_1^2 + \rho g z_1 = p_2 + \frac{1}{2}\rho(4 V_1)^2 + \rho g z_2$$

$$(16 - 1) V_1^2 = \frac{2(p_1 - p_2)}{\rho} + 2g(z_1 - z_2)$$

$$= \frac{(2)(220000 - 190000)}{1000} + (2)(9.8)(4 - 4.2)$$

따라서 $V_1 = 1.93$

$Q = A_1 V_1 = \pi(0.25^2)(1.93) = 0.379 \text{ m}^3/\text{s}$

3.60 $p_0 + \frac{1}{2}\rho V_0^2\left(1 - \frac{1}{(1+ax)^4}\right)$

$$V_x = \frac{A_0}{A_x} V_0 = \left(\frac{D_0}{D_x}\right)^2 V_0 = \left(\frac{1}{1+ax}\right)^2 V_0$$

$$p_x = p_0 + \frac{1}{2}\rho\left(V_0^2 - V_x^2\right) = p_0 + \frac{1}{2}\rho V_0^2\left(1 - \frac{1}{(1+ax)^4}\right)$$

3.61 (1) 1지점에서 2지점으로 흐른다. (2) 0.81 m

(1) 전수두가 높은 곳에서 낮은 쪽으로 흐른다.

$$h_{t1} = \frac{p_1}{\rho g} + \frac{V_1^2}{2g} + z_1 = \frac{200000}{(1000)(9.8)} + \frac{10^2}{(2)(9.8)} = 25.51$$

$$V_2 = \frac{A_1}{A_2} V_1 = (0.5)(10) = 5$$

$$h_{t2} = \frac{p_2}{\rho g} + \frac{V_2^2}{2g} + z_2 = \frac{210000}{(1000)(9.8)} + \frac{5^2}{(2)(9.8)} + 2 = 24.70$$

(2) 두 전수두의 차이가 손실수두이다.

손실수두 = 25.51 − 24.70 = 0.81 m

3.62 5276 kW

$$h_{\rm tb} = z_1 - z_2 - \frac{V_2^2}{2g} - h_{\rm L} = 88.2\,\text{m}$$

$$\dot{W}_{\rm tb,id} = (1000)(9.8)(\pi \times 0.6^2 \times 6)(88.2) = 5862000\,\text{W}$$

$$\dot{W}_{\rm tb} = \eta_{\rm tb}\dot{W}_{\rm tb,id} = (0.9)(5862) = 5276\,\text{kW}$$

3.63 13.97 kW

$$h_{\rm p} = \frac{V_2^2}{2g} + z_2 - z_1 + h_{\rm L} = \frac{5^2}{2(9.8)} + 20 + 15 = 36.28\text{m}$$

$$Q = \pi R^2 V = \pi(0.05^2)(5) = 0.0393$$

$$\dot{W}_{\rm w} = \rho g Q h_{\rm p} = (1000)(9.8)(0.0393)(36.28) = 13973\ \text{W} = 13.97\,\text{kW}$$

3.64 16.44 kW

$$\dot{W}_{\rm p} = \frac{\dot{W}_{\rm p,id}}{\eta_{\rm p}} = \frac{13.97}{0.85} = 16.44\ \text{kW}$$

3.65 1954 kW

$p_2 = 760 - 120 = 640\,\text{mmHg} = \dfrac{640}{760} \times 101.3\,\text{kPa} = 85.3\,\text{kPa}$이다.

$$h_{\rm tb} = \frac{p_1 - p_2}{\rho g} + z_1 - z_2 = \frac{(500 - 85.3)(1000)}{(1000)(9.8)} + 2 = 44.3\ \text{m}$$

$$\dot{W}_{\rm tb,id} = (1000)(9.8)(5)(44.3) = 2171000\,\text{W} = 2171\,\text{kW}$$

$$\dot{W}_{\rm tb} = \eta_{\rm tb}\dot{W}_{\rm tb,id} = (0.9)(2171) = 1954\,\text{kW}$$

***3.66** $L = 2\sqrt{h_1 h_2}$

$V = \sqrt{2gh_1}$, $h_2 = \dfrac{1}{2}gt^2$이므로, 물이 떨어지는 시간은 다음과 같다.

$$t = \sqrt{\frac{2h_2}{g}}$$

$$L = Vt = \sqrt{2gh_1}\sqrt{\frac{2h_2}{g}} = 2\sqrt{h_1 h_2}$$

Chapter 4

4.1 ③

마찰이 있어도 성립한다.

4.2 ④

$\sum \vec{F}_{cv} = \dot{m}\left(\vec{V}_2 - \vec{V}_1\right)$은 정상유동, 균일한 속도분포, 입구와 출구가 각각 하나일 때 성립하는 식이다.

4.3 ①

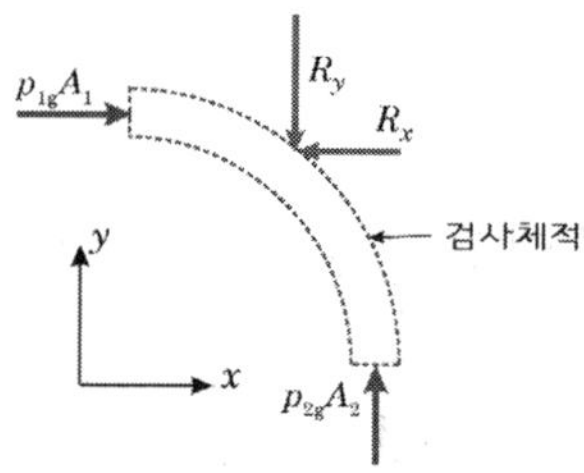

$$\sum F_x = \dot{m}(u_2 - u_1)$$

$$p_{1g}A - R_x = \dot{m}(0 - V)$$

$$R_x = \dot{m}\,V + p_{1g}A = \rho V^2 A + p_{1g}A$$

4.4 ③

$$\sum F_y = \dot{m}(v_2 - v_1)$$

$p_{2g}A - R_y = -\dot{m}\,V$ 이고, $R_y = \dot{m}\,V + p_{2g}A = \rho V^2 A + p_{2g}A$

4.5 ④

$$\dot{m} = \rho VA = (1000)(4)(\pi)(0.1^2) = 125.6 \text{ kg/s}$$

앞의 연습문제 4.3에서

$$R_x = \dot{m}\,V + p_{1g}A = (125.6)(4) + (200000)(\pi)(0.1^2) = 6782\,\text{N}$$

4.6 ③

$$\dot{m} = \rho VA = (1000)(4)(\pi)(0.1^2) = 125.6 \text{ kg/s}$$

앞의 연습문제 4.4에서

$$R_y = \dot{m}\,V + p_{2g}A = (125.6)(4) + (195000)(\pi)(0.1^2) = 6625\,\text{N}$$

4.7 ②

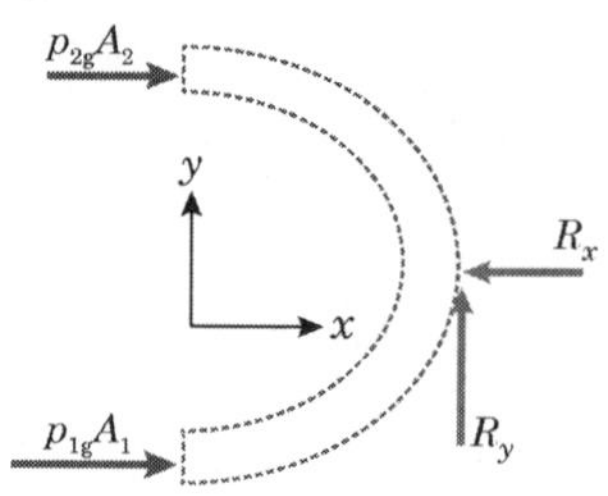

$(p_{1g}+p_{2g})A-R_x=\dot{m}(-V-V)$이고,

$R_x=(p_{1g}+p_{2g})A+2\dot{m}V=(p_{1g}+p_{2g})A+2\rho AV^2$

4.8 ①

$R_y=\dot{m}(v_2-v_1)=0$ 이다.

4.9 ④

$\dot{m}=\rho VA=(1000)(4)(\pi)(0.1^2)=125.6$ kg/s

앞의 연습문제 4.7에서

$R_x=(p_{1g}+p_{2g})A+2\dot{m}V$

$=(200000+190000)(\pi)(0.1^2)+2(125.6)(4)=13251$ N

이다.

4.10 ③

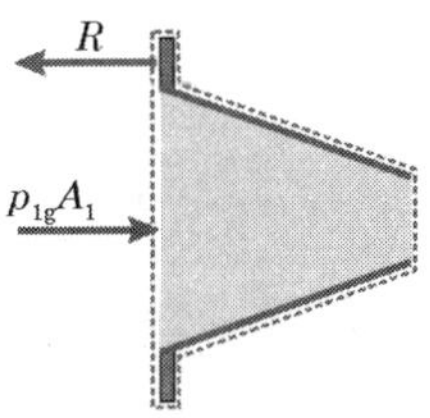

$p_{1g}A_1-R=\dot{m}(u_2-u_1)$

$R=p_{1g}A_1-\dot{m}(V_2-V_1)=p_{1g}A_1-\rho Q(V_2-V_1)$

$=(p_1-p_{atm})A_1-\rho Q^2(\frac{1}{A_2}-\frac{1}{A_1})$

4.11 ②

앞의 연습문제에서

$R=(p_1-p_{atm})A_1-\rho Q^2(\frac{1}{A_2}-\frac{1}{A_1})$

이고, 대입하여 계산하면 $R=2341.1$ N이다.

***4.12** ③

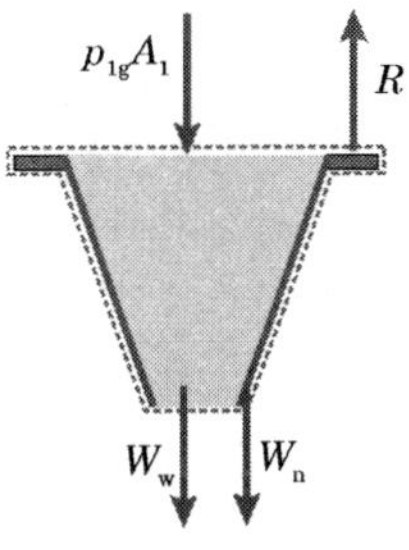

$\sum F_z=\dot{m}(w_2-w_1)$

$-p_{1g}A_1-W_w-W_n+R=\rho Q(-V_2+V_1)$

$\rightarrow R = p_{1g}A_1 + W_w + W_n - \rho Q(V_2 - V_1)$

$$R = (p_1 - p_{atm})A_1 + W_w + W_n - \rho Q^2\left(\frac{1}{A_2} - \frac{1}{A_1}\right)$$

4.13 ④

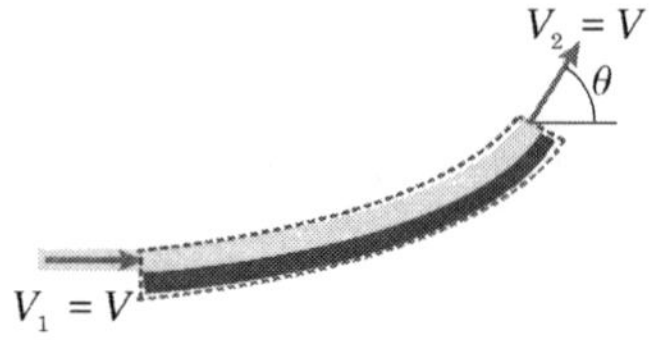

(a) 검사체적의 선택

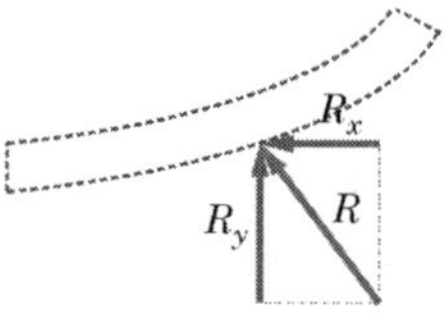

(b) 검사체적에 작용하는 힘

$$-R_x = \dot{m}V(\cos\theta - 1) = \rho AV^2(\cos\theta - 1)$$

$$R_x = \rho AV^2(1 - \cos\theta)$$

4.14 ②

연습문제 4.13 풀이의 그림을 참조

$$R_y = \dot{m}(V\sin\theta - 0) = \rho AV^2\sin\theta$$

4.15 ③

연습문제 4.13과 4.14로부터,

$$R_x = \rho AV^2(1 - \cos\theta)$$

$$R_y = \dot{m}V\sin\theta = \rho AV^2\sin\theta$$

$$R = \sqrt{R_x^2 + R_y^2} = \rho AV^2\sqrt{((1-\cos\theta)^2 + (\sin\theta)^2)} = \rho AV^2\sqrt{2(1-\cos\theta)}$$

이다.

4.16 ③

$$-R = \dot{m}V(u_2 - u_1) = \rho AV(-V - V) = -2\rho AV^2$$

$$R = 2\rho AV^2$$

4.17 ③

$$\sum F_x = \dot{m}(u_2 - u_1)$$

$$-R = \dot{m}(0 - V)$$

$$R = \dot{m}V = (\rho VA)V = \rho V^2 A$$

$$V = \sqrt{\frac{R}{\rho A}} = \sqrt{\frac{100}{(1000)(0.004)}} = 5\ \text{m/s}$$

4.18 ③

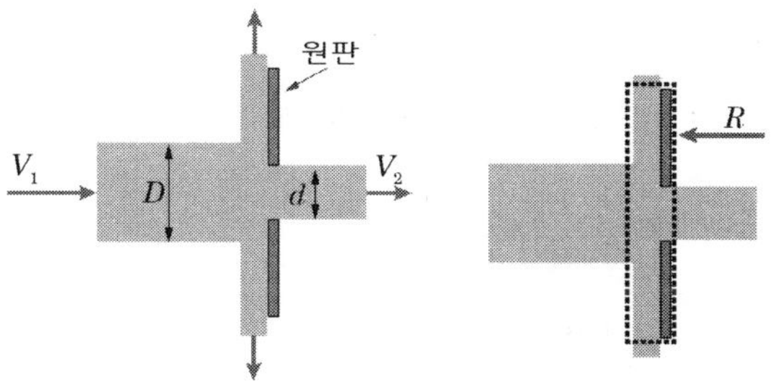

$$\sum F_x = \sum_{o} \dot{m}_o u_o - \sum_{i} \dot{m}_i u_i$$

$$-R = \dot{m}_2 V_2 - \dot{m}_1 V_1 = \left(\rho \frac{\pi d^2}{4} V_2\right) V_2 - \left(\rho \frac{\pi D^2}{4} V_1\right) V_1$$

$$R = \frac{\rho\pi}{4}\left(V_1^2 D^2 - V_2^2 d^2\right)$$

4.19 ②

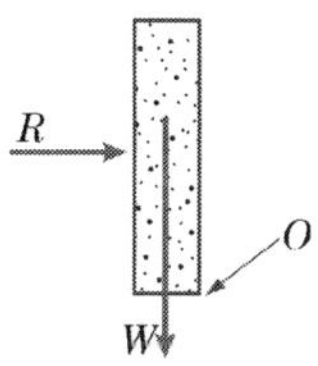

$R \times 0.1 = W \times 0.01$

$W = \rho g(0.2 \times 0.2 \times 0.02) = (800)(9.8)(0.0008) = 6.272\ \text{N}$

$R = 0.672\,\text{N}$

$$V = \sqrt{\frac{R}{\rho A}} = \sqrt{\frac{0.672}{(1000)(0.001)}} = 0.82\ \text{m/s}$$

4.20 ②

$R = \rho(V - V_{cv})^2 A$이다.

$R = (1000)(5-2)^2(0.002) = 18\ \text{N}$

4.21 ①

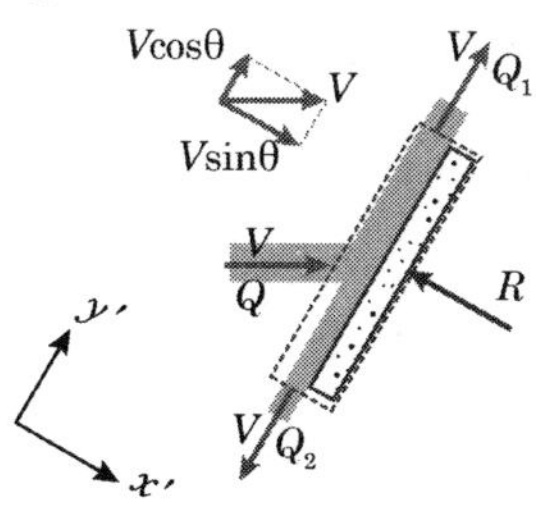

x' 방향 : $-R = \rho VA(0 - V\sin\theta)$ ⇨ $R = \rho V^2 A \sin\theta$

$$V = \sqrt{\frac{R}{\rho A \sin\theta}} = \sqrt{\frac{20}{(1000)(0.004)\sin 45}} = 2.66\ \text{m/s}$$

4.22 ③

$\sum F_x = \dot{m}(u_2 - u_1)$

$R = \dot{m}(V - 0) = \dot{m}V = \rho A V^2 = (2.5)(0.01)(100^2) = 250\,\text{N}$

4.23 ②

운동량 수정계수 : $\beta = \dfrac{\int V^2 dA}{(\overline{V})^2 A}$

***4.24** $R = 6633\,\text{N}$, 방향은 $\theta = 15°$

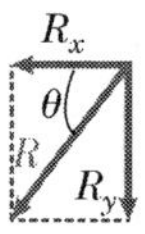

$V_2 = \dfrac{A_1}{A_2} V_1 = \left(\dfrac{0.2}{0.1}\right)^2 (2) = 8$이다.

$\dot{m} = \rho VA = (1000)(2)(\pi)(0.1^2) = 62.8\,\text{kg/s}$

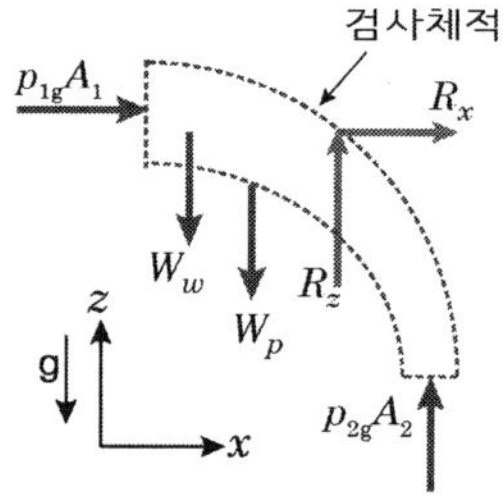

- x방향 : $R_x = -\dot{m}V_1 - p_{1g}A_1 = -6406\,\text{N}$

  R_x의 값이 음이므로 그림에서 나타낸 반대방향인 음의 방향으로 6406 N이 작용한다.

- z방향 : $R_z = -\dot{m}V_2 - p_{2g}A_2 + W_w + W_p = -1719\,\text{N}$

  R_z의 값이 음이므로 그림에서 나타낸 반대방향인 음의 방향으로 작용한다.

  $R = \sqrt{R_x^2 + R_z^2} = \sqrt{6406^2 + 1719^2} = 6633\,\text{N}$

  방향은 $\theta = \tan^{-1}\dfrac{1719}{6406} = 15°$ 이다.

***4.25**
- x방향 성분 : 음의 방향으로 6594 N이 작용
- y방향 성분 : 0이다.

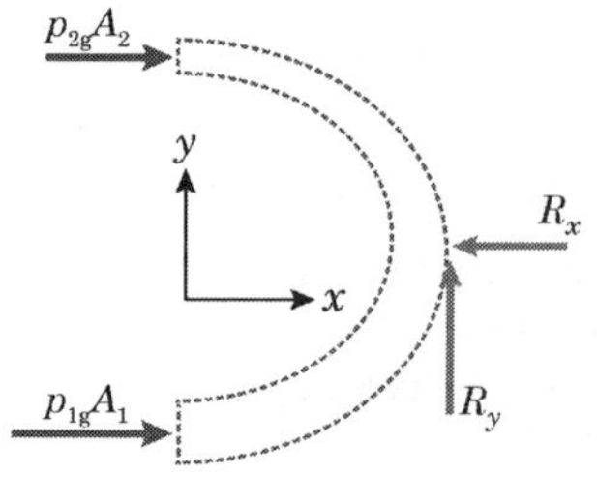

$$V_2 = \frac{A_1}{A_2} V_1 = \left(\frac{0.2}{0.1}\right)^2 (2) = 8$$

$$\dot{m} = \rho VA = (1000)(2)(\pi)(0.1^2) = 62.8 \text{ kg/s}$$

- x방향 : $R_x = p_{1g}A_1 + p_{2g}A_2 + \dot{m}(V_2 + V_1) = 6594 \text{ N}$

  R_x의 값이 양이므로 그림에서 나타낸 방향인 음의 방향으로 작용한다.

- y방향 : $R_y = \dot{m}(v_2 - v_1) = 0$

***4.26** • x방향 성분 : $-x$의 방향으로 7660 N이 작용

- y방향 성분 : $+y$의 방향으로 1254 N이 작용

$$V_2 = \frac{A_1}{A_2} V_1 = \left(\frac{0.2}{0.1}\right)^2 (2) = 8$$

$$\dot{m} = \rho VA = (1000)(2)(\pi)(0.1^2) = 62.8 \text{kg/s}$$

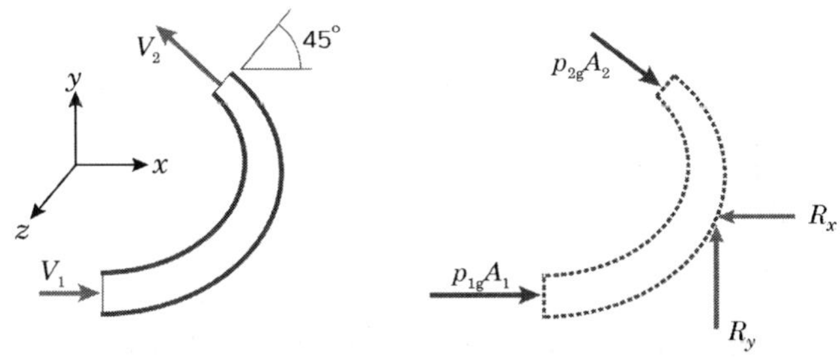

- x방향 : $R_x = p_{1g}A_1 + p_{2g}A_2 \cos 45 + \dot{m}(V_2 \cos 45 + V_1) = 7660 \text{ N}$

  R_x의 값이 양이므로 그림에서 나타낸 방향인 음의 방향으로 작용한다.

- y방향 : $R_y = p_{2g}A_2 \sin 45 + \dot{m}(V_2 \sin 45 - 0) = 1254 \text{ N}$

  R_y의 값이 양이므로 그림에서 나타낸 방향인 +y의 방향으로 작용한다.

***4.27** ① 6.49 m/s, ② 2329 N

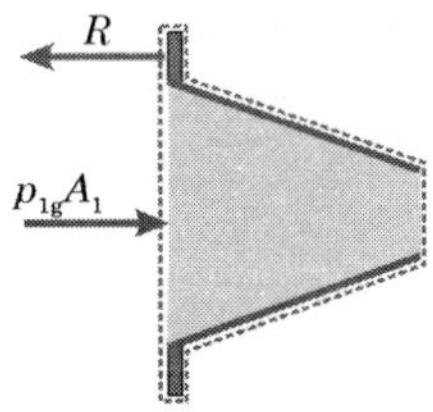

① $p_1 + \frac{1}{2}\rho\left(\frac{d_2}{d_1}\right)^4 V_2^2 = p_2 + \frac{1}{2}\rho V_2^2$

$$V_2 = \sqrt{\frac{2(p_1 - p_2)}{\rho\left[1 - \left(\frac{d_2}{d_1}\right)^4\right]}} = \sqrt{\frac{2(122-101)(1000)}{1000\left[1 - \left(\frac{10}{40}\right)^4\right]}} = 6.49 \text{ m/s}$$

② $V_1 = V_2\left(\frac{d_2}{d_1}\right)^2 = (6.49)\left(\frac{10}{40}\right)^2 = 0.406 \text{ m/s}$

$$R = p_{1g}A_1 - \dot{m}(V_2 - V_1) = 2329 \text{ N}$$

***4.28** 2354 N

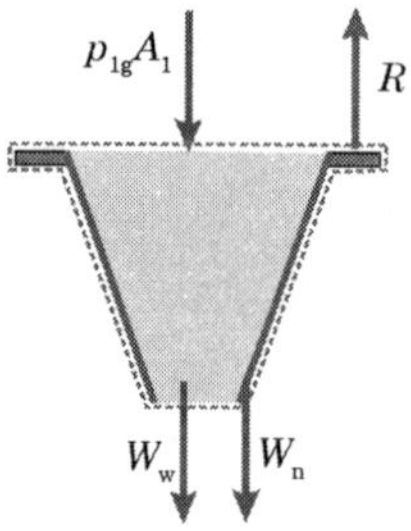

연습문제 4.12로부터

$$R=(p_1-p_{atm})A_1+W_w+W_n-\rho Q^2\left(\frac{1}{A_2}-\frac{1}{A_1}\right)=2354\text{ N}$$

4.29 $\rho A V^2(\cos 60° + \cos 30°)$, $\rho A V^2(\sin 60° - \sin 30°)$

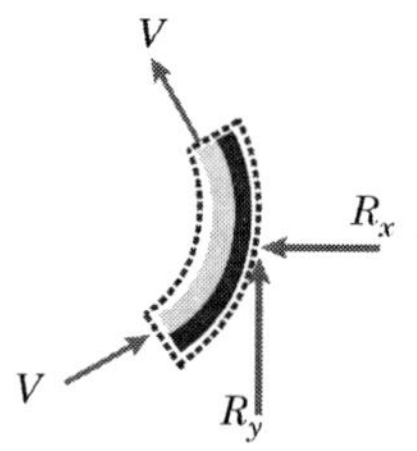

$$\sum F_x = -R_x = \dot{m}(u_2-u_1) = \rho A V[(-V\cos 60)-V\cos 30]$$
$$R_x = \rho A V^2(\cos 60+\cos 30)$$
$$\sum F_y = R_y = \dot{m}(v_2-v_1) = \rho A V[(V\sin 60)-V\sin 30]$$
$$R_y = \rho A V^2(\sin 60-\sin 30)$$

4.30 $\rho\dfrac{\pi D^2}{4}V^2\left(1-\cos\dfrac{\theta}{2}\right)$

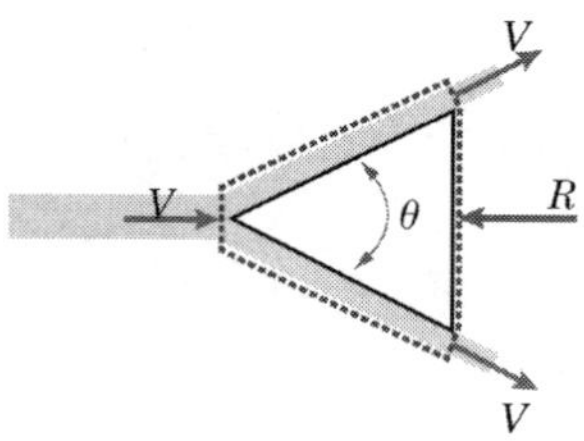

$$\sum F_x = -R = \dot{m}(u_2-u_1) = \rho A V\left(V\cos\frac{\theta}{2}-V\right)$$
$$R=\rho\frac{\pi D^2}{4}V^2\left(1-\cos\frac{\theta}{2}\right)$$

4.31 0.717

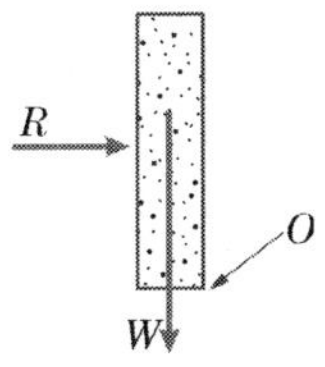

$R = \rho A V^2 = (1000)(0.001)(0.75^2) = 0.5625\text{N}$

$R \times 0.1 = W \times 0.01$

$W = 5.625\ \text{N}$

$W = \rho g(0.2 \times 0.2 \times 0.02) = S(1000)(9.8)(0.0008) = 5.625$

$S = 0.717$

4.32 98 N

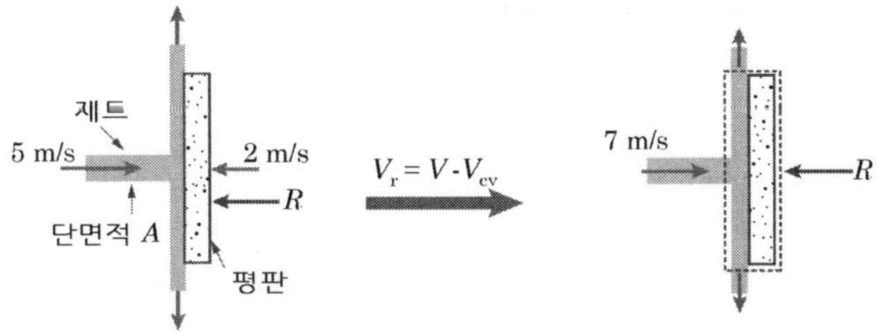

$R = \rho(V - V_{cv})^2 A$이고 $V - V_{cv} = 5 - (-2) = 7$이다.

$R = (1000)(7)^2(0.002) = 98\ \text{N}$

***4.33** ① 2.75 m/s, ② $\theta = 76°$

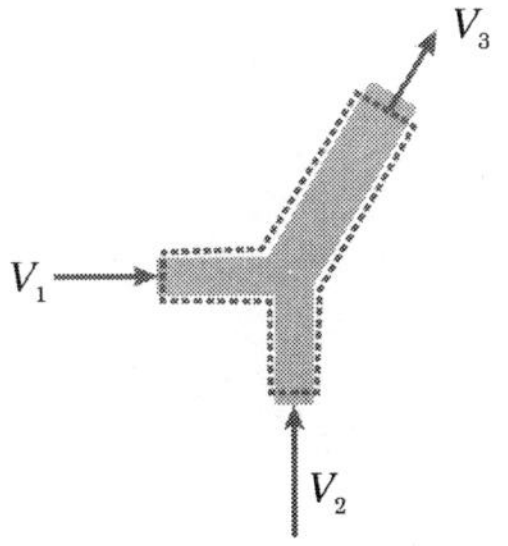

• 연속방정식 : $2A + 4A = V_3 A_3 \Rightarrow A_3 = \dfrac{6A}{V_3}$ ①

$\sum F_x = \sum_{\text{o}} \dot{m}_{\text{o}} u_{\text{o}} - \sum_{\text{i}} \dot{m}_{\text{i}} u_{\text{i}} = 0$

$\Rightarrow (\rho V_3 A_3) V_3 \cos\theta - (\rho V_1 A) V_1 = 0$

$\Rightarrow V_3^2 A_3 \cos\theta = 4A$ ②

$\sum F_y = \sum_{\text{o}} \dot{m}_{\text{o}} v_{\text{o}} - \sum_{\text{i}} \dot{m}_{\text{i}} v_{\text{i}}$

$\Rightarrow (\rho V_3 A_3) V_3 \sin\theta - (\rho V_2 A) V_2 = 0$

$\Rightarrow V_3^2 A_3 \sin\theta = 16A$ ③

②^2 + ③^2 ⇨ $V_3^4 A_3^2 = (4^2 + 16^2) A^2$ ④

① → ④ : $V_3 = \sqrt{\dfrac{4^2 + 16^2}{6^2}} = 2.749$ m/s ⑤

⑤ → ① : $A_3 = \dfrac{6A}{V_3} = \dfrac{(6)(40)}{2.749} = 87.3$ cm^2

③/② : $\tan\theta = 4 \rightarrow \theta = 76°$

Chapter 5

5.1 ②

$$\text{Re} = \frac{\rho VD}{\mu} = \frac{(1)(6)(0.2)}{2 \times 10^{-5}} = 60000 > 4000$$ 난류이다.

5.2 ①

5.3 ②

$$\Delta p = \frac{\tau 2L}{R} = \frac{4\tau L}{D}$$

5.4 ①

$$\tau = \frac{\Delta p R}{2L} = \frac{(40)(0.1)}{(2)(10)} = 0.2 \text{ Pa}$$

5.5 ④

유량은 관 직경의 4승에 비례한다.

$$Q = \frac{\pi D^4 \Delta p}{128 \mu L}$$

5.6 ④

• Hagen-Poiseuille식 : $Q = \dfrac{\pi D^4 \Delta p}{128 \mu L}$

5.7 ④

• Hagen-Poiseuille식 $Q = \dfrac{\pi D^4 \Delta p}{128 \mu L}$ 로부터 $Q \propto D^4$이다.

5.8 ①

$Q = \pi (0.2^2)(0.5) = 0.0628$이고,

$$\Delta p = \frac{128 \mu l Q}{\pi D^4} = \frac{(128)(0.00024)(50)(0.0628)}{\pi (0.4^4)} = 1.2 \text{ Pa}$$

5.9 ③

$$\Delta p = f \frac{L}{D} \frac{\rho V^2}{2} = 14170 \text{Pa}$$

5.10 ②

$$f = h_L \frac{D}{L}\frac{2g}{V^2} = 0.049$$

5.11 ①

층류의 경우 $f = \dfrac{64}{Re} = \dfrac{64\mu}{\rho V}$ 이므로 $f \sim \dfrac{1}{V}$ 이다.

5.12 ②

$$h'_L = \frac{f}{1.2}\frac{L}{D}\frac{(1.2V)^2}{2g} = 1.2f\frac{L}{D}\frac{V^2}{2g} = 1.2h_L$$

5.13 ③

완전히 거친 난류 유동에서는 속도가 증가하여도 f는 일정하다.

$$h'_L = f\frac{L}{D}\frac{(1.2V)^2}{2g} = 1.2^2 h_L = 1.44h_L$$

5.14 ④

5.15 ②

책의 보충설명을 참고하면 다음과 같다.

$$h_L = \frac{(V_1 - V_2)^2}{2g} = \left(1 - \frac{A_1}{A_2}\right)^2 \frac{V_1^2}{2g} = \left(1 - \frac{d^2}{D^2}\right)^2 \frac{V_1^2}{2g}$$

5.16 ③

5.17 ④

$$L_e = \frac{D}{f}K_L = \frac{0.5}{0.025}(4) = 80\,\text{m}$$

5.18 ④

$$h_L = \left(f\frac{L}{D} + \sum K_L\right)\frac{V^2}{2g} = \left(0.022\frac{80}{0.2} + 4 + 4\right)\frac{3^2}{2(9.8)} = 7.714\ \text{m}$$

5.19 ④

다음과 같은 부차적 손실을 고려하여야 한다.

- 관의 입구 : 0.5, 밸브 : 4, 엘보 : 1.5

$$h_L = \left(f\frac{L}{D} + \sum K_L\right)\frac{V^2}{2g} = 2.76$$

5.20 ①

$$D_h = \frac{4A}{P} = \frac{4 \times a^2}{4a} = a$$

5.21 ①

$$D_h = \frac{4A}{P} = \frac{4 \times \frac{\pi}{4}(D_2^2 - D_1^2)}{\pi(D_1 + D_2)} = D_2 - D_1$$

5.22 ④

$$D_h = \frac{4A}{P} = \frac{4ac}{a+2c}$$

5.23 ①

$$D_h = \frac{4A}{P} = \frac{4(1)(2)}{2(1+2)} = 1.333$$

$$h_L = f\frac{L}{D_h}\frac{V^2}{2g} = 0.024\frac{20}{1.333}\frac{10^2}{(2)(9.8)} = 1.84\text{m}$$

5.24 난류

$$\text{Re} = \frac{(0.06)(0.2)}{1.2 \times 10^{-6}} = 10000 \text{ : 난류}$$

5.25 층류

$$\text{Re} = \frac{(0.06)(0.2)}{2 \times 10^{-5}} = 600 \text{ : 층류}$$

5.26 학생의 주장은 옳다.

공기의 동점성계수가 물보다 더 크다. 따라서 동일한 속도에서는 공기가 난류이면 같은 속도의 물은 항상 난류이다.

5.27 100 Pa

$$\Delta p = \frac{4\tau L}{D} = \frac{(4)(20)(0.5)}{0.4} = 100 \text{ Pa}$$

5.28 16배

$$\Delta p = \frac{128\mu LQ}{\pi D^4}$$ 압력차는 직경의 4제곱에 반비례한다.

5.29 $2Q$

유량은 압력강하에 비례한다. : $Q \propto \Delta p$

5.30 2.96 m

$$H - h_L = \frac{V^2}{2g}$$

$$h_L = \left(f\frac{L}{D} + \sum K_L\right)\frac{V^2}{2g} = 13.5\frac{V^2}{2g}$$

$$H = (13.5+1)\frac{V^2}{2g} = 14.5\frac{2^2}{2(9.8)} = 2.96 \text{ m}$$

5.31 1.64 m/s

$$H-h_L=\frac{V^2}{2g}$$

$$h_L=\left(f\frac{L}{D}+\sum K_L\right)\frac{V^2}{2g}=13.5\frac{V^2}{2g}$$ 이므로

$$H=(13.5+1)\frac{V^2}{2g}$$

$$V=\sqrt{\frac{2gH}{14.5}}=1.64\text{ m/s}$$

이다.

5.32 $\frac{\sqrt{3}}{3}a$

$$D_h=\frac{4A}{P}=\frac{4\times\frac{1}{2}(a)\left(\frac{\sqrt{3}}{2}a\right)}{3a}=\frac{\sqrt{3}}{3}a$$

5.33 3.19 m

$$D_h=\frac{4A}{P}=\frac{4\times\frac{\pi}{4}(D_2^2-D_1^2)}{\pi(D_1+D_2)}=D_2-D_1$$

$$D_h=D_2-D_1=0.3-0.2=0.1$$

$$h_L=f\frac{L}{D_h}\frac{V^2}{2g}=0.025\frac{10}{0.1}\frac{5^2}{(2)(9.8)}=3.19\text{m}$$

5.34 (1) 30.15 m (2) 266 kPa

(1) $\text{Re}=\frac{\rho VD}{\mu}=\frac{(900)(10)(0.2)}{0.0002}=9.0\times10^6$

$\text{Re}=9.0\times10^6$과 $\varepsilon/D=0.001$을 이용하여, Moody 선도로부터 마찰계수는 다음과 같다.

$f\simeq0.0197$

$$h_L=f\frac{L}{D}\frac{V^2}{2g}=(0.0197)\frac{60}{0.2}\frac{10^2}{2(9.8)}=30.15\text{ m}$$

(2) $\Delta p=\rho gh_L=(900)(9.8)(30.15)=265950\text{ pa}=266\text{ kpa}$

Chapter 6

6.1 ④

6.2 ④

6.3 ④

6.4 ④

$$H=\frac{p_2-p_1}{\rho g}+z_2-z_1=32.85\,\text{m}$$

6.5 ③

앞의 문제에서 구한 전양정은 32.85m이다.

$\dot{W}_{\text{w}}=\rho gQH=(1000)(9.8)(1/60)(32.85)=5366\,\text{W}$

6.6 ④

$\dot{W}_{\text{w}}=\rho gQH=(1000)(9.8)(1/60)(32.85)=5366\,\text{W}$

$$\dot{W}_{\text{shaft}}=\frac{\dot{W}_{\text{w}}}{\eta_{\text{p}}}=\frac{5366}{0.85}=6313\,\text{W}$$

6.7 ②

두 탱크의 수면이 대기에 노출되어 있으므로, 실양정은 실제 수면의 높이차이다.

6.8 ③

6.9 ④

$\dot{W}_{\text{w}}=\rho gQH=(1000)(9.8)(0.02)(30)=5880\,\text{W}$

6.10 ④

$$\dot{W}_{\text{shaft}}=\frac{\dot{W}_{\text{w}}}{\eta_{\text{p}}}=\frac{5880}{0.9}=6533\,\text{W}$$

6.11 ④

$$H=\frac{V_2^2}{2g}+z_2-z_1+h_{\text{L}}=31\,\text{m}$$

6.12 ③

$Q=\pi R^2V=\pi(0.05^2)(4.5)=0.0353$

$\dot{W}_{\text{w}}=\rho gQH=(1000)(9.8)(0.0353)(31)=10732\,\text{W}$

6.13 ④

$$\dot{W}_{\text{shaft}}=\frac{\dot{W}_{\text{w}}}{\eta_{\text{p}}}=\frac{10732}{0.9}=11924\,\text{W}$$

6.14 ②

6.15 ②

$$Q_2=\frac{N_2}{N_1}Q_1=\frac{1400}{1200}0.025=0.029\,\text{m}^3/\text{s}$$

6.16 ③

$$H_2 = \left(\frac{N_2}{N_1}\right)^2 H_1 = \left(\frac{1400}{1200}\right)^2 50 = 68.1\,\text{m}$$

6.17 ④

$$N_2 = \frac{Q_2}{Q_1} N_1 = \frac{0.024}{0.02} 1200 = 1440\,\text{rpm}$$

$$H_2 = \left(\frac{N_2}{N_1}\right)^2 H_1 = \left(\frac{1440}{1200}\right)^2 40 = 57.6\,\text{m}$$

6.18 ④

$$\dot{W}_2 = \dot{W}_1 \left(\frac{D_2}{D_1}\right)^5 \left(\frac{N_2}{N_1}\right)^3 = (50)(1.2)^5 \left(\frac{1600}{1400}\right)^3 = 186\,\text{kW}$$

6.19 ①

6.20 ②

$$Q = 1500\,l/\text{min} = \frac{1.5\text{m}^3}{\text{min}} = 1.5\,\text{m}^3/\text{min},$$

$$n_s = \frac{NQ^{1/2}}{H^{3/4}} = \frac{(1200)(1.5)^{1/2}}{20^{3/4}} = 155\,(\text{m},\text{m}^3/\text{min},\text{rpm})$$

6.21 ④

6.22 ④

$$n_s = \frac{N(1.5Q)^{1/2}}{(0.9H)^{3/4}} = \frac{N(1.5Q)^{1/2}}{(0.9H)^{3/4}} = 1.325\frac{NQ^{1/2}}{H^{3/4}} = (1.325)(2000) = 2650$$

6.23 ①

$$\text{NPSH} = \left(\frac{p}{\rho g} + \frac{V^2}{2g}\right)_{\text{Pump 입구}} - \frac{p_\text{v}}{\rho g} = 5.13\,\text{m}$$

***6.24** ③

$$\text{NPSH} = \left(\frac{p}{\rho g} + \frac{V^2}{2g}\right)_2 - \frac{p_\text{v}}{\rho g} = \frac{p_1 - p_\text{v}}{\rho g} - h_\text{s} - h_\text{L} = 6.91\,\text{m}$$

6.25 ①

6.26 ④

6.27 ①

6.28 ①

6.29 ④

6.30 ①

6.31 ③

$p_{\mathrm{ft}} = (120-118) = 2\,\mathrm{kPa} = 2000\,\mathrm{Pa}$

$\dot{W}_{\mathrm{tp}} = p_{\mathrm{ft}} Q = (2000)(4) = 8000\,\mathrm{W}$

축동력은 $\dot{W}_{\mathrm{shaft}} = \dfrac{\dot{W}_{\mathrm{tp}}}{\eta_{\mathrm{tp}}} = \dfrac{8000}{0.9} = 8889\,\mathrm{W}$

***6.32** (1) 25.0 m (2) 35.0 m (3) 6.85 kW (4) 7.62 kW

(1) $H_a = h_a + \dfrac{p_2 - p_1}{\rho g} = 20 + \dfrac{(150-101.3)(1000)}{(1000)(9.8)} = 24.97\,\mathrm{m}$

(2) $H = H_a + h_L = 24.97 + 10 = 34.97\,\mathrm{m}$

(3) $\dot{W}_{\mathrm{w}} = \rho g Q H = (1000)(9.8)(0.02)(34.97) = 6854\,\mathrm{W}$

(4) $\dot{W}_{\mathrm{shaft}} = \dfrac{\dot{W}_{\mathrm{w}}}{\eta_{\mathrm{p}}} = \dfrac{6854}{0.9} = 7616\,\mathrm{W}$

6.33 (1) 0.050 m^3/s (2) 98 m

(1) $\dfrac{Q_2}{Q_1} = \left(\dfrac{D_2}{D_1}\right)^3 \dfrac{N_2}{N_1} \Rightarrow Q_2 = \left(\dfrac{D_2}{D_1}\right)^3 \dfrac{N_2}{N_1} Q_1 = (1.2^3)\dfrac{1400}{1200} 0.025 = 0.0504\,\mathrm{m^3/s}$

(2) $\dfrac{H_2}{H_1} = \left(\dfrac{D_2}{D_1}\right)^2 \left(\dfrac{N_2}{N_1}\right)^2 \Rightarrow H_2 = \left(\dfrac{D_2}{D_1}\right)^2 \left(\dfrac{N_2}{N_1}\right)^2 H_1 = (1.2^2)\left(\dfrac{1400}{1200}\right)^2 50 = 98\,\mathrm{m}$

6.34 (1) 1.129배 (2) 63.7 m

(1) $\dfrac{Q_2}{Q_1} = \left(\dfrac{D_2}{D_1}\right)^3 \dfrac{N_2}{N_1} \Rightarrow \dfrac{D_2}{D_1} = \left(\dfrac{Q_2}{Q_1}\right)^{1/3} = \left(\dfrac{0.036}{0.025}\right)^{1/3} = 1.129$

(2) $\dfrac{H_2}{H_1} = \left(\dfrac{D_2}{D_1}\right)^2 \left(\dfrac{N_2}{N_1}\right)^2 \Rightarrow H_2 = \left(\dfrac{D_2}{D_1}\right)^2 H_1 = (1.129^2)\, 50 = 63.7\,\mathrm{m}$

***6.35** 6단

$n_s = \dfrac{NQ^{1/2}}{(H/n)^{3/4}} = \dfrac{(1200)(1.5)^{1/2}}{(120/n)^{3/4}} = 155$ 에서 n = 6이다.

***6.36** 643.5kg$_f$·m/s, 8.47 HP

$H = \dfrac{p_2 - p_1}{\rho g} + z_2 - z_1 = 32.85\,\mathrm{m}$

• 수동력 : $\dot{W}_{\mathrm{w}} = \rho g Q H = (1000)(9.8)(1/60)(32.85) = 5366\,\mathrm{W}$

• 축동력 : $\dot{W}_{\mathrm{shaft}} = \dfrac{\dot{W}_{\mathrm{w}}}{\eta_{\mathrm{p}}} = \dfrac{5366}{0.85} = 6313\,\mathrm{W}$

$6313\,\mathrm{W} = \dfrac{6313}{9.81}\,\mathrm{kg_f \cdot m/s} = 643.5\,\mathrm{kg_f \cdot m/s}$

$643.5\,\mathrm{kg_f \cdot m/s} = \dfrac{643.5}{76}\,\mathrm{HP} = 8.47\,\mathrm{HP}$

6.37 96.4%

$$p_{\mathrm{ft}} = (1.23-1.21)\frac{\mathrm{kg_f}}{\mathrm{cm}^2} = 0.02\frac{9.8\,\mathrm{N}}{10^{-4}\mathrm{m}^2} = 1960\frac{\mathrm{N}}{\mathrm{m}^2} = 1960\mathrm{Pa}$$

$$\dot{W}_{\mathrm{tp}} = p_{\mathrm{ft}}Q = (1960)\left(\frac{36}{60}\right) = 1176$$

$$\eta_{\mathrm{tp}} = \frac{\dot{W}_{\mathrm{tp}}}{\dot{W}_{\mathrm{shaft}}} = \frac{1.176}{1.22} = 0.964$$

Chapter 7

7.1 ①

7.2 ①

7.3 ②

7.4 ④

7.5 ④

7.6 ③

$$H = U + p\mathrm{V} = 200000 + (22000)(2) = 244000\,\mathrm{J} = 244\,\mathrm{kJ}$$

7.7 ④

7.8 ①

7.9 ②

7.10 ①

$$R = c_p - c_v = 841.8 - 652.9 = 188.9\,\mathrm{J/kg\cdot K}$$

7.11 ④

$$R = c_p - c_v = 841.8 - 652.9 = 188.9\,\mathrm{J/kg\cdot K}$$

$$M = \frac{8314}{188.9} = 44$$

7.12 ④

$$R = \frac{8314}{28} = 297\,\mathrm{J/kg\cdot K}$$

$$c_p = \frac{kR}{k-1} = \frac{(1.4)(297)}{0.4} = 1039.5\,\mathrm{J/kg\cdot K}$$

7.13 ③

$$\Delta U = mC_v(T_2 - T_1) = (3)(4)(100) = 1200\,\mathrm{kJ}$$

7.14 ④

$\Delta H = mC_p(T_2 - T_1) = (3)(5)(100) = 1500\,\text{kJ}$

7.15 ④

$M = \frac{m}{pV}\overline{R}\,T = \frac{(2)(8314)(323.15)}{(42000)(4)} = 32$

7.16 ③

$m = \frac{pV}{RT} = \frac{(120000)(5)}{(287)(373.15)} = 5.6\,\text{kg}$

7.17 ①

$R = \frac{\text{일반기체상수}}{\text{분자량}}$ 이기 때문에 수소의 분자량이 가장 작고, 따라서 수소의 기체상수가 가장 크다.

7.18 ④

$m = \frac{pV}{RT} \sim \frac{1}{R}$ 에서 $R = \frac{\text{일반기체상수}}{\text{분자량}}$ 이기 때문에 산소의 분자량이 가장 크고, 산소의 기체상수가 가장 작고 따라서 산소의 질량이 가장 크다.

7.19 ①

$V = \frac{mRT}{p} \sim R$에서 $R = \frac{\text{일반기체상수}}{\text{분자량}}$ 이기 때문에 수소의 분자량이 가장 작고, 수소의 기체상수가 가장 크고 따라서 수소의 부피가 가장 크다.

7.20 ①

$V = \frac{mRT}{p}$ 에서 $V = \frac{m\frac{\overline{R}}{M}T}{p} \sim \frac{1}{M}$ 수소 분자량 2, 산소분자량 32 → 16배이므로 4 * 1/16 = 0.25 m^{3}이다.

7.21 ①

7.22 ④

7.23 ①

7.24 ①

7.25 ④

삼중점에서의 압력보다 낮은 일정압력에서 가열하면 온도가 높아지고 얼음(고체) → 수증기(기체)로 바뀐다.

7.26 ④

$v = \frac{V}{m} = \frac{1.32}{2.2} = 0.6\ \text{m}^3/\text{kg}$

$$x = \frac{v - v_f}{(v_g - v_f)} = \frac{0.6 - 0.001}{1.159 - 0.001} = 0.517$$

7.27 ③

$Q_{12} = \Delta U + W_{12}$

$W_{12} = Q_{12} - \Delta U = 420 - 100 = 320\,\text{kJ}$

7.28 ④

$U_2 - U_1 = mC_v(T_2 - T_1) = (0.50)(4)(5) = 10\,\text{kJ}$

$W = Q - (U_2 - U_1) = 40 - 10 = 30\,\text{kJ}$

7.29 ①

$p - V$ 선도 아래 면적은 일을 나타낸다.

7.30 ②

$T - S$ 선도 아래 면적은 열을 나타낸다.

7.31 ①

7.32 ③

온도는 올라갈 수도, 내려갈 수도, 일정할 수도 있다.

7.33 ②

$\mu = \left.\frac{\partial T}{\partial p}\right)_h$ 인데 압력은 항상 감소하므로, 온도가 올라가면 Joule-Thomson 계수는 음이다.

7.34 ③

$$h_1 - h_2 = \frac{1}{2}(V_2^2 - V_1^2) = \frac{1}{2}(140^2 - 5^2) = 9788\,\text{J/kg}$$

7.35 ④

냉동기를 이용하면 열은 찬 곳에서 더운 곳으로 이동한다.

7.36 1257 kJ

$$c_p = c_v + R = 4 + \frac{8.314}{44} = 4.189\,\text{kJ/kg} \cdot \text{K}$$

$\Delta H = mc_p(T_2 - T_1) = (3)(4.189)(100) = 1257\,\text{kJ}$

7.37 (1) 0.0161 (2) 0.0197 m^3/kg

(1) $m_f = \frac{V_f}{v_f} = \frac{0.2}{0.001} = 200$

$m_g = \frac{V_g}{v_g} = \frac{3.8}{1.159} = 3.28$

$m = m_f + m_g = 200 + 3.28 = 203.28$

$$x = \frac{m_g}{m} = \frac{3.28}{203.28} = 0.01614$$

(2) $$v = \frac{V}{m} = \frac{4}{203.28} = 0.0197\ m^3/kg$$

7.38 (1) 0.5 m^3/kg (2) 0.431 (3) 0.862 kg, 1.138 kg (4) 1417 kJ/kg, 2834 kJ

(1) $$v = \frac{V}{m} = \frac{1}{2} = 0.5\ m^3/kg$$

(2) $$x = \frac{v - v_f}{v_{fg}} = \frac{0.5 - 0.001}{1.159 - 0.001} = 0.431$$

(3) $$m_g = xm = (0.431)(2) = 0.862\ kg$$

$$m_f = m - m_g = 2 - 0.862 = 1.138\ kg$$

(4) $$h = h_f + xh_{fg} = 460 + (0.431)(2220) = 1417\ kJ/kg$$

$$H = mh = (2)(1417) = 2834\ kJ$$

***7.39** (1) 30.47 kPa (2) 225.9 J/kg · K (3) 0.6, 0.4 (4) 18.18 kPa, 12.19 kPa

(1) $$n_{O_2} = \frac{4.8}{32} = 0.15,\ n_{CO_2} = \frac{4.4}{44} = 0.1$$

혼합기체의 전체 몰수는 0.15 + 0.1 = 0.25 kmol이다.

$$p = \frac{n\overline{R}T}{V} = \frac{(0.25)(8314)(20+273.15)}{20} = 30466\ Pa = 30.47\ kPa$$

(2) $$M = \frac{\sum_{i=1}^{k} m_i}{n} = \frac{4.8+4.4}{0.25} = 36.8$$

$$R = \frac{\overline{R}}{M} = \frac{8314}{36.8} = 225.9\ \frac{J}{kg \cdot K}$$

(3) $$y_{O_2} = \frac{0.15}{0.25} = 0.6,\ y_{CO_2} = \frac{0.1}{0.25} = 0.4$$

(4) $$p_{O_2} = y_{O_2}p = (0.6)(30.47) = 18.28\ kPa$$

$$p_{CO_2} = y_{CO_2}p = (0.4)(30.47) = 12.19\ kPa$$

***7.40** (1) 28 (2) 279.9 J/kg · K

(1) $$n = \frac{pV}{\overline{R}T} = \frac{(54290)(20)}{(8314)(373.15)} = 0.35$$

$$n_{O_2} = \frac{4.8}{32} = 0.15$$

$$n_A = 0.35 - 0.15 = 0.2$$

기체A의 분자량 $= \frac{5.6}{0.2} = 28$

(2) $$M = \frac{\sum_{i=1}^{k} m_i}{n} = \frac{4.8+5.6}{0.35} = 29.7$$

$$R = \frac{\overline{R}}{M} = \frac{8314}{29.7} = 279.9 \frac{\text{J}}{\text{kg} \cdot \text{K}}$$

7.41 100 kJ, 사이클에서의 열역학 제 1법칙으로부터 한 일은 공급받은 열과 같다.

7.42 (1) 15 kJ (2) 7.5℃

(1) $U_2 - U_1 = Q - W = 50 - 35 = 15\,\text{kJ}$

(2) $\Delta T = \dfrac{U_2 - U_1}{m C_v} = \dfrac{15}{(0.5)(4)} = 7.5\,℃$

Chapter 8

8.1 ④

8.2 ④

8.3 ②

8.4 ③

$$\eta_C = 1 - \frac{T_C}{T_H} = 1 - \frac{373.15}{673.15} = 0.446 = 44.6\%$$

8.5 ③

$$Q_C = Q_H \frac{T_C}{T_H} = (200)\frac{373.15}{673.15} = 111\ \text{kJ}$$

8.6 ②

$$Q_C = Q_H \frac{T_C}{T_H} = (200)\frac{373.15}{673.15} = 111\ \text{kJ}$$

$$W = Q_H - Q_C = 200 - 111 = 89\,\text{kJ}$$

8.7 ④

$\eta_C = 1 - \dfrac{T_C}{T_H}$ 이므로 $\dfrac{T_C}{T_H}$ 가 가장 작은 것이 효율이 가장 크다.

8.8 ①

정적과정이므로 $W = \int_1^2 p d\text{V} = 0$ 이다.

8.9 ①

$$W = \int_1^2 p d\text{V} = p\int_1^2 d\text{V} = p(\text{V}_2 - \text{V}_1) = 1200000\,\text{J} = 1200\,\text{kJ}$$

8.10 ④

$$W=\int_1^2 pd\mathrm{V}=p_1\mathrm{V}_1\ln\frac{\mathrm{V}_2}{\mathrm{V}_1}=940000\,\mathrm{J}=940\,\mathrm{kJ}$$

8.11 ②

$$p_2=p_1\left(\frac{\mathrm{V}_1}{\mathrm{V}_2}\right)^{\mathrm{k}}=(400)\left(\frac{5}{8}\right)^{1.4}=207.2\,\mathrm{kPa}$$

8.12 ③

$$p_2=p_1\left(\frac{\mathrm{V}_1}{\mathrm{V}_2}\right)^{k}=(400)\left(\frac{5}{8}\right)^{1.4}=207.2\,\mathrm{kPa}$$

$$W=\frac{p_2\mathrm{V}_2-p_1\mathrm{V}_1}{1-k}=\frac{(207.2)(8)-(400)(5)}{1-1.4}=856\,\mathrm{kJ}$$

8.13 ②

$$W=\frac{mR(T_2-T_1)}{1-k}=\frac{(5)(200)(100-200)}{1-1.4}=250000\,\mathrm{J}=250\,\mathrm{kJ}$$

8.14 ①

$$p_2=p_1\left(\frac{\mathrm{V}_1}{\mathrm{V}_2}\right)^2=(200)\left(\frac{4}{6}\right)^2=88.9\,\mathrm{kPa}$$

8.15 ①

$$p_2=p_1\left(\frac{\mathrm{V}_1}{\mathrm{V}_2}\right)^2=(200)\left(\frac{4}{6}\right)^2=88.9\,\mathrm{kPa}$$

$$W=\frac{p_2\mathrm{V}_2-p_1\mathrm{V}_1}{1-n}=\frac{(88.9)(6)-(200)(4)}{1-2}=266.6\,\mathrm{kJ}$$

8.16 ③

$$W=\frac{mR(T_2-T_1)}{1-n}=\frac{(5)(200)(100-400)}{1-2}=300000\,\mathrm{J}=300\,\mathrm{kJ}$$

8.17 ①

정적과정일 때

$Q=\Delta U=m\Delta u=mc_{\mathrm{v}}\Delta T=(5)(10)(200-100)=5000\,\mathrm{J}$이다.

8.18 ②

정압과정일 때 $c_p=kc_{\mathrm{v}}=(1.3)(10)=13$

$Q=\Delta H=m\Delta h=mc_p\Delta T=(5)(13)(100)=6500\,\mathrm{J}$이다.

8.19 ③

$\dot{Q}=kA\dfrac{\Delta T}{\Delta x}$에서 온도차 2배, 두께 1/2이다. 온도차에 비례하고, 두께에 반비례하므로 4배가 되어 800 W이다.

8.20 ③

$$\dot{Q}=(50)A\frac{40}{0.2}=(100)A\frac{60}{\Delta x}$$

$$\Delta x=\frac{100}{50}\frac{60}{40}0.2=0.6\,\text{m}$$

8.21 ④

$$\dot{Q}=(50)A\frac{40}{0.2}=kA\frac{20}{0.4}$$

$$k=(50)\frac{40}{0.2}\frac{0.4}{20}=200\,\text{W/m}\cdot\text{K}$$

8.22 ①

$$\dot{Q}_2=k(2A)\frac{2\Delta T}{2\Delta x}=2kA\frac{\Delta T}{\Delta x}=2\dot{Q}_1$$

8.23 ④

$$\dot{Q}=h(2\pi RL)(T_w-T_\infty)=(40)(2\pi)(0.1)(1)(50-10)=1004.8\,\text{W}$$

8.24 ①

$$h=\frac{\dot{Q}}{(2\pi RL)(T_w-T_\infty)}=\frac{2000}{(2\pi)(0.2)(1)(60-20)}=39.8\,\text{W/m}^2\cdot\text{K}$$

8.25 ②

$$\dot{Q}=h(4\pi R^2)(T_w-T_\infty)=(40)(4\pi)(0.1^2)(50-10)=201\,\text{W}$$

8.26 ①

$$h=\frac{\dot{Q}}{(4\pi R^2)(T_w-T_\infty)}=\frac{500}{(4\pi)(0.2^2)(60-10)}=19.9\,\text{W/m}^2\cdot\text{K}$$

8.27 ②

$$\dot{Q}_1=h(4\pi R^2)(T_w-T_\infty)$$

$$\dot{Q}_2=h(4\pi(2R)^2)(T_w-T_\infty)$$

따라서 1 : 4이다.

8.28 ③

$$E=\sigma T^4=(5.67\times10^{-8})(373.15^4)=1099\ \text{W/m}^2$$

8.29 ②

$$E=\epsilon\sigma T^4=(0.7)(5.67\times10^{-8})(473.15^4)=1989\ \text{W/m}^2$$

8.30 ②

$E=\epsilon\sigma T^4$이므로,

$$\frac{T_2^4}{T_1^4}=\left(\frac{423.15}{373.15}\right)^4=1.65$$ 배이다.

8.31 ③

$$\epsilon = \frac{\dot{Q}}{\sigma A\left(T_1^4 - T_2^4\right)} = \frac{4000}{(5.67\times 10^{-8})(2)(473.15^4 - 293.15^4)} = 0.825$$

8.32 ②

복사 열전달을 무시할 수 있을 때 다음 식이 성립한다.

$$100A\frac{50-40}{0.4} = hA(40-20)$$

$h = 125\ \mathrm{W/m^2 \cdot K}$

8.33 ②

복사 열전달을 무시할 수 있을 때 다음 식이 성립한다.

$$kA\frac{50-40}{0.4} = 200A(40-20)$$

$k = 160\ \mathrm{W/m \cdot K}$

8.34 (1) 140.6 kJ (2) 59.4 kJ (3) 29.7%

(1) $\dfrac{Q_C}{Q_H} = \dfrac{T_C}{T_H} \Rightarrow Q_C = Q_H\dfrac{T_C}{T_H} = (200)\dfrac{473.15}{673.15} = 140.6\ \mathrm{kJ}$

(2) $W = Q_H - Q_C = 200 - 140.6 = 59.4\,\mathrm{kJ}$

(3) $\eta_C = 1 - \dfrac{T_C}{T_H} = 1 - \dfrac{473.15}{673.15} = 0.297 = 29.7\%$

8.35 1법칙은 위배되지 않는다. Carnot 기관의 열효율보다 높으므로 불가능하다.

$Q = 400 - 200 = 200$

열기관은 사이클을 이루므로,

$Q = W$가 성립하여 1법칙은 위배되지 않는다.

2법칙 관점에서 보면, $\eta = \dfrac{W}{Q_H} = \dfrac{200}{400} = 0.5 = 50\%$

$$\eta_C = 1 - \frac{T_C}{T_H} = 1 - \frac{473.15}{673.15} = 0.297 = 29.7\%$$

어떤 열기관도 Carnot 기관의 열효율보다 낮으므로 불가능하다.

8.36 2종 영구기관

8.37 101.1 kJ

$$\Delta H = m\int_{373.15}^{473.15} c_p dT = m\int_{373.15}^{473.15}(1.68 + 0.002\,T)dT = 101.1\mathrm{kJ}$$

8.38 2.53 kJ/kg · K

연습문제 8.37에서

$$\Delta H = m\int_{373.15}^{473.15} c_p dT = m\int_{373.15}^{473.15}(1.68 + 0.002\,T)dT = 101.1\,\mathrm{kJ}$$

$$\overline{C_p} = \frac{H}{m\Delta T} = \frac{101.1}{(0.4)(100)} = 2.53\,\text{kJ/kg}\cdot\text{K}$$이다.

8.39 정압과정 - 등온과정 - 등엔트로피 과정의 순이다.

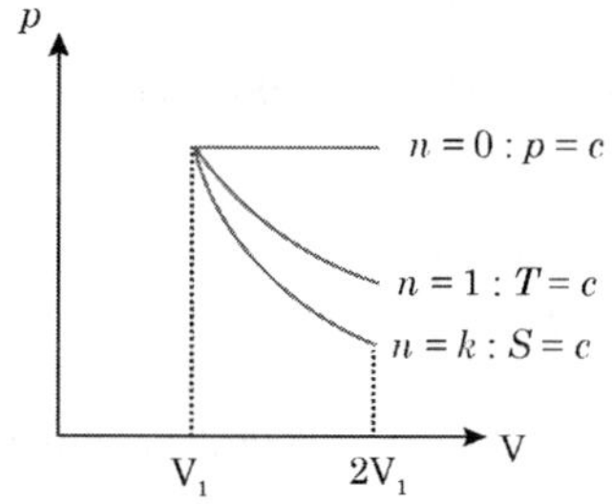

그림에서 곡선의 아래가 일의 크기이다. 따라서 일의 크기는 정압과정 - 등온과정 - 등엔트로피 과정의 순이다.

8.40 (1) AB : 800 kJ 시스템이 한 일, BC : 0, DA : 0, CD : 400 kJ 시스템이 받은 일

(2) 400 kJ 시스딤이 한 일

(3) 400 kJ 시스템으로 전달된 열

(1) $W_{AB} = p\Delta V = (200)(6-2) = 800\,\text{kJ}$ 시스템이 한 일

$W_{BC} = p\Delta V = 0\,\text{kJ}$

$W_{CD} = p\Delta V = (100)(2-6) = -400\,\text{kJ}$ 시스템이 받은 일

$W_{DA} = p\Delta V = 0\,\text{kJ}$

(2) $W = 800 - 400 = 400\,\text{kJ}$

양의 값이므로 시스템이 한일이다.

(3) $Q = W = 400\,\text{kJ}$

양이므로 시스템으로 전달된 것이다.

8.41 연습문제 8.40과 크기는 모두 같다. 일은 시스템으로 전달된 것이고 열은 시스템에서 주위로 전달된 것이다.

8.42 (1) 200 kJ, 시스템이 받은 일

(2) 200 kJ, 시스템에서 주위로 전달된 열

(3) 모두 0이다.

(1) $|W_{ABCA}| = \frac{1}{2}(200-100)(6-2) = 200\,\text{kJ}$

사이클이 시계 반대방향 이므로 부호는 -이다. 시스템이 받은 일이다.

(2) $Q = W = -200\,\text{kJ}$ kJ

음이므로 시스템에서 주위로 전달된 것이다.

(3) 내부에너지와 엔탈피, 엔트로피는 상태량이므로 변화가 없다.

8.43 연습문제 8.42와 크기는 같고 일은 시스템이 한 일이고, 열은 시스템으로 전달된 것이다.

8.44 (1) AB : 50 kJ, 시스템으로 전달된 열, BC : 0, DA : 0, CD : 30 kJ, 시스템에서 주위로 전달된 열

(2) 20 kJ, 시스템으로 전달된 열

(3) 20 kJ, 시스템이 한 일

(1) $Q_{AB} = \int_A^B TdS = T_A \Delta S = (500)(300-200) = 50000\,\text{J} = 50\,\text{kJ}$

시스템으로 전달된다.

$Q_{BC} = \int_B^C TdS = 0\,\text{kJ}$

$Q_{CD} = \int_C^D TdS = T_A \Delta S = (300)(200-300) = -30000\,\text{J} = -30\,\text{kJ}$

시스템에서 주위로 전달된다.

$Q_{DA} = \int_D^A TdS = 0\,\text{kJ}$

(2) $Q = 50000 - 30000 = 20000\,\text{J} = 20\,\text{kJ}$

양의 값이므로 시스템으로 전달된다.

(3) 사이클을 이루므로 $W = Q = 20\,\text{kJ}$

양이므로 시스템이 한 일이다.

8.45 연습문제 8.44와 크기는 같고 부호는 반대이므로 열은 시스템에서 외부로 전달된 것이고, 일은 시스템이 받은 일이다.

8.46 (1) 10 kJ, 시스템에서 외부로 전달된 열

(2) 10 kJ, 시스템이 받은 일

(3) 모두 0이다.

(1) $|Q_{ABCA}| = \frac{1}{2}(500-300)(300-200) = 10000\,\text{J} = 10\,\text{kJ}$

사이클이 시계 반대방향 이므로 부호는 -이다.

시스템에서 외부로 전달

(2) $W = Q = -10\,\text{kJ}$

음이므로 시스템이 받은 일

8.47 연습문제 8.46과 크기는 같고 부호는 반대이므로 열은 시스템으로 전달된 것이고, 일은 시스템이 한 일이다.

8.48 (1) 250 kPa (2) 940 kJ

(1) $p_2 = p_1 \frac{V_1}{V_2} = (400)(\frac{5}{8}) = 250\,\text{kPa}$

(2) $W = \int_1^2 pdV = \int_1^2 \frac{c}{V} dV = p_1 V_1 \ln \frac{V_2}{V_1} = 940000\,\text{J}$

등온이므로 $\Delta U = 0$이고, 따라서 열역학 1법칙에서

$Q = U_2 - U_1 + W = W = 940\,\text{kJ}$이다.

8.49 (1) 1546 K (2) 4175 kJ

(1) $T_2 = T_1 \dfrac{V_2}{V_1} = (773.15)\dfrac{8}{4} = 1546.3\,\text{K}$

(2) $c_p = \dfrac{kR}{k-1} = \dfrac{(1.2)(0.45)}{1.2-1} = 2.7\,\text{kJ/kg}\cdot\text{K}$

$Q = \Delta H = mc_p(T_2 - T_1) = (2)(2.7)(1546.3 - 773.15) = 4175\,\text{kJ}$

찾아보기

| 저자약력 |

권오붕

• 공 학 사 : 서울대학교 공과대학
• 공학석사 : 서울대학교 대학원
• 공학박사 : University of Illinois at Urbana-Champaign
• 현) 부경대학교 기계공학과 교수

정가 25,000원

소방유체역학의 이해

2016년 3월 30일 초판 인쇄
2016년 4월 8일 초판 발행
저 자 : 권오붕
발행자 : 우명찬 · 송 준
발행처 : 홍릉과학출판사
주 소 : 서울시 강북구 인수봉로 50길 10
01093
등 록 : 1976년 10월 21일 제5-66호
전 화 : (02) 999-2274~5, 903-7037
팩 스 : (02) 905-6729
e-mail: hongpub@hongpub.co.kr
http://www.hongpub.co.kr
ISBN: 979-11-5600-438-7

저자와의 협의하에 인지생략